コマクサの群落／大雪山

カブスゲ（ヤチボウズ）／釧路市音別

北海道の草花

Wild Flowers of Hokkaido

梅沢 俊
UMEZAWA Shun

北海道新聞社

はじめに

✳ この本では、北海道に野生する花の咲く植物のうち、草本および主な小低木をAPG Ⅲ，Ⅳ分類体系による科の配列に従って収録した。（裸子植物と高木類は収録していない）

✳ 科の配列や和名・学名などは原則として『改訂新版　日本の野生植物1〜5』（平凡社、2015〜17）に準拠した。科の中では属のアルファベット順に並べることを原則としたが、近い仲間の植物を同一ページにまとめるため一部順序を変えてある。

✳ イネ科やホシクサ科、カヤツリグサ科などは種類数の多い科だが、興味を持つ人が少ないのでヒルムシロ科やトチカガミ科などとともに主要種だけを収録した。

✳ 解説には専門用語も使用したので、主な用語の解説などを参照されたい。

✳ 多くの種を収録するため、1つの属中に似た種類が複数ある場合、1つの種を代表として解説し、残りの種については違いや見分けのポイントを述べた。亜種や変種、品種などについても同様の扱いで、それぞれを独立しては解説していない。

✳ 写真は原則として花のついた個体を載せ、花や実、特徴などのアップ、時に近似種との比較写真を加え、より正確に分かるように解説した。カヤツリグサ科については見分けやすい果期の写真を載せた。

✳ 解説文中に和名の漢字表記と一部名前の由来にも触れたが、漢字表記は中国名ではない。

APGによる分類体系

これまで私たちは、エングラーの分類体系に従った図鑑類に慣れ親しんできた。この体系は形態形質の差に基づいたものなので、視覚的にも分かりやすいものだった。

本書が採用したAPG体系は、植物がもつDNAを構成する4種の塩基配列の差異から進化の程度を測るという分子系統学手法を取り込んだ被子植物の新しい分類体系である。APGとはAngiosperm Phylogeny Groupの略で、「被子植物系統研究グループ」と訳される。この体系はもちろん絶対的なものではなく、何度か改訂されて2016年に第4版となった。

従来の体系から大きく変わったことは、まず合弁花と離弁花の境がなくなったこと、さらに単子葉類と双子葉類が対応する概念ではなくなり、単子葉類を構成していた各グループが双子葉類の一員となったことである。

科の配列も大きく変わった。これに関しては4ページを参照していただきたい。属や種の内容に関しては基本的に従来通りである。

北海道の草花 ［目次］

はじめに／APGによる分類体系……………………002
本書の使い方………………………003
エングラー体系とAPG分類体系の対照表………………………004
主な用語の解説………………………005
科別目次………………………014
種別解説………………………016
和名索引………………………385
属名索引………………………396
おわりに………………………399

本書の使い方

① 花の色区分〈系統別に　白　黄　赤　青　緑～クリーム色　茶（褐色）～区分不可〉
② 科名
③ 標準和名
④ 別名、俗名
⑤ ここに＊印があれば帰化植物、あるいは二次的に定着したもの
⑥ 学名。命名者名は省略
⑦ 開花時期
⑧ 主な生育環境
⑨ 分布域。帰化植物の場合は原産地
⑩ 生育生態写真
⑪ メーン写真の撮影月日・撮影地
⑫ 引き出し線を用いた各部の説明
⑬ 花のアップや断面、内部の写真など
⑭ 写真の説明
⑮ 果実などの写真
⑯ 種の特徴などの写真
⑰ このページに収録した種の科名（複数の場合あり）

エングラー体系と
APG分類体系の
対照表（変更された科のみ）

エングラー体系 （これまでの分類体系／五十音順）	科の変更のある属の代表種名 ➡	APG体系 （本書が準拠した体系）
アカザ科	すべて	ヒユ科
アワゴケ科	アワゴケ	オオバコ科
イチヤクソウ科	すべて	ツツジ科
ウキクサ科	すべて	サトイモ科
オミナエシ科	すべて	スイカズラ科
ガガイモ科	すべて	キョウチクトウ科
ガンコウラン科	すべて	ツツジ科
クマツヅラ科	カリガネソウ	シソ科
クワ科	アサ・カラハナソウ	アサ科
ゴマノハグサ科	ツタバウンラン	オオバコ科
ゴマノハグサ科	サワトウガラシ	オオバコ科
ゴマノハグサ科	ジギタリス	オオバコ科
ゴマノハグサ科	ウンラン	オオバコ科
ゴマノハグサ科	イワブクロ	オオバコ科
ゴマノハグサ科	キクバクワガタ	オオバコ科
ゴマノハグサ科	クガイソウ	オオバコ科
ゴマノハグサ科	アゼナ	アゼナ科
ゴマノハグサ科	サギゴケ	サギゴケ科
ゴマノハグサ科	ミゾホオズキ・ハエドクソウ	ハエドクソウ科
ゴマノハグサ科	エゾコゴメグサ	ハマウツボ科
ゴマノハグサ科	ママコナ	ハマウツボ科
ゴマノハグサ科	ハマウツボ	ハマウツボ科
ゴマノハグサ科	ヨツバシオガマ	ハマウツボ科
ゴマノハグサ科	キヨスミウツボ	ハマウツボ科
ゴマノハグサ科	コシオガマ	ハマウツボ科
ゴマノハグサ科	ヒキヨモギ	ハマウツボ科
サトイモ科	ショウブ	ショウブ科
スイカズラ科	エゾニワトコ・オオカメノキ	ガマズミ科
スイレン科	ジュンサイ・ハゴロモモ	ジュンサイ科
スギナモ科	すべて	オオバコ科
スベリヒユ科	ヌマハコベ	ヌマハコベ科
セリ科	オオチドメ	ウコギ科
ツルナ科	ツルナ	ハマミズナ科
ヒシ科	すべて	ミソハギ科
ヒルムシロ科	アマモ	アマモ科
ヒルムシロ科	カワツルモ	カワツルモ科
マツムシソウ科	エゾマツムシソウ	スイカズラ科
ミクリ科	ミクリ	ガマ科
ミズキ科	ヒメアオキ	アオキ科
ミズキ科	ハナイカダ	ハナイカダ科
ヤブコウジ科	すべて	サクラソウ科
ユキノシタ科	エゾスグリ	スグリ科
ユキノシタ科	ウメバチソウ	ニシキギ科
ユキノシタ科	ツルアジサイ	アジサイ科
ユキノシタ科	ノリウツギ	アジサイ科
ユキノシタ科	エゾアジサイ	アジサイ科
ユリ科	チゴユリ	イヌサフラン科
ユリ科	チシマゼキショウ	チシマゼキショウ科
ユリ科	ノギラン・ネバリノギラン	キンコウカ科
ユリ科	オゼソウ	サクライソウ科
ユリ科	ショウジョウバカマ	シュロソウ科
ユリ科	ツクバネソウ	シュロソウ科
ユリ科	エンレイソウ	シュロソウ科
ユリ科	シュロソウ	シュロソウ科
ユリ科	サルトリイバラ	サルトリイバラ科
ユリ科	エゾネギ	ヒガンバナ科
ユリ科	キジカクシ	クサスギカズラ科 （キジカクシ科）
ユリ科	ツルボ	クサスギカズラ科 （キジカクシ科）
ユリ科	コバギボウシ	クサスギカズラ科 （キジカクシ科）
ユリ科	ヒメヤブラン	クサスギカズラ科 （キジカクシ科）
ユリ科	マイヅルソウ	クサスギカズラ科 （キジカクシ科）
ユリ科	ジャノヒゲ	クサスギカズラ科 （キジカクシ科）
ユリ科	オオアマドコロ	クサスギカズラ科 （キジカクシ科）

主な用語の解説 <分類ごとの五十音順> ※緑字は見出し語にあるもの

花に関するもの

雄しべ（雄ずい）：花の中で花粉をつくる器官。花粉をつくる葯とそれを支える花糸からなる。

花冠：花弁のまとまり。離弁花冠の個々を花弁といい、合着するものを合弁花冠ないしは単に花冠という。

がく：花被のうち外側に位置するもの。個々をがく片という。がく片が合着し、筒形などになる場合、その部分をがく筒という。先端の裂けた部分はがく裂片、セリ科などに見られるさらに小さなものをがく歯という。

花糸：雄しべの葯をつけている糸状の柄。

花序：2つ以上の花が集まってつくときの配列の様式。

花床（花托）：がくや花弁、雄しべ、雌しべがつく台の部分。花床と同じ働きをする茎の部分を花軸といい、花床の一部が盤状に広がったものを花盤という。

花柱：雌しべの柱頭と子房との間にある円柱状の部分。

花被：花冠とがくの総称。内花被と外花被（がく）に分かれ、構成する個々の片を内花被片、外花被片という。

花柄：1つの花を支える柄、あるいは枝や茎。セリ科のように小さな花（小花）が密集する場合は小花の柄を小花柄という。

[花の基本構造]

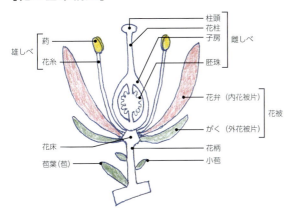

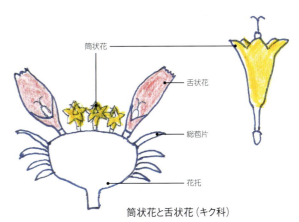

筒状花と舌状花（キク科）

[花のつき方（花序）]

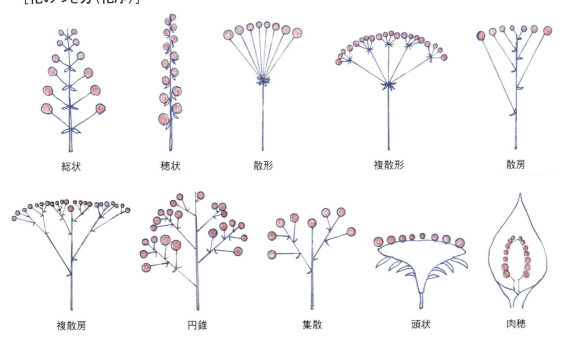

総状　穂状　散形　複散形　散房

複散房　円錐　集散　頭状　肉穂

005

果胞：カヤツリグサ科の子房を包む壺状の器官。花期には小さいが、果期に大きくなって観察しやすく、種同定の鍵となる。

旗弁：マメ科蝶形花冠の上側の花弁。

距：がくや花弁などの一部が中空でニワトリのけづめのような形で飛び出している部分。スミレ類やエゾエンゴサク、ツリフネソウなどに見られる。

子房：被子植物の雌しべ下端のふくらんだ部分。種子のもととなる胚珠を包み、果実となる。雌しべ全体は心皮という葉由来の器官で構成されている。

雌雄異花：1つの花の中に雄しべか雌しべの一方しかない状態（単性花に近い）。

雌雄異株：雌花と雄花が別々の個体に生じること。

雌雄同株：雌花と雄花が同じ個体に生じること。

小花：キク科の頭花やイネ科の小穂など多数の花が集まって1つの大きな花のまとまりをつくる場合、その個々の花をいう。

小穂：イネ科やカヤツリグサ科の花序の基本単位となる部分。小花が集まり小穂となる。

唇形：合弁花冠の先が上下の2片に分かれ、それぞれを上唇・下唇という。シソ科やハエドクソウ科などに見られる。

心皮：胚珠を包む葉由来の組織で、雌しべ全体の構成要素。科などにより1〜数個からなる。

唇弁：ラン科やスミレ科などの花の中央にある大きな花弁で、特殊な形をしているものが多い。

ずい柱：ラン科やガガイモに見られる雌しべと雄しべが合体したもの。

総苞：花序の基部に多くの苞が密集したもの。1つ1つの苞葉を総苞片という。キク科、セリ科に多い。

側弁：中央にある唇弁に対し、その両側に位置する花弁。側花弁ともいう。

飾り花：雄しべ、雌しべが退化した花。エゾアジサイなど。装飾花・中性花ともいう。

点頭：花が頭を垂れて下を向く状態。

頭花：柄のない花が多数短い花序の軸（花床）についたもので、全体が1つの花に見える。キク科やエゾマツムシソウなどがその例。頭状花序ともいう。

芒：イネ科の花の苞穎や護穎、カヤツリグサ科スゲ属の果胞鱗片などの先に出る剛毛状の突起。のげ、ぼうともいう。

副がく：がくの近くにある苞ががく状になっているもの。

仏炎苞：肉穂花序を包む大型の苞。ミズバショウやコウライテンナンショウなど。

閉鎖花：つぼみのような形のまま自家受粉して実を結ぶもの。スミレなど。

雌しべ（雌ずい）：花の中で受粉に直接かかわる器官。ふつう花粉を受ける柱頭とそれを支える花柱、胚珠を包む子房からなる。

葯：花粉の入っている器官で、雄しべの花糸の先につく。花粉の出し方はいろいろ。

葯隔：葯を構成する2つの半葯をつなぐ組織。ふつう目立たないが、クルマバツクバネソウでは葯の2倍ほどの長さになる。

両性花：1つの花の中に雄しべと雌しべがある花。

[スミレ科の花]

アオイスミレ

ミヤマスミレ

スミレ科の閉鎖花

[ラン科の花]

セイタカスズムシソウ　サルメンエビネ　ホソバノキソチドリ

[シュロソウ科の花]　[ツリフネソウ科の花]　[アブラナ科の花]

コジマエンレイソウ　ツリフネソウ　キレハイヌガラシ

[マメ科の蝶形花]　　　　　　　　[トウダイグサ科の花序（杯状花序）]

ヤマハギ　　　　　　　マルミノウルシ

007

[複散形花序]　　　　　[唇形の花]

セリ科の花（オオバセンキュウ）　ハエドクソウ　　シソ科ナミキソウ

- 上唇(4裂)
- 筒部
- 上唇
- 大花柄
- 下唇(3裂)
- 下唇(3裂)
- 下唇(浅く2裂)
- 小花柄
- 中央裂片

散形花序（これが複数集まって複散形花序をつくる）

[アザミ属の総苞片]　　　[アザミ属の頭花]

エゾノキツネアザミ　　コバナアザミ

- 外片
- 中片
- 腺体
- 内片
- 総苞片
- 雌しべの花柱
- 集粉毛のあるふくらみ
- 花冠裂片
- 雄しべの葯（集葯雄しべ）

全体を総苞という　　この場合、総苞片は9列と表現される

[頭花（頭状花序）]

エゾウサギギク

- 筒状花群
- 舌状花

008

[舌状花]
セイヨウタンポポ
舌状花 / 雌しべ / 冠毛 / 子房 / 雄しべの葯(集葯雄しべ)

[筒状花]
花柱 / 筒状花 / 冠毛 / 子房(結実せず) / 雄花 / 花柱 / 筒状花 / 冠毛 / 雌花
オオブキのフキノトウ(若い花茎)

[葯隔]
葯(半葯2個) / 葯隔
クルマバツクバネソウ

[花期のスゲ]
サッポロスゲ
雄小穂 / 雌小穂
同定は主に果期に行うが、花期の方が華やか

[果期のスゲ]
カブスゲ
雄小穂 / 2岐か3岐する柱頭 / 雌小穂 / 苞 / 果胞 / 鱗片

[雄性先熟の花]
ヤナギラン
熟した雄しべの葯。この花にまだ雌しべは見えない
熟した雌しべ
花粉を出し終えた雄しべの葯

[イネ科の小穂]
コヌカグサ
第2苞穎 / 第1苞穎
1小花からなる小穂

スズメノカタビラ
第4小花 / 第6小花 / 第5小花 / 第3小花 / 第1小花の護穎 / 第1苞穎 / 第2苞穎 / 第2小花
複数の小花からなる小穂

[雌性先熟の花]
エゾオオバコ
先に熟す雌しべ
雌しべ受粉後に出る4個の雄しべ

実（果実）に関するもの

液果：果皮が水分を含み多肉質となるもの。
冠毛：タンポポなどの実の上に生ずる毛状の突起。がくの変形したもの。種子の上に生じるものは種髪という。
蒴果：熟すと心皮の数に応じて果皮が裂ける果実。例えばユリは3裂。
集合果：複数の子房に由来する果実がひとつにまとまったもの。ミヤマキンポウゲなど。
種髪：種子につく毛束。風散布に役立つ。アカバナ属やガガイモなど→冠毛

痩果：中に1個の種子があり、果皮が乾燥して裂開しないもの。しばしば種子と混同される。タンポポやセンニンソウなど。
袋果：1心皮から袋状に成熟して、心皮の合わせ目から裂けるもの。トリカブトやオダマキなど。
分果：子房が成熟するにつれていくつかに裂けたもの（分離果）。
むかご：栄養繁殖のため地上部にできた球形のもの。肉芽と鱗芽などに分けられる。オニユリ、ヤマノイモなど。

[冠毛]

セイヨウタンポポ　　痩果

[4分果]

ムラサキ科ハナイバナ

[種髪]

エゾアカバナ

葉に関するもの

羽片：羽状葉の裂片の1つ。あるいは羽状複葉の小葉の1個（枚）。1番先が終羽片。
根出葉（根生葉）：茎の基部から生じる葉。これに対し、茎の途中につく葉は茎葉（茎生葉）という。根出葉のうち放射状に重なり合ったものを、バラの花弁に見立ててロゼット葉という。越年草に多い。
小葉：複葉についている葉の1つ1つ。
托葉：葉の基部にある付属体。小さな葉状・突起状・トゲ状・鞘状などの形がある。
単葉：葉全体が1個（枚）の葉片からなるもの→複葉
主脈（中脈）：葉の中央を走る太い葉脈。
複葉：完全に分裂した2個（枚）以上の小葉からなる葉身。3出状・掌状・羽状などがある。
抱茎：葉身の基部が茎の周囲を取り巻いていること。

苞：花や花序の基部にある変形した特殊な葉。苞葉ともいう。
葉腋：葉が茎につく場所の上部。
葉脚：葉身の下端の部分。葉身の基部。
葉鞘：葉の基部が鞘状となって茎を巻く部分。イネ科やカヤツリグサ科など。
葉舌：イネ科の葉鞘の上端にある膜状の部分で、種の同定のポイントになる。
葉脈：葉身の中にある維管束（水分や養分の通路）。中央を走る太い主脈（中央脈・中助）から側脈が分かれて葉縁に走る。その様式から平行脈系や網状脈系などに分けられる。
鱗片葉（鱗状葉）：地上部の基部や地下茎につく小形で鱗状の葉。
ロゼット葉：→根出葉

[葉の形]

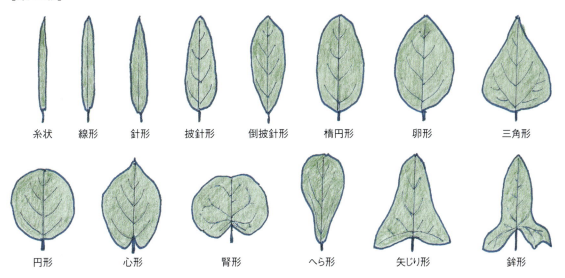

[葉のつき方]

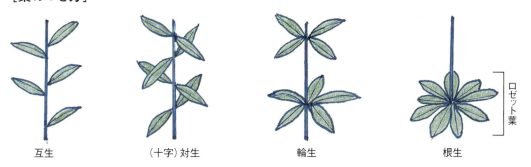

[複葉の形]

[葉のふちの形]

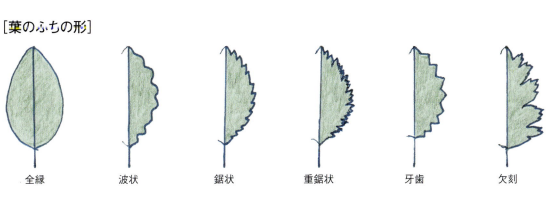

[複葉]

[葉の裂け方]

全〜深裂　深裂　中裂　浅裂　頭大羽裂　全縁

[イネ科の葉]

[タデ科の葉鞘]

二叉毛

星状毛

茎・根に関するもの

塊茎（かいけい）：地下茎の一種。でんぷんなどを貯え塊状に肥大したもの。キクイモなど。

塊根（かいこん）：貯蔵根の一種。根が塊状に肥大したもの。トリカブト類など。

花茎（かけい）：花のみで葉がついていない茎のこと。タンポポなど。

偽球茎（ぎきゅうけい）：ラン科植物の茎が球形・卵形・楕円形などに肥大した貯蔵器官。

球根（きゅうこん）：地下にある栄養繁殖器官の総称。塊茎、鱗茎、根茎などが含まれる。

根茎（こんけい）：根のように見えるが節があり、そこから葉や根を出す茎。

走出枝（そうしゅつし）：茎の根元から出て地表を這う茎で、先に新苗（子株）をつくるが、途中で根を出すことはない。横走枝、ランナーともいう。

匍匐茎（ほふくけい）：地表を這い、節から根を出す茎。ヘビイチゴ、オオチドメなど。

匍匐枝（ほふくし）：茎の根元から出て地表を這う枝で、節々から根を出して増える。匍枝、ストロンともいう。ネコノメソウ類など。走出枝と区別せず使われることもある。

鱗茎（りんけい）：地下茎の一種で、厚い多肉化した鱗片が集まったもの。ユリなど。球根の一部。

毛などに関するもの

かぎ状毛（鉤毛）：先がかぎ針のように曲がった毛。

蜘蛛毛：クモの糸のように細く、からみあった毛。

絹毛：つやのある細い長毛。

星状毛：1カ所から星の光のように多方向に出ている毛。

腺体：葉の一部や**総苞片**などにある蜜や分泌物を出す器官。

腺点：蜜や粘液を分泌する小さい点状の器官。主に花や葉に見られる。

腺毛：多くは先端が球状にふくらみ分泌物を出す毛。

二叉毛（叉状毛）：先が2股に分かれた毛。

伏毛：軸や表面に対し寝たような形でごく浅い角度でついている毛。

綿毛：細くやわらかい綿のような毛。

部分の形や性質などに関するもの

一年草：1年で枯れる植物。夏型一年草と越年草がある。

二年草：発芽して2年目に開花・結実して枯れる植物。

多年草：2年以上生育を繰り返す草本植物。

一稔性：1度だけ開花・結実して枯れる性質。

越年草：秋に発芽し、越冬後夏までに一生を終える一年草。

開出：軸に対して大きい角度をもって出ること。

革質：革のような感じをもったもの。

斜開：軸に対して小さい角度をもって出ること。上方に向く場合、斜上ともいう。

残存（宿存）：脱落せずに残っていること。ホオズキの袋など。

頂生：茎の先端に生じること。

不整：不規則で整っていない形。

膜質：薄い膜のような性質。

翼（ひれ）：茎や葉柄などが平たく広がってひれ状になっている状態。

植物の分類と学名について

　植物は種を基準として、上位から＜界−門−綱−目−科−属−種−亜種−変種−品種＞の順に分類されている。ここでは本書に関係する属以下について説明する。

　学名は世界共通の植物名として、普通はラテン語で表記される。1つの種の学名については属名とそれを形容する語（種小名ともいう）の組み合わせで表し、これを二命名法という。1つの種でも、その変異の幅が大きく、形態や花の色などによりグループに分けられる場合、そのレベルによって順に「亜種」「変種」「品種」に分けられる。このうち最初に発表され、種を代表するものを「基本種」または「基準亜種」「基準変種」という。以下に例としてオオバキスミレ類の学名をあげる。

▼ <u>Viola</u> <u>brevistipulata</u> subsp. brevisitipulata ＝亜種オオバキスミレ（広義）
　　属名　　　種小名
　　　　　　　　　　var. brevistipulata ＝オオバキスミレ（狭義）
　　　　　　　　　　var. laciniata ＝フギレオオバキスミレ
　　　　　　　　　　var. acuminata ＝ミヤマキスミレ
　　　　　　　　　　var. ciliata ＝フチゲオオバキスミレ
　　　　　　　　　　subsp. hidakana ＝亜種エゾキスミレ（広義）
　　　　　　　　　　var. hidakana ＝エゾキスミレ（狭義）
　　　　　　　　　　var. yezoana ＝ケエゾキスミレ
　　　　　　　　　　var. yezoana f. glabra ＝トカチキスミレ（ケエゾキスミレの品種）
　　　　　　　　　　var. incisa ＝フギレキスミレ

※ subsp.は亜種、var.は変種、f.は品種の略称

　植物用語や学名について詳しく知りたい方は、巻末の参考文献などを参照いただきたい。なお、本書の学名は原則として『改訂新版　日本の野生植物1〜5』（平凡社、2015〜17）に拠っている。

北海道の草花 [科別目次]

ジュンサイ科 …… 016	サクライソウ科 …… 029	イネ科 …… 095
スイレン科 …… 016	ヤマノイモ科 …… 029	ケシ科 …… 108
ドクダミ科 …… 017	キンコウカ科 …… 030	アケビ科 …… 110
マツブサ科 …… 017	シュロソウ科 …… 030	ツヅラフジ科 …… 110
センリョウ科 …… 018	イヌサフラン科 …… 034	メギ科 …… 111
ウマノスズクサ科 …… 018	サルトリイバラ科 …… 035	キンポウゲ科 …… 112
サトイモ科 …… 019	ユリ科 …… 035	ボタン科 …… 128
ショウブ科 …… 022	ラン科 …… 040	ツゲ科 …… 128
ホロムイソウ科 …… 022	アヤメ科 …… 061	ユズリハ科 …… 128
チシマゼキショウ科 …… 022	ヒガンバナ科 …… 062	ユキノシタ科 …… 129
カワツルモ科 …… 023	ススキノキ科 …… 064	スグリ科 …… 134
オモダカ科 …… 023	クサスギカズラ科 …… 065	ベンケイソウ科 …… 136
シバナ科 …… 025	ミズアオイ科 …… 070	アリノトウグサ科 …… 140
アマモ科 …… 025	ツユクサ科 …… 070	ブドウ科 …… 141
ヒルムシロ科 …… 026	ガマ科 …… 071	マメ科 …… 142
トチカガミ科 …… 027	イグサ科 …… 074	ヒメハギ科 …… 156
ホシクサ科 …… 028	カヤツリグサ科 …… 078	クロウメモドキ科 …… 156

トムラウシ山のエゾコザクラとミヤマキンバイ

イラクサ科 … 156	ウルシ科 … 204	ハナシノブ科 … 251	ハエドクソウ科 … 311
アサ科 … 160	アオイ科 … 205	サクラソウ科 … 251	ハマウツボ科 … 312
バラ科 … 161	ミカン科 … 205	イワウメ科 … 257	タヌキモ科 … 317
ウリ科 … 177	ジンチョウゲ科 … 206	ツツジ科 … 258	クマツヅラ科 … 318
ニシキギ科 … 178	アブラナ科 … 206	アオキ科 … 272	ハナイカダ科 … 318
カタバミ科 … 179	ビャクダン科 … 221	アカネ科 … 272	モチノキ科 … 319
ヤマモモ科 … 180	タデ科 … 221	リンドウ科 … 277	キキョウ科 … 320
トウダイグサ科 … 180	モウセンゴケ科 … 232	キョウチクトウ科 … 281	ミツガシワ科 … 323
ドクウツギ科 … 182	ナデシコ科 … 232	ムラサキ科 … 283	キク科 … 324
ミゾハコベ科 … 182	ヒユ科 … 245	ヒルガオ科 … 288	ガマズミ科 … 367
ヤナギ科 … 182	ハマミズナ科 … 248	ナス科 … 289	スイカズラ科 … 368
スミレ科 … 183	ヌマハコベ科 … 248	モクセイ科 … 291	ウコギ科 … 373
オトギリソウ科 … 194	スベリヒユ科 … 248	アゼナ科 … 291	セリ科 … 374
アマ科 … 197	ヤマゴボウ科 … 249	オオバコ科 … 291	
フウロソウ科 … 197	アジサイ科 … 249	ゴマノハグサ科 … 299	
ミソハギ科 … 199	ミズキ科 … 249	シソ科 … 300	
アカバナ科 … 200	ツリフネソウ科 … 250	サギゴケ科 … 311	

ジュンサイ科

ジュンサイ
Brasenia schreberi

池や沼に生える多年草で根茎は水底の泥中に伸びて茎を出す。葉は互生、長さ5〜10cm、葉柄は葉裏面の中心部につく。花は葉腋から出る柄につき雌性先熟。若芽はゼリー状の物質に包まれ山菜として摘まれる。蓴菜。✿6〜8月 ●沼や池 ✿日本全土

7月15日 苫小牧市

雌しべ
雌性期の花
花被片は内側と外側に3個ずつ。花の径は2cmほど
浮葉。長さ10cmほど
雄しべは多数
雄性期の花

ジュンサイ科

フサジュンサイ*（ハゴロモモ）
Cabomba caroliniana

茎が水中に伸びる多年性の沈水植物。葉は対生し（姿が似るバイカモ類は互生）長さ5〜6cm、3〜4回分裂して終裂片は糸状となる。花は水面で開き径1〜1.5cm、雌性先熟で雄しべは6個、雌しべは3個。房蓴菜。✿8〜9月 ●沼や池 ✿北アメリカ原産

8月14日 南幌町三重湖

雄しべ
花被片は6個。花の径は1〜1.5cm
ウキクサ
ヒシの葉
水中葉は対生する

スイレン科

コウホネ
Nuphar japonica

水中に生える多年草。水底の泥中を伸びる太い根茎は白く河骨（こうほね）と呼ばれる。葉は2形あり、沈水葉は膜質で細長く縁が波打つ。抽水葉（水面の上に出る葉）は厚みがある。河骨。✿6〜8月 ●湖沼、時に流水中 ✿北海道（西部）、本州、四国、九州 近似種ネムロコウホネ（エゾコウホネ）N. pumila var. pumila の葉は水面に浮かび花の径は2.5cmほどで柱頭盤は黄色い。✿北海道、本州（北部）その柱頭盤が紅色のものをオゼコウホネ var. ozeensis という。✿北海道（空知、宗谷）、本州（尾瀬・月山）果実はふつう緑色だが暗紅色のものを品種ウリュウコウホネ f. rubro-ovaria といい雨竜沼に産する。

コウホネ 6月23日 苫小牧市

果実
ウリュウコウホネ
抽水葉は長さ25cmほど

柱頭盤
オゼコウホネ
がく片は5個
花弁は多数

ホッカイコウホネ（コウホネとネムロコウホネとの雑種）8月3日 稚内市
抽水葉と浮葉がある

ネムロコウホネ 7月22日 根室市
浮葉は長さ10〜15cm

スイレン科

■ヒツジグサ
Nymphaea tetragona var. tetragona
池や沼に生える多年草で太い根茎が水底を這い、葉柄と花柄を水面に伸ばす。雌性先熟で未の刻（午後2時ごろ）よりも早く開花する。果実は水中で熟する。未草。❋7～9月 ●低地～山地の池沼 ✿北海道～九州 雌しべの柱頭と周囲の雄しべが濃紅色になるものを変種エゾベニヒツジグサ var. erythrostigmatica という。

8月28日　長万部町　　　エゾベニヒツジグサ 雨竜沼

ドクダミ科

■ドクダミ*
Houttuynia cordata
高さ20～50cmになる多年草で悪臭がある。細長い地下茎が伸びて群生する。葉は長さ4～8cm、柄と托葉があり、時に赤味を帯びる。小さな雌性と雄性の花が多数穂状につく。毒矯。❋6～8月 ●人里の周辺。日影に多い。✿日本全土（北海道は帰化）民間薬として使われてきた草

花序　　苞は4個　　　　7月9日　札幌市

マツブサ科

■チョウセンゴミシ
Schisandra chinensis
他のものを伝って2mほど伸びるつる性で、香りのある雄花と雌花がつく雌雄同株の木本。葉は長さ3～8cm、波状の鋸歯縁。果実は薬用に利用される。朝鮮五味子（実に甘・酸・辛・苦・塩の5つの味あり）。❋6月 ●低地～山地の林内や林縁 ✿北海道、本州（中北部）

6月7日　千歳市　　　　　　　　　果実

マツブサ科

■マツブサ
Schisandra repanda
他の樹などを伝って伸びる雌雄異株のつる性木本。数mの長さになる。葉は厚く光沢があり長さ4～6cm、長い柄がある。花被片は約10枚、雌花に雄しべはなく、雄花には合体した雄しべがある。松房。❋7月 ●山地の林内 ✿北海道（南部）・本州・四国・九州

果実　　　　　　　　　　　7月26日　函館市戸井

センリョウ科

ヒトリシズカ
Chloranthus quadrifolius

開花後茎が伸びて高さ15〜30cmになる無毛の多年草。短い根茎から何本もの茎を立てる。葉は茎の上端に接して十字対生するので輪生状に見える。茎頂に花穂が1本つくが花被片はない。一人静。❋4〜5月 ●低地〜山地の明るい林内、林縁 ✿北海道〜九州

センリョウ科

フタリシズカ
Chloranthus serratus

高さが30〜50cmになる多年草。茎の上端に長さ8〜15cmの葉2〜3対が十字対生する。茎頂に花穂を1〜4本つけるが花被片はない。果実が熟したり落ちた後、時に葉腋や茎下部の節に閉鎖花をつける。二人静。❋5〜6月 ●低地〜山地の広葉樹林内 ✿北海道〜九州

5月13日　札幌市　　　　　　　　　　　果実

6月14日　函館市

ウマノスズクサ科

オクエゾサイシン
Asarum heterotropoides var. heterotropoides

短い根茎から高さが10〜15cmになる柄を持つ葉を2個出す多年草。花には花弁がなく、がく片が合着して先端が3裂したがく筒となり、裂片は反り返る。奥蝦夷細辛。❋5〜6月 ●低山〜亜高山の樹林下 ✿北海道、本州(北部)　夕張山地から日高山脈の山麓に葉の先が鋭くとがり、がく裂片の先が指で摘んだようにつぶれた型が分布し、本州に分布するウスバサイシンに似ているが仮名を**ヒダカサイシン**としておく。また渡島地方にがく片が合着しない**フタバアオイ*** A. caulescens が野生化している。

オクエゾサイシン　6月3日　日高山脈ペケレベツ岳　　　　フタバアオイ　　　　　(仮)ヒダカサイシン　5月2日　栗山町

サトイモ科

■コウライテンナンショウ
Arisaema peninsulae
地中にある偏球形の塊茎から葉と花茎を立て、高さ1mほどになる多年草。塊茎の栄養状態が良くなると壮大な雌株となる雌雄偽異株。偽茎にマムシ模様がある。葉は2個つき鳥足状に分裂し小葉は9～17個。花は葉より高い位置につき、仏炎苞は緑色。高麗天南星。❋5～7月 ●低地～山地の林内や林縁 ❖北海道、本州、九州 近似種**オオマムシグサ** A. takedae の花は全体と各部共により大きく、暗紫色で顕著な白い帯が入る舷部の先は垂れ下がる。❋5～6月 ❖北海道(渡島地方)、本州

コウライテンナンショウ　5月26日　野幌森林公園　　　果実　　　　　　　　　　　　　　　　　　　　　　オオマムシグサ　6月14日　函館市

サトイモ科

■ヒロハテンナンショウ
Arisaema ovale
高さ50cm以下で葉は1個つき小葉は5～7個。葉柄は偽茎とほぼ同長。花は葉より低い位置につき、仏炎苞はふつう緑色だが暗褐色を帯びる個体もあり、白い縦筋の部分が隆起する。広葉天南星。❋5～6月 ●山地の樹林下 ❖北海道、本州、九州のいずれも日本海側

サトイモ科

■カラフトヒロハテンナンショウ
Arisaema sachalinense
高さ50cm以下で葉は1個または2個つき小葉は5～9個。葉柄は偽茎と同長か長い。小形の**コウライテンナンショウ**に似るが、偽茎に斑紋がなく花序は葉と同じ高さか低い位置につく。樺太広葉天南星。❋5～6月 ●林縁の笹藪など ❖北海道(利尻島、礼文島)

6月2日　札幌市砥石山　　　　果実　　　　偽茎。マムシ模様がない　斑紋がない偽茎　6月13日　礼文島

サトイモ科

ウラシマソウ
Arisaema thunbergii subsp. urashima
高さが30〜50cmになる雌雄異株の多年草。雌雄は栄養状態に左右される。葉は偽茎より長い葉柄を持ち、11〜17個の小葉からなる。花序は葉より低い位置につく。花軸の付属体の先が浦島太郎の釣り糸状に伸びる。浦島草。❋5〜6月 ●低山の林内や林縁 ✿北海道（日高、渡島半島）〜九州

小葉はやや厚みと光沢がある
葉柄
釣り糸状に伸びた付属体の先
仏炎苞。花序はこの中に
5月23日　乙部町　　　若い果実

サトイモ科

カラスビシャク（ハンゲ）
Pinellia ternata
高さ15〜40cmの雌雄同株の多年草。地下に球茎がある。3小葉からなる葉は1〜2個つき柄にむかごがつく。雌雄同株で花は仏炎苞内の穂につく。薬用となる。烏柄杓（仏炎苞を烏の柄杓に見立てた）。❋6〜8月 ●空き地。道外では畑地の雑草とされる ✿北海道〜沖縄

付属体の先
雄花群
仏炎苞の内側
雌花群
仏炎苞の長さは5〜6cm

葉柄上のむかご　　　8月20日　八雲町

サトイモ科

ミズバショウ
Lysichiton camtschatcense
高さ花時に10〜15cmで葉が伸び切ると1m近くになる多年草。太い根茎があり群生する。長さ4〜8cmの肉穂花序が純白の仏炎苞に包まれ、臭気があり、小さな花が多数つく。水芭蕉。❋4〜7月 ●低地〜亜高山の湿地や水辺 ✿北海道、本州（中部以北）

花後葉は長さが1mほどに伸びる　肉穂花序の一部

1個の雌しべを4個の雄しべが、それを4個の花被片が囲む
肉穂花序
大きな仏炎苞
果実は熟しても緑色のまま
5月12日　野幌森林公園　仏炎苞に長い筒部がある　果実

サトイモ科

ヒメカイウ（ミズザゼン、ミズイモ）
Calla palustris
太い根茎が伸びて群生し、高さが15〜30cmになる多年草。葉と花茎は根生。葉は長さ・幅共7〜12cm。長さが1.5〜3cmの肉穂花序を囲む仏炎苞の外側は緑色で果実期まで残る。姫海芋。❋6〜7月 ●湿原の水辺や浅い水中 ✿北海道、本州（中部以北）

雄性花

肉穂花序
雌しべ1個と白い雄しべ6個で1つの花。緑色の部分は子房
仏炎苞は果期にも枯れない

果実　　　6月25日　鶴居村

サトイモ科

■ ザゼンソウ
Symplocarpus renifolius

葉が伸びると40cmほどになる多年草。根茎は太く短い。花は葉が開く前に咲き、肉穂花序を囲む仏炎苞の中は発熱現象で温度が高くなり、悪臭もある。微小な花に花被片と雄しべが4個、雌しべが1個ある。座禅草。❋4～5月 ●低地～亜高山の湿ったところ ✿北海道、本州（日本海側）

サトイモ科

■ ヒメザゼンソウ
Symplocarpus nipponicus

ザゼンソウより小形の多年草。開花に先立ち葉を展開し、葉柄基部に果期の花序がある。葉が枯れるころボート状の仏炎苞に囲まれた長さ2cmほどの肉穂花序が現れて開花する。姫座禅草。❋6～7月 ●低地～山地の湿ったところ ✿北海道、本州

5月12日　野幌森林公園　　4月11日　恵庭公園　　肉穂花序の一部　　雄しべは4個　花被片は4個ある　雌しべは1個ある

果実は春～夏に熟す　　仏炎苞の長さは4～7cm　4個の花被片に囲まれ、雄しべ4個と雌しべ1個がある　　仏炎苞と肉穂花序　　果実　4月11日　札幌市豊平区西岡

サトイモ科

■ ウキクサ
Spirodela polyrhiza

水面を浮遊する多年性の水草。群生することが多い。葉状体は長さ4～9mmの広倒卵形でやや硬く表面に光沢があり、裏面は紫褐色。2～4個が繋がって浮かぶことが多い。葉状体裏面中央から10本ほどの根が伸びる。開花は稀で栄養繁殖で増えるという。越冬は水底で殖芽という状態です。浮草。❋7～8月 ●沼や池 ✿日本全土。別属の**コウキクサ** Lemna minor は葉状体の長さ3～4mmで表面は淡緑色～紫褐色、根は1本。**アオウキクサ** L. aoukikusa は一年草でほぼ同じ大きさで葉状体は薄く不明瞭な葉脈が3本ある。開花はよく見られ、**キタグニコウキクサ** L. turionifera の葉状体表面は赤紫色、**ムラサキコウキクサ** L. japonica はふつう根の付け根が赤紫色をおびる。**ヒンジモ** L. trisulca は水面には浮かばず、絡み合って水中を漂う。葉状体は半透明で長さ7～10mmの狭卵形～広披針形、細い柄で互いに繋がる。この様子を品の字に譬えた。開花は不明。品字藻。✿北海道、本州

ウキクサ　南幌町三重湖

アオウキクサ　花　根は10本ほど

キタグニコウキクサ　コウキクサ　葉状体の裏面　根は1本

ヒンジモ　5月26日　江別市　白いバックで写したヒンジモ

ウキクサの葉状体（上：表面、下：裏面）

ショウブ科

ショウブ
Acorus calamus

高さが1mほどになる多年草。根茎が分枝して伸び群生する。葉の半長ほどの花茎の先端に肉穂花序が斜めにつき、1花に花被片と雄しべが6個ある。全草に芳香がある。国内産は3倍体で結実しないとされるが、実が不稔かも。菖蒲。❋6〜7月 ●低地の水辺 ❖北海道、本州、四国

6月29日　白老町　　　　　　　　　果期の花序（7月30日）

ホロムイソウ科

ホロムイソウ
Scheuchzeria palustris

高さが10〜25cmの多年草。長く伸びる根茎から葉と花茎を出す。葉は花茎より長く伸び、基部は鞘となり、先端に葉舌がある。花被片と雄しべは6個、雌しべは3個ある。幌向草。❋6〜7月 ●低地〜亜高山の（高層）湿原 ❖北海道、本州（近畿以北）

果期の姿　　　　　　　　　6月27日　美深町松山湿原

チシマゼキショウ科

チシマゼキショウ
Tofieldia coccinea var. coccinea

高さ5〜15cmの多年草。長さ3〜8cmで剣状の葉が根元に集まる。花は楕円状の花序に多数つき、柄は長さ約1cm、花被片は6個で長さ2〜3mm、蒴果は球形で褐色。黒紫色のものを品種クロミノイワゼキショウ、緑色のものをミドリイワゼキショウという。千島石菖。❋6〜8月 ●高山のれき地や草地 ❖北海道、本州（中部以北）　変種アポイゼキショウ（チャボゼキショウ） var. kondoi は花の柄が1.5cm以上と長く、アポイ岳や大平山に産す。また渓谷岩上に生えるものは葉が長く花はさらに疎らになる。

チシマゼキショウ　6月10日　標茶町西別岳　　アポイゼキショウ　8月17日　静内川　通常の果実　クロミノイワゼキショウ　ミドリイワゼキショウ

アポイゼキショウ　6月24日　アポイ岳

チシマゼキショウ科

■ヒメイワショウブ
Tofieldia okuboi

高さ6〜15cmの多年草。葉は扁平な線形で長さ3〜7cm、先が急に細くなって尖り、縁に細かい突起がありざらつく。花は総状花序にややまばらにつき、長さ約3mmで上を向く。花被片と雄しべは6個、子房は緑色。果実は花被片の2倍長。姫岩菖蒲。❋7〜8月 ●高山のやや湿った草地 ❖北海道、本州(中部以北)

カワツルモ科

■カワツルモ
Ruppia maritima

多年性の沈水植物で水底を地下茎が伸びて節から水中茎を出す。葉は長さ10cm以下の糸状。花序は葉腋の鞘から出て2個の花をつける。心皮は4個、花後柄が散形状に伸びて歪な卵形の実がつく。川蔓藻。❋6〜8月 ●海岸に近い汽水域 ❖日本全土

7月24日　ニセイカウシュッペ山

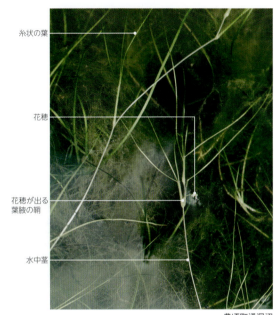
豊頃町湧洞沼

オモダカ科

■ヘラオモダカ
Alisma canaliculatum

高さ10cm〜1mの無毛の多年草。へら形の葉が根元に集まり、葉柄と共に長さ5〜30cm。厚みがあり先がとがり3〜5脈が目立ち、基部は次第に細くなって柄に移行する。両性花は3本ずつ輪生する枝につき径8mmほど、花弁とがく片は3個、雄しべは6個、雌しべは多数ある。果実の背部に1本の溝がある。篦面高。❋7〜9月 ●低地の水辺や水中 ❖日本全土。近似種サジオモダカ A. plantago-aquatica の葉身は学名が示すようにオオバコの葉のようなさじ形で基部は円形、柄との境は明らか。果実背面に2本の溝がある。匙面高。❖北海道、本州(北部)

ヘラオモダカ　7月31日　月形町　　ヘラオモダカの果実　　サジオモダカ　7月31日　月形町

オモダカ科

■オモダカ
Sagittaria trifolia

高さが30～70cmの多年草。長さ7～30cmの大きな矢じり形の葉が長い柄で根生するが葉の幅は変異が大きい。葉身の長い側裂片の先端が鋭くとがる。総状花序は葉より高くなることはなく、下方に雌花、上方に雄花をつける。面高。❋7～9月 ●低地の水辺、水田の周辺 ✤日本全土 近

似種**アギナシ** S. aginashi は葉柄基部に多数のむかごがつき、葉の幅は狭くほぼ一定しており、葉身側裂片の先端は円い。総状花序はふつう葉より高くなる。顎無。✤北海道～九州 別属の**マルバオモダカ** Caldesia parnassifolia の葉は円心形で浮葉となることもある。道内では胆振地方に稀に産する。✤北海道～九州

オモダカ 8月23日 余市町
広い葉タイプのオモダカ
雄花
雌花

マルバオモダカ 8月21日 苫小牧市

オモダカ　アギナシ
側裂片先端の比較

アギナシ 8月23日 苫小牧市

オモダカ科

■ウリカワ
Sagittaria pygmaea

高さ5～20cmの多年草。走出枝が伸びて群生する。厚みのある上部が基部より幅広い葉が根生する。花序の基部に柄のない雌花が1～2個つき、雄花には柄があり3個輪生する。瓜皮。❋7～9月 ●水田の周辺 ✤日本全土（北海道は空知以南）

雌花
先は鋭くとがらない
雄花
葉の幅は4～10mm
8月28日 美唄市

オモダカ科

■カラフトグワイ
Sagittaria natans

多年草で長い柄の先に葉をつけて水面に浮かべる。葉身は基本的に矢じり形であるが、側裂片の長さや開き方に変異があり、時にヒルムシロ的な形になることもある。雄花と雌花が水面より上に出て開花する。❋7～8月 ●湖沼の水中 ✤北海道（東部）

雌花
花は花弁3個、がく片3個、雌しべ多数
長い葉柄
雄花
葉身基部に切れ込みがある
長いヒルムシロのような葉
8月6日 然別湖

シバナ科

シバナ
Triglochin asiatica
高さ15～50cmの多年草。根茎は短く株立ち状となる。葉は根元から出てふつう花茎よりも低く、肉厚で断面はほぼ三日月形。突起が発達したものが花被片状。熟した雄しべの落下後雌しべが熟す。塩場菜。✿6～7月 ●塩湿地 ✦北海道～九州

6月25日　根室半島

果実

シバナ科

ホソバノシバナ
Triglochin palustris
高さ30cmほどになる前種に似た多年草で、根茎が長く走出枝を出し、株立ち状にはならない。葉も花茎も細い。花の柄は花よりはるかに長い。6個中3個の心皮が熟す。果実は細長い。細葉塩場菜。✿7～8月 ●低地の湿原 ✦北海道、本州(北、中部)

羽毛状の柱頭　内側の花被片(3個)
花
外側の花被片(3個)
花の柄は短く1.5mmほど

柱頭は羽毛状
花被片は内側と外側に3個ずつ

果期に柄が伸びて3～5mmになる

果実

果実

7月22日　苫小牧市

アマモ科

スガモ
Phyllospadix iwatensis
海水中で育つ雌雄異株の多年草。葉は線形のリボン状で長さ50cm～1.5m、幅2～5mm。花は根元から出る枝先の長いボート状の苞に包まれ雄花序は雄しべが、雌花序は心皮と仮雄しべが交互に2列に並ぶ。菅藻。✿4～5月 ●海岸の磯 ✦北海道、本州(北部)

葉の先はとがらない
根茎が短くやや株立ち状となる
苞の上部は葉と同様の状態となる
ボート状の苞は長さ3～5cm

6月11日　利尻島

アマモ科

コアマモ
Zostera japonica
汽水域で育つ雌雄同株の多年草。根茎が砂泥中を伸びて節から茎を出す。葉は長さ40cm、幅2mm以下。花序は長さ2cmほどの苞に雄しべと雌しべが4～5対つく。小甘藻。✿5～8月 ●汽水域 ✦日本全土　同属にアマモ、スゲアマモ、タチアマモ、オオアマモがあり、大形で葉の幅は3mm以上あり、海中の砂地に生える。

海水中の花序

花茎は分枝を繰り返す
花序はこの苞につく

葉の先はとがらない

10月4日　根室半島

ヒルムシロ科

■ヒルムシロ
Potamogeton distinctus

淡水中に生える多年生の浮葉植物で、水底に伸びる地下茎から水深に応じた長さの茎を出す。葉は互生し、沈水葉はあれば披針形で柄がある。浮葉は長さ3〜10cmの長楕円形〜楕円形で長い柄と光沢があり、裏面は紫褐色。花穂は長さ2〜6cm、水面上に出て径2mmほどの小さな花が密につき、雄しべが4個、心皮は1〜3個ある。蛭筵。❋7〜8月 ◉低地の沼や池、水路 ❖日本全土 近似種フトヒルムシロ P. fryeri の沈水葉は柄がなく、線形〜倒披針形、心皮は4個。❖北海道〜九州 オヒルムシロ P. natans の沈水葉は細い針状で心皮は4個。ホソバヒルムシロ P. alpinus は浮葉が長さ5〜10cmの倒披針形で基部と柄の区別がつかず、浮葉をつけない株も多い。❖北海道、本州（中部以北）

ヒルムシロ　8月25日　月形町
フトヒルムシロ　7月18日　ニセコ山系
ホソバヒルムシロ　8月26日　釧路湿原

ヒルムシロ科

■ホソバミズヒキモ
Potamogeton octandrus

淡水中に生える多年性の植物で、茎はよく分枝する。沈水葉は長さ3〜5cmの線形で浮葉は長さ4cm以下の長楕円形で明るい緑色。花穂は長さ1cm前後、花は密につかず4心皮。❋7〜9月 ◉低地の水路や沼、池 ❖日本全土 同属のヒロハノエビモ P. perfoliatus は沈水性の多年草で、茎は少し分枝、葉は長さ2〜9cmの披針形〜広卵形、やや半透明で縁は波打ち、基部は茎を抱く。花穂は長さ1〜2cm花は密につく。心皮は4個。❖北海道〜九州 エビモの葉は茎を抱かない。ナガバエビモ P. praelongus の葉は長さ6〜25cm、花はややまばらにつき、心皮は4個。❖北海道 ヤナギモ P. oxyphyllus は沈水植物で茎の断面が楕円形、葉の基部は鞘にならない。花は密につき心皮は4個。❖北海道〜九州

ホソバミズヒキモ　8月4日　美唄市
ヒロハノエビモ　7月3日　津別町
ヤナギモ　8月26日　苫小牧市

ヒルムシロ科

■ センニンモ
Potamogeton maackianus

沈水性で冬でも枯れない多年草。水底の地下茎から長さ50cm前後の茎を出す。葉は柄がなく長さ2～6cmの線形で微細な鋸歯があり、先は凸端となり、基部は托葉と合着して鞘となる。花は長さ4～10cmの花穂につき、心皮は2個。仙人藻。❀7～8月 ●水路や湖沼 北海道～九州 同属の**イトモ** P. berchtoldii の葉は幅が1.5mm以下で先はとがり、基部は鞘にならない。花穂は短く心皮は4個。❖日本全土 **リュウノヒゲモ** Stuckenia pectinata は別属で、葉は糸状で長さ5～15cm、基部は長さ1～3cmの鞘となる。花穂は長さ1.5～4cmで花はまばらにつく。❖日本全土 これらのほか道内にはヒルムシロ科は7種ほど知られる。

センニンモ　9月9日　月形町
リュウノヒゲモ　7月5日　日高町
イトモ　8月14日　南幌町
イトモ　8月7日　日高町

トチカガミ科

■ トチカガミ*
Hydrocharis dubia

多年性の水草で、葉は水底に伸びる走出枝の節から長い柄で水面に浮かぶ。葉身は径4～7cmの円形で厚みと光沢がある。裏面にあるスポンジ状の気胞が浮き袋の役をなすが、密生時は葉は立ち、気胞はできない。雌雄同株で花弁は3個、雄花には12個の雄しべと3個の仮雄しべ、雌花には花柱が6個、仮雄しべが6個ある。鼈鏡。❀8～9月 ●池や沼、溝 ❖北海道(二次的)～九州 別属の**クロモ** Hydrilla verticillata は雌雄異株の多年草で、水中に長く伸びた茎に長さ1～1.5cmの葉が2～6個輪生する。水面に浮いた雄花から花粉が流され、雌花の柱頭に着く。黒藻。❖日本全土 別属の**セキショウモ** Vallisneria asiatica も雌雄異株で長い線形の葉は根生し、雄花は柄が切れて水面に浮き、花粉を流し雌花の柱頭につける。石菖藻。❖北海道～九州 この科は多様で北海道には他に数種知られる。

トチカガミ　9月2日　札幌市平岡公園
クロモ　9月19日　苫小牧市ウトナイ湖
セキショウモ　9月19日　苫小牧市ウトナイ湖
クロモ　8月8日　洞爺湖

ホシクサ科

■ニッポンイヌヒゲ

Eriocaulon taquetii

高さが5〜25cmになる一年草。線状披針形の葉が根元に多数つき、放射状に伸びてロゼットをつくる。何本も立つ花茎は5稜があって少しねじれる。頭花が花茎の先端に1個つき、径6〜8mmの半球形。総苞片は披針形〜線状披針形で頭花よりはるかに長い。頭花の中心部の雄花を雌花が囲んでいる。小花の周りに膜質の苞があり、無毛で緑白色、がくも花弁もあるが、外からは見えない。雄しべの葯は黒色。日本犬鬚。❋8〜9月 ●裸地状の湿地 ❖北海道〜九州 同属の**エゾイヌヒゲ** E. perplexum は高さ5〜13cm、総苞片は暗褐色をおびる頭花より少し長い。頭花に2数性と3数性の花が混じる。❖北海道(アポイ岳山麓部・胆振) **ヒロハノイヌヒゲ** E. alpestre は道内では大形の種。花茎は高さ10〜20cmだが幅の広い葉は花茎より長い。総苞片は頭花より短いか同長で広卵形〜円形。❖北海道〜九州 **イトイヌヒゲ(コイヌヒゲ)** E. decemflorum は変異が大きく葉は線形、花茎は5〜30cmで葉よりはるかに長く、ねじれる。頭花は径3〜7mm、総苞片は白っぽい頭花より少し長い。**シロエゾホシクサ** E. pallescens は高さ5cm前後、頭花は径2〜3mm、総苞片は頭花より少し長い。❖北海道(胆振に固有) **カラフトホシクサ** E. sachalinense は高さ10cm前後、黒っぽい頭花は径2mmほど、総苞片は頭花と同長。❖北海道(亜高山の湿地) **クロイヌヒゲ** E. atrum は高さ5〜15cm、頭花は径3〜4mm、総苞片は黒い頭花と同長。❖北海道〜九州 この属は外見での判別は困難。頭花を解剖して実体顕微鏡下で観察すべきだろう。

ニッポンイヌヒゲ　8月25日　月形町

披針形の総苞片は頭花よりはるかに長い

ヒロハノイヌヒゲ　9月21日　日高町門別

広卵形の総苞片は頭花と同長か短い

幅が広く長い葉　葉より短い花茎

頭花はほぼ褐色

エゾイヌヒゲ　9月6日　アポイ岳

頭花より少し長い総苞片

花茎は長く強くよじれる

頭花より少し長い総苞片

カラフトホシクサ　8月21日　雨竜沼

頭花とほぼ同長の、黒っぽい総苞片

黒っぽい総苞片は頭花とほぼ同長

黒い頭花

イトイヌヒゲ　9月16日　苫小牧市

シロエゾホシクサ　8月22日　えりも町

クロイヌヒゲ　8月21日　大樹町

サクライソウ科

■ オゼソウ（テシオソウ）
Japonolirion osense

高さ15〜35cmの多年草。根茎を伸ばして増え、群生することが多い。根出葉は花茎の脇にまとまり、幅2〜4mmで縁がざらつく。花茎に鱗片状の葉がつく。花の径は約5mm、内花被3個は外花被3個より大きい。尾瀬草。❋6月　●山地の蛇紋岩地　❖北海道（天塩山地）、本州（中部）道内のものはテシオソウと呼ぶことがある。

ヤマノイモ科

■ ヤマノイモ（ジネンジョ）
Discorea japonica

茎が他のものに絡みついて伸びるつる性で雌雄異株の多年草。葉はやや肉質でふつう対生し、その葉腋にむかごがつく。花被片は白色で平開しない。地下に多肉質の塊根ができ、食用にする。山芋。❋8〜9月　●低地の野や林縁　❖日本全土（北海道は阿寒地方と胆振地方以南で見られるが二次的に生えたのかもしれない）

6月8日　幌延町

総状花序
雄しべは6個ある
花被片は内側と外側に3個ずつつく
根出葉の束と花茎は別々に出る

8月30日　松前町
基部は心形　先はとがる
葉腋につくむかご
雌花の花序。花は平開しない

ヤマノイモ科

■ オニドコロ（トコロ）
Discorea tokoro

前種同様のつる性で雌雄異株の多年草。茎は3mほどになる。葉は互生し長さ7〜15cm、葉柄基部にむかごはつかない。雄花序は葉腋から1〜数本立ち、雌花序は下垂する。花被片は平開して雄しべ6個ある。蒴果には3翼がある。鬼野老。❋7月下〜8月　●低地、低山の林縁　❖北海道（石狩以南）〜九州。同属のウチワドコロ D. nipponicaは葉に毛があり、縁は浅く7〜9裂し、うちわを想像させる。団扇野老　❋7〜8月　●低地から低山の林内や林縁　❖北海道（石狩）、本州。両種とも根茎は肥厚するが食用にはならない。

オニドコロ　8月5日　松前町

オニドコロの雄花は平開する
雄しべは6個

ウチワドコロの花（雄花）は平開しない

雄花の花序
葉の縁は浅く円く切れ込む
ウチワドコロ　7月28日　札幌市豊平区西岡

翼のある果実

キンコウカ科

ノギラン
Metanarthecium luteoviride

高さ10～30cmの多年草。葉は根元にまとまってつき、葉身は長さ6～15cm、厚みと光沢があり全縁。花は密について横～上向きに咲き径1～1.2cm、花被片6個は平開する。芒蘭。❋7～8月 ●山地の草地やれき地 ✿北海道～九州

雄しべは6個ある
花被片は6個でやや反り返り、花後も落ちない
花は総状に密につく
根生に見えるが、らせん状に互生している

7月29日　樽前山

キンコウカ科

ネバリノギラン
Aletris foliata

高さ20～40cmの多年草。茎は直立して小さな葉がつき、大きな葉は根元にまとまり、厚みと光沢がある。花は茎の上部に総状につき長さ6～7mmの筒形～壺形で先が6つに裂けるが裂片は開かない。雄しべは6個。粘芒蘭。❋6～7月 ●湿原や山地の草地 ✿北海道（南西部）～九州

雄しべは6個ある
花被片は6個

花序には披針形の苞があり、花柄や花被片外側に腺毛があり粘る
花茎には小さな葉がつく
根生の葉は大きく目立つ

7月10日　オロフレ山

シュロソウ科

ツクバネソウ
Paris tetraphylla

高さ20～40cmの多年草。長く伸びる根茎の節から直立する茎を出す。茎頂にふつう4個、時に5～6個の柄のない葉を輪生する。葉身は長さ4～10cm。花に花弁はなく、がく片が4個、雄しべ8個、花柱が4個ある。衝羽根草。❋5～6月 ●低地～山地の林内 ✿北海道～九州

葯隔は見えない　花柱は4個
子房は緑色
がく片（外花被片）は4個
雄しべは8個ある
葉の先はとがる

液果の径は1cmほど

6月4日　野幌森林公園

シュロソウ科

クルマバツクバネソウ
Paris verticillata

高さ20～30cmの多年草。茎頂に長さ5～20cmの柄のない葉を6～8個輪生する。花は長い柄の先につき、4個の大きながく片の間に糸状の花弁が垂れ下がる。雄しべは8個あり、細長い葯隔がつき出る。花柱は4個、子房は黒紫色。❋5～6月 ●低地～低山の林内 ✿北海道～九州

先に細い葯隔がある　子房は黒紫色
雄しべは8個で葯は黄色
がく片（外花被片）は4個で長さが3～4cmもある
葉の先はとがる

5月26日　札幌市

糸状の花弁
果実は液果

シュロソウ科

バイケイソウ
Veratrum album subsp. oxysepalum

高さ60cm～1.5mの多年草。茎は直立して分枝はしない。葉は長さ20～30cmで互生し、基部は茎を抱き、葉脈が緩い襞となる。分枝する総状花序に多数の花がつき、雄花が少し混在する。花被片は6個、外面に短毛が密生する。梅蕙草。❋6～8月 ●低地～亜高山の湿った林内や草地 ❀北海道、本州（中部・北部）。北海道のものは花被片が小さく、先が尖るのでエゾバイケイソウとも呼ばれ、高地に生えるミヤマバイケイソウは次種との中間的な性質があるという。

シュロソウ科

コバイケイソウ
Veratrum stamineum

高さ50cm～1mの多年草。葉は互生し長さ10～20cm平行脈が襞をつくり、基部は茎を抱く。花は茎上部の円錐花序にびっしりつき、径約1cm。両性花が主だが雄花もあり花被片は6個ある。雄しべは花被片より長い。小梅蕙草。❋6～7月 ●低地～亜高山の湿地や草地 ❀北海道、本州（中部以北）。葉の裏面脈上に突起毛があるものを変種ウラゲコバイケイ var. lasiophyllum という。

7月5日　厚岸町

両性花　子房に毛がある
花序の部分は分枝して円錐形となる

雄しべは6個あり、長さは花被片の半分くらい
雄花はまれ

6個ある　苞
花被片

葉の基部は茎を抱く
7月24日　日高山脈野塚平

シュロソウ科

シュロソウ（オオシュロソウ）
Veratrum maackii var. reymondianum

高さ50cm～1mの多年草。茎の根元がしゅろ状の繊維に包まれる。下部に長さ20～35cmの葉がつき、上部の葉は小さく細くなる。長い円錐花序には密毛があり、花は径1cm前後、花被片は6個あり、基部が粘る。雄花と両性花がある。棕櫚草。❋7～8月 ●山地～亜高山の草地や林内 ❀北海道、本州（中部・北部）。花が緑色の型をアオヤギソウ var. parviflorum という。

シュロソウ科

リシリソウ
Anticlea sibirica

高さ10～25cmの多年草。地下の鱗茎から花茎と葉が出る。根出葉は長さ10～20cm、茎葉はないか少数つく。花はまばらにつき、径1.5cmほど、花被片6個は斜開し内側に黄緑色の大きな腺体がある。利尻草。❋7～8月 ●❀利尻島と礼文島の高山草地やれき地

8月1日　アポイ岳

アオヤギソウ
雄しべは6個、花被片の半長

大きな腺体　雄しべは6個

小さな茎葉
長い根出葉
7月26日　礼文島

シュロソウ科

エンレイソウ

Trillium apetalon

高さ20～40cmの変異の大きな多年草。地中の大きな塊茎から花茎を1～数本出す。葉は茎頂に3個輪生し、長さ幅ともに10～17cm。花は横向きに咲き、花弁はなく、がく片は長さ1～2cmであずき色か緑色。子房はふつう緑色系でアオミノエンレイソウと呼ぶことがある。果実は稜のある球形で種子には甘みのある付属体がつき、蟻に運ばれる。延齢草。❋4～6月 ●低地～亜高山の明るい林内 ❖北海道、本州、九州。果実（子房）が黒紫色のものを品種クロミノエンレイソウ、紅色のものをアカミノエンレイソウ、がく片が緑色で子房が黒く、葯が白い品種をトイシノエンレイソウという。また次ページ掲載のミヤマエンレイソウとの種間雑種をヒダカエンレイソウといい、大形でよく見られる。同じく次ページ掲載のオオバナノエンレイソウとの雑種をトカチエンレイソウというが、開花時期が大きく異なるためか出現するのは稀である（写真は次ページ）。近縁種コジマエンレイソウ T. smallii は海岸近くの林下に産し、全体大形で花弁は0～3、子房はふつう緑色系だが黒い型もある。

（アオミノ）エンレイソウ 4月23日 札幌市

まれに花弁が出る 6月11日 狩場山

高所に多いアカミノエンレイソウ

アオミノエンレイソウ

クロミノエンレイソウ 4月28日 札幌市

クロミノエンレイソウの果実

トイシノエンレイソウ

仮称アオミノトイシノエンレイソウ

コジマエンレイソウ 5月18日 伊達市

トイシノエンレイソウ 5月22日 札幌市砥石山

ヒダカエンレイソウ 5月23日 支笏湖畔

シュロソウ科

■オオバナノエンレイソウ
Trillium camschatcense

高さ30〜70cmの多年草で群生することが多い。葉は3個輪生し先がとがる。花は上〜斜め上を向いて咲き、花弁は大きいもので長さが6cmほど、形も生育地により様々。雄しべは6個、葯は花糸の3倍長。子房の先は濃い紫褐色。大花延齢草。❋5〜6月 ●低地〜低山、時に亜高山の明るい林内や草地 ✿北海道、本州(北部)。子房全体が濃い紫褐色のものを変種チシマエンレイソウという。近似種ミヤマエンレイソウ（シロバナエンレイソウ）T. tschonoskii はやや小形。花が横〜斜め下向きに咲き、花弁は長卵形で長さ約3cmでがく片とほぼ同長。深山延齢草。❋5〜6月 ●山地の広葉樹林内 ✿北海道〜九州。子房が暗紫色のものを変種エゾミヤマエンレイソウ、オオバナノエンレイソウとの自然交雑種をシラオイエンレイソウ(3倍体と6倍体が知られる)といい、両親より大形で花弁と葉の縁が波打つ傾向が強い。雄しべは雌しべより短く、葯は花糸のほぼ2倍長。近縁種カワユエンレイソウ T. channellii はオオバナとミヤマの中間的な感じで6倍体のシラオイエンレイソウに極めてよく似て見分けは困難。❋5〜6月上 ●道東の山地の明るい林内。

オオバナノエンレイソウ 花弁の広いタイプ 5月15日 様似町

花弁の狭いタイプ 5月12日 大空町

オオバナの果実

ミヤマエンレイソウ

ミヤマエンレイソウ 5月27日 千歳市

大きな葯／花糸は短い／シラオイエンレイソウ6倍体は結実する／エゾミヤマエンレイソウ／トカチエンレイソウ

シラオイエンレイソウ(3倍体) 5月18日 苫小牧市
花弁と葉の縁が波打つ傾向がある

チシマエンレイソウ 5月4日 天売島

カワユエンレイソウ 5月20日 川湯温泉
オオバナノエンレイソウ／カワユエンレイソウあるいはシラオイエンレイソウ6倍体

シュロソウ科

ショウジョウバカマ
Heloniopsis orientalis

高さ10〜20cmの多年草だが花後花茎は40〜50cmに伸びる。葉はロゼット状に多数つき、長さ5〜13cm、厚みと光沢があり、しばしば先端に小苗ができる。花被片は6個で長さ約1.3cm、花後も緑色となって落ちずに残る。猩猩袴。❋5〜7月 ●低地の湿原〜亜高山の湿った草地 ❉北海道〜九州

イヌサフラン科

ホウチャクソウ
Disporum sessile var. sessile

高さ30〜60cmの多年草。茎はふつう分枝して上部で斜上する。葉は長さ5〜15cm、基部は円く、先はとがる。花は1〜3個下垂し、長さ約3cm、6枚の花被片が筒形となって平開しない。果実は球形で径1cmほど。宝鐸草。❋5〜6月 ●低地〜山地の林内 ❉北海道〜九州

6月6日　ユーラップ岳 / 果実期の姿

果実 / 5月25日　札幌市

イヌサフラン科

チゴユリ
Disporum smilacinum

茎はふつう分枝せず斜上して長さ10〜35cmになる多年草で地下茎が伸びてやや群生する。葉は長さ4〜7cmで先がとがる。花は茎頂に1〜2個つき、下〜横向きに咲く。花被片6個はやや平開する。子房は倒卵形、花柱は子房の2倍長で、先はふつう浅く3裂する。果実は球形。稚児百合。❋5〜6月 ●低地〜山地の林内 ❉北海道〜九州。近似種オオチゴユリ（アオチゴユリ）D. viridescens は大形で高さが20〜80cmになり、ふつう分枝して花は下向きに咲く。子房は球形、花柱は子房よりわずかに長く、先は浅く3裂するものから3深裂するものまである。大稚児百合。❋6〜7月 ❉北海道（胆振〜釧路）、本州（中部以北）

チゴユリ　6月1日　札幌市南区

果実

オオチゴユリ　6月13日　平取町

サルトリイバラ科

■ サルトリイバラ
Smilax china

茎の長さ50cm〜2mのつる性で雌雄異株の半低木。茎に曲がった刺がつく。葉は厚くつやがあり、長さ3〜12cm、葉腋に托葉がつき、その先が巻きひげとなる。球形の花序も葉腋から出る。花被片は雄花、雌花ともに6個。径8mmほどの球形の液果は赤く熟して切り花に利用される。猿捕茨。❀5〜6月 ●低山の林縁など ✿北海道(西南部)〜九州

5月28日　松前町　　　　　　　　　　　　　　果実

サルトリイバラ科

■ シオデ
Smilax riparia

茎の長さが2〜4mのつる性で雌雄異株の多年草。よく分枝する。葉は互生し、長さ5〜15cm、やや厚みとつやがあり、葉脈部分が凹む。葉腋から巻きひげと花序を出す。花被片6個は反り返る。液果は径1cmほど。牛尾菜。❀7〜8月 ●低山の林縁や原野 ✿北海道〜九州

果実　　　　　　　　　　　　　　　　　　7月4日　上ノ国町

ユリ科

■ オオウバユリ
Cardiocrinum cordatum var. glehnii

高さが1〜1.5mの1回繁殖型多年草。地下に鱗茎があり小鱗茎をつくり栄養繁殖も行う。葉は長さ15〜25cmで光沢と厚みがあり、葉脈は網目状。花は5〜20個つく。扁平な種子は半透明で幕状の翼に囲まれる。母体は鱗茎ごと枯死する。大姥百合。❀7〜8月 ●低地低山の林下 ✿北海道、本州(中部以北)

7月22日　恵庭市　　　　　　　　　　　　　果実

ユリ科

■ ツバメオモト
Clintonia udensis

高さは開花時で20〜30cm、果時にその2倍ほどに伸びる多年草。時に群生する。葉はやや厚みがあり長さ20cmほど。花は径1cmほどで花被片と雄しべ6個、柱頭は3裂。果実は球形で径1cmほど。藍色または黒、稀に白く熟す。燕万年青。❀5〜6月 ●山地〜亜高山の林内 ✿北海道、本州(奈良以北)

5月27日　千歳市

果実の色は2種類ある　　　クロミツバメオモトと呼ばれる型

ユリ科

■カタクリ
Erythronium japonicum

高さ開花時で10～20cmの多年草。地中にある鱗茎から2個の葉と花茎を出す。葉は長さ6～12cm、長い葉柄は地中にあり見えない。葉身はやや肉質でふつう表面に紫褐色の斑が入る。6個ある花被片は長さ4～6cm、開花条件がいいと後方に反りかえる。基部近くにW字形の蜜標がある。果実は深い3稜形で長さ1.5cmほど。種子に蟻の好む付属体がつき運ばれる。鱗茎は澱粉を含み食用にされた。片栗（これは単なるあて字）。✳4～5月 ●野山の明るい林内や草地 ✤北海道（天塩地方以南・十勝地方以西・見市端野）～九州

5月12日　札幌市南区

時に白花を見る

果実

蟻が付属体のついた種子を運ぶ

ユリ科

■キバナノアマナ
Gagea nakaiana

地中の鱗茎から長さ20～30cmの葉と花茎を1個出す多年草。葉は多肉質で粉白色をおびる。花茎には2個の苞葉がつき、花の径は約2.5cm。3稜のある蒴果が熟すと地上部は枯れる。黄花甘菜。✳4～5月 ●低地～山地の陽の当たるところ ✤北海道～九州

5月12日　札幌市
枯れかかって倒れた地上部

ユリ科

■ヒメアマナ
Gagea japonica

前種に似るが軟弱な多年草で各部はスリム。下の苞葉の基部はほとんど茎を抱かない。姫甘菜。✳4～5月 ●低地～山地の明るい林内 ✤北海道（道央以南・以西）、本州（中部以北）。よく似たエゾヒメアマナ G. vaginata の苞葉基部は茎を抱く。✳5～6月 ✤北海道（道北・道東）

ヒメアマナ　5月21日　新冠町

エゾヒメアマナ　5月13日　釧路市

ユリ科

エゾスカシユリ
Lilium pensylvanicum

高いもので1mほどになる多年草。茎は直立して蕾とともに白い綿毛が目立つ。葉は多数つき柄はない。花は茎頂に上向きに咲き、径10〜13cm、6個の花被片間に隙間ができる。蝦夷透百合。❀6〜8月 ●海岸〜山地の草地や岩場 ◆北海道、本州(北部)

6月17日　せたな町

ユリ科

ヤマユリ*
Lilium auratum

高さ1mを超える多年草で茎は直立〜弓なりとなる。やや厚みのある葉が多数互生する。花は径20cmほどでよい香りがする。地下の鱗茎は食用になる。山百合。❀7〜8月上 ●低山の開けた場所 ◆北海道(道央以南)〜九州(本州以外は二次的分布と推定される)

8月5日　松前町

ユリ科

クルマユリ
Lilium medeoloides

高さ40〜80cmになる多年草。長さ10cmほどの葉が5〜10個が1〜3段輪生する。上部には小さな葉が互生。花の径は5cmほど。花後楕円形の果実ができる。車百合。❀6〜8月 ●低地〜亜高山の林縁や草地 ◆北海道、本州(中部以北)、四国。葉や花に変異が多い。

果実　　　　　　　　　　　　　　　7月25日　島牧村大平山

ユリ科

オニユリ*
Lilium lancifolium

高さ1〜2mの多年草。地中に大きな鱗茎がある。多数つく葉の葉腋に黒紫色のむかごがつく。花は径10cmほど。3倍体なので果実はできない。鬼百合。❀7〜8月 ●道端など ◆原産地は中国。近縁のコオニユリ* L. leichtlinii はやや小形でむかごはできず、匍匐枝があり結実する。栽培もされ、鱗茎は食用にされる ◆北海道(帰化)〜奄美

オニユリ　8月10日　厚真町　　　　コオニユリ　7月24日　鹿追町

037

ユリ科

■ クロユリ
Fritillaria camtschatcensis

高さ15〜50cm、3倍体の多年草で、結実しないが鱗茎が分裂して増える。4〜5個の葉が数段輪生する。花には悪臭があり、花被片に網目模様と腺体がある。黒百合。✿6〜8月 ●低地〜山地の草地、原野 ❀北海道、本州(中部以北) 高山型を変種ミヤマクロユリ var. keisukei といい、2倍体で結実する。

6月6日 長沼町　　　　　　　　　　　　ミヤマクロユリ

ユリ科

■ バイモ*
Fritillaria thunbergii

高さ30〜80cmのやや軟弱な多年草。長さ10cmほどの葉が対生または輪生し、上部のものは時につる状となって他のものに巻き付く。花は上部の葉腋に1個ずつつく。貝母。✿4〜5月 ●人里付近 ❀原産地は中国。薬用として栽培されたが野生化?

5月13日 松前町

ユリ科

■ チシマアマナ
Lloydia serotina

高さ7〜15cmの多年草。地下に円柱形の鱗茎がある。茎より長い長さ7〜20cm、幅1〜2mmの根出葉が2個出る。茎にも長さ1〜3cmの葉がつく。花は茎頂に1個のみつき、花被片基部に腺体がある。千島甘菜。✿6〜7月 ●高山の岩地やその周辺 ❀北海道、本州(中部以北)

6月17日 芦別岳

ユリ科

■ ホソバノアマナ
Lloydia triflora

高さ10〜25cmの多年草。地下に長卵形に近い鱗茎がある。根出葉は1個、幅1.5〜3mmで茎とほぼ同長。茎葉は2〜3個で最下の葉は3〜6cmの披針形。花は1〜5個つき花被片に緑色の筋が入るが腺体はない。細葉甘菜。✿5〜6月 ●低地〜低山の草地や明るい林内 ❀北海道〜九州

5月21日 恵庭市恵庭公園

ユリ科

ヒメタケシマラン
Streptopus streptopoides subsp. streptopoides
高さ15～30cmの多年草。地下茎が伸びてまとまって生える。茎は分枝しないか1回分枝し、基部は直立し突起状の毛がある。葉は互生し縁に柱状の突起がある。姫竹縞蘭。❋6～7月 ●亜高山～ハイマツ帯の林内や草地 ❋北海道、本州(中部以北) 亜種**タケシマラン** subsp. *japonicus* はより大形で1～2回分枝し、葉の縁に柱状突起はない。
6月13日　札幌市定山渓

花柱は短い
雄しべの葯
突起状の毛
花被片はそり返る
果実　　タケシマランと推定されるもの　大千軒岳

ユリ科

オオバタケシマラン
Streptopus amplexifolius
高さ50cm～1mの多年草。茎は2～3回2分枝する。葉は長さ6～12cm、互生し、裏面は粉白色で先はとがり基部は茎を抱く。花は葉腋から出る折れ曲がった細い柄につき径12mmほど。花被片は反り返る。大葉竹縞蘭。❋6～7月 ●山地～亜高山の湿った所 ❋北海道、本州(中部以北)
花柱は長さ4mmくらい

雄しべの葯は長い　花被片はそり返る
葉の基部は茎を抱く
果実　　　　　　　　　6月23日　大雪山

ユリ科

ヤマジノホトトギス
Tricyrtis affinis
高さ30～80cmの多年草。茎は斜めに伸びて下向きの毛がある。葉は長さ8～18cmで先がとがり、基部は茎を抱く。下部の葉には濃色の斑が入る。花は茎頂と葉腋につき径2.5cmほどで花柱が3裂して枝はさらに2裂する。山路不如帰。❋8～9月 ●山地の林内 ❋北海道(石狩以南)～九州

3裂した枝はさらに2裂する　外花被片

内花被片　花柱は大きく3裂する
花は葉腋につく
葉の基部は茎を抱く
葉に濃色の斑が入る
8月27日　函館市恵山

ユリ科

ハゴロモホトトギス
Tricyrtis latifolia var. makinoana
高さ40～70cmの多年草。葉は長さ7～15cm、先がとがり基部は茎を抱き、裏面に毛がある。花は茎頂と葉腋の散房花序につき、6個の花被片に囲まれた3裂した花柱が目立つ。羽衣不如帰。❋7～8月 ●山地の林内 ❋北海道(大雪山天人峡)、本州(北部) 基本種**タマガワホトトギス**(●本州～九州)の葉の裏面は無毛。

花被片は6個。外花被3個は幅が狭く、内花被3個は幅が広い　花柱は大きく3裂する

葉の基部は茎を抱く
果実　　　　　　　　　7月20日　東川町天人峡

ラン科

■ エビネ
Calanthe discolor
高さ20〜40cmの多年草。地表で連なる偽球茎が海老に似る。葉は根元に2〜3個つき、長さ15〜25cmで枯れずに越冬する。花は総状に多数つき、唇弁を除いた花被片は緑色をおびた褐色で長さ12〜20mm。距は細く長さ約8mmで後方に伸びる。海老根。❋5〜6月 ●低山の明るい林内 ◆北海道(渡島半島)、本州、四国、沖縄

6月6日　函館市函館山

■ ナツエビネ
Calanthe puberula var. reflexa
高さ20〜40cmの多年草。地下に球形の偽球茎がある。葉は数個つき長さ10〜25cmで緑色のまま越冬する。花はややまばらにつき、がく片は後方に反りかえり側花弁は線形、唇弁は大きく3裂する。夏海老根。❋8月 ●山地の樹林下 ◆北海道(西南部)〜九州　葉の裏面に短毛があるものは変種オクシリエビネ var. okushirensis とされるが、毛の有無は不安定のようだ。

8月17日　奥尻島

■ サルメンエビネ
Calanthe tricarinata
高さ30〜50cmの多年草。根元に偽球茎があり、2〜4個つく大きな葉は襞状に縦折れし、緑のまま越冬する。花は茎の上部にややまばらにつき、3個のがく片と2個の花弁は緑色がかった黄色。3裂して赤褐色の唇弁は中央の裂片が特大で縁が細かく波打つ様子がお猿の顔のように見えるらしい。猿面海老根。❋5〜6月 ●低地〜山地の広葉樹林下 ◆北海道〜九州

6月2日　奥尻島

■ キンセイラン
Calanthe nipponica
高さが大きいもので50cmほどの多年草。葉は長さ15〜30cmで縦に畳まれたような襞が走り、花後出た葉が緑色のまま越冬する。花は数個から10個まばらにつき、がく片3個はほぼ同形で平開する。側花弁は線形、唇弁は大きく3裂する。金精蘭。❋7月 ●山地〜亜高山の樹林内 ◆北海道、本州、九州

7月18日　札幌市

ラン科

コアニチドリ
Amitostigma kinoshitae
高さ10〜20cmの多年草。地中に太い塊根がある。葉は直立した細い茎の下部にふつう1個つき、長さ4〜8cm。花は数個つきがく片は長さ約4mm、唇弁は長さ約1cmで大きく3裂する。白い距は後方に伸びて長さ約1.5mm。小阿仁（秋田県内の地名）千鳥。❋7月 ◉湿原、特に高層湿原 ❋北海道、本州（北部）

7月22日　根室半島

ラン科

トケンラン
Cremastra unguiculata
高さが25〜40cmの多年草。葉は長さ10〜15cmの長楕円形でやや革質で硬いが花後枯れ、秋にホトトギスの胸のような暗紫色の斑点が目立つ新葉が出て越冬する。花はまばらに10個前後つき、長さ〜2.5cmほど。がく片3個と側花弁はふつう紫色の斑点があるが、唇弁は白く先が3裂し基部付近に側片がある。杜鵑蘭。❋6月 ◉低地〜低山の林内 ❋北海道（石狩、空知、上川、胆振地方）、本州、四国

越冬前の葉　　　　　　　6月14日　野幌森林公園

ラン科

モイワラン
Cremastra aphylla
次種サイハイランによく似ているが葉を持たず、地中の菌類に栄養を依存する菌従属栄養植物である。根茎がサンゴ状に分かれ、茎と花被片は濃色、花被片は開出せず花はほとんど下を向く。ある程度まとまって出現するが、ほとんど数年以下で消滅してしまう。藻岩蘭。❋6月 ◉低地〜低山の樹林下 ❋北海道、本州（北部）

6月18日　札幌市藻岩山

ラン科

サイハイラン
Cremastra appendiculata var. variabilis
高さ30〜50cmの多年草。偽球茎から花茎と1〜2個の葉を出す。笹に似た葉は長さ20〜30cm、3本の縦脈が目立ち、秋に出て越冬してふつう開花後に枯れるが開花前に枯れれば前種と誤認されやすい。多数の花はやや一方に偏ってつき、唇弁以外の花被片はほぼ同形同大で斜開して短い唇弁を隠している。采配蘭。❋5月下〜6月 ◉低地〜山地の林内 ❋北海道〜九州

ふつう花期まで葉が残る　　　6月15日　芽室町

041

ラン科

■ ギンラン
Cephalanthera erecta var. erecta
高さ10～30cmの多年草。茎は直立して無毛。長さ3～8cmの長楕円形で3脈のある葉が数個つく。花は数個～10個つき、柄の基部の苞は長いが花序より高くなることはない。花弁とがく片はあまり開かないが唇弁基部にある距は短いながら顕著である。銀蘭。❀5～6月 ●低地～山地の林内 ❖北海道～九州

6月8日　札幌市南区

ラン科

■ クゲヌマラン（エゾギンラン、エゾノハクサンラン）
Cephalanthera longifolia
前種ギンランによく似ているが、より大形の個体が多く、葉はやや厚く、学名のとおり細長い。花の唇弁基部に距はあるものの極めて短く、ないように見える。鵠沼（神奈川県にある）蘭。❀5～6月 ●低地～低山の林内や林縁、草地 ❖北海道（空知地方以南）～九州

6月9日　七飯町

ラン科

■ ユウシュンラン
Cephalanthera subaphylla
かつてギンランの変種とされていた植物でよく似ているが、より小形で高さは15cm以下。葉は退化してあっても小さく1～2個で、ほかは鞘状となる半菌従属栄養植物。唇弁の距は目立ち、長さが3～4mmある。祐舜（植物学者・工藤祐舜の名から）蘭。❀5～6月 ●低地～低山の林内 ❖北海道～九州

6月5日　厚沢部町　　葉緑素を欠いた個体　5月26日　札幌市

ラン科

■ ササバギンラン
Cephalanthera longibracteata
ギンランに似ているがより大形で、茎は直立して30～50cm。葉は長楕円状披針形で先が鋭くとがり、縁と裏面に白い短毛がある。花柄基部の苞は下部の1～2個が大きく葉状で花序と同じかより高くなる。唇弁の距は顕著に下方につき出る。笹葉銀蘭。❀5～6月 ●低地～低山の林内 ❖北海道～九州

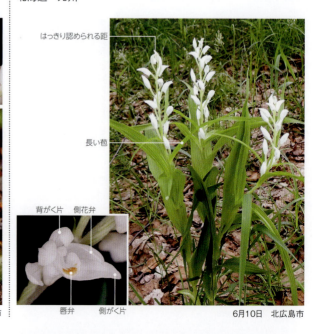

6月10日　北広島市

ラン科
ヒメホテイラン
Calypso bulbosa var. bulbosa

高さ10～15cmの多年草。葉は秋に出て長さ2.5～5cm、縁が波打ち裏面は紫色でそのまま越冬する。花は1個つき唇弁以外の花被片は線状披針形で四方に開く。唇弁は白い袋状で長さ2.5～3.5cm、2裂した距は上からは変種ホテイラン（❀本・中部）のようには見えないが、距の長さは連続しているので区別する必要はないかもしれない。姫布袋蘭。❀5月 ◯山地の針葉樹林下、時に人工林下 ❀北海道(渡島半島)本州(北部)

距が見えないヒメホテイランの型

距が見えるのでホテイランの型としたいが、まだまだ長い距を持つ個体がある

縁が波打つ葉

5月11日　厚沢部町

ラン科
コアツモリソウ
Cypripedium debile

高さが10～20cmの多年草。茎の先に2個の葉が向き合ってつく。葉身は長さ3～5cm、円心形で質はやや硬く光沢があり、先がとがる。花は葉腋から出る枝の先に葉に隠れるようにぶら下がり、長さ2cmほど。唇弁は長さ1cmほどの袋状で紫筋が入る。それ以外の花弁とがく片はおおむね披針形。小敦盛草。❀5～6月 ◯低山の暗い樹林下 ❀北海道(南西部)、本州(中部以北)

背がく片　ずい柱

側花弁　唇弁

背がく片。この下に花がある

果実

5月30日　厚沢部町

ラン科
クマガイソウ
Cypripedium japonicum

高さ30～40cmの多年草。伸びる地下茎の所々から茎(有毛)と葉を出す。葉は茎に向かいあってつき葉身は径10～15cmの扇形で、折り畳まれた放射状の襞が目立つ。径10cm近い花が1個つき、紫色の筋がある袋状の唇弁が目立つ。熊谷草(唇弁を熊谷直実が背負う母衣に見立てて)。❀5月下～6月 ◯低地～低山の明るい林内 ❀北海道(石狩地方以南)～九州

合着した側がく片

背がく片
側花弁

大きな唇弁

放射状の脈

葉は2個、対生状につく

6月1日　白老町

ラン科
キバナノアツモリソウ
Cypripedium yatabeanum

高さ20～40cmの多年草。茎や花の柄に軟毛がある。長さ3～4cmで先が尖る楕円形の葉が対生状につく。花は茎の先に横向きにつき、黄色い地に褐色の斑紋がある。唇弁は袋状の筒形、側花弁はくびれのある狭長卵形。産地が限られる上、盗掘で数が激減した花。黄花敦盛草。❀6月中～7月上 ◯低地～亜高山の草地 ❀北海道(釧路地方・夕張山地)、本州(中部以北)

苞葉

背がく片

くびれがあり、先が円い側花弁

唇弁

葉は互生だが対生に見える

毛が多くつく

7月5日　白糠町

ラン科

ホテイアツモリソウ（ホテイアツモリ）

Cypripedium macranthos var. macranthos
高さが25〜35cmの多年草。葉は互生し、長さが10〜15cmの長楕円形で先がとがり、基部は鞘状となって茎を抱く。花は茎の先に1個、葉状の苞とともにつき、大きな袋状の唇弁が目立つ。布袋敦盛草。✽6月 ●海岸〜亜高山の草地 ❖北海道、本州(中部以北) 唇弁がより小さな**アツモリソウ** var. speciosumも道内に知られていたが現在は見られない。

6月5日 札幌市

ラン科

レブンアツモリソウ

Cypripedium macranthos var. flavum
基準変種は前掲のホテイアツモリで、形態はほぼ同じだがやや小形で、高さが15〜30cm。花の背がく片が庇のように張り出し、側花弁は広く短い。唇弁は長さ3.5〜5cmの大きな袋状。花はクリーム色だが白色もある。礼文敦盛草。✽5月下〜6月 ●礼文島の草地 下段のカラフトアツモリソウとの自然雑種**ウェントリコスムアツモリソウ** C. × ventricosum が知られている。

レブンアツモリソウ　　ウェントリコスムアツモリソウ

6月6日 礼文島

ラン科

ドウトウアツモリソウ（エゾアツモリソウ、サンセイアツモリソウ）

Cypripedium shanxiense
高さが30〜40cmになる多年草。茎に短毛がある。葉は3〜5個が互生し葉身は長楕円形で先がとがる。花は1〜2個つき全体茶褐色。側がく片は基部のみが合着し、側花弁は線状披針形でねじれながら横に開く。道東敦盛草。✽6月 ●岩の多い山地の樹林下 ❖北海道(道東) かつて次種カラフトアツモリソウと同種とされていた。

6月15日 釧路市阿寒

ラン科

カラフトアツモリソウ

Cypripedium calceolus
高さが30cm前後になる多年草。長さ10〜15cmの長楕円形で先がとがる葉が3〜4個互生する。花は1〜2個つき袋状の唇弁は褐色の斑点がある黄色で、それ以外の花弁とがく片はこげ茶色。樺太敦盛草。✽6月 ●礼文島北部の草地 ❖世界的にはユーラシアに広く分布し、礼文島の個体は最近花をつけないという。

6月8日 礼文島

ラン科

■シュンラン（ホクロ）
Cymbidium goeringii
高さが10～25cmで根茎が短い多年草。常緑で長い葉が叢生してスゲのようだが硬い、幅は6～10mmで微鋸歯縁でざらつく。花は直立した花茎にふつう1個つき、各片の外側が緑色。唇弁ははがく片より短く白色で濃赤紫色の斑点があるが距はない。春蘭。❋4～5月 ●低山の明るい林内 ❖北海道（今金町以南）～九州

4月23日　八雲町熊石

ラン科

■アオチドリ（ネムロチドリ）
Dactylorhiza viridis
高さが15～40cmの多年草。葉は2～4個互生し、やや肉質で長さ4～10cmの長楕円形。花は総状に多数つき葉状の苞は花よりずっと長い。がく片3個が兜状となり側花弁を隠す。唇弁は長さ1cmほどで先が3裂するが中裂片は微小。個体によって花軸や唇弁が紫褐色をおびる。青千鳥。❋5～7月 ●山地の林内や草地 ❖北海道、本州（中部以北）、四国

6月13日　札幌市定山渓

ラン科

■ハクサンチドリ
Dactylorhiza aristata
高さが10～40cmの多年草。広線形～披針形で長さ7～15cmの葉が数個互生する。花は総状に5～20個接してつき径2cmほどで色の変異が大きい。がく片や側花弁の先が鋭くとがる。唇弁は長さ1cmほどで濃色の斑と突起状毛があり、先が3裂する。白山千鳥。❋6～7月 ●低地～高山の湿った草地 ❖北海道、本州（中部以北） 葉に小豆色の斑点があるものを**ウズラバハクサンチドリ** f. punctata といい、中央高地と日高山脈に産する。

ハクサンチドリ　6月9日　礼文島　　ウズラバハクサンチドリ

ラン科

■アリドオシラン
Myrmechis japonica
茎の下部が地面を這いながら立ち上がり高さが5～8cmになる多年草。葉はやや厚みがあり長さ1cmほどの広卵形で基部は円形。数個が互生する。花は茎頂に1～2個つき、長さ8mmほど。唇弁の基部が膨らみ、先が2浅裂している。蟻通蘭（葉がアカネ科のアリドオシに似る）。❋7～8月 ●山地～亜高山の樹林下 ❖北海道、本州、四国

8月11日　札幌市

045

ラン科

■ ツチアケビ
Cyrtosia septentrionalis
時に高さが50cmを超える葉緑素を持たない菌従属栄養植物。養分をナラタケ菌に依存しているという。硬い茎は上部で分枝する。花は径2cmほどで柄と子房がねじれないので大きく黄色い唇弁は上部に位置する。残りの花弁とがく片は薄茶色〜褐色。果実は長さ5cm以上のアケビの実形。開花後は休眠するので毎年咲かない。土木通。❋7〜8月 ●山地の樹林下 ❖日本全土(北海道は空知以南)

8月16日 北斗市

ぶら下がる果実

ラン科

■ オニノヤガラ
Gastrodia elata
茎がひょろりと伸びて高さが1m前後になる菌従属栄養植物。養分はナラタケ菌に依存しているという。鱗状の葉がまばらにつく。花は20〜50個つき、がく片と側花弁が合着して花冠は壺形となり、先端部が裂けているのはその名残。花筒から出て下に巻き込む唇弁は縁が細裂して裂片は内に巻く。鬼矢柄。❋6〜7月 ●低地〜低山の林内や林縁 ❖北海道〜九州

唇弁の中裂片。細裂している

がく片が合着したつぼ状の花冠。下部が膨らむ

茎には鱗片状の葉がつく

7月12日 札幌市豊平区西岡

ラン科

■ イチョウラン
Dactylostalix ringens
高さが10〜20cmになるラン。長さ3〜6cm、卵円形で光沢と厚みのある葉は根元に1個つく。その上部に鱗片状の葉がつく。花は茎頂に1個つきがく片と側花弁は明るい緑色で紫色の斑点があったりなかったり。唇弁は長さ7mmほどでふつう紫紅色の斑点がある。一葉蘭。❋5〜6月 ●山地の樹林下 ❖北海道〜九州

6月18日 白老町

鱗片状の葉
厚みのある葉が1個つく

ラン科

■ コイチョウラン
Ephippianthus schmidtii
高さが5〜15cmの多年草。細い地下茎が伸びる。広卵形で長さ1.5〜3cmのやや厚みのある葉が根元につき、その色は暗紫色と濃緑色の2タイプがある。花はうつむいて1〜数個つき、径7mmほどで3個のがく片は同形同大、側花弁は小さい。唇弁にぼやけた赤い斑紋がある。小一葉蘭。❋7〜8月 ●山地〜亜高山の樹林下 ❖北海道、本州(中部以北)

8月18日 苫小牧市 緑色の葉

暗紫色の葉 8月11日 大雪山

ラン科

エゾスズラン（アオスズラン）

Epipactis papillosa

高さが30～60cmの多年草。茎や葉に褐色の短毛があってざらつく。葉は数個互生し、基部は茎を抱いている。花は一方に偏って総状に20～30個つき、径1.5cmほど。がく片と側花弁は緑色で長さ1cmほど。唇弁は先端部が卵形、後部が内側に巻いて内面は暗褐色～黒色。ずい柱は大きく唇弁後部と同長。蝦夷鈴蘭。❋7～8月 ●山地～亜高山の林内 ❖北海道～九州

8月19日　大雪山

ラン科

カキラン

Epipactis thunbergii

高さが30～60cmの多年草。葉は狭卵形で縦脈が目立ち通常2つに折り畳まれた状態なので線形に見える。基部は鞘状となって茎を抱く。花はややまばらにつき径1cmほど。がく片はクリーム色、側花弁が柿色、唇弁は上下の2唇に分かれ、白色で紅紫色の模様がある。柿蘭。❋7～8月 ●低地～山地の日当たりのよい湿地 ❖北海道～九州

7月19日　長万部町

ラン科

サワラン（アサヒラン）

Eleorchis japonica

高さが15～30cmの多年草。葉は1個根元につき、線状披針形で長さ10cm前後で基部は茎を抱く。花は1個茎頂について横向きに咲く。がく片や花弁は斜めに開く。唇弁以外の花被片は同形同大で倒披針形で先がとがる。唇弁は中央に隆起線があり、先が浅く3裂する。沢蘭。❋7月 ●湿原、特に高層湿原 ❖北海道、本州（中部以北）日本固有の属

7月9日　長万部町

ラン科

ベニシュスラン

Goodyera biflora

茎の基部が横に這って上部が立ち上がり、高さが10cmにならない多年草。葉は数個互生し、長さ2～4cmの卵形で、表面は濃い緑色でややビロード状、葉脈に沿って白い斑が入る。長さ3cmほどの花が1～2個つき、がく片と側花弁は同長、唇弁は少し短く先は下にくるりと巻いている。紅繻子蘭。❋7中～8中 ●低地～山地の暗い樹林下 ❖北海道（胆振以南）～九州

7月28日　厚沢部町

047

ラン科

■アケボノシュスラン
Goodyera foliosa var. laevis

茎は地表を這い先が立ち上がって高さが5〜10cmの多年草。葉はやや密に互生し、葉身はやや厚く光沢があり、長さ2〜4cmの長卵形で先がとがる。葉脈部分が白い筋となって目立つ。花は数個つき長さ8〜10mm。がく片は花弁と同長で狭卵形。唇弁は基部が少し膨らむ。曙繻子蘭。
❀8〜9月 ●山地の樹林下 ❖北海道〜九州

8月29日 札幌市砥石山

側がく片 唇弁 苞

果実 苞
果期の姿

ラン科

■ツリシュスラン
Goodyera pendula

岩や樹の幹に着生する常緑の多年草で、茎は垂れ下がり長さ10〜20cm。数個互生する葉は長さ2〜3.5cmの披針形〜卵形でつやがあり、縁が波打つ。茎の先端が上に伸びた花序となり花は一方に偏って密に多数つく。がく片は長さ4mmほどの狭卵形で外面に毛がある。側花弁は狭倒披針形、唇弁は広卵形。吊繻子蘭。❀8月 ●山地の樹林内 ❖北海道〜九州 写真はヒロハツリシュスラン f. brachyphylla と呼ばれるタイプ。

背がく片　苞
側がく片　子房。毛が目立つ
花茎はここで上を向く
葉は卵形なので品種ヒロハツリシュスランの型

8月11日 江差町

ラン科

■ミヤマウズラ
Goodyera schlechtendaliana

茎の下部が地表を這い、先が立ち上がって高さが10〜20cmの多年草。葉は下部に数個互生し、長さ2〜4cmの卵形で、ふつう表面に白い斑が入り、先がとがる。花は一方に偏ってつき、長さ1cm前後。がく片や花軸、子房に毛があり、唇弁内側にも毛がある。側がく片はへの字形に曲がった長披針形で大きく開く。深山鶉。❀8〜10月 ●低地〜山地の林内 ❖北海道〜九州 同属のよく似たヒメミヤマウズラ G. repens はミヤマウズラに比べてやや小形の多年草で、葉は数個茎の下部に互生し、卵形で先はとがらない。花は長さ4〜5mm。側がく片は卵形であまり開かず、唇弁内側には毛がない。姫深山鶉。❀8〜10月 ●針葉樹林下 ❖北海道、本州（近畿以北）

ミヤマウズラ 9月2日 野幌森林公園

背がく片
側がく片 唇弁 側がく片

側がく片 唇弁
背がく片 側がく片

ヒメミヤマウズラ 8月26日 武利岳

互生する葉に斑が入る / 表面に斑が入る葉

ラン科

■ トラキチラン
Epipogium aphyllum

高さが10～20cmの葉緑素を持たない多年性の菌従属栄養植物。茎の基部は膨らみ、地中に珊瑚状の菌根茎がある。鱗片状の葉がまばらにつく。花は1～数個つくが、一般のランとは上下が逆転した形となる。唇弁はボート状で側裂片や内側に赤い斑点と隆起線、突起列があり複雑である。虎吉蘭（発見者神山虎吉に因る）。❋7月下～8月 ●山地の針葉樹林内 ❋北海道、本州（中部）

8月6日　大雪山

ラン科

■ カモメラン
Galearis cyclochila

高さが10～20cmのランで、茎に3稜がある。根元に大きな葉が1個つき、葉身は広楕円形で長さ4～6cm。茎頂にふつう2個の花をつけ、がく片3個と側花弁で兜をつくる。唇弁は長さ1cmほどで平開し、縁が細かく波打って全面に紅紫色の斑点がある。細い距が後方に伸びる。鴎蘭。❋6月 ●山地樹林内や苔むした岩 ❋北海道、本州（中部以北）

6月14日　弟子屈町

ラン科

■ テガタチドリ
Gymnadenia conopsea

高さが30～60cmの多年草。根の一部が手の形に肥厚し、茎は太い。葉は長さ6～20cmの広線形～線状披針形でやや厚く先がとがり、基部は鞘となり茎を抱く。花は茎の上部に多数密につく。背がく片と側花弁で兜をつくり、唇弁は浅く3裂し、距は細く長さ1.5～2cm。手形千鳥。❋7～8月 ●原野（道東）、高山の草地 ❋北海道、本州（中部以北）

6月28日　島牧村大平山

ラン科

■ ノビネチドリ
Neolindleya camtschatica

高さが25～60cmの多年草。長さ7～15cm、長楕円形で縁が波打つ葉が4～10個つく。花は穂状の花序にやや密に多数つく。ふつう唇弁に筋があり、長さ3～4mmの距が曲がって前に突き出る。白花の出現率が高い。延根千鳥。❋5～6月 ●低山～亜高山の林縁など ❋北海道、本州（中部以北）、四国

出現頻度が高い白花の個体　　6月13日　札幌市

049

ラン科

■ スズムシソウ
Liparis makinoana

高さが10〜30cmの多年草。偽球茎から花茎と2個の葉を出す。葉身は長さ4〜12cmの長楕円形で縦筋が目立つ。花はややまばらに数個〜10個つき、がく片は線形で側がく片は唇弁下に隠れる。側花弁は糸状、唇弁は倒卵形で長さ1.2〜1.7cmで平開する。鈴虫草。❀6〜7月 ●山地の林内 ❖北海道〜九州

6月1日　白老町

ラン科

■ セイタカスズムシソウ
Liparis japonica

前種スズムシソウによく似た高さが20〜40cmの多年草。花はややまばらに多くつき、唇弁は長さ8〜11mmで丸まることはなく、円頭だが中央に微小な突端がある。背高鈴虫草。❀7月 ●山地の樹林下 ❖北海道〜九州

7月6日　厚真町

ラン科

■ ギボウシラン
Liparis auriculata

高さ15〜25cmの多年草。根元に広卵形で葉脈間が顕著に窪んでギボウシを連想させる葉が2個つく。葉の基部は鞘状となって茎を囲む。花は数個から10個内外つき、巻いたがく片が細く見え、側花弁は線形、唇弁はほぼ平たく伸び長さ5mmほど。擬宝珠蘭。❀7月中〜8月上 ●山地樹林下 ❖北海道(北部、西南部)〜九州

8月6日　福島町

ラン科

■ ジガバチソウ
Liparis krameri

山地の林内に生える高さ8〜20cmの多年草。径約1cmの偽球茎から花茎と2個の葉を出す。葉身は長さ3〜8cm、縁が細かく波打つ。花は10〜20個つき、がく片3個は線形で先がとがる。側花弁は糸状、唇弁は狭倒卵形で基部で折れ曲がる。花色によってアオ、クロをつけて呼ぶことがある。似我蜂草。❀6〜7月 ●山地の林内 ❖北海道〜九州

6月26日　厚沢部町

ラン科
■ **クモキリソウ**
Liparis kumokiri
高さが15～25cmの多年草。地表の偽球茎から花茎と葉を2個出す。葉は長さ6～10cmで縁が細かく波打つ。花は上部にまとまって5～15個ついて柄は斜上し、がく片は細い筒状。側花弁は糸状で唇弁は幅6mmほどで中ほどで下にくるりと巻いている。花の色は緑色がふつうだが、時に暗褐色。雲切草。❀6～7月 ●山地の樹林下や草地 ✿北海道～九州

6月27日　旭川市

ラン科
■ **シテンクモキリ**
Liparis purpureovittata
高さが15～30cmの多年草。前種クモキリソウによく似ているが、花はより下部からまばらにつき、柄はより水平に近い角度でつき、唇弁の基部に暗紫色のマークが入る。この種も花の色に変異がある。紫点雲切。❀6月中～7月上 ●山地樹林下や林縁 ✿北海道(北部・東部)、本州

6月27日　中頓別町

ラン科
■ **フガクスズムシソウ**
Liparis fujisanensis
同属のスズムシソウやクモキリソウに似ているランで、高さが20cm前後。花は数個～10個以上つく。側がく片は広線形で水平に開き、唇弁は強く下に巻き込む。富嶽鈴虫草。❀7月～8月上 ●広葉樹(主にミズナラ)の幹 ✿北海道(日高)～九州 図鑑類を見ると道外のものは小形で花つきも少ないようだ。

7月20日　新ひだか町静内

ラン科
■ **オオフガクスズムシ**
Liparis koreojaponica
高さが大きいもので30cmを超えるラン。花はまばらに数個～10個以上つき、柄は90度に近い角度でつく。唇弁は長さ1.5cm、幅1cmほどで下に大きく丸まり、時に基部に濃色の斑紋がある。大富嶽鈴虫。❀6月中～7月中 ●山地の林内 ✿北海道 学名が示しているように朝鮮半島にも分布する。

7月14日　札幌市

ラン科

■ミズトンボ
Habenaria sagittifera
高さが30〜50cmの多年草。茎に3稜があり直立する。葉は長さ5〜20cmで基部は茎を抱く。花は10個ほどつき、白い背がく片と側花弁がまとまって兜をつくる。側がく片は半切腎形で緑色〜白色。唇弁は十字形に裂けて左右の裂片は斜上。距は長さ約2.5cm、先が緑色で急にふくらむ。水蜻蛉。❋8〜9月 ●低地の湿原 ✿北海道(道央以南)〜九州

側がく片は、横に開き時に緑色
唇弁の側裂片は斜め上に伸びる
距の先は球状にふくれる
葉の基部は茎を抱く

8月22日 えりも町

ラン科

■ヒメミズトンボ（オゼノサワトンボ）
Habenaria linearifolia var. brachycentra
前種ミズトンボに似ているがより小形のラン。側がく片は白色で斜め下に開く。唇弁の左右裂片は斜め下を向き、距は長さ1.5cm以下で先はほとんどふくらまない。姫水蜻蛉。❋8月 ●低地の高層湿原 ✿北海道、本州(関東以北) 著者はまだ見ていないオオミズトンボの変種とされる。

側がく片は斜め下に開く

唇弁の側裂片は斜め下に伸びる
距の先はほとんどふくらまない

8月8日 別海町

ラン科

■ムカゴソウ
Herminium lanceum
高さが20〜40cmの多年草とされるが、毎年出るわけではなく数年おきのようである。細い茎は直立、葉も細く先がとがり、基部は茎を抱く。花は穂状に多数つき、がく片は長楕円形、側花弁は線状披針形。唇弁は長さ7mmほどで深く3裂し側裂片は長いが中裂片は短く突起状。距はない。珠芽草。❋7月下〜8月 ●低地のやや湿った草地 ✿北海道(西南部)〜沖縄

唇弁の中裂は短く突起状

唇弁の側裂片
がく片と側花弁が兜状に集まる

8月16日 上ノ国町

ラン科

■クシロチドリ
Herminium monorchis
高さが10〜30cmの多年草。長さが3〜10cmの葉が2個つき、広披針形でやや厚みがある。花は総状に多数つき背がく片は卵形で側がく片はより細く小さい。唇弁は長さ5mmほどで3つに裂けるが前種とは逆に中裂片が長い。釧路千鳥。❋7〜8月 ●山地の薄い草地や裸地 ✿北海道、本州(下北半島) 極めて稀なランだがユーラシア大陸ではふつうに見られる。

3裂した唇弁の側裂片　側がく片

子房　3裂した唇弁の中裂片

葉はふつう2個つく

7月28日 渡島大島

ラン科

ホザキイチョウラン
Malaxis monophyllos
高さが10～30cmの多年草。葉は根元に1～2個つき、1個が特に大きい。葉身は長さ4～8cm、全縁で基部は鞘状となり茎を包む。花序に長さ2～3mmで一般とは逆転した微小な花が多数つく。がく片は広披針形で側花弁より短く細い。唇弁は先端部がつき出る。穂咲一葉蘭。❋7～8月 ●山地の林内。時に樹上に着生する ❖北海道、本州（近畿以北）、四国（高山）

7月15日　大雪山

ラン科

ヤチラン
Hammarbya paludosa
高さが5～10cmの多年草。葉は根元に2～3個つき、長さ1～2.5cmの狭長楕円形で質はやや厚い。一般とは逆転した小さな花は多数つき、がく片は狭卵形で長さ2mmほど。背がく片が下を向く。側花弁は卵形で長さ1mmほど。唇弁は上を向き基部が内側に巻く。谷地蘭。❋8月 ●高層湿原 ❖北海道、本州（中部以北）かつて前種と同様 Malaxis 属として扱われていた。

8月17日　根室半島

ラン科

ミヤマモジズリ
Neottianthe cucullata
高さが10～20cmの多年草。2個の葉が根元から地表に広がる。葉身は長さ3～6cmでやや厚みがある。花は一方に偏って多数つき、がく片と側花弁が兜をつくる。唇弁は3深裂して基部に紅紫色の斑点がある。距は長さ5mmほどで緩く前に曲がる。深山捩摺。❋7月下～9月上 ●山地樹林帯の岩場やその周辺 ❖北海道、本州（中部以北）、四国

8月21日　新ひだか町静内

ラン科

フジチドリ
Neottianthe fujisanensis
高さが5cm前後の多年草。葉は根元に1個つき、葉身は長さ5～8cm、先はとがり縁が波打っている。数個の花はまばらにつき、長さ5～6mm、がく片と側花弁が兜をつくる。唇弁は3裂し中裂片が大きく舌のように伸び、白い中心部に紅紫色の斑がある。側裂片は小さい。富士千鳥。❋7月下～8月中 ●山地樹林帯の幹（主としてミズナラ）❖北海道（日高）、本州（中部以北）

7月20日　新ひだか町静内

ラン科

サカネラン
Neottia papilligera

高さが25～40cmの、葉緑素を持たない地中の菌従属栄養植物。太く短い地下茎から上を向いて多数の根が出る。茎や花の柄、子房に毛が密生する。葉は膜質でやや鞘状。花は穂状に多数密につき、唇弁は長さ1cmほどで2深裂し、距はない。逆根蘭。❋5～6月 ●低山の林内 ✿北海道、本州、九州 近似種エゾサカネラン N. nidus-avis は全体無毛。

6月15日 札幌市砥石山 　　サカネラン／エゾサカネラン

ラン科

カイサカネラン
Neottia furusei

高さが8～20cmの菌従属栄養植物。茎は有毛、葉は膜質で鞘状。花は数個～10個ほどつき、径5～6mmで緑色をおびる。唇弁は先が浅く3裂する。がく片と側花弁はほぼ同形同大。甲斐逆根蘭。❋8～9月 ●山地の樹林下（主にトドマツ林下） ✿北海道（オホーツク海側、日高）、本州（中部）

8月27日 網走市

ラン科

ヒメムヨウラン
Neottia acuminata

高さが10～20cmの葉緑素を持たない菌従属栄養植物。茎は細く軟弱で無毛。茎の下部に膜質で鞘状の葉がつく。多数の花が長い総状花序につく。膜質の苞が柄を包む。花は径5～6mmで、すべてのがく片と唇弁は卵状披針形で先がとがり、反り返る。上に位置するのが唇弁でやや短く幅が広い。姫無葉蘭。❋6月 ●山地の針葉樹林内 ✿北海道、本州（中北部）

6月19日 利尻島

ラン科

コフタバラン
Neottia cordata

高さが10～20cmのラン。茎はほぼ無毛。三角状腎形の葉が向かい合ってつく。葉身はやや厚みがあり、長さと幅が1～2cm。花は数個～10個つき、がく片と花弁2個はほぼ同形同大で長さ1.5～2mm。唇弁は先が2深裂して裂片の先は鋭くとがる。がく片と花弁は果期まで残る。小二葉蘭。❋6～7月 ●山地～亜高山の樹林下（主に針葉樹） ✿北海道～九州

7月23日 大雪山

ラン科

ミヤマフタバラン
Neottia nipponica

高さが10～25cmの多年草。葉は茎に向かい合ってつき、葉身は長さ1～2.5cmの幅の広い三角状心形、表面に光沢があり先が短く急にとがる。花は数個から10個ややまばらにつき、がく片は広披針形で後ろに反り返り、側花弁は長楕円形。唇弁は花被片中で大きく長さ6mmほど、2中裂し、基部に耳状の小さな突起がある。深山二葉蘭。❋8月 ◉亜高山の樹林下 ❖北海道～九州

8月4日　鹿追町

ラン科

タカネフタバラン
Neottia puberula

前種ミヤマフタバランによく似たランで、各サイズも大きな違いはない。唇弁は少し大きく、透明感のある緑色で基部には突起物はない。高嶺二葉蘭。❋8月下～9月 ◉低地～山地の針葉樹林下 ❖北海道(東部)、本州(中部と関東北部)

9月16日　釧路町

ラン科

コケイラン
Oreorchis patens

高さが30～40cmになるラン。葉は秋に偽球茎から2個出るが、葉身を縦に走る襞が目立つ。花は長い花序に多数つき、長さ8mmほどで、がく片と側花弁は披針形で黄色。唇弁は白色で紅紫色の斑点があり、基部近くに細長い副片がつく。小蕙蘭。❋6～7月 ◉山地の林内 ❖北海道～九州

6月12日　札幌市　　越冬前の葉

ラン科

ヒナチドリ
Ponerorchis chidori var. chidori

高さが7～15cmの着生ラン。葉はふつう1個つき、葉身は広披針形～長楕円形で長さ10cm前後、やや厚みがある。花は数個～10個つき、長さ10mmほどで白っぽい唇弁は深く3裂し、紅紫色の縦縞のような斑が入る。雛千鳥。❋7～8月 ◉山地樹林内の幹(主としてミズナラ) ❖北海道(太平洋側)、本州、四国

8月19日　新ひだか町静内

ラン科

タカネトンボ
Platanthera chorisiana

高さが8〜20cmの多年草。地表近くに大きな葉が対生状につく。葉身は長さ2〜6cmの広楕円形で厚みと光沢がある。花は数個〜15個がやや密につき、径3〜4mm。唇弁の先は円く、距は太く短く長さ1〜1.5mm。高嶺蜻蛉。❋7〜8月 ●亜高山〜高山の草地 ●北海道、本州（中部以北）より低地に生え、大形で花数の多いものを変種ミヤケラン var. elata とされるが、花の数は連続している。

8月11日 十勝連峰 オプタテシケ山

ラン科

シロウマチドリ
Platanthera convallarifolia

高さが20〜50cmの多年草。稜のある茎はやや太くて直立する。葉は5個以上互生し、葉身は長さ5〜8cmの長楕円形でやや厚みがある。花は十数個、長い苞とともにつき背がく片と側花弁が兜をつくる。唇弁と距はほぼ同長で長さ5〜6mm。白馬千鳥。❋7月下〜8月 ●亜高山〜高山の湿った草地 ●北海道（大雪山・夕張岳）、本州（中部）

7月9日 夕張岳

ラン科

ヒロハトンボソウ
Platanthera fuscescens

高さが30〜60cmの多年草。葉は茎の下部に2〜3個つき、葉身はおおむね楕円形で長さ10〜20cm。花は多数やや密につき背がく片と側花弁が兜をつくり、唇弁は長さ5mmほどで左右の膨らみの先がとがる。距は10mmほど。広葉蜻蛉草。❋6〜7月 ●低地〜山地の林縁 ●北海道、本州

7月8日 伊達市

ラン科

トンボソウ
Platanthera ussuriensis

高さが20〜40cmの多年草。長楕円形で長さ3〜10cmの葉がふつう2個根元につく。花はややまばらにつき、背がく片と側花弁が兜をつくる。唇弁は長さ3.5mmほどで基部近くの左右が膨らむ。距は5mmほどで下に曲がる。蜻蛉草。❋7〜8月 ●低地〜山地の林内 ●北海道〜九州

7月29日 白老町

ラン科
イイヌマムカゴ
Platanthera iinumae
高さが25～30cmの多年草。葉はふつう2個つき、葉身は長さ8～15cmで長楕円形。花は総状に多数つき、背がく片と側花弁で兜をつくる。唇弁は長さ3mmほどで基部左右に尖った副裂片がある。距は太い棍棒状で長さ1.3mmほど、唇弁と同様に白色で下に伸びる。飯沼珠芽。❋8月 ●低山の林縁や草地 ❖北海道(南西部)～九州

8月9日　北斗市

ラン科
ジンバイソウ
Platanthera florentii
高さが20～40cmの多年草。根元に大きな葉が対生状につく。葉身は長さ5～12cmの長楕円形で光沢があり、縁は波打つ。花は5～10個つき、花被片のうち背がく片が短く、唇弁は広線形で長さ1cm弱、距は長さ1.5～2cmで下前方に曲がる。神拝草。❋8月～9月上 ●低地～低山の広葉樹林下 ❖北海道(後志・胆振以南)～九州

8月23日　苫小牧市

ラン科
ツレサギソウ
Platanthera japonica
高さが40～60cmの多年草。葉は5～8個つき、下の葉は狭長楕円形で長さ10～20cmだが上部の葉ほど細く小さくなる。花は長い苞とともに多数つき、側花弁は背がく片に包まれ、側がく片が後ろに反る。唇弁は長さ1.5cmほどで基部左右に突起がある。距は長さ約3.5cmで下に伸びる。連鷺草。❋6～7月 ●野山の日当たりのよい所 ❖日本全土

7月8日　登別市

ラン科
エゾチドリ (フタバツレサギ)
Platanthera metabifolia
高さが20～40cmの多年草。根元に長楕円形で長さ10～18cmの大きな葉が対生状につく。花は多数つき、径2cmほど。背がく片と側花弁が上に立ち、白い側がく片が開出して目立つ。唇弁は長い舌状で、距は長さ2.5cmほどあり後方に伸びる。蝦夷千鳥。❋7～8月 ●海岸近くの草地～亜高山の草原 ❖北海道

7月12日　浜頓別町

ヤマサギソウ

Platanthera mandarinorum subsp. mandarinorum var. oreades

高さが30cm前後になる変異の多い多年草。茎に稜がある。葉は下部の1個が大きく葉身は長さ5〜10cmの長楕円形。花は10個ほどつき、背がく片は卵形、側がく片は披針形、側花弁は鎌形、唇弁は舌状で長さは1cmを超える。距は1cm前後で下に曲がりながら後方に伸びる。山鷺草。❋6〜7月 ◉山地の草地 ❖北海道〜九州 距が上を向き背がく片が円形のものを**マイサギソウ** var. macrocentron といい、距が長さ3cm前後になり水平で後方に伸びるものは**ハシナガヤマサギソウ** var. mandarinorum とされる。

ヤマサギソウ　6月26日　アポイ岳
ハシナガヤマサギソウ　7月29日　根室市
マイサギソウ　7月8日　えりも町

オオキソチドリ

Platanthera ophrydioides var. ophrydioides

高さが30〜50cmの多年草。茎は細いが稜がある。茎の下部に大きな葉が2〜3個つき、葉身は卵形で長さ5cm前後、先はとがらない。花はややまばらに10個内外つき、背がく片は狭卵形、側がく片は線状披針形、卵形の側花弁は先端が細くなって上に曲がる。唇弁は広線形で長さ約7mm、距はそれより長く前に湾曲する。大木曾千鳥。❋7〜8月 ◉山地〜亜高山の樹林下 ❖北海道、本州（中部以北の日本海側） 全体小形で高さが15〜30cm、大きな葉が1個つくものは**ヒトツバキソチドリ** var. monophylla とされる。❖北海道、本州〜九州の比較的太平洋側に分布するようだ。

オオキソチドリ　7月25日　島牧村　大平山
ヒトツバキソチドリ　7月19日　ニセコ山系

ラン科

■ ホソバノキソチドリ
Platanthera tipuloides var. sororia
高さが20〜40cmの多年草。葉は数個つくが、茎の中ほどにつく葉はあまり小さくならない。葉身は狭長楕円形〜卵形で長さ3〜7cm、やや厚みがある。花はやや密に多数つき、背がく片は長卵形で側花弁と兜をつくる。唇弁は広線形で長さ5〜6mm、距は15mm前後で前方に湾曲する。細葉木曾千鳥。❋7〜8月 ◉山地〜高山の湿った草地 ✿北海道、本州（中部以北）これの亜種とされていた**コバノトンボソウ**は別種 P. nipponica とされた。主な相違点は茎の中ほどの葉は小さく、花は一方に偏って、よりまばらにつき距は長さ12〜18mmで後方斜め上にはね上がる。◉低地〜山地の湿原 ✿北海道〜九州

ホソバノキソチドリ　7月24日　大雪山　　　　コバノトンボソウ　7月10日　長万部町

ラン科

■ ガッサンチドリ
Platanthera takedae subsp. uzenensis
かつて基本種ミヤマチドリとされていた。高さが15〜30cmになる多年草。茎の下部に大きな葉が2個つき、最下の葉は長さ5〜7cmと大きく広卵形で、上部ほど小さくなり苞に移行する。背がく片は卵形、側がく片は披針形、卵形の側花弁は先端が細くなって上に曲がる。唇弁は側がく片よりやや長く、距は長さ3.5mmほど（ミヤマチドリは1〜2mm）。月山千鳥。❋7〜8月 ◉亜高山の林下や草地 ✿北海道、本州（中部以北）

7月31日　ニペソツ山

ラン科

■ オオヤマサギソウ
Platanthera sachalinensis
高さが30〜60cmの多年草。茎に稜がある。長さ10〜20cmで長楕円形、光沢とやや厚みのある葉が下部に2個つく。花は多数つき花被片は白く、上に曲がった長楕円形の側がく片と下に伸びた唇弁が1平面をなす。背がく片と側花弁は90度立つようにつく。距は長さ15〜20mmで後方やや下向きに伸びる。大山鷺草。❋7月下〜8月 ◉山地の林内 ✿北海道〜九州

8月22日　樺戸山地　ピンネシリ

ラン科

■ミズチドリ（ジャコウチドリ）

Platanthera hologlottis

高さが50〜80cmになる多年草。太い茎が直立する。数個〜10個の葉を互生する。下部の葉は長さ15cmほどで線状披針形、光沢とやや厚みがある。花は多数つき、背がく片と側花弁が半球形にまとまり、側がく片は横に開く。唇弁は長さ約8mm、距は長さ13mm。花に芳香がある。水千鳥。
✿7〜8月 ●低地の湿原や湿地 ✤北海道〜九州

7月29日　根室市

ラン科

■ネジバナ（モジズリ）

Spiranthes sinensis var. amoena

高さが10〜30cmの多年草。長さ5〜20cmの大きな葉が根元につき、基部は柄のように細くなり鞘にはならない。花序は長さ5〜15cmで白毛があり、花は螺旋状に連なるように多数つき径4〜5mm。がく片と側花弁は淡紅色で兜をつくり、唇弁は白色。捩花。✿7〜9月 ●道端や草地、芝生、土手など ✤日本全土

8月29日　雨竜町

ラン科

■トキソウ

Pogonia japonica

高さが15〜25cmの多年草。葉は茎の中ほどに1個つき、長さ3〜10cmの狭長楕円形でやや直立し、基部は翼状となって茎に流れる。花は茎頂に1個つき、がく片3個はほぼ同形同大の狭長楕円形で側がく片は少し短く唇弁は先が3裂し、中裂片に肉質突起が多数ある。距はない。朱鷺草。
✿6〜7月 ●低地〜山地の湿原 ✤北海道〜九州

7月10日　長万部町　　　　　　　　　　果実

ラン科

■ヤマトキソウ

Pogonia minor

高さが10〜20cmの多年草。葉はやや厚く、基部は翼状となって茎に流れる。花は1個つくが、長さ1.5cmほどのがく片はほとんど開かず、色は淡く白色に近い。側花弁は幅が少し広く、3裂する唇弁は短く、中裂片の表面に肉質突起が密生する。山朱鷺草。✿7〜8月 ●低地〜山地の草地や裸地 ✤北海道（上川以南・釧路以西）〜九州

7月5日　苫小牧市

アヤメ科

アヤメ
Iris sanguinea
高さが30～60cmの多年草。褐色の繊維に被われた根茎が横に伸びる。葉は長さ40～50cm、幅5～12mmで細い主脈が走るが目立たない。花茎は直立して分枝しない。花は茎頂に2～3個つき、外花被片基部に虎斑模様がある。内花被片は大きく直立する。菖蒲。❀6～7月 ❍山すそや原野 ❖北海道～九州

7月3日　足寄町

アヤメ科

ヒオウギアヤメ
Iris setosa
前種アヤメに似るが、より大形で高さが30～90cm、茎は分枝する。葉の幅は1～2.5cmで主脈は目立たない。花柄基部に苞がつき、花は径約8cm、内花被片は著しく小さい。檜扇菖蒲。❀6～8月 ❍低地～山地の湿った草地や湿原 ❖北海道、本州（中部以北）

カキツバタとの自然雑種と推定される花　　7月5日　厚岸町

アヤメ科

カキツバタ
Iris laevigata
前2種に似た高さが40～70cmの多年草。葉の幅は1.5～3cmと広く、主脈は不明瞭。花は径10cm以上あり、外花被片基部に白色～黄白色の斑があるが、虎斑模様はない。内花被片は大きく直立する。杜若。❀6～7月 ❍湿原や水辺の浅い水中 ❖北海道～九州

7月24日　雨竜沼

アヤメ科

ノハナショウブ
Iris ensata var. spontanea
高さが40～80cmの多年草でしばしば群生する。葉は長さ20～60cm、主脈がはっきり浮き出る。花は径10cmほど、やや赤味をおびた紫色で外花被片基部に黄色い斑が入る。内花被片はやや大きく直立する。野花菖蒲。❀7～8月 ❍海岸～山地の湿った草原や湿原 ❖北海道～九州

7月20日　苫小牧市

061

アヤメ科

■ ヒメシャガ
Iris gracilipes

花茎の高さが20〜30cmになる多年草。葉は線形で幅1cm前後、花茎とほぼ同長。花は径4cm前後で外花被片に紫色の筋と黄色い斑紋がある。内花被片は広線形で先が2裂している。姫射干。❋5〜6月 ●低地〜山地の乾いた林内 ✿北海道（西南部）〜九州

内花被片
外花被片
外花被片には紫色の筋と黄色斑がある
葉は明るい緑色で冬は枯れる

6月14日　函館市

アヤメ科

■ キショウブ *
Iris pseudoacrus

高さが1mほどになる多年草。根茎は横に伸びて大きな株をつくる。葉は長さ60cmほど、幅2〜3cmで主脈は明瞭。花は茎頂に数個つき、径8cmほど。外花被片は大きく垂れ下がり、時に紫色の筋が現れる。内花被片は小さく、直立する。黄菖蒲。❋6〜7月 ●各地の水路や河川の周囲 ✿原産地はヨーロッパ

花柱。先端は裂けている

外花被片。基部中央に褐色の部分がある
小さな内花被片

葉に明らかな中脈がある

6月21日　札幌市

アヤメ科

■ ヒトフサニワゼキショウ *
Sisyrinchium mucronatum

高さが15〜30cmになる多年草。花茎は細く扁平で分枝しない。葉はやや白っぽく、長さ20cm以下で基部は茎を包む。茎頂に花序が苞と共に1個つく。花は1〜数個つき、径1cmほどで花被片の基部は黄色く、先は突端状にとがる。一房庭石菖。❋6〜7月 ●道端や空き地 ✿原産地は北アメリカ

雄しべ。花糸は合着している

外花被片先端は芒状
外花被　内花被

茎は扁平で分枝しない

6月21日　豊頃町

ヒガンバナ科

■ スイセン *
Narcissus spp.

本州や九州の海岸で自生種状態として見られるニホンズイセン N. tazetta var. chinensis は、古い時代に大陸から渡来したものという。道内で野生状態のものは園芸的に植えられたもの。あまた多数の品種が作られているので特定するのは困難。いずれにせよ地中に鱗茎があり、花は1〜数個つき花被片は基部で合着し、副花冠がある。線形の葉はニラとして誤食されることがある。有毒植物。水仙。❋4〜6月 ●道端や空き地 ✿原産地はユーラシア大陸

クチベニズイセン系
5月28日　江別市野幌

ラッパズイセン系　　八重咲きスイセン系

4月22日　札幌市南区　　5月4日　天売島

ヒガンバナ科

ノビル
Allium macrostemon

高さが40〜80cmの多年草。地下の鱗茎から断面が三角状の花茎を立てる。葉は2〜3個、断面は三日月状で長さ25cmほど。花は散形花序につき、しばしば珠芽(むかご)が混じり、そこで発芽することもある。花被片は長さ4〜5mm、1本の紫色の筋がある。野蒜。❊6〜8月 ●低地の道端や草地 ❖日本全土

6月20日 日高町（つぼみの状態）

ヒガンバナ科

ヒメニラ
Allium monanthum

高さが5〜12cmで雌雄異株の多年草。微かに野菜のニラの臭気がある。地下の鱗茎から根出する1〜2個の葉は長さ10〜20cm。花は1〜2個つき、花被片は6個あるが平開しないので鐘状で長さ5mmほど。基部に薄い膜質の苞がつく。雄花と両性花はまれ、雌花が多い。姫韮。❊4月下〜5月 ●低地〜低山の明るい林内や草地 ❖北海道〜九州

5月9日 浦幌町

ヒガンバナ科

エゾネギ
Allium schoenoprasum var. schoenoprasum

変異の大きい多年草で高さが30〜50cmになる。葉は1〜3個つき、径3〜5mm、長さ15〜40cmの円筒形。花は球形〜半球形の花序に密に多数つく。6個ある花被片は長さ15mmほど、6個ある雄しべは花被片より短い。蝦夷葱。❊6月下〜8月 ●海岸〜山地の岩場や草地 ❖北海道、本州（北部） 変種**アサツキ** var. foliosum の花被片は長さ10〜12mm。浅葱。❖北海道〜四国 変種**シロウマアサツキ** var. orientale は葉の太さが4〜5mm、花被片は長さ6〜8mm、雄しべは花被片と同長か少し長い。白馬浅葱。●山地〜高山のれき地、特に蛇紋岩地。❖北海道、本州（近畿以東） 変種**ヒメエゾネギ** var. yezomonticola は小形で高さ10〜20cm、花数は少なく、花被片は長さ6〜8mm、雄しべは花被片より少し短い。●アポイ岳の岩地や草地

エゾネギ 7月4日 島牧村　　ヒメエゾネギ　　ヒメエゾネギ 8月8日 アポイ岳　　シロウマアサツキ 8月6日 幌延町

ヒガンバナ科

ミヤマラッキョウ
Allium splendens

花茎は直立または斜上して高さが15～35cmになる多年草。地中の鱗茎はしゅろ状の繊維に被われる。3～4個の葉が根出し、幅3～7mmの扁平な線形で花茎より短い。花は球形～半球形の花序につき、花被片は長さ4mmほどで先はとがらない。雄しべは花被片より長い。深山辣韭。❀7～8月 ●山地～亜高山の岩場や草地 ✿北海道、本州(中部以北)

7月14日 利尻山

ヒガンバナ科

ギョウジャニンニク
Allium victorialis subsp. platyphyllum

高さが40～60cmの多年草。地中にしゅろ状繊維に包まれた鱗茎がある。葉は2～3個つき、葉身は長さ15cmほど。花は球形の花序に多数つき、花被片は長さ6～7mmで、裏面は淡紅色をおびる。若芽はキトピロと呼ばれ山菜として食用にされる。栽培もされている。行者大蒜。❀6～7月 ●山地の明るい林内や草地、岩場 ✿北海道、本州(近畿以北)

7月21日 雨竜沼

ヒガンバナ科

ニラ*
Allium tuberosum

高さが30～60cmになる多年草で強い臭気がある。線形の葉は幅3～4mm、長さ30～40cm。花は半球形の散形花序に多数つく。花被片は長さ5～6mm。雄しべは花被片より少し短い。韮。❀8～9月 ●道端や畑の縁 ✿北海道では栽培されたものが逸出。本州～九州は自生とされるが、疑問

8月31日 月形町

ススキノキ科

ヤブカンゾウ* (オニカンゾウ、ワスレグサ)
Hemerocallis fulva var. kwanso

高さが1mほどになる多年草。幅3cmほどの扁平な葉が根元から出て長さが1m近くになる。花は数個分枝した花序につく。花の径は約10cm、花被片は6個だが雄しべの一部～すべてが花弁化して八重咲き状となる。結実しないので地下茎で増える。藪萱草。❀7～8月 ●道端や畑の縁 ✿北海道～九州、原産は中国

8月6日 足寄町

ススキノキ科

■ ゼンテイカ（ニッコウキスゲ、エゾゼンテイカ、エゾカンゾウ）
Hemerocallis dumortieri var. esculenta
高さが50～70cmになる多年草。幅が2cm前後、扁平で軟らかな葉が根元から出る。花は茎頂に数個つき長さ7～9cm、花序と共に柄はきわめて短い。花被片は内外3個ずつで、基部の筒部は長さ1.5cmほど。朝開花し、夕方閉じる1日花とされるが、2日間咲き続けることもある。禅庭花。✻6～8月 ●海岸～高山の草地や湿地 ✤北海道、本州（中部以北）

7月21日　雨竜沼

クサスギカズラ科

■ キジカクシ
Asparagus schoberioides
高さが40cm～1mの雌雄異株の多年草。茎はよく分枝して稜がある。葉は膜質で鱗片状。針状の葉に見えるものは枝が細かく分枝したもので偽葉または葉状柄といい、3～7個束になり、長さ1～2cmで湾曲する。花は偽葉腋に数個つき長さ3mmほど、花被片6個で平開しない。雉隠。✻6～7月上 ●低山の林縁や草地 ✤北海道～九州　同属のアスパラガス（オランダキジカクシ）が所々で野生化している。

6月11日　札幌市　八剣山　　液果

ススキノキ科

■ エゾキスゲ
Hemerocallis lilioasphodelus var. yezoensis
高さが50～80cmの多年草。直立する茎がまとまって株をつくる。幅1.5cmほどの線形の葉が根元から多数出る。花は前種ゼンテイカに似るが、花序と共にはっきりした柄があり、径7～8cm。花被片基部の筒部は長さ2～3cm。夕方開花し、翌日の昼過ぎ閉じる。蝦夷黄萱。✻6～8月 ●海岸に近い草地 ✤北海道（太平洋側とオホーツク海側）

6月23日　苫小牧市

クサスギカズラ科

■ ツルボ（サンダイガサ、スルボ）
Barnardia japonica
高さが20～40cmの多年草。地中にある径2cmほどの鱗茎から花茎と葉を出す。葉身は長さ15～25cmほどの線形で、花期には枯れていることが多い。花は総状に多数密について下から咲き上がり、径8～10mm。6個の花被片は開花後反り返る。蔓穂。✻8月 ●野山の日当たりのよい所 ✤日本全土（北海道は日高～渡島）

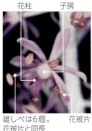

8月20日　松前町

クサスギカズラ科

■ スキラ*（シラー）
Scilla spp.
前種ツルボと同属だったが、属名が通称となっているので広義の属名のままにする。高さは20cm前後。線状披針形の葉が2〜3個根出。花の径は1.5cmほど。多くの園芸品種があるので特定は難しいが bifolia の系統だろう。❋4〜5月 ●道端や空き地 ◆南ヨーロッパ原産 よく似て同じ早春に咲くのがユキゲユリ*（キオノドクサ、チオノドクサ）Chionodoxa である。草丈は低いが花の径は2cmほどと大きく、花被片の基部が合着し、白い。札幌市内では増えつつある。これも多くの園芸品種があるので特定は難しい。luciliae 種の系統だろう。❋小アジア、クレタ島原産

スキラ　4月21日　札幌市　　ユキゲユリ　4月30日　札幌市

■ コバギボウシ（タチギボウシ、クロバナギボウシ）
Hosta sieboldii
高さが40cm〜1mの多年草。葉は根元に集まり、葉身は長さ15〜30cmで葉脈が目立ち、縁が波打ち基部に向かって細くなり葉柄の翼となる。花は数個〜10個つき、長さ5〜6cm。6個の花被片は基部で合着して漏斗状となり、開口部は6個の裂片となって径5cmほど。雄しべは6個。小葉擬宝珠。❋7〜8月 ●低地〜亜高山の湿原や草地 ●北海道〜九州 北海道のものは葉が大きく、花が細く筒部が短い変種タチギボウシ var. rectifolia とする見解がある。

8月20日　夕張岳

クサスギカズラ科

■ スズラン
Convallaria majalis var. manshurica
高さが20〜35cmの多年草。地下茎が伸びて群生する。花茎とは別に、長さ10〜20cmの葉が2個出、柄がなく基部は鞘状となってお互いに抱いている。花茎の先が花序となって葉に隠れるように花を吊下げる。鐘形の花冠は6個の花被片が合着したもので、先が6浅裂し、よい香りがする。液果は径1cm以下。鈴蘭。❋5月下〜6月 ●野山の明るい所、草原 ●北海道、本州、九州 基準亜種はドイツスズランとされた。

6月27日　浜頓別町

■ トウギボウシ（オオバギボウシ）
Hosta sieboldiana
高さが60cm〜1mの多年草。根元に長い柄のある葉がつく。葉身は15〜30cmで先がとがり基部は心形となり、側脈は20〜34本もある。花は長さ5〜6cm、6個の花被片が合着して細い漏斗形となり、開口部が6裂する。花柄基部に白色の大きな苞があり開花前から目立つ。唐擬宝珠。❋7〜8月 ●沢沿いの斜面や湿った岩場 ●北海道（西南部）〜九州

8月3日　八雲町熊石

クサスギカズラ科

■マイヅルソウ
Maianthemum dilatatum

高さが10～25cmの多年草。細い地下茎が伸びて群生する。花茎に鶴が舞う姿のように2個の葉が交互につく。葉身は長さ3～10cmの心形。花は総状花序に20個ほどつき径5～6mm。花被片は4個あり反り返る。花柱はやや太い。果実は径5～8mmで、まだら模様から赤く熟す。舞鶴草。✹5～7月 ◐低地～亜高山の林内や草地 ✤北海道～九州 近似種ヒメマイヅルソウ M. bifolium は全体に小形で葉はやや細い。茎の上部や葉柄、葉の裏面に柱状毛がある。姫舞鶴草。✹6～7月 ◐針葉樹林下 ✤北海道、本州（中部以北）

マイヅルソウ　5月29日　乙部町

未熟の液果

ヒメマイヅルソウ　7月9日　武利岳

クサスギカズラ科

■ユキザサ
Maianthemum japonicum

斜上する茎は長さ30～50cm、上部に軟毛がある。長さ6～15cmの笹のような形の葉が5～7個互生し裏面に細毛が多い。粗い毛が密生する円錐花序に花が多数つき、径9mmほど。雄しべと花被片は6個ある。若い芽が山菜として摘まれる。雪笹。✹5～6月 ◐低地～山地の林内 ✤北海道～九州

6月3日　札幌市　　赤く熟した液果

クサスギカズラ科

■ヒメヤブラン
Liriope minor

常緑の多年草で高さが5～12cm。地下茎が横に伸びる。葉は幅2～3mmで扁平、長さ5～20cm。花は径約1cm、6個の花被片は基部で合着するので杯状となる。雄しべは6個、果皮は熟す途中で破れて球形で黒い種子が露出する。姫藪蘭。✹7～8月 ◐海岸近くの草地やれき地 ✤日本全土（北海道は日高～渡島）

7月17日　上ノ国町

クサスギカズラ科

ジャノヒゲ（リュウノヒゲ）
Ophiopogon japonicus
常緑の多年草で、葉は幅2～3mm、根茎から多数出て基部は立ち、中部から先が垂れる。花は上部が曲がった花茎につき径8mmほど、花被片は6個で先は反り返り気味。雄しべは6個。果皮が薄いので成熟の過程で破れ、濃青紫色の種子が露出する。蛇鬚。❀8～9月 ●野山の林下 ✿北海道（西南部）～九州

8月19日　松前町

クサスギカズラ科

ムスカリ*
Muscari neglectum
高さが10～30cmの多年草。地中に小さな鱗茎がある。長さ10～30cmの線形でやや多肉的な葉が根元から数個出る。花は茎頂の総状花序に密に多数下向きにつく。6個の花被片は合着して壺型となり長さ6mmほどで、先端は6裂して裂片は反り返る。雄しべは6個。❀4～5月 ●道端や空き地、公園 ✿原産地は地中海地方

5月17日　札幌市

クサスギカズラ科

オオアマドコロ
Polygonatum odoratum var. maximowiczii
顕著な稜がある茎が弓なりに伸びて長さが60～120cmになる多年草。葉は長さ10～20cm、柄がなく裏面脈上に細かい突起がある。花は葉腋から2～4個ぶら下がり、筒形で長さ約2.5cm。先が緑色で浅く6裂する。果実は径1cmほどの球形で黒く熟する。大甘野老。❀5月中～6月 ●山地の林縁や草地 ✿北海道、本州（北部）別変種アマドコロは全体小形で花の長さ2cm以下。

6月2日　様似町

クサスギカズラ科

オオナルコユリ（ヤマナルコユリ）
Polygonatum macranthum
稜がなく円柱形の茎は上部が弓なりとなり、長さが1～1.5mの多年草。互生する葉は長さ15～25cmで裏面は灰白色。花は葉腋から2～4個ぶら下がり、基部側半分が太い筒形で長さ2.5～3cm。先端部が緑色で6裂して裂片は開出する。球形の果実は黒く熟す。大鳴子百合。❀6～7月 ●山地の林内でやや開けた所、沢沿いなど ✿北海道（渡島半島）～九州

6月29日　厚沢部町

クサスギカズラ科

■ ワニグチソウ
Polygonatum involucratum

高さが20〜40cmの多年草。茎は細いが稜がある。葉は4〜8個つき、長さ5〜10cm。葉腋から出る長さ約2cmの柄の先に苞葉が1対つき、その基部から花が短い柄でぶら下がる。花冠は長さ約2.5cmの筒形で、先が6裂する。果実は球形で黒熟する。鰐口草。❋6月 ●低山の林内 ❋北海道（石狩以南）〜九州 近似種**コウライワニグチソウ（エゾワニグチソウ）** P. × desoulavyi の苞葉は披針形で小花柄につき、縁に針状または円錐状の突起があるもので、次種ヒメイズイとの自然雑種という。❋北海道（石狩以南）、本州（滋賀県以北）

ワニグチソウ 6月12日 平取町   果期の姿   コウライワニグチソウ 6月13日 平取町

クサスギカズラ科

■ ヒメイズイ
Polygonatum humile

高さ15〜40cmの多年草。地中に根茎が伸び、まとまって生える。直立する茎には稜がある。葉は長さ4〜7cmで縁と裏面脈状に突起状の毛がある。花は葉腋から1個ずつぶら下がり、花冠は長さ15〜18mmの筒形で先が6浅裂する。球形の果実は黒熟する。姫萎蕤。❋6〜7月 ●海岸や山地の草原 ❋北海道、本州、九州

クサスギカズラ科

■ ミヤマナルコユリ
Polygonatum lasianthum

紫色をおびた茎は立ち上がってから横に伸び、長さが30〜60cmになる多年草。互生する葉は長さ7〜10cmの広〜長楕円形で先がとがり、縁が波打ち、時に斑が入る。花は節から出た柄に2〜4個ぶら下がり、長さ2cmほどの筒形で、先が緑色で6浅裂する。内側と花糸に白毛が密生する。果実は径約1cm。深山鳴子百合。❋6〜7月 ●丘陵〜山地の広葉樹林内 ❋北海道〜九州

6月25日 釧路市   6月11日 松前町

069

ミズアオイ科

■ ミズアオイ
Monochoria korsakowii

高さが20～40cmの一年草。根出葉は長さ10～20cmの長い柄があり、カンアオイ類に似た葉身は長さ5～10cmで厚みと光沢がある。花は葉より高い位置の総状花序につき一日花が下から咲き上り、径2～3cmで6個の花被片のうち内花被片の幅が広い。6個ある雄しべのうち1個が長く花糸に突起があり、葯は紫色、残りは黄色。水葵。❀8～9月 ◐低地の水辺、水田 ✿北海道～九州

8月29日　江別市

ミズアオイ科

■ コナギ
Monochoria vaginalis

前種ミズアオイに似るが、全体が小形で花序は葉より低く、葉は長さ3～7cmで形は披針形～卵心形まで様々。花は径1.5～2cm。小ナギ（水葵の意）。❀8～9月 ◐水辺や水田 ✿日本全土（北海道では南部）いずれも水田雑草として知られるが、近年農薬の影響で見る機会が少なくなった。

8月23日　上ノ国町

ツユクサ科

■ ツユクサ
Commelina communis

茎の下部が地表を這い節から発根し、枝先が立ち上がり高さが30～50cmになる一年草。葉は長さ5～8cmで基部は鞘となって茎を抱く。上部の葉腋から出る枝先に、苞に包まれた花序があり、1日1個ずつ開花する。がく片は3個、花弁は3個のうち2個が大きく水色。雄しべ6個中2個が1個の雌しべと同様に長く、4個は虫を呼ぶためのダミーらしいが、あまり虫は来ない。露草。❀8～9月 ◐道端や畑地、河原 ✿日本全土

8月20日　札幌市

ツユクサ科

■ イボクサ
Murdannia keisak

茎の下部が分枝し、節から発根しながら地表を這い上部が高さ20～30cmに立ち上がる一年草。葉は長さ3～7cmで基部は鞘状となって茎を抱く。花は葉腋に1個つき、がく片は3個あり、花弁も3個あり長さ5mmほどでがく片より長い。雄しべ6個のうち3個の葯が淡紫色の仮雄しべ。北海道では開花せずに結実する閉鎖花がほとんど。疣草。❀8～9月 ◐低地の湿地、水田の周辺 ✿日本全土（北海道では空知以南）

8月28日　七飯町

ツユクサ科

■ムラサキツユクサ*
Tradescantia ohiensis
高さが50～80cmの多年草。茎は円柱形でやや多汁。葉は表面が内側に巻いて弓なりに曲がり、基部は鞘状となって茎を抱く。花は径2～2.5cm、花序の基部に葉とそっくりの苞がつく。がく片3個の先に毛があり、花弁3個が大きい。花糸には多細胞の長毛が密生し、細胞分裂などの観察材料となる。紫露草。❋6～8月 ●道端や空き地 ❋原産地は北アメリカ

6月19日　札幌市

ガマ科

■ガマ
Typha latifolia
高さが1.5～2mの多年草。地下茎が伸びてまとまって生える。葉は厚みがあり幅1～2cm、無毛で基部は鞘状となって茎を抱く。茎頂に円柱形の雄花と雌花の花穂を接してつける。雄花も雌花も花被片がなく、無数の雄しべと雌しべが密につく。花粉は4個が一塊となり、雌花穂は果期に径1.5～2cmになる。蒲。❋7～8月中 ●低地の水辺 ❋北海道～九州

7月10日　滝上町

ガマ科

■ヒメガマ
Typha domingensis
同属の前種ガマに似るが、葉が幅6～12mmと細く、雄花穂と雌花穂が2～5cm離れてつく。花粉は塊にならない。姫蒲。❋7月 ●低地の水辺 ❋日本全土　またガマによく似たより小形で葉の幅が1cmに満たない**コガマ** *T. orientalis* を時に見るが定着はしないようだ。

7月24日　石狩市　　果期の姿　8月7日　日高町門別

■モウコガマ
Typha laxmannii
雄花穂と雌花穂が離れてつく点で同属の前種ヒメガマに似るが、高さが1m以下と小形で雄花穂は長さ4～6cmと短く（ヒメガマは6～30cm）、形は円柱形より長楕円体に近い。花粉は塊にならない。道内では数ヶ所以上で確認されていたが、ほとんどが消滅しているようだ。蒙古蒲。❋6月 ●低地の湿地 ❋北海道

葉の比較　　　　　　　　　　　7月31日　利尻島

ガマ科

■ミクリ
Sparganium erectum

茎は直立して高さ50cm～1mの多年草。地下茎でも増える。幅7～15mmで線形の葉は先がとがらず、直立すれば茎より長くなる。花序は分枝して枝の上部に無柄の雄性頭花(小さな花の集まり)が多数、下方に1～3個の無柄の雌性頭花がつく。雄花の花被片は3～4個、雄しべは3個ある。雌花の花被片は倒卵形で3個あり、柱頭は細長く長さ3～6mm。花後できる集合果は径2cm前後。実栗。❀7～8月 ●低地の水辺や水路 ❖北海道～九州 同属の**ナガエミクリ** S. japonicum は同様の高さとなり、流れが強い水辺では葉は時に沈水～浮葉形となる。花序は分枝せず、雄性頭花は3～7個、雌性頭花は2～6個つき最下の1～3個に長さ約3cmの柄があるが主軸と合着しない。集合果の果実は紡錘形。長柄実栗。❖北海道(南西部)～九州 **ヒメミクリ** S. subglobosum はより小形で高さ30～60cmで葉は幅3～5mm。花序は分枝しないか、下部の苞葉腋から1～2本の短枝を出す。雄性頭花は2～7個、雌性頭花は柄がなく1～4個つく。集合果は径1.5cmほどで残存柱頭は不明瞭。果実は長さ約4mmの倒卵形。姫実栗。❖日本全土 **タマミクリ** S. glomeratum は高さ30～60cm、葉は幅6～14mmで花茎よりはるかに長いが浮水葉となることもある。分枝しない花序の先端に雄性頭花が1～2個、それに接して下方に雌性頭花が3～6個つくが、下部の1～3個は柄があり途中まで花序の軸と合着している(腋上生という)。球実栗。❖北海道、本州(中部以北)

ミクリ　7月26日　苫小牧市

ナガエミクリ　8月21日　北斗市

ヒメミクリ　8月23日　苫小牧市

タマミクリ　7月21日　むかわ町

ガマ科

■エゾミクリ

Sparganium emersum

エゾミクリは前4種によく似た多年草で、よく流水中に生え、浮水葉をつける個体もある。雌性頭花は3～4個つき、ふつう下部に有柄、上部に無柄、中間に腋上生の頭花がつく。それと離れて雄性頭花が4～7個つく。果実は紡錘形で2～4mmの残存柱頭がある。蝦夷実栗。❋7～8月 ●低地の水辺や水路 ❖北海道、本州(中部以北) **ヒナミクリ** S. natans は小形で高さ10～25cm、花序は分枝せず雌性頭花が1～4個つき(下部のが腋生)、雄性頭花が1個やや離れてつく。雛実栗。❋6月下～7月 ❖北海道(胆振・根室) **チシマミクリ** S. hyperboreum はふつう浮葉性のミクリで、葉は長さ40cm以下、幅は2～4mmで扁平。花茎は水中を伸びて花序だけ水面上に立ち上げる。有柄～無柄の雌性頭花は2～3個つき、雄性頭花がふつう1個が接してつく。果実は倒卵形で先端は乳首状。千島実栗。❋8月 ●山地～亜高山の池沼 ❖北海道 近似種 **ホソバウキミクリ** S. angustifolium は葉がより長く80cm以下、雄性頭花が2～3個、雌性頭花は2～5個、最下の雄性頭花と最上の雌性頭花は離れてつく。果実は紡錘形。細葉浮実栗。❋7月下～8月 ●山地～亜高山の池沼 ❖北海道、本州(中部以北) よく似た **ウキミクリ** S. gramineum は葉がさらに長く、幅は1～2mm、花序は分枝する。果実は卵形。浮実栗。❖北海道、本州(中部以北)

エゾミクリ 8月21日 苫小牧市

ヒナミクリ 7月29日 根室半島

チシマミクリ 8月10日 大雪山忠別沼

ホソバウキミクリ 8月2日 雨竜沼　　ウキミクリ 8月9日 ニセコ神仙沼

イグサ科

■ヒメコウガイゼキショウ
Juncus bufonius

この科唯一の一年草でサイズの変異が大きい。細い茎が何本かまとまって立ち、高さは5〜30cm。葉は糸状に見えるがイネ科のように扁平。花茎が分枝して大きな花序をつくり、最下の苞は花序より短い。花被片6個は淡い緑色で鋭頭、外片が内片より長い。雄しべは6個。姫笄石菖。❀6〜8月 ●湿った裸地 ❖北海道〜九州

7月28日　長万部町

イグサ科

■クサイ
Juncus tenuis

高さが30〜50cmの多年草。茎は細くて硬い。葉は下部で互生し、扁平で縁は上に巻く。最下の苞は花序より長い。長さ約4mmの花被片が6個あり、先が鋭くとがり、縁は白い膜質で果実より長い。雄しべは6個。草藺。❀7〜8月 ●野山の湿った所 ❖北海道〜九州

7月15日　札幌市

イグサ科

■ドロイ
Juncus gracillimus

高さが50〜60cmの多年草。細いもののイネ科のような葉を持つことや花に小苞があることなどで前種クサイに似るが、花被片6個は卵形で外面の一部が褐色、先がとがらず、果実より短い。泥藺。❀6〜7月 ●低地の水辺や湿地 ❖北海道〜九州

7月24日　利尻島

イグサ科

■ミヤマイ（タテヤマイ）
Juncus beringensis

高さが15〜40cmの多年草。根茎が伸びて群生する。円柱形の茎下部に鱗片状鞘形の葉がつく。花序は茎頂につき、最下の苞は長さ1〜2cmで茎の延長のように見える。花は2〜5個つき黒褐色の花被片が6個、葯が大きい雄しべが6個つく。果実は花被片より長い。深山藺。❀7〜8月 ●亜高山〜高山の湿った所 ❖北海道、本州（中部以北）

8月26日　大雪山

074

イグサ科

イグサ（イ、トウシンソウ）
Juncus decipiens

高さが30cm～1mの多年草。円柱形の茎下部に鱗片状の葉がつく。花は茎頂に多数つき、最下の苞は長く、茎の延長のように見える。6個の花被片はあまり開かず、雄しべは3個。藺草。❀7～9月 ◉低地～山地の湿った所 ❖北海道～九州　近似種エゾホソイ（リシリイ、カラフトホソイ）J. filiformis の最下の苞は長く、茎と同長か長い。花は3～5個つき、花被片は淡緑色で先がとがる。雄しべは6個。蝦夷細藺。◉山地～亜高山の湿地 ❖北海道、本州（中部以北）

イグサ　10月3日　札幌市　　エゾホソイ　7月28日　大雪山

イグサ科

ハマイ（オオイヌイ）
Juncus haenkei

高さが20～40cmの多年草。茎は太く扁平で下部に黒褐色で鱗片状の葉がつく。葯は花糸と同長で果実は花被片よりはるかに長い。浜藺。❀7～9月 ◉海岸近く草地など ❖北海道　同じような所に生える近似種イヌイ（ヒライ、ネジイ）J. fauriei の茎はふつう数回ねじれる。雄しべは6個、葯は花糸より長い。果実は花被片よりやや長い。犬藺。❀7～9月 ◉海岸近くの草地など ❖北海道、本州、九州

イヌイ　7月29日　根室市　　ハマイ　8月2日　礼文島

イグサ科

セキショウイ
Juncus prominens

高さが20～40cmの多年草。根茎に匍匐枝が出る。葉は扁平で幅2～3mm、イネ科のようで茎より短い。頭花は3～4個の花からなる。花被片は6個あり縁は黒褐色、外面に細かい突起がありざらつく。内片の先はとがらないが、外片の先はとがる。石菖藺。❀7～8月 ◉低地の湿地 ❖北海道、本州（北部）　クロコウガイゼキショウ J. castaneus subsp. triceps も根茎に匍匐枝があるが、葉はつぶれた円柱形で大雪山に生える。

セキショウイ　8月18日　浜中町　　クロコウガイゼキショウ

イグサ科

タカネイ
Juncus triglumis

高さが5～15cmの多年草。茎は細い円筒形で、その半分ほどの長さの細い円筒形の茎葉が根元につく。茎頂に2～3花からなる頭花を1個つける。最下の苞は頭花より短い。花被片はこげ茶色。雄しべは6個で花被片同長。高嶺藺。❀7～8月上 ◉高山の湿ったれき地 ❖北海道（中央高地）、本州（中部）　高山性のエゾノミクリゼキショウ J. mertensianus は頭花が10～25花からなり、最下の苞は頭花より長い。

タカネイ　7月23日　ニセイカウシュッペ山　　エゾノミクリゼキショウ　8月8日　大雪山

イグサ科

コウガイゼキショウ
Juncus prismatocarpus

高さが20〜40cmになる多年草。茎は扁平で翼があり、葉も扁平。頭花が多数つき、最下の苞は花序より短く、花被片が緑色で果実とほぼ同長。雄しべは3個。笄石菖。❄7〜8月 ●低地の湿地 ●日本全土 よく似た**ヒロハノコウガイゼキショウ** J. diastrophanthus も茎と葉が扁平で雄しべが3個、果実は稜があり、花被片の2倍長。●北海道〜九州 **ミクリゼキショウ** J. ensifolius も茎は扁平で稜が2本走り葉は扁平で全体に白味をおび、頭花は球形。花被片は暗褐色で果実とほぼ同長。雄しべは3個。実栗石菖。●山地の湿地や水辺 ●北海道、本州(中部以北) **アオコウガイゼキショウ** J. papillosus は茎は円筒状で翼がなく、葉も円筒状。頭花は2〜3花からなり、雄しべは3個、果実は先がとがり、花被片の2倍長。**ホソコウガイゼキショウ** J. fauriensis は高さが20〜40cmやや株立ちとなって生える。葉は円筒状。2〜3花からなる頭花は多数つき、花被片のうち内片は鈍頭、外片は鋭頭、雄しべは3個。細笄石菖。●北海道、本州(中部以北) 別種とされていた**ホロムイコウガイ**はこれに含まれる。近似種**ミヤマホソコウガイゼキショウ** J. kamschatcensis は高さが10〜20cm、3〜6個の花が集まり小さな頭花が2個つく。最下の苞は花序より短く、雄しべは6個。深山細笄石菖。❄7〜8月 ●亜高山〜高山の湿地 ●北海道、本州(中部以北) **ハリコウガイゼキショウ** J. wallichianus は高さが20〜50cm、花茎は円筒形で、円筒形の茎葉が2〜3個つき、花茎より短い。3〜6花からなる頭花は集散状につき、最下の苞は花序よりはるかに短い。雄しべは3個。針笄石菖。●低地の湿地 ●日本全土 **タチコウガイゼキショウ** J. krameri の茎葉は茎より著しく短く、3〜10花からなる頭花が多数つき、雄しべは6個、果実の先はとがらず、花被片よりやや長い。●日本全土

イグサ科

ヌカボシソウ
Luzula plumosa subsp. plumosa
高さが10〜25cmの多年草。根出葉は長さ15cmほどで、小さな茎葉が2〜3個つき、縁に白長毛があり、先が硬くなってとがらない。花は散形状に1個ずつつき、花被片6個は先が鋭くとがる。雄しべは6個あり、葯は花糸と同長。糠星草。❋5〜6月 ●山地の林内 ❋北海道〜九州

花柱の先は3裂する
葯の大きな雄しべは6個
花被片6個の先は鋭くとがる
葉の先は硬くなりとがらない

5月9日　札幌市

イグサ科

スズメノヤリ（スズメノヒエ、シバイモ）
Luzula capitata
高さが10〜30cmの多年草。葉は先端がとがらず硬くなり、縁に長白毛が多い。茎頂に頭状の花序が1個、基部に葉状の苞が1個つく。雌性先熟。花被片と雄しべ6個、葯は花糸よりはるかに長くて目立つ。雀槍。❋5〜6月 ●野山の陽地 ❋北海道〜九州　近似種ヤマスズメノヒエ L. multiflora は高さ20〜40cm、小さな頭花が数個〜十数個つき、小苞の縁が細裂。●海岸〜低山の草地 ❋北海道〜九州

花被片の先はとがる
雄しべは6個
大きな頭花
小さな頭花
ヤマスズメノヒエ　7月16日　釧路市音別
花柱の先は3裂
雄しべは花被片より短い
スズメノヤリ　5月25日　厚沢部町
葉の先はとがらない
花被片の先はとがる

イグサ科

タカネスズメノヒエ
Luzula oligantha
高さが7〜30cmの多年草。葉は幅2〜3mmで先端がとがらず硬くなる。花が数個ずつ集まり3〜10個の頭花をつくる。花被片も果実もこげ茶色。果実は花被片より長い。高嶺雀稗。❋7〜8月 ●亜高山〜高山のれき地や草地 ❋北海道、本州（中国以東）、四国　近似種ミヤマスズメノヒエ L. nipponica は小苞の縁が細裂し、果実は花被片より短い。❋北海道、本州（中部以北）

花被片は黒褐色
葉の先はとがらない
ミヤマスズメノヒエ　7月23日　大雪山
小苞の先は細かく裂けている
葉の先はとがらない
タカネスズメノヒエ　7月2日　夕張岳

イグサ科

クモマスズメノヒエ
Luzula arcuata subsp. unalaschkensis
高さが10〜25cmの多年草。根出葉は長さ5〜10cmで先が鋭くとがる。花は下向きに2〜3個集まってつき、雄しべは6個、果実は花被片とほぼ同長。雲間雀稗。❋7〜8月 ●高山のれき地や草地 ❋北海道（大雪山）、本州（中部）　同じ大雪山に生えるコゴメヌカボシ L. piperi は大形で高さ15〜40cm、葉はイネ科状で先はとがる。果実は花被片よりはるかに長い。

鋭くとがる葉の先
花序は垂れ下がる
葉の幅は1cm近くある
コゴメヌカボシ　7月12日　大雪山
葉の先はとがる
クモマスズメノヒエ　7月8日　大雪山

077

カヤツリグサ科

ヤリスゲ
Carex kabanovii

高さ10～30cmの多年草。葉は内側に巻いた円筒形で、径1～1.5mmの糸状に見える。ふつう雌雄異株で、茎の先に細い円柱形の小穂が1個つく。柱頭は2岐、熟した果胞は斜めに開く。槍菅。❋7～8月 ◉高山のやや湿ったれき地 ❀北海道(大雪山) 近似種**カンチスゲ** C. gynocrates は 葉が細く幅1mm以下。熟した果胞は開出する。寒地菅。❋6月下～7月 ◉高層湿原 ❀北海道(東部)、本州(北部)

カヤツリグサ科

キンスゲ
Carex pyrenaica var. altior

高さ10～40cmの多年草で、滑らかな茎は直立して株立ち状。葉は茎の約半長、幅1～2mmでやや糸状。茎頂に雌雄性の黒っぽい小穂が1個つく。柱頭は3岐、熟した果胞は開出。金菅。❋7～9月 ◉高山のれき地や草地 ❀北海道、本州(中部以北) 近似種**イトキンスゲ** C. hakkodensis はやや大形、茎上部はざらつき、葉は茎より長く幅約3mm。1個の小穂は長さ2～4cm、果期には垂れ、果胞は斜開する。糸金菅。❋6～8月 ◉高山の草地、雪田周囲 ❀北海道、本州(北部)

ヤリスゲ雌株　8月14日　大雪山

ヤリスゲの雌小穂
果胞の先はとがる
果胞は斜上する

カンチスゲの雌小穂
果胞は熟すと開出する

キンスゲ　9月4日　大雪山
雄性部
熟すと開出する果胞
熟しても直立する小穂

イトキンスゲ　7月9日　夕張岳
斜開する果胞
雄性部
イトキンスゲの小穂
熟すと垂れる小穂

カヤツリグサ科

コハリスゲ
Carex hakonensis

高さ10～25cmの多年草で、密な株をつくり、葉は糸状。茎頂に上端が雄花の雌雄性で長さ3～5mmの小穂が1個つき、柱頭は3岐。痩せた卵形の果胞は鱗片より長い。小針菅。❋6～7月 ◉山地の木陰 ❀北海道～九州 近似種**ハリガネスゲ** C. capillacea var. capillacea は小穂が5～10mm、果胞は太い脈があり、ぷっくりふくらむ。針金菅。❋5～7月 ◉山地の広葉樹林下 ❀北海道、本州、九州 **エゾハリスゲ** C. uda は葉の幅が2～3mm、果胞は下を向く。❋6～7月 ◉湿地や水辺 ❀北海道、本州(中部以北) **シラコスゲ** C. rhizopoda は大きな株をつくって生え、長さ20～50cmの花茎より短い葉は幅2～4mm、1個つく小穂は長さ1.5～4cm、果胞は無毛で嘴が長く、開出しない。❋5～6月 ◉低地～山地の水辺 ❀北海道(渡島・胆振・日高)

コハリスゲ　5月26日　様似町
雄花部
やや扁平な果胞。鱗片は落ちている

ハリガネスゲ　6月18日　根室半島
ハリガネスゲの小穂

シラコスゲの小穂
果胞は上を向き、嘴が長い

エゾハリスゲ　6月25日　浦幌町
下を向く果胞

カヤツリグサ科

ヒカゲハリスゲ（ハリスゲ）
Carex onoei
株立ちとなり高さ10～25cmの多年草。葉の幅1～3mmで、花茎の上部がざらつく。1個つく小穂は長さ4～6mm、柱頭は3岐、鱗片と同長の果胞に細脈が多数あるが目立たない。日蔭針菅。❋5～6月 ●山地の湿った樹林下 ❖北海道、本州（近畿以北） タカネハリスゲ（ミガエリスゲ）C. pauciflora は株立ちにはならず、匍匐枝を伸ばしてまばらに生え、高さ10～20cm。葉は糸状、小穂は雌雄性で果胞は長さ6～7mm、無毛で熟すと下を向く。❋7～8月 ●高層湿原 ❖北海道、本州（中部）

ヒカゲハリスゲ　6月15日　日高町門別　　タカネハリスゲ　7月11日　標津町

カヤツリグサ科

コウボウムギ
Carex kobomugi
雌雄異株の多年草で高さ10～20cm。長い根茎が走り、太い茎がまばらに生える。葉は幅4～6mm、硬く縁がざらつく。花序は長さ4～6cm、果胞は斜め上を向き、鱗片は淡黄色で芒がざらつく。弘法麦。❋6～8月 ●海岸の砂地 ❖日本全土、（北海道はほぼ全域） 近似種 エゾコウボウムギ C. macrocephala は茎が鋭い3稜形でざらつき、果胞は開出、鱗片は褐色で芒は平滑。❖北海道（主に東部）

コウボウムギ　6月11日　江差町　　エゾコウボウムギ　6月25日　根室市

カヤツリグサ科

クロカワズスゲ
Carex arenicola
長い根茎が地中にのびてややまばらに生える多年草で高さ10～50cm。茎頂の長さ1.5～3cmの花序に無柄の雄性の小穂が密につき上部に雄花、基部に雌花がつき、柱頭は2岐。褐色の鱗片は鋭頭で果胞と同長。卵形の果胞は開出する。黒蛙菅。❋5～7月 ●海岸～山地の湿った砂地 ❖北海道～九州 近似種 クリイロスゲ C. diandra は株立ち状で、高さ50～80cm。鱗片は栗褐色で果胞は広卵形で栗色、硬くて光沢がある。●湿原 ❖北海道、本州（中部・北部）

クロカワズスゲ　7月24日　札幌市空沼岳　　クリイロスゲ　6月25日　鶴居村

カヤツリグサ科

ツルスゲ
Carex pseudocuraica
前年倒伏した無花茎の節から花茎が伸びて高さ20～40cm。灰緑色の葉は幅2～4mm、茎頂に3～10個の無柄の小穂をつける。花柱は2岐。雌鱗片は卵形で褐色、両側は半透明。果胞は卵形で無毛だが、細鋸歯のある翼がある。❋6～7月 ●湿原 ❖北海道、本州（北部） 近似種 ウスイロスゲ C. pallida は葉の幅3～5mm、小穂はややまばらにつき、鱗片はうす茶色、果胞は狭卵形で短毛があり、縁がざらつく。❋6～7月 ●低地～山地のやや湿った所 ❖北海道、本州（関東以北）

ツルスゲ　6月22日　浜中町　　ウスイロスゲ　5月27日　根室市

カヤツリグサ科

ミノボロスゲ
Carex albata var. albata
株立ちとなり、横に伸びる茎は長さ20～50cmの多年草。葉は幅2～3mm。無柄で雄雌性の小穂が密につき、長さ2.5～5cmの花序となる。柱頭は2岐。果胞は鱗片より少し長く卵状披針形で褐色の脈があり、上方がざらつく。蓑艦褸菅。✿6～7月 ●低地～山地の湿った所 ❋北海道、本州(中部以北) 近似種**オオカワズスゲ** C. stipata は茎が直立し、葉の幅3～8mm、果胞の脈は目立たない。●山地の湿地 ❋北海道、本州(中部以北)

ミノボロスゲ　6月6日　室蘭市　　オオカワズスゲ　6月26日　札幌市西区

カヤツリグサ科

カヤツリスゲ
Carex bohemica
株立ちとなり、茎は高さ15～30cmの多年草。葉は幅2～3mm。雌雄性で無柄の小穂が半球状に集まり花序となるのでスゲ属よりはカヤツリグサ属に見える。苞は葉状に長い。鱗片は披針形で先は芒状にとがる。果胞は披針形で長さ1cm弱、縁が狭い翼となってざらつく。✿6～8月 ●湖畔の砂地 ❋北海道、本州(中部)

7月17日　阿寒湖畔

カヤツリグサ科

ヤチカワズスゲ
Carex omiana var. omiana
やや株立ちとなり、茎は高さ30～50cmの多年草。葉は幅2mm前後。無柄で雌雄性の小穂が2～5個つく。柱頭は2岐。鱗片は果胞より著しく短く、果胞は卵状披針形で長さ4～5mm、先は長い嘴状になり、熟すと反り返る。✿5～6月 ●湿地 ❋北海道～九州 近似種**キタノカワズスゲ**の果胞は長さ約3mm。❋北海道、本州(北部) 和名が似ている**ヒメカワズスゲ** C. brunnescens は果胞は卵形で淡い緑色、先は短い嘴状で長さ2～2.5mm。✿6～8月 ●高山の湿った草地 ❋北海道、本州(中部以北)

ヤチカワズスゲ　8月15日　大雪山　　ヒメカワズスゲ　7月13日　夕張岳

カヤツリグサ科

イトヒキスゲ
Carex remotiuscula
株立ちとなる多年草で、ざらつく茎は高さ30～50cm。葉は幅1～2mm。無柄で長さ4～6mmの雌雄性小穂が3～7個まばらにつき、長い苞がつく。柱頭は2岐。果胞は卵状披針形で扁平、長さ3mmほどでざらつく狭い翼があり、先は長い嘴状。✿7～8月 ●湿った林内 ❋北海道、本州(中部) 近似種**タカネマスクサ** C. planata は茎は滑らかで小穂は卵形で長さ1cm以下、果胞は広卵形で広い翼がつく。✿6～7月 ●湿った林内 ❋北海道～九州

イトヒキスゲ　7月1日　釧路市阿寒　　タカネマスクサ　7月8日　栗山町

カヤツリグサ科

アカンスゲ
Carex loliacea

やや株立ちとなる多年草で、茎は高さ20～50cm。灰緑色の葉は幅1～2mmで茎よりずっと短い。無柄で雌雄性の小さな小穂が3～5個やや離れてつく。鱗片は卵形で果胞の半分長。果胞は卵状長楕円形で長さ3mm弱、濃褐色の脈があり、嘴は短い。✽6～7月 ●亜高山帯の湿地 ✤北海道、本州(中部以北)

まばらにつく小穂
雌花の鱗片は淡い色
無いに等しい果胞の嘴

6月18日　足寄町

カヤツリグサ科

ハクサンスゲ
Carex canescens

太い茎は直立してざらつき、高さ20～50cmの多年草。葉は灰緑色で幅1.5～4mm。無柄で雌雄性の小穂が4～7個つき、柱頭は2岐。果胞は広倒卵形、帯黄灰緑色で先がとがり淡い色の鱗片より少し長い。✽6～7月 ●低地～高山の湿原 ✤北海道、本州(中部以北) 近似種タカネヤガミスゲ C. lachenalii は高さ20～30cm、葉は濃緑色、鱗片と果胞は褐色をおびる。✽7～8月 ●高山の草地に稀 ✤北海道(大雪山)、本州(中部)

茎は太く、葉は灰緑色
雌鱗片は淡い色
雌鱗片はほぼ褐色

タカネヤガミスゲ　8月14日　大雪山　　ハクサンスゲ　8月8日　大雪山

カヤツリグサ科

ヒロハイッポンスゲ
Carex pseudololiacea

やや株立ちとなり、茎は直立して高さ20～40cmの多年草。灰緑色の葉は幅1.5～3mm。灰色に近い雌雄性で無柄の小穂が2～4個接近してつく。柱頭は2岐。果胞は長楕円形で長さ4mm弱で多数の脈があり、先は嘴状。✽6～7月 ●高層湿原 ✤北海道、本州(福島) 近似種イッポンスゲ C. tenuiflora は葉の幅1～1.5mm、果胞は長さ2.5～3mm、多数の細脈がある。✽5～7月 ●高層湿原 ✤北海道、本州(中部)

果胞は卵状長楕円形、先は嘴状
果胞の先は嘴状にならない
幅1.5～3mmの葉
幅1～1.5mmの葉

ヒロハイッポンスゲ　6月11日　利尻島　　イッポンスゲ　7月17日　釧路市

カヤツリグサ科

ホソバオゼヌマスゲ
Carex nemurensis

株立ちとなり、茎はやや弓なり状で長さ40～70cmの多年草。葉は幅2～3mmで縁がざらつく。雌雄性で無柄の小穂が4～7個やや離れてつく。柱頭は2岐。卵形で鋭頭の鱗片は果胞と同長。✽6～7月 ●湿原 ✤北海道、本州(中部以北) 近似種ヒロハオゼヌマスゲ C. traiziscana は葉の幅3～4mm、鱗片は先がとがらず果胞より短い。●高層湿原 ✤北海道、本州(尾瀬)

鱗片は果胞とほぼ同長、先が鋭くとがる
鱗片は果胞より短く、鈍頭
幅2～3mmの葉
幅3～4mmの葉

ホソバオゼヌマスゲ　6月11日　利尻島　　ヒロハオゼヌマスゲ　7月10日　滝上町

カヤツリグサ科

サドスゲ
Carex sadoensis

緩い株立ちとなり茎は横に伸びて長さ30〜60cmの多年草。葉は幅3〜6mmでざらつく。小穂は5〜8個つき葉状の苞があり、雌性の側小穂は長さ3〜5cm、果胞は鱗片より短く先が長い嘴となり口部は2裂する。柱頭は2岐し、落ちずに枯れ残る。✾5〜7月 ◉山地の水辺 ✤北海道、本州（中部以北）近似種**タニガワスゲ** C. forficula は柱頭は落ちやすく果胞の長い嘴は縁がざらつき口部は2裂する。✾5〜6月 ◉低地〜山地の水辺 ✤北海道〜九州

サドスゲ　6月22日　占冠村　　タニガワスゲ　6月15日　日高町

カヤツリグサ科

アゼスゲ
Carex thunbergii var. thunbergii

変異が大きく、根茎が伸びてややまばらに生える多年草で高さ20〜60cm。葉は幅1.5〜4mm。小穂は3〜5個つき苞の基部は鞘にならない。雌小穂は長さ1.5〜5cm、柱頭は2岐。鱗片は黒紫色で中肋が緑色、長さは一定せず。果胞は扁平、嘴は短く口部は全縁。✾5〜6月 ◉湿地 ✤北海道〜九州 変種**オオアゼスゲ** var. appendiculata は大きな株となり谷地坊主をつくる。近似種**ヤマアゼスゲ** C. heterolepis の果胞口部は2裂する。**オハグロスゲ** C. bigelowii の雌鱗片は黒紫色でほぼ円頭、大雪山にある。

アゼスゲ　6月29日　豊頃町

カヤツリグサ科

ヒメウシオスゲ
Carex subspathacea

根茎が伸びてまとまって生える多年草で、茎は高さ5〜25cmで幅0.5〜1.5mmの葉よりはるかに低い。雄小穂は1個、雌小穂は長さ5〜15mm、鱗片は卵形で果胞より短い。柱頭は2岐。✾6〜7月 ◉塩湿地 ✤北海道、本州（青森）近似種**ウシオスゲ** C. ramenskii の葉は幅2〜3mm、雄小穂は1〜3個、果胞は鱗片より短い。◉塩湿地 ✤北海道（東部）

ヒメウシオスゲ　6月18日　根室市　　ウシオスゲ

カヤツリグサ科

カブスゲ
Carex cespitosa

株立ちとなり谷地坊主をつくる多年草で茎は高さ40〜70cm。非常にざらつく葉は幅2〜3mm。雌小穂は直立して長さ1〜2cm、柱頭は2岐。苞は無鞘、鱗片は広披針形で果胞より短い。✾6〜7月 ◉高層湿原やその周辺 ✤北海道 近似種**トマリスゲ（ホロムイスゲ）** C. middendorffii var. middendorffii も株立ちとなり茎は高さ30〜70cm。葉は灰緑色で幅2〜4mm、茎より短い。雌小穂は長さ1.5〜4cmで柄があり垂れる。果胞は広卵形で鱗片とほぼ同長。◉高層湿原、湿地 ✤北海道、本州（中部以北）

トマリスゲ　6月20日　ニセコ山系　　谷地坊主上のカブスゲ　5月26日　弟子屈町

カヤツリグサ科

ヤラメスゲ
Carex lyngbyei

根茎が伸びてまばらに生える多年草で、茎は高さ30～90cm。葉は灰緑色で幅3～10mm。雌小穂は長さ2～6cm、長い柄があり垂れ下がる。柱頭は2岐。鱗片は卵状披針形で果胞より長く、小穂から突き出る形となる。果胞は乳状突起を密布して灰緑色。❋6～7月 ●塩湿地や水辺 ❋北海道、本州（北陸・東北） **カワラスゲ** C. incisa の雌小穂は長さ3～7cm、鱗片は淡緑色で下垂し、果胞は平滑で無脈。❋5～6月 ●湿った草地や道端 ❋北海道、本州

カヤツリグサ科

アズマナルコ（ミヤマナルコスゲ）
Carex shimidzensis

株立ちとなり、高さ30～70cmの多年草。葉は軟らかく幅4～12mm。小穂は茎の上部にまとまって垂れ下がり、頂小穂は雄性、時に先端に雌性部がつく。雌性小穂は長さ3～12cmの円柱形。柱頭は2岐。果胞は淡緑色の鱗片とほぼ同長で、狭卵形で平滑、嘴は短い。東鳴子。❋6～7月 ●山地の湿った所 ❋北海道～九州

ヤラメスゲ　6月11日　利尻島　　カワラスゲ　6月25日　浜中町

6月15日　札幌市

カヤツリグサ科

ゴウソ
Carex maximowiczii var. maximowiczii

株立ちとなる多年草で高さ30～70cm。葉は幅3～6mmで裏面は白みをおびる。雌性の側小穂は長さ1.5～3.5cm、幅5～7mmで3～4個がぶら下がる。柱頭は2岐。扁平な果胞は長さ3.5～5mm、灰色をおび乳頭状の突起が密にある。郷麻。❋6～7月 ●低地～低山の湿地 ❋北海道～九州 近似種**ヒメゴウソ（アオゴウソ）** C. phacota var. gracilispica は茎や葉がざらつき、雌小穂は幅3～4mm、果胞は長さ2.5～3.5mm ❋北海道～九州

カヤツリグサ科

ヒエスゲ（マツマエスゲ）
Carex longirostrata var. longirostrata

株立ちとなる多年草で高さ20～35cm。幅2～3mmの葉は花後に著しく伸びる。雄小穂の下に数花をつける雌小穂が1～2個つく。柱頭は3岐。鱗片より長い広卵形の果胞は有毛で嘴が長く、口部は2深裂する。❋6～7月 ●山地の林縁や草地 ❋北海道、本州（中部以北） 近縁種**ヒロバスゲ** C. insaniae は葉が濃緑色で幅8～15mm。雌小穂は1～3個離れてつき、果胞は楕円形で短毛があり、嘴は短い。❋5～6月 ●やや湿った林内 ❋北海道、本州（中部以北の日本海側）

ゴウソ　6月14日　アポイ岳　　ヒメゴウソ　7月11日　白老町

ヒエスゲ　5月4日　札幌市南区　　ヒロバスゲ　5月22日　函館市

カヤツリグサ科

オクノカンスゲ
Carex foliosissima var. foliosissima
高さ15～40cmの多年草。葉はつやがあり、幅5～20mm、脈の部分で浅く折れて断面が平たいM字状となり、緑色のまま越冬する。長い柄のある雌小穂は長さ2～4cm、幅4～5mmで2～4個つく。密につく果胞は淡緑色で、より長い鱗片とともに開出する。柱頭は3岐。奥寒菅。❋4～5月 🔵 山地の林内 ❖北海道～九州 近似種 ミヤマカンスゲ C. multifolia var. multifolia は雄小穂が線形、雌小穂も細く、鱗片より長い果胞は上を向く。❖北海道～九州 ヒメカンスゲ C. conica var. conica は雌小穂が幅2.5～3.5mmと細く、苞葉基部の鞘が紫紅色で目立つ。果胞はやや離れてつき、それより長い鱗片とともに斜め上を向く。❖北海道～九州

オクノカンスゲ　5月26日　札幌市藻岩山　　ミヤマカンスゲ　5月17日　長万部町　　ヒメカンスゲ　5月10日　札幌市南区

カヤツリグサ科

アオスゲ
Carex leucochlora
株立ちになる多年草で、高さ15～30cm、茎とほぼ同長の葉は幅2～3mm。苞葉は花序より少し長く、小穂は上部に集まり、長さ1～2cmの雌小穂はやや接してつく。柱頭は3岐。果胞は多数つき有毛。膜質の鱗片は先が長い芒状 ❋5～6月 🟢 低地～低山の林内 ❖日本全土 近似種 イトアオスゲ C. puberula は苞葉が短く、小穂には10個以下の花がつき、鱗片の芒は短い。❖北海道、本州、九州 オオイトスゲ C. alterniflora は小穂が上部に集まらない。

アオスゲ　6月15日　札幌市藻岩山　　オオイトスゲ　6月5日　新ひだか町静内

カヤツリグサ科

チャシバスゲ
Carex microtricha
地下茎を伸ばしてまばらに生える多年草で高さ15～35cm。葉は幅2～3mm。小穂は茎の上部につき、長さ1～2cmの雌小穂は1～3個上向きにつく。柱頭は3岐。鱗片は先がとがり褐色。鱗片より長い卵形の果胞は短毛と短い嘴があり口部は凹形。茶芝菅。❋5～7月 🌊海岸～山地の草地 ❖北海道、本州(中部以北) 近似種 カミカワスゲ C. sabynensis var. sabynensis は株立ちとなり、果胞口部は2裂する。🔵山地の草地や林縁 ❖北海道、本州(中部以北)、九州(大分)

カミカワスゲ　　　　チャシバスゲ　5月28日　石狩市

カヤツリグサ科

タヌキラン
Carex podogyna

まばらな株立ちとなり高さ30cm～1mになる多年草。軟らかい葉は幅6～12mm。上部の1～3個は雄小穂、下の2～4個が雌小穂で楕円形、長さ4cm前後。柱頭は2岐。果胞は鱗片より著しく長く披針形で長さ1cm以上あり柄と縁に毛がある。狸蘭。❀4～6月 ●低地～低山の湿った岩場や斜面、沢沿い ●北海道（西南部）、本州（中部以北） 和名が似るアポイタヌキラン C. apoiensis は日高地方の沢沿いに生え、雌小穂は1～3個、長さ1～2cm、柱頭は3岐。

タヌキラン　5月13日　せたな町
アポイタヌキラン　6月5日　様似町

カヤツリグサ科

タガネソウ
Carex siderosticta

地下茎が伸びてまばらに生える多年草で高さ10～40cm。葉はラン科のような披針形で幅3cm前後になる。小穂は雄雌性で長さ1～2cm、柄があり茎に密着するように直立する。柱頭は3岐。果胞は緑色で鱗片と同長。鏨草。❀4～6月 ●低地～低山の明るい林内 ●北海道～九州 近縁のミヤマジュズスゲ C. dissitiflora は株立ちとなり、葉の幅3～7mm、小穂は雄雌性、果胞は長さ約1cm、嘴が著しく長い。●林内の湿った所 ●北海道～九州

タガネソウ　5月10日　千歳市

カヤツリグサ科

ヒカゲスゲ
Carex lanceolata

株立ちとなり高さ10～40cmの多年草。葉は幅1.5～2mm。茎頂に雄小穂が、その下に直立する雌小穂がつき、苞の基部は鞘となる。果胞は膨れた3稜形で赤錆色鱗片より短く短毛が密生する。柱頭は3岐。日蔭菅。❀5～6月 ●低山の乾いた林内 ●北海道～本州 近似種ホソバヒカゲスゲ C. humilis var. nana は葉の幅が1.5mm以下で果期の花茎は根際に埋もれるようなまま。●北海道～九州

ヒカゲスゲ　5月26日　アポイ岳
ホソバヒカゲスゲ　5月21日　アポイ岳

カヤツリグサ科

ショウジョウスゲ
Carex blepharicarpa

密な株立ちとなる多年草で、高さ15～40cm、越冬した濃緑色の葉が目立つ。葉は幅2～4mmで基部の鞘は褐色。雌小穂は長さ1～3cmで直立し、苞の基部は鞘となる。果胞は楕円体で密に短毛があり、栗色の鱗片より長い。柱頭は3岐。猩猩菅。❀4～6月 ●低地～高山の草地や林縁 ●北海道～九州 近似種タイセツイワスゲ C. stenantha var. taisetsuensis の果胞は無毛で縁に刺状毛がある。❀7～8月 ●北海道（高山のれき地）

ショウジョウスゲ　6月5日　札幌市南区

085

カヤツリグサ科

■サッポロスゲ（ハナマガリスゲ）
Carex pilosa
匐枝が伸びてまばらに生える多年草で高さ30～60cm、基部の鞘は暗赤褐色。葉は幅5～10mm。柄のある雌小穂は長さ2～3cmで直立する。柱頭は3岐。鱗片より長い果胞は脈があり、やや長い嘴は少し曲がり、口部は凹形。札幌菅。❋5～6月 ●山地林内の湿った所 ◆北海道、本州（中部以北）近縁の**グレーンスゲ** C. parciflora はやや株立ちで、基部の鞘は淡色。葉は幅5～12mm。雌小穂は10～20個の果胞をつけ、果胞の嘴はやや長く少し曲がる。鱗片は白い膜質で中肋が緑色。❋6～7月 ◆北海道、本州（山陰以北の日本海側）

サッポロスゲ　5月28日　札幌市砥石山　　グレーンスゲ　7月21日　雨竜町

カヤツリグサ科

■ミタケスゲ
Carex dolichocarpa
株立ちとなる多年草で高さ20～50cm、葉は幅3～5mm。雄性の頂小穂の柄は直下の雌小穂に隠れて見えない。その下の雌小穂には長い柄がある。鱗片より長い果胞は長さ10～13mmの披針形で、熟すと開出する。御岳菅。❋7～8月 ●山地～亜高山の高層湿原 ◆北海道、本州（中部以北）

7月21日　雨竜沼

カヤツリグサ科

■ヒメスゲ
Carex oxyandra
まばらな、時に密な株立ちとなる高さ10～40cmになる多年草。葉は幅2～3mm。茎頂に雄小穂、直下に雌小穂が2～4個近接してつく。苞は芒状。果胞は長さ3mmほどの丸みをおびた3稜形で無脈だが毛がある。鱗片は黒紫色で先がとがり、果胞よりやや短い。姫菅。❋5～7月 ●山地～高山の草地やれき地 ◆北海道～九州

7月5日　樽前山

カヤツリグサ科

■ヤチスゲ
Carex limosa
株立ちとならない多年草で高さ20～40cm。茎や葉は硬く白みをおびる。葉は幅1～2.5mmで基部の鞘は赤褐色。雌小穂には時に先端が雄性となり長い柄で垂れ下がる。果胞は扁平な3稜形で微小な乳状突起が密につき、濃褐色の鱗片より少し短い。谷地菅。❋5～7月 ●低地～山地の高層湿原 ◆北海道、本州（近畿以北）近縁の**ムセンスゲ** C. livida は葉が粉白色で雌小穂の柄が短く直立し、果胞に嘴がない。◆北海道（大雪山・猿払）

ムセンスゲ　7月31日　大雪山　　ヤチスゲ　6月15日　大雪山

カヤツリグサ科

ヒラギシスゲ
Carex augustinowiczii var. augustinowiczii
株立ちとなる多年草で高さ30〜50cm。葉は軟らかく幅2〜4mm。頂小穂は雄性、時に雌性。側小葉は長さ1〜3cm、雌性で時に基部に雄花がつく。果胞は卵形で淡緑色、無毛で細かい脈があり、黒褐色の鱗片より短い。柱頭は3岐。平岸菅。✽5〜6月 ◉山地の沢沿い ❖北海道、本州（中部以北） 近似種ナルコスゲ C. curvicollis も沢沿いに生え、頂小穂は雄性。果胞は平たい3稜形で鱗片の2倍長。

カヤツリグサ科

キンチャクスゲ（イワキスゲ）
Carex mertensii var. urostachys
株立ちとなって生える多年草で高さ30〜60cm、茎は弓なりに曲がる。葉は軟らかく幅4〜8mm。長さ2〜4cmの小穂が4〜8個長い柄で下垂する。雌雄性で雌性の部分がほとんどで、基部に短い雄性の部分がある。柱頭は3岐。小苞は扁平で滑らかで、黒褐色で鋭頭の鱗片より長い。巾着菅。✽6〜8月上 ◉山地〜亜高山の草地や林縁 ❖北海道、本州（中部・北部） 近縁のネムロスゲ C. gmelinii は海岸草原に生え、頂小穂は雌雄性、鱗片の先は芒状。❖北海道、本州（北部?）

ヒラギシスゲ　6月5日　札幌市南区　　ナルコスゲ　6月13日　八雲町

ネムロスゲ　6月5日　広尾町　　キンチャクスゲ　8月1日　大雪山

カヤツリグサ科

シコタンスゲ
Carex scita var. scabrinervia
やや株立ちとなる多年草で高さ20〜70cm。葉は幅3〜6mm。上部1〜2個の小穂は雄性、雌小穂は長さ1.5〜3cm、幅6〜8mm、先端は雄性部。柱頭は3岐。鱗片は紫褐色で先端は長い芒状。より長い果胞は広楕円形で長さ4.5〜5.5mm、縁に鋸歯状の刺毛がある。✽7〜8月 ◉海岸の草地やれき地 ❖北海道 変種リシリスゲ（マシケスゲ）var. riishirensis はより繊細で果胞は長楕円形で長さ4〜5mm。✽7〜8月 ◉北海道の高山 近縁のミヤマクロスゲ C. flavocuspis は株立ち状で高さ10〜40cm、茎や葉は濃緑色で弓状に曲がる。頂小穂は雄性、側小穂は雌性で2〜4個つき長さ1.5〜3cm。果胞は滑らかで鱗片とほぼ同長。◉高山の草地やれき地 ❖北海道、本州（中部以北）

シコタンスゲ　6月25日　礼文島

ミヤマクロスゲ　7月25日　大雪山

リシリスゲ　7月27日　利尻山

カヤツリグサ科

■ ミヤマシラスゲ
Carex confertiflora

地下茎が伸びてまとまってはえる多年草で高さ30〜80cm。基部の鞘は淡色。葉は幅8〜15mm、裏面は白っぽい。雌小穂は2〜6個つき長さ3〜6cm、柱頭は3岐。果胞は鱗片より長く長さ約4mm、熟すと隙間なくびっしりつく。❋5〜6月 ◉低地〜低山の湿地 ✿北海道〜九州 和名が似るヒメシラスゲ C. mollicula は根茎が長く伸びまばらに生え、高さ15〜30cm、葉は幅4〜8mm。茎頂に短い雄小穂が、その直下にほぼ無柄の雌小穂が2〜5個かたまってつく。❋5〜6月 ◉山地の林内 ✿北海道〜九州

ミヤマシラスゲ 6月15日 札幌市南区　　ヒメシラスゲ 6月12日 札幌市砥石山

カヤツリグサ科

■ カサスゲ
Carex dispalata

地下茎が伸びて群生し、高さ40〜90cmの多年草。基部の鞘は紫紅色をおびる。葉は幅4〜8mmでやや硬い。円柱形で長さ3〜10cmの雌小穂が3〜6個つき、葉身が長い苞がある。鱗片は両縁が赤紫色で先は鋭くとがる。果胞は卵形で鱗片とほぼ同長。結実率は低いという。❋5〜6月 ◉低地の湿った所 ✿北海道〜九州

5月27日 根室市

カヤツリグサ科

■ ヒゴクサ
Carex japonica

根茎が伸びてややまばらに生える多年草で高さ20〜40cm。葉は幅2〜4mmで裏面は白っぽい。柄がある雌小穂は1〜3個つき長さ1〜2cm。柱頭は3岐。卵形の果胞は無毛で開出し、長さ3.5〜4mmで嘴は長い。❋5〜7月 ◉林縁や林内、草地 ✿北海道〜九州 近似種エナシヒゴクサ C. aphanolepis は葉の裏面が白味をおびず、小穂の柄は極めて短い。卵形の果胞は長さ3〜3.5mmで嘴は短い。

ヒゴクサ 6月13日 日高町門別　　エナシヒゴクサ 6月12日 新冠町

カヤツリグサ科

■ エゾサワスゲ
Carex viridula

株立ち状となる多年草で高さ10〜25cm。葉は幅1.5〜2.5mmで質は平滑で硬い。ほぼ無柄の小穂が茎頂にかたまってつき、葉状の苞は花序より高くなる。柱頭は3岐。果胞は長さ3mm弱で開出する。❋7〜8月 ◉湿地 ✿北海道、本州(中部以北) 近縁のジョウロウスゲ C. capricornis は株立ち状で高さ40〜70cm、雌小穂は短い円柱形で長さ3cm弱。密につく果胞は披針形で嘴が長く、口部は2深裂する。 ◉水辺 ✿北海道、本州(関東以北)

ジョウロウスゲ 7月17日 苫小牧市　　エゾサワスゲ 7月29日 根室市

カヤツリグサ科

■ オニナルコスゲ
Carex vesicaria
匍匐根茎が伸びて群生する多年草で高さ30cm～1m。葉は幅3～8mm。雄小穂が2～3個、雌小穂が2～4個つき、柱頭は3岐。果胞は長さ6～8mm、先は長い嘴となり、口部は2裂、熟しても斜開する。❀6～7月 ●低地～山地の湿地 ❖北海道、本州、九州 近似種**オオカサスゲ** C. rhynchophysa の葉は光沢があり幅8～15mm、果胞は熟すと開出する。❖北海道、本州(中部以北)

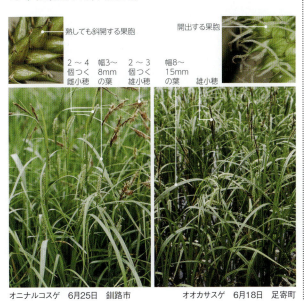

オニナルコスゲ　6月25日　釧路市　　オオカサスゲ　6月18日　足寄町

カヤツリグサ科

■ アカンカサスゲ
Carex sordida
根茎を伸ばしてまばらに生える多年草で高さ60～90cm。葉は幅4～8mmで裏面は有毛。雌小穂は長さ3～7cm、柱頭は3岐、狭卵形の鱗片の先は芒状となり果胞とほぼ同長。果胞の先は嘴状で有毛。❀6～7月 ●原野周辺 ❖北海道(東部)、本州(栃木) 近似種**ムジナスゲ** C. lasiocarpa の葉は茎より高く、幅1.5～3mmで無毛。鱗片は狸色で鋭頭、果胞とほぼ同長。果胞は有毛で嘴は短く、口部は硬く2裂する。❀6～8月 ●湿原や水辺 ❖北海道、本州(中部以北)

アカンカサスゲ　7月28日　根室市　　ムジナスゲ　6月12日　苫小牧市

カヤツリグサ科

■ コウボウシバ
Carex pumila
根茎が伸びてまばらに生える多年草で高さ10～30cm。硬く光沢のある葉は幅2～4mm。雌小穂は長さ1.5～3cm、柱頭は3岐。鱗片は先が鋭くとがり、無毛の果胞とほぼ同長。果胞の先は次第に細まり嘴状、口部は2裂する。❀5～6月 ●海岸の砂地 ❖北海道～九州 砂地に生える**スナジスゲ** C. glabrescens はコウボウシバに似るが、果胞は有毛。❖北海道、本州(局所的)

スナジスゲ　6月7日　日高町　　コウボウシバ　7月20日　苫小牧市

カヤツリグサ科

■ ビロードスゲ
Carex miyabei
根茎が伸びてまばらに生える多年草で、茎は高さ30～60cm、基部は赤紫色。葉は幅3～8mmで無毛だがざらつく。雌小穂は離れてつき、基部に長い葉状の苞がある。柱頭は3岐。鱗片は褐色をおび、中肋は緑色、先は芒状となる。果胞は卵形で鱗片とほぼ同長、毛が密に生え脈があって先が急に細くなり長い嘴となる。口部は2深裂。❀6～7月 ●湿った林縁、原野 ❖北海道、本州、九州

8月2日　幌加内町

カヤツリグサ科

タマガヤツリ
Cyperus difformis

高さ15〜30の一年草。葉は幅2〜5mmで茎より低い。茎頂に葉状の苞が2〜3本つき、基部に多数の小穂が集まった花序がつく。小穂は長さ3〜8mmの扁平な線形で紫褐色で小花が10〜20個2列に並ぶ。柱頭は3岐。球蚊帳吊。❋7〜9月 ●低地の湿地や水田の周辺 ❖日本全土

カヤツリグサ科

ウシクグ
Cyperus orthostachyus

やや株立ち状に生え、高さ20〜60cmの一年草。葉は幅2〜8mmで茎より長い。葉状の苞は花序よりはるかに長い。小穂は複散房状の花序の刺毛のある5〜10本の枝(分花序)につき、線形でやや扁平、8〜20個の花がつき、赤褐色。柱頭は3岐。鱗片は広楕円形で円頭。葉を揉むとレモン臭がするという。❋7〜9月 ●湿地や水田の周辺 ❖北海道〜九州

9月10日 旭川市　　　　　　　　　　　　　　　9月9日 江別市

カヤツリグサ科

カヤツリグサ (キガヤツリ)
Cyperus microiria

変異が多く、やや株立ちとなって生える高さ20〜50cmの一年草で茎は細い。葉は幅2〜4mmで茎より短い。茎頂に長い苞葉を3〜4個つけ、その間に花序の枝が5〜10本出、枝先に3つの分花序がつく。小穂は長さ7〜12mmで10〜20個の花がつく。柱頭は3岐、鱗片は黄褐色で先端は突起状。❋8〜9月 ●畑の周辺や裸地 ❖日本全土(北海道は二次的?) 同属の**ヌマガヤツリ** C. glomeratus は大形の一年草で高さ20〜80cm、茎は太い。分花序に小穂が極めて密につくので中軸が見えない。小穂は線形で長さ5〜10mm、茶褐色。鱗片は狭楕円形で鈍頭。●低地の湿地 ❖北海道、本州(中国以東) **チャガヤツリ** C. amuricus はカヤツリグサに似た一年草で小穂は茶褐色、鱗片は広卵形で先端は曲がった芒状。●畑の周囲や裸地 ❖北海道(二次的?)〜九州

カヤツリグサ 9月23日 伊達市有珠山　　ヌマガヤツリ 8月8日 釧路市阿寒　　チャガヤツリ 9月5日 釧路市阿寒

カヤツリグサ科

ヒメクグ
Cyperus brevifolius var. leiolepis
高さが10～25cmの軟弱な多年草。地下茎が伸びて群生状に生える。葉は幅2～4mm、平滑で軟らかい。茎頂に淡い緑色で頭状の花穂がふつう1個つき、その基部に長さの異なる苞葉が3個つく。花穂には小穂が密につき、1小穂は1花からなり、長さ約3.5mm、長いレンズ形。柱頭は2岐。❋7～9月 ●低地の湿った所 ❖日本全土 同属のミズガヤツリ(オオガヤツリ) C. serotinus も多年草だが別名の通り大形で高さ50cm～1m。分花序の中軸にまばらに刺毛があり、小穂は長さ1～2cm。柱頭は2岐、広卵形の鱗片は赤褐色で鈍頭。畑家や湿地の周辺 ❖日本全土 カワラスガナ C. sanguinolentus は一年草で茎は基部が地表を這って節から根を出して斜上し高さ20～40cm。花序は頭状か短い枝を出す。小穂は扁平な長楕円形赤褐色。鱗片は広卵形で鈍頭。柱頭は2岐。川原菅菜。●湿地や田畑の周辺 ❖日本全土

ヒメクグ　8月29日　江別市

ミズガヤツリ　8月30日　札幌市

カワラスガナ　9月27日　上ノ国町

カヤツリグサ科

オオヌマハリイ
Eleocharis mamillata var. cyclocarpa
高さ30～60cmの多年草。茎は径2～4mmの円柱形で、先端に長さ1～3cmで披針形の小穂が1個つく。鱗片は広卵形で柱頭は2岐。花被片は刺針状で5～6本ある。沼針藺。❋6～8月 ●低地の浅い水中 ❖北海道、本州、九州 ヒメハリイ E. kamtschatica の茎は径1～1.5mm、小穂は黒褐色。❖北海道～九州 マルホハリイ E. ovata の茎は径約1mm。小穂は卵形で柱頭は2岐。●湿地 ❖北海道、本州 シカクイ E. wichurae は多年草で茎は長さ20～50cm、4稜があり断面は四角状。●湿地 ❖日本全土 ハリイ E. congesta var. japonica の茎は糸状で径0.5mm以下。小穂は細い円錐形で柱頭は3岐の一年草。●湿地や水田跡 ❖日本全土 マツバイ E. acicularis var. longiseta は一年草で長さ3～10cmの糸状の茎がまとまって出てマット状になる。小穂は狭卵形で長さ2mm以下、花被片3～4個 ❖日本全土

オオヌマハリイ　6月24日　安平町早来

マルホハリイ　9月9日　江別市

ハリイ　9月15日　厚真町

マツバイ　9月9日　月形町

カヤツリグサ科

ワタスゲ（スズメノケヤリ）
Eriophorum vaginatum

大きな株をつくり、高さ20～50cmの多年草。直立する茎はやや硬く鞘状の葉が1～2個つく。根出葉は幅1～2mmで縁がざらつき、断面は三角状。茎頂に小穂が1個つき濃い灰色の鱗片のある花が多数咲き、柱頭は3岐。花後、花被片が2cm以上伸びて白い綿毛状となり、風を受けて種子を運ぶ。綿菅。❋6～8月 ◉低地～山地の高層湿原 ❖北海道、本州（中部以北） エゾワタスゲ E. scheuchzeri は地下茎が伸びて株立ちにならず、高さ10～30cm。❋7～8月 ◉大雪山高山帯の湿原

サギスゲ E. gracile は株立ちにならず、小穂が数個つく。鷺菅。❋6～8月 ◉低地～山地の湿地 ❖北海道、本州 和名が似る**ヒメワタスゲ** Trichophorum alpinum は別属で高さ10～30cm、茎は3稜があって鞘状の葉がつく。糸状の花被片6個は花後伸びて綿毛状となる。姫綿菅。❋6～7月 ◉山地の湿原 ❖北海道、本州（八甲田）それと同属の**ミネハリイ** T. cespitosum は茎頂に披針形の小穂が1個つき、6個の花被片は綿毛状に伸びない。峰針藺。❋7～8月 ◉高山の湿地 ❖北海道、本州（中部以北）

ワタスゲ 7月22日 大雪山　　6月13日 ニセコ町　　サギスゲ 7月11日 釧路湿原　　ヒメワタスゲ 6月11日 苫小牧市　　ミネハリイ 7月26日 大雪山　　エゾワタスゲ 8月6日 大雪山

カヤツリグサ科

アカンテンツキ（オホーツクテンツキ）
Fimbristylis dichotoma var. ochotensis

高さ10～30cmの一年草。葉は幅1～3mm、基部の鞘は茶褐色。茎はやや硬く、葉より高く直立して先端に頭状の花序をつける。柄のある黒褐色の小穂は1～5個つき、基部に苞葉が数本つく。柱頭は2岐。阿寒点突。❋6～8月 ◉地熱のある裸地 ❖北海道（阿寒、大雪山） 基本種は日本全土 同属の**ヤマイ** F. subbispicata は小穂が1個で長さ8～25mm、やや光沢がある。◉山地の湿地 ❖日本全土 道内には同属の**ヒメヒラテンツキ、アゼテンツキ**が知られる。

アカンテンツキ 9月5日 釧路市阿寒　　ヤマイ 8月30日 えりも町

カヤツリグサ科

カンガレイ
Schoenoplectiella triangulata

株立ちとなり高さが50cm～1.2mになる多年草。茎は鋭い三角柱状で下部に鞘状に退化した葉がある。茎頂に無柄の長さ1～2cmの小穂が頭状に4～20個つき基部から苞葉が茎の延長のように伸びる。苞葉は時に水平に折れる。柱頭は3岐。寒枯藺。❋8～9月 ◉低地の浅い水中 ❖日本全土 同属の**イヌホタルイ** S. juncoides は株立ちとなる多年草で、茎は円柱形で径2mm以下、小穂は柄がなく長さ約1cmの狭卵形、柱頭は2岐。❖日本全土の湿地や水辺 **ヒメホタルイ** S. lineolata は細い地下茎を伸ばす多年草で高さ25cm以下、小穂は1個つく。❖日本全土の水辺

カンガレイ 7月22日 札幌市北区　　イヌホタルイ 9月10日 旭川市　　ヒメホタルイ 7月22日 苫小牧市

カヤツリグサ科

■フトイ
Schoenoplectus tabernaemontani
太い地下茎が伸びて群生する高さ1～2mの多年草。茎は径1～2cmの円柱状で、下部に鞘状、時に短い葉身のある葉がつく。茎頂に散房状の花序がつき、茎に続く苞葉は長さ2cm以下と短い。小穂は長さ1cm以下で鱗片は緑に毛があり、先が芒状、柱頭は2岐。太藺。❉7～9月 ●低地の水中 ❖日本全土　**サンカクイ** S. triqueter の茎は3稜形で高さ30cm～1m、花序や小穂に長短の分枝しない柄があり、苞葉は長さ2～5cm、柱頭は2岐。●日本全土の水辺　**シズイ** S. nipponicus はやや小形で、茎も3稜形で長さ20～70cm、花序の柄は分枝し、苞葉は長さ10～20cm。柱頭は2岐。●低地の浅い水中 ❖北海道～九州

フトイ　8月26日　鶴居村

サンカクイの茎の断面

短い苞葉　サンカクイ　8月7日　日高町門別

長い苞葉　茎の断面は3角　分枝する花序の柄

シズイ　8月22日　苫小牧市

カヤツリグサ科

■ミカヅキグサ
Rhynchospora alba
まとまって生える多年草で高さ15～45cm。葉は細い糸状で、内側に巻いて径1mmほど。花序は散房状に1～3個つき、小穂は頭状に2～5個集まる。鱗片は緑色をおびた白色で果期には淡褐色となる。柱頭は2岐、刺針状の花被片が9～10個ある。三日月草。❉7～8月 ●山地～亜高山の高層湿原 ❖北海道、本州、九州　同属の**オオイヌノハナヒゲ** R. fauriei は大形で分花序は2～3個、小穂は頭状に多数つき、小穂の鱗片は褐色 ❖北海道、本州、九州　**ミヤマイヌノハナヒゲ** R. yasudana の分花序は3～6個つき、1花序の小穂が1～3個で鱗片は褐色 ❖北海道、本州(兵庫以東)　**イトイヌノハナヒゲ** R. faberi は小形で高さ20cm前後、刺針状の花被片が太くざらつく ❖北海道～九州　この属の正確な同定は花を分解して果実(痩果)と花被片を見なければならない。

ミカヅキグサ　8月21日　雨竜沼

オオイヌノハナヒゲ　7月30日　新篠津村　　ミヤマイヌノハナヒゲ 8月18日 雨竜沼　　イトイヌノハナヒゲ　9月4日　新篠津村

093

カヤツリグサ科

アブラガヤ
Scirpus wichurae

株立ちとなる多年草で茎は三角柱状、高さ80cm～1.5m。葉は幅5～15mm、基部が鞘となる。大きな円錐花序に長さ4～7mmで長楕円形の小穂が1～5個ずつ多数つく。熟すと鱗片は褐色になって垂れる。油茅。❋8～9月 ●低地～山地の湿地 ❖北海道～九州 エゾアブラガヤ S. lushanensis の小穂はほぼ球形。クロアブラガヤ S. sylvaticus var. maximowiczii の鱗片は黒灰色 ❖北海道、本州（中部以北）ツルアブラガヤ S. radicans は無花茎が地表を長く這い、小穂は1個ずつつい て鱗片は黒灰色 ❖北海道、本州（北部）同属のタカネクロスゲ（ミヤマワタスゲ）S. maximowiczii は高さ15～30cmの多年草。葉は光沢があり、幅3～6mm。根出葉は長く、短い茎葉の基部は鞘状となって茎を抱く。散房状の花序は茎頂に傾いてつき、基部に鱗片状の苞が2個つく。小穂は長さ約1cm、鱗片は広倒卵形で上部が黒灰色。柱頭は3岐。高嶺黒菅。❋6～9月 ●高山の湿った草地やれき地 ❖北海道、本州（中部・北部）

アブラガヤ 8月2日 当別町
クロアブラガヤ 7月17日 厚真町
ツルアブラガヤ
タカネクロスゲ 7月16日 大雪山

カヤツリグサ科

ウキヤガラ
Bolboschoenus fluviatilis subsp. yagara

高さが1mを超える大形の多年草で、よく群生する。葉は下部につき、幅5～10mm。茎頂に散房状の花序がつき3～8本の枝が5cm以上伸びる。葉状の苞が2～4個つき、小穂は長楕円形長さ1～2cm、柱頭は3岐。浮矢幹。❋7～9月 ●低地の湿地 ❖北海道～九州 近似種コウキヤガラ（エゾウキヤガラ）B. koschevnikovii は花序が頭状か枝がごく短く伸び、小穂は卵形で柱頭は2岐。❖日本全土

ウキヤガラ 8月30日 札幌市
コウキヤガラ 6月27日 佐呂間町

カヤツリグサ科

ヒゲハリスゲ
Kobresia myosuroides

高さ10～25cmの多年草。よく群生してマット状に広がる。葉は内側に巻いて糸状になり、茎とほぼ同長。茎頂に小穂が10個前後ついて長さ1.5～3cmの花序となる。頂小穂のみが雄性。側小穂は雄花と雌花が1個ずつある両性。スゲ属とは痩果を包む果胞が袋状とならず、縁が離れている。❋7～8月 ●高山の乾いた草地やれき地 ❖北海道（大雪山）、本州（中部）

8月17日 大雪山

イネ科

クマイザサ
Sasa senanensis

地下茎が伸びて地表を覆うように生える。多年性の茎（稈）は直立して高さ1〜2m、細くて径6〜8mm、根元はあまり曲がらずまばらに分枝する。常緑の葉は（9個ではなく）3〜7個つき、葉身は長楕円形で長さ20cm前後で、裏面に軟毛があり、柄の基部に肩毛がつく場合がある。60年ほどの周期で開花するといわれ、花序は茎の基部付近から伸びて、葉より高い位置で円錐状に多数の花をつける。小穂には4〜10小花がつき、雄しべは6個、柱頭は3個ある。九枚笹。❉6〜7月 ●低地〜山地の至る所 ❉北海道、本州 **チマキザサ** S. palmata は葉の裏面が無毛の型と考えられる。**チシマザサ（ネマガリダケ）** S. kurilensis は高さ40cm〜3mとサイズの差が大きく、強風にさらされる尾根筋ではさらに小さくなる。茎は多雪地では根元で大きく曲がり、径1〜2cm、上部で分枝を繰り返す。葉は狭長楕円形で両面無毛、肩毛はない。花序の枝は茎の上部から出て、葉より高くならない。新芽は竹の子（笹子）として食用にされる。❉5〜7月 ●山地〜亜高山の斜面 ❉北海道、本州（鳥取以北の日本海側） **ミヤコザサ** S. nipponica は小形で太平洋側の低地〜山地に生え、茎はふつう分枝せず、節が丸く膨らみ冬芽がつかない。葉は秋〜春に白く縁どられ、翌年茎とともに枯れる。❉北海道〜九州 かつて別属とされていた**スズタケ** S. borealis も太平洋側に生え、茎は高さ1〜3m、径3〜8mm、あまり分枝せず、葉は最スリムで1〜4個つき、肩毛はない。❉北海道〜九州

クマイザサ　7月7日　羊蹄山

チシマザサ　5月28日　樺戸山地神居尻山

ミヤコザサ　6月14日　アポイ岳

スズタケ　5月21日　新冠町

イネ科

エゾノサヤヌカグサ
Leersia oryzoides

全体にざらつく多年草で、茎は高さ50〜80cm、節に下向きの剛毛がある。広線形の葉は長さ15〜25cm、幅8〜12mm。葉舌は目立たない。円錐花序は長さ20cmほど、長さ約5mmの小穂に1小花がつく。雄しべは3個ある。時に葉鞘に包まれた閉鎖花もつける。❀8〜9月 ●低地の湿地、水中 ✿北海道〜九州

イネ科

ハネガヤ
Achnatherum pekinense

株立ち状の茎は分枝せず、直立して高さ1m以上になる多年草。葉は長さ50cm前後。花序の枝は輪生状で1小穂は長さ約1cm、1小花からなり、護穎に長い芒がつく。羽茅。❀7〜8月 ●原野や湿った草地 ✿北海道、本州、四国 **マコモ** Zizania latifolia も背の高い多年草で高さ1〜2.5m。葉は多数つき線形で幅2〜3cm。長楕円形の円錐花序枝の下半部に雄性の上半部に雌性の1小花からなる小穂をつける。芒のない雄小穂は6個の雄しべにつく紫紅色の葯が目立つ。雌小穂には長さ2〜3cmの芒がある。真菰。❀8〜9月 ●低地の水辺 ✿日本全土

9月1日 札幌市南区

ハネガヤ 8月6日 札幌市南区　　マコモ 9月5日

イネ科

コヌカグサ*
Agrostis gigantea

高さ50cm〜1mの多年草。ざらつく葉は幅4〜7mmで葉舌は高さ2〜7mm。花序は長さ15〜20cm。3〜6本輪生するざらつく枝は開花時開出、果期に直立する。1小花からなる小穂は赤褐色をおび、内穎は護穎の半分より長い。小糠草。❀6〜8月 ●道端や空地 ✿原産地は北半球の温帯 同属の**ミヤマヌカボ** A. flaccida は花は紫褐色で護穎に長い芒があり内穎はほとんどない。●✿北海道〜九州の高山草地 **ヤマヌカボ** A. clavata var. clavata は花序が小さく植物体の1/3以下で枝は斜め上に開出し、小穂はその基部寄りにつかない。護穎に芒がない。●✿北海道〜九州の山地林内 その変種**ヌカボ** var. nukabo は花序の枝は斜上し、基部寄りに小穂がつく。●✿日本全土の低地や丘陵 **エゾヌカボ** A. scabra は花序が大きく植物体の半分以上で、小穂は枝先近くに集まり、小花に芒はない。❀5〜7月 ●山地草原や路傍 ✿北海道、本州（中部・北部）

コヌカグサ 8月19日 上川町　　ミヤマヌカボ 8月18日 大雪山　　ヤマヌカボ 7月16日 釧路市音別

イネ科

■ コウボウ
Anthoxanthum nitens var. sachalinense

地下茎が伸びて株立ちにならず、高さ20～50cmの多年草。長さ1～4cmの葉が少数つく。小穂は円錐花序につき、広卵形で長さ4～6mm。苞頴は膜質で同長、うす茶色で光沢がある。3小花のうち2個が雄性、1個が両性で護頴に芒はない。香茅。❋5～7月 ●低地～低山の草地や路傍 ❋北海道～九州 近似種**ミヤマコウボウ** A. monticola var. alpinum は上方の雄性小花の護頴に長さ4～5mmのねじれた長い芒があり、葉は内側に巻き込んでいる。❋6～7月 ●高山の草地 ❋北海道、本州（中部以北） **エゾコウボウ** A. pluriflorum var. plumiflorum は夕張岳高山帯の蛇紋岩地に固有。葉は平たく幅3～7mm、護頴に長さ1.5mm以下の芒がある。同属の**ハルガヤ*** A. odoratum subsp. odoratum は高さ20～50cmで短命の多年草。葉は幅2～6mm、葉舌は高さ2～4mm。小穂は穂状に密につき、柄は有毛。苞頴は同長でなく、2小花は護頴だけに退化、花柱と雄しべが長く、小穂から伸び出す。春茅。❋6月 ●道端や空地 ❖原産地はユーラシア 亜種**ミヤマハルガヤ** subsp. nipponicum は小穂の柄は無毛。利尻山と南アルプスの高山帯に生える。

コウボウ　6月8日　礼文島　　ミヤマコウボウ　7月2日　夕張岳　　エゾコウボウ　6月29日　夕張岳　　ハルガヤ　6月13日　札幌市

■ スズメノテッポウ
Alopecurus aequalis

高さ20～40cmの一年草で、全体白色をおび、茎は基部で曲がって斜上する。葉は幅1.5～5mm、葉舌は高さ2～5mm。小穂は円柱形の総状花序に密につき、小花は1個、芒は短く、葯が黄色から褐色に変わる。雀鉄砲。❋6～7月 ●低地の湿った所 同属の**オオスズメノテッポウ*** A. pratensis は多年草で茎の長さ30～100cm、花序は太く、芒は長さ約1cm。❖原産地は地中海沿岸

■ マカラスムギ*（エンバク、オートムギ）
Avena sativa

太い茎が直立して高さ50～100cmになる一～越年草。葉は長さ10～30cm、幅0.5～1cm。円錐花序に2小花からなる小穂が下垂し、小花は無芒または下方の1個のみ真っ直ぐな芒があり、護頴の背面は無毛。栽培作物で時に野生化。❋6～7月 ●道端や空地 近似種**カラスムギ*** A. fatua var. fatua の小穂はふつう3小花からなり、よじれた芒がつき、護頴はふつう有毛。❖原産地は地中海地方

スズメノテッポウ　6月24日　むかわ町　　オオスズメノテッポウ　7月17日　安平町厚真

カラスムギ　7月15日　釧路市　　マカラスムギ　7月15日　釧路市

イネ科

■コメススキ

Avenella flexuosa
株立ちとなって生え、高さ20～50cmの多年草。葉はほとんど根際について糸状、葉舌は高さ1～1.5mm。小穂はまばらな円錐花序につき、2小花からなり光沢のある紫色をおびる。護穎の下部から折れ曲がった芒が2本長く出る。米薄。✿7～8月 ●亜高山～高山のれき地 ❖北海道～九州 同属だった**ヒロハノコメススキ** Deschampsia cespitosa var. festucifolia は別属で葉は扁平で幅1～3mm、内側に巻き、葉舌は高さ3～7mm。護穎から出る芒は短く折れ曲がらない。**カズノコグサ** Beckmannia syzigachne は高さ30～80cmの一～越年草。葉は幅5～12mm、葉舌は高さ3～6mm。円錐花序は直立し、明るい緑色の小穂が枝に密につく様子が数の子に似る。小穂の苞穎は背面が膨れて袋状になり左右から1小花を包んでいる。数子草。✿6～7月 ●低地の水辺、湿地水田の周辺 ❖日本全土

コメススキ　8月5日　大雪山　　ヒロハノコメススキ　7月26日　大雪山　　カズノコグサ　7月4日　浦幌町

イネ科

■ヤクナガイヌムギ*

Bromus carinatus
高さが30～80cmの一年草で、葉は幅5～10mm。円錐花序に扁平で緑色、長さ2～3cmの小穂が多数つき、5～9小花からなり、護穎は背面が折れて長さ2～12mmの芒がつき、濃黄色の葯が目立つ。✿6～7月 ●道端や空地 ❖原産地は北アメリカ 同属の**ハマチャヒキ*** B. hordeaceus は葉に短軟毛があり花序の枝が小穂より短く、護穎の背面は折れずに円く、長さ6～9mmの芒がある。第1苞穎に3～5脈がある。❖原産地はヨーロッパ～シベリア **スズメノチャヒキ** B. japonicus は花序の枝は小穂より長く、護穎はざらつく。●❖北海道～九州の荒れ地や畑地 **クシロチャヒキ** B. ciliatus は多年草で高さ1m前後、葉は幅5～10mm。護穎は広披針形で縁に軟毛が多く、芒は長さ3～5mm。●❖北海道の湿原周辺や原野 **ウマノチャヒキ*** B. tectorum var. tectorum は一年草で全草に軟毛が密生。葉は幅2～5mm。小穂は序の枝より短く、4～8小花からなり、護穎の先に長さ12～15mmの芒がつく。❖原産地はヨーロッパ

ヤクナガイヌムギ　7月10日　釧路市　　クシロチャヒキ　8月25日　白糠町　　ハマチャヒキ　6月8日　函館市　　スズメノチャヒキ　6月29日　小樽市

イネ科

ホガエリガヤ
Brylkinia caudata

地下茎が伸び株立ちにならない多年草で高さ20〜40cm。葉は幅2〜5mm、葉舌は微小。小穂は総状花序に横〜下向きにつき、扁平で長さ1.3cmほど。3小花からなるが、左右の小花は護穎のみに退化し、中央の小花が完全で両性。護穎の先が長さ2cmほどの芒になる。穂反茅。❋6〜7月　山地の林内　北海道〜九州　**リシリカニツリ** Trisetum spicatum は高さ10〜40cmの多年草。直立する茎に軟毛が密生する。葉は幅2〜5mm、鞘に白毛がある。小穂は円錐形の花序に密につき、2〜3小花からなり、長さ5〜7mmの折れ曲がった芒がある。❋6〜8月　山地の乾いた草地やれき地　北海道、本州（中部）

イネ科

ヤマアワ
Calamagrostis epigeios

ふつう群生する多年草で高さ60cm〜1.5m。葉は幅6〜12mmでざらつき、葉舌は高さ3〜8mm。花序は開花前後に細くなる直立した円錐状で淡緑色。小穂は1小花からなり、2個の苞穎は3脈があるが細く、ほぼ同長。山粟。❋7〜9月　低地〜山地の草地　北海道〜九州　同属の**ホッスガヤ** C. pseudophragmites は花序の先が垂れ、第一苞穎は第二より短く、銀白色の基毛があり目立つ。払子茅。　河原や湿地　北海道、本州、九州

ホガエリガヤ　6月25日　様似町　　リシリカニツリ　6月8日　礼文島

ヤマアワ　7月29日　月形町　　ホッスガヤ　8月18日　苫小牧市

イネ科

イワノガリヤス
Calamagrostis purpurea subsp. langsdorfii

群生する多年草で高さ80〜150cm。葉は幅3〜8mm、灰色をおびてざらつく。多数の小穂が密につくので花序の先は垂れる。小穂は長さ3〜5mmで光沢がない。苞穎は披針形で突起が密生してざらつき、花後も閉じない。岩野刈安。❋7〜8月　低地〜亜高山の様々な環境　北海道〜四国　同属の**チシマノガリヤス** C. stricta subsp. inexpansa はやや小形で苞穎は紫褐色をおびてざらつき、開花後花序とともに閉じる。　高層湿原　北海道、本州（中部以北）　**タカネノガリヤス** C. sachalinensis は根茎が短くやや株立ち状で高さ30〜60cm。葉は無毛でやや光沢があり、基部の鞘も無毛。花序の枝はざらつく。苞穎はやや不同長で護穎に短い芒がある。　亜高山の林縁や草地、れき地　北海道、本州、四国　**ミヤマノガリヤス** C. sesquiflora subsp. urelytra は高さ10〜40cmの多年草。小穂はやや扁平で密につき、「く」の字形の芒が長く小穂からつき出る。　高山のれき地や草地　北海道、本州（中部・北部）

イワノガリヤス　9月2日　大雪山　　タカネノガリヤス　7月25日　アポイ岳

ミヤマノガリヤス　8月2日　大雪山　　チシマノガリヤス　8月14日　大雪山

イネ科

ハマムギ
Elymus dahuricus

茎は直立して高さ50cm～1mの多年草で、葉は長さ10～20cm、幅4～10mmで白っぽい。花序に2個ひと組となった小穂もつき、長さ1～1.5cm、3～4小花からなり、長さ1～2cmの芒がある。浜麦。❋7～8月 ●海岸の草地やれき地 ❖北海道、本州、九州 同属の**エゾムギ** E. sibiricus は花の穂が曲がって垂れ下がり、小穂は3～3小花からなり、苞頴は先端が芒状になる。●山地の草原や林縁 ❖北海道、本州(中部以北)よく似た**タカネエゾムギ** E. yubaridakensis は夕張岳の高山帯に生え、苞頴の先が鋭くとがる。**カモジグサ** E. tsukushiensis var. transiens の小穂は花序に1個ずつつき、5～10小花からなる。●道端や草地など ❖日本全土 同属とされたことのある**テンキグサ**(**ハマニンニク**) Leymus mollis はハマムギと同様の環境に生え、よく似ているが地下茎が伸びて群生し、芒がない。❖北海道、本州、九州 →102ページ

ハマムギ　8月7日　広尾町
長さ1～2cmの芒
テンキグサ
芒がない

エゾムギ　7月4日　釧路市
大きく垂れ下がる花序

カモジグサ　7月10日　釧路市
苞頴の先は芒にならず護頴の芒は長さ1.5～3cm

タカネエゾムギ　8月1日　夕張岳
苞頴の先は芒にならず護頴の芒は太く、長さ2～3cm

イネ科

ホソノゲムギ*
Hordeum jubatum

株立ちとなる多年性の帰化植物で高さ20～60cm。花の穂は密に小穂を3個ひと組でつけ、長い絹糸状の芒が目立つ。5脈がある護頴の先は長さ5～8cmの芒となり、苞頴は基部まで芒状となる。❖原産地は北アメリカ、東アジア 同属の帰化植物**ムギクサ*** H. murinum は株を作って生える一～越年草で高さ10～50cm、目立つ葉耳がある。花の穂は長さ4～7cm、小穂を3個ひと組でつけ、苞頴も護頴も長さ2～3.5cmの芒をつける。❖原産地はヨーロッパ **カモガヤ***(**オーチャードグラス**) Dactylis glomerata も帰化植物で、高さ50cm～1.2mの多年草で根茎が短く株立ちとなる。葉は幅4～13mm、白色をおびてざらつき、葉舌は高さ5～10mmある。花は枝先に密につき独特の円錐花序をつくる。小穂は長さ5～9mm、3～6小花からなる。繁殖力がとても強く、いたる所に侵出する。鴨茅(英語の誤訳から)。❋6～8月 ●道端や空き地、畑地、原野、河原 ❖原産地はユーラシア

ホソノゲムギ　8月6日　上川町
1小穂は3小花からなり、中央の小花のみ両性
無毛の茎
芒は長さ5～8cm
ムギクサ　7月2日　札幌市
長さ2～3.5cmの芒
長さ4～7cmの花穂

カモガヤ　6月19日　函館市恵山
雄しべの葯
扁平な小穂は3～6小花からなる
雌しべ
内側に折れる粉白色をおびる葉

イネ科

オオトボシガラ
Festuca extremiorientalis

茎の高さ1m前後の多年草。葉はつやがあり幅5〜12mm。円錐花序は長さ15〜30cmで、大きな弓をつくる。長さ5〜7mmの小穂は4〜5小花からなり、披針形の苞頴の長さは約3mmで4〜5mmと不同。護頴も披針形で長さ4〜7mmの芒がつく。大点灯茎?。❋7〜8月 ◉山地林内 ✤北海道、本州（中部以北）同属のウシノケグサ F. ovina は高さ15〜40cmの株立ちとなる多年草。葉は内側に巻き込んで糸状。小穂は円錐花序に多数つき白っぽい緑色で長さ6〜7mmで3〜6個の小花からなる。牛毛草。❋6〜8月 ◉海岸〜高山の乾いた草地やれき地 ✤北海道〜九州 オオウシノケグサ F. rubra の葉は巻かないで2つに折れる。円錐花序の枝に1〜数個の小穂をつけ、小穂は3〜9小花からなり護頴に長さ1〜3mmの芒がある。◉山地〜高山、時に海岸の草地 ✤北海道〜九州

オオトボシガラ　8月22日　札幌市藻岩山

オオウシノケグサ　7月1日　恵庭市

ウシノケグサ　6月13日　札幌市八剣山

イネ科

ミヤマドジョウツナギ
Glyceria alnasteretum

軟弱な多年草で高さ1m前後。葉は幅3〜7mm。円錐花序の枝は滑らかで垂れ、小穂は長さ4〜7mm、3〜8個の小花からなり、ふつう紫色をおびる。苞頴は最下の護頴の半分以上の長さ。❋7〜8月 ◉亜高山の湿った所 ✤北海道、本州（中部以北）同属のカラフトドジョウツナギ G. lithuanica も亜高山帯に生え、花序の枝はざらつき、苞頴は最下の護頴の半分以下の長さ。ヒロハノドジョウツナギ G. leptolepis の葉は幅5〜14mm、葉舌はほとんど見えない。円錐花序は大形で枝は輪生状に出て護頴は長さ3〜4mm。◉北海道〜九州の水湿地 ムツオレグサ G. acutiflora subsp. japonica は花序が広がらず同属に見えないが、8〜15個の小花からなる円柱形の小穂が並び、総状花序のように見える。小穂は長さ2.5〜5cm、護頴は長さ7〜11mm。別名ミノゴメは同名の植物が他にあるので使用しない方がいい。六折草。❋6〜7月 ◉北海道（稀）〜九州の水辺　近似種ヒメウキガヤ G. depauperata var. depauperata はややスリムで時に葉が水面に浮き、浮葉植物状。小穂は長さ10〜25mmで8〜17個の小花からなる。護頴は長さ2.5〜3.5mm。5mm前後になるものを変種ウキガヤと区別する場合がある。姫浮茅。❋6〜7月 ◉北海道、本州の水辺

ミヤマドジョウツナギ　7月18日　ニセコ山系

ヒロハノドジョウツナギ　8月7日　札幌市

ムツオレグサ　6月22日　札幌市
ヒメウキガヤ　7月11日　苫小牧市

イネ科

■ ヤマカモジグサ
Brachypodium sylvaticun

大きな株をつくる多年草で高さ40～80cm。葉は幅5～10mmでよくよじれている。花序は弓なりとなり、柄のある円柱形で5～14小花からなる小穂が総状につく。護穎は7～9脈があり、約1cmの芒がある。❊6～7月 ●低地～山地の林内 ❋北海道～九州 **シバムギ** * Elytrigia repens var. repens は長い根茎があり、葉は幅3～8mmで厚く白色をおびる。小穂は1個ずつ左右交互に密に並び、5～6小花からなり、護穎は無毛でふつう芒はない。❊7～8月 ●道端や空地 ●原産地はヨーロッパ

ヤマカモジグサ　8月4日　礼文島　　シバムギ　7月15日　釧路市

イネ科

■ テンキグサ（ハマニンニク）
Leymus mollis

長い地下茎と匍匐枝を伸ばし、群生する大形で丈夫な多年草で高さは50～120cm。葉は厚く硬く白緑色。茎の先の穂状花序に3～5個の小花からなる軟毛に被われた小穂が密につき、苞穎は小穂とほぼ同長。テンキ（アイヌ語で小形の容器）草。❊6～7月 ●砂浜 ❋北海道、本州、九州 **ケカモノハシ** Ischaemum anthephoroides も砂浜に生える多年草で、茎は基部で分枝して何本も立ち節に軟毛が密生する。葉は幅8～12mm。茎頂に長短の柄がセットになった小穂がつく穂が2個つくが密接するので1個の穂に見える。毛鴨嘴。❊7～9月 ❋北海道～九州

テンキグサ　6月11日　江差町　　ケカモノハシ　7月19日　江差町

イネ科

■ アズマガヤ
Hystrix duthiei subsp. longearistata

高さがふつう1mを超える多年草。葉は幅1～2cm、基部付近でよじれる。軟毛が密生する穂状花序は弓なりとなり、無柄で1～2小花からなる小穂がまばらに2列につく。苞穎は針状、硬い毛のある護穎に長さ2cmほどの芒がつく。❊6～7月 ●山地の林内 ❋北海道～九州 **ヌマガヤ** Moliniopsis japonica の葉は下部につき幅2～10mm。大きな花序に基盤に長毛のある3～6小花からなる長さ約1cmの小穂がまばらにつく。花後花序は穂状に見える。沼茅。❊8～9月 ●湿原 ❋北海道～九州

アズマガヤ　7月4日　様似町　　ヌマガヤ　8月20日　ニセコ山系

イネ科

■ ホソムギ*
Lolium perenne

無毛で高さ30～50cmの多年草。葉は幅2～4mmで光沢がある。穂状花序に10個以下の小花からなる長さ1～2cmの小穂を交互につけ、軸は平滑で護穎に芒がない。❊6～7月 ●道端や空地 ●原産地はヨーロッパ 近似種**ネズミムギ** * L. multiflorum は一年草で葉の幅3～8mm、小穂は長さ2～2.5cmでふつう10個以上の小花からなり、軸はざらつく。●原産地はユーラシア この2種は交雑で区別のつかない場合が多いという。別属の**チシマドジョウツナギ** Puccinellia kurilensis は株立ちちする多年草で高さ10～30cm、全体白っぽい緑色。花序の枝は不揃いで開出する。小穂は紫色をおび、護穎に芒がない。❊7～9月 ●海岸 ❋北海道、本州（青森）

ホソムギ　7月15日　札幌市　　チシマドジョウツナギ　7月16日　紋別市

イネ科

コメガヤ
Melica nutans

株立ちとなる高さ20〜50cmの多年草。葉は幅2〜5mm。円錐花序につく小穂は少なく枝も短いので総状花序状。長さ6〜8mmの米粒のような小穂がぶら下がるようにつき、完全な小花は2個、苞頴は紫色をおび、護頴に芒はない。米茅。❋6〜7月 ●山地の岩場や明るい林内 ❋北海道〜九州 別属のトダシバ Arundinella hirta は変異が大きく、高さ50cm前後の多年草で硬い毛が生え白っぽく見える。葉は硬く幅1cmほど。2小花からなる小穂は紫褐色をおび、長さ4mmほど。戸田芝。❋8〜9月 ●低地〜山地の日当たりのよい所 ❋北海道〜九州

コメガヤ　5月26日　札幌市藻岩山　　トダシバ　9月6日　アポイ岳

イネ科

クサヨシ
Phalaris arundinacea

長い根茎があり群生する高さ1m前後の多年草。葉は幅8〜15mm、高さ2〜3mmの葉舌がある。3小花からなる扁平な小穂が密につく円錐花序は、雄しべが熟すとき穂状に見え、雌しべが熟すとき枝が開いて円錐状に、果期に再度穂状となる。❋6〜7月 ●低地の水辺 ❋北海道〜九州 同属のカナリークサヨシ* P. canariensis は一年草で花序は広卵形で苞頴の背に広い翼がある。●原産地は地中海地方

クサヨシ　7月15日　札幌市　　　　カナリークサヨシ

イネ科

イブキヌカボ
Milium effusum

根茎が伸びてひょろりと生える多年草で高さ1m前後。無毛の葉は幅6〜15mm、白膜状の葉舌が目立つ。小穂はやや下向きの枝先につき、長さ3〜3.5mmで1小花からなり、護頴に芒はなく光沢がある。伊吹糠穂。❋6〜7月 ●山地の林内 ❋北海道〜九州

葉舌　　　　　　　　　　　　　6月15日　日高町門別

イネ科

オオアワガエリ* (チモシー)
Phleum pratense

高さ50〜90cmの多年草で、葉は幅5〜10mm。茎頂に長さ3〜15cmで円柱形の花序がつき、扁平な1小花からなる小穂を密につける。苞頴の竜骨の先が硬く短い芒となる。牧草として栽培される。❋6〜8月 ●道端や空地、荒地 ●原産地はヨーロッパ・シベリア 同属のミヤマアワガエリ P. alpinum の花序は長楕円形で長さ3cm以下、苞頴の先は長い芒となる。❋7〜8月 ●高山のれき地や草地 ❋北海道、本州(中部)

オオアワガエリ　7月4日　浦幌町　　ミヤマアワガエリ　9月2日　大雪山

イネ科

スズメノカタビラ

Poa annua
株立ちになる一〜越年草で高さ10〜30cm。葉は幅2〜4mmで軟らかく、先は内側が窪んでボート状。葉舌は白く高さ2〜5mmで目立つ。円錐花序の枝は1〜2本ずつ出て滑らか。小穂は長さ4mmほどで3〜5小花からなる。雀帷子。✤5〜10月 ●道端や空地、畑地 ✿日本全土 同属のナガハグサ* P. pratensis は多年草で長い根茎があり、高さ30〜70cm、葉舌は低く、花序がざらつき、小花の基部にもつれた毛がある。原産地はヨーロッパ カラフトイチゴツナギ P. macrocalyx も根茎を伸ばすが、花序の先が垂れ、白っぽい小穂も小花も大きく、変異も大きいので ワタゲソモソモ var. fallax、ホソバナソモソモ var. tatewakiana、ザラバナソモソモ var. scabriflora の3変種が知られる。✤7〜8月 ●✿北海道の海岸

スズメノカタビラ 4月30日 札幌市南区　　ナガハグサ 6月17日 札幌市　カラフトイチゴツナギ 6月21日 えりも町

イネ科

アイヌソモソモ

Poa fauriei
上段の種と同属の多年草で短い根茎があり、葉の幅は4mm以下、小穂はまばらにつき長さ約6mm、苞穎と護穎の周りが膜質で護穎の先は小さな鋸歯状。✤5〜7月 ●北海道から本州の日本海側山地の岩場 近似種ナンブソモソモ P. hayachinensis はやや株立ち状となり、茎は葉とともに平滑、花序は長さ7〜15cmの狭い円錐状。3〜5小花からなる小穂は長さ約6mm、赤紫色をおび、やや長い柄がある。縁が膜質の護穎は先が芒状にとがる。✤7〜8月 ●高山のれき地や草地 ✿北海道、本州（早池峰山） 同属のムカゴイチゴツナギ* P. bulbosa var. vivipara は帰化種で根茎はなく、茎の基部が小さな球茎状になり、高さ40cm前後、茎の上部で胚珠が発芽するが、時に花穂が無性芽だらけになる。●道端や空き地、公園 ✤原産地はヨーロッパ このほかこの属は北海道に十数種知られる。

アイヌソモソモ 6月27日 札幌市定山渓天狗岳　ナンブソモソモ　　ナンブソモソモ 8月13日 大雪山　ムカゴイチゴツナギ 6月3日 札幌市南区

イネ科

ニワホコリ
Eragrostis multicaulis
高さ10～30cmのか細い一年草。茎は基部で分かれて何本も出る。4～8小花からなる小穂は長卵形で長さ2～3.5mm、紅紫色をおびる。庭埃。❋6～9月 ◉道端や空地 ❋日本全土 同属の**スズメガヤ** E. cilianensis は高さ10～30cm、葉は幅2～7mm、葉鞘の口部分に軟毛がある。花序は長さ7～20cm、枝は1本ずつ出る。小穂は10～30小花からなる。小穂の柄や頴の竜骨部などに腺が散らばり悪臭がする。❋8～9月 ◉道端や空き地 ❋日本全土

イネ科

チヂミザサ
Oplismenus undulatifolius var. undulatifolius
茎は地表を這い、立つ枝の高さが10～30cmの多年草。茎や葉鞘に長毛が多い。笹に似た葉は長さ3～7cmで縁が波打つ。花序の短い枝に長さ3mmほどの小穂がつき、3本の芒が目立つ。果期、芒は粘液に被われ、動物などに付着する。❋8～9月 ◉低山の林下 ❋日本全土 **キタササガヤ** Leptatherum japonicum var. boreale は一年草で互生する葉は長さ2～7cm。花序は2～6本の総（枝）からなり、柄が長短2形の小穂が対につく。北笹茅。◉低山の林縁 ❋日本全土 姿が似る**コブナグサ** Arthraxon hispidus の葉は基部が茎を抱き、花序は3～15本の総からなる。◉日本全土の湿地

ニワホコリ 8月11日 札幌市　　スズメガヤ 8月17日 小樽市

キタササガヤ 8月18日 札幌市　　コブナグサ 9月19日 八雲町

イネ科

シバ
Zoysia japonica
長い茎が分枝を繰り返しながら地表を這い、立つ花茎は高さ5～15cm。葉は長さ3～10cm、幅2～5mm。花穂は長さ3～5cm、小穂は歪んだ卵形で長さ約3mm。芝。❋5～6月 ◉日本全土の草地、芝生として栽培もされる。**フォーリーガヤ** Schizachne purpurascens subsp. callosa は茎も葉も細い軟弱な多年草で葉は幅1～2mm。長い総状花序は弓なりで長さ11～15mmの小穂をまばらにつけ、数本の芒が目立つ。❋6～7月 ◉山地～亜高山の林下 ❋北海道、本州（中部以北）

イネ科

ネズミガヤ
Muhlenbergia japonica
茎の下部が地表を這い立ち上がりが15～25cmになる軟弱な多年草。ふつう根茎はない。葉は幅2～4mm。花序は長さ8～15cmで先が垂れ、多数の1小花からなる小穂がついて白緑色。小穂より長い長さ4～8mmの芒が紫色をおびる。鼠茅。❋9月 ◉野山の草地や道端 ❋北海道～九州 近似種**オオネズミガヤ** M. longistolon は長い根茎があり、葉は幅4～14mm、芒は長さ7～12mm。**ミヤマネズミガヤ** M. curviaristata var. nipponica も根茎があるがより小形。

シバ 7月1日 白老町　　フォーリーガヤ 6月18日 厚岸町

ネズミガヤ 9月19日 野幌森林公園　　オオネズミガヤ 9月11日 札幌市南区

イネ科

ヨシ（アシ）
Phragmites australis

根茎を伸ばして群生する多年草で高さ1〜3mで節は無毛。葉は幅2〜3cm、白っぽく硬く、鞘は緑色。長さ30cm前後の円錐花序は一方に偏る。小穂は長さ1.5cmほどで2〜4小花からなり、最下は雄性、残りは両性で白長毛がある。葦。❁8〜9月 ◉湿原や水辺 ✤日本全土 近似種ツルヨシ P. japonicus は地表に節に毛のある匍匐枝を伸ばし、葉鞘の上部が赤く、小穂は長さ8〜12mm。

ヨシ　8月31日　江別市　　　　　　　　　　　　ツルヨシ

イネ科

アキメヒシバ
Digitaria violascens

基部で分枝し、株立ちとなる一年草で高さ20〜50cm。葉は長さ10cm、幅1cmほどで、基部は無毛の長い鞘となって茎を抱く。茎頂から掌状に3〜8本の枝が出て花序となり、長さ1.5〜2mmの長短の柄のある小穂が2列に並んでつく。第1苞穎は消失。秋雌日芝。❁8〜10月 ◉道端や空地 ✤日本全土 近似種メヒシバ D. ciliaris は基部が発根しながら地表を這い、葉鞘は有毛。第1苞穎は微小。✤日本全土

メヒシバ　　　　　　　　　アキメヒシバ　9月10日　千歳市

イネ科

イヌビエ
Echinochloa crus-galli var. crus-galli

高さ50〜80cmの一年草。葉は幅1〜1.7cmで無毛、葉舌がなく先が垂れる。花序は分枝して円錐状。小穂は長さ3mmほどの卵形で、先がとがり時に短い芒となる。第1苞穎の長さは小穂の1/3。犬稗。❁8〜9月 ◉農地の湿った所、水辺 ✤日本全土 近似種タイヌビエ E. oryzicola は葉先が直立し、小穂は長さ4〜5.5mm、芒はあっても短く、第1苞穎は小穂の半分より少し長い。◉日本全土の水田周辺

イヌビエ　8月30日　江差町　　　　タイヌビエ　9月10日　旭川市

イネ科

ススキ
Miscanthus sinensis

大きな株となって群生する高さ1〜2mの多年草。葉は硬く幅6〜20mm、中央脈が白く、縁はざらつく。長短の柄がつく小穂が対になって10〜25本の総（花穂）に多数つく。小花の護穎に長さ1cm以上の芒がつき、くすんだ白色の基毛がある。薄。❁7月下〜9月 ◉野山の草地 ✤日本全土 同属の オギ M. sacchariflorus は株立ちにならず、小花にふつう芒はない。基毛は銀白色。◉水辺 ✤北海道〜九州

ススキ　9月27日　赤井川村　　　　オギ　9月27日　富良野市

イネ科

ヌカキビ
Panicum bisulcatum

高さ30cm〜1mで無毛の一年草。葉は長さ5〜30cm、幅5〜12mm。長さ15〜30cmの円錐花序の枝に多数の長さ2mm以下の小穂がまばらにつく。糠黍。❀7〜9月 ●湿った草地 ❖日本全土 同属の帰化植物 ニコゲヌカキビ* P. lanuginosum は全体軟毛におおわれる一年草だが春と秋に別物のような姿となる。写真は春型、秋型は基部から枝を密生させるという。❖原産地は北アメリカ

イネ科

チカラシバ
Pennisetum alopecuroides

根茎が短く大きな株をつくり、高さ30〜80cmの多年草。茎の上部に白毛がある。葉は幅5〜8mmで基部はやや平たい鞘となる。小穂は長さ10〜15cmの花序に密につき、基部に長さ1〜3cmの硬い総苞毛が輪生するので花序は暗紫色のブラシ状。小穂は長さ7mmほどで2小花からなり、芒はない。力芝(丈夫だから)。❀8〜9月 ●野山の草地や林縁 ❖日本全土(北海道は西南部) アイアシ Phacelurus latifolius は高さ1m前後の多年草で茎は太く、葉は幅1〜4cm。小穂は太い花軸に2個ずつ対になってつく。❖北海道〜九州の海岸湿地 スズメノヒエ Paspalum thunbergii は小穂以外は軟毛が密生し、円形の小穂が花軸に2列に並ぶ。❖日本全土の草地

ヌカキビ 9月5日 札幌市

ニコゲヌカキビ 7月11日 札幌市南区

幅1〜3.5cmの葉　5〜10本の総からなる花序

アイアシ 8月19日 上ノ国町

小穂が2〜3列に並ぶ

スズメノヒエ 10月10日 上ノ国町

芒に見えるのは総苞毛

チカラシバ 9月26日 松前町

イネ科

エノコログサ
Setaria viridis var. minor

高さ20〜70cmの一年草。葉は無毛で幅5〜17mm葉鞘の縁は有毛。円錐花序に小穂が密につくので長さ3〜6cmの円柱形に見える。軸に白毛が密生し、小穂の基部に淡緑色(帯紫色場合は品種ムラサキエノコロ)の刺毛が3〜7本つく。小穂は長さ約2mmで刺毛はその3〜4倍長。狗子草。❀8〜9月 ●道端や空地 ❖日本全土 変種ハマエノコロ var. pachystachys は海岸型で茎は斜上もしくは這い、花序は長楕円形〜卵形で刺毛は10〜25本 近似種キンエノコロ S. pumila は葉鞘の縁は無毛で小穂の刺毛が黄金色 同属のアキノエノコログサ S. faberi は花序の長さは5〜10cmで先が垂れ、小穂は長さ3mmほどで刺毛は時に紫色 ❖北海道〜九州 アワ* S. italica は円錐花序の多数の短枝に小穂が密について分花序をつくり、それが密集して太い円柱状の花序となる。昔から栽培されてきた作物。エノコログサとの間種をオオエノコロ*という。

帯紫色の刺毛がつくムラサキエノコロ

淡緑色の刺毛がつくエノコログサ

花序が卵形に近いハマエノコロ

オオエノコロ 8月31日 札幌市南区

刺毛が黄金色のキンエノコロ

花序が長く先が垂れるアキノエノコログサ

エノコログサ 8月13日 札幌市南区　ハマエノコロ 9月27日 松前町　キンエノコロ 9月6日 札幌市　アキノエノコログサ 9月1日 札幌市南区

ケシ科

■ エゾエンゴサク
Corydalis fumariifolia subsp. azurea

高さが10～25cmの、花も葉も変異の大きな多年草で群生することが多い。地中に球形～卵形の塊茎がある。葉は1～2回の3出複葉で、小葉の形は線形～卵形まで様々。花は総状花序に多数が一方に偏ってつき長さ2cmほど。花弁は4個あり上花弁の後方は円柱形の距となる。花の色も白～桃～淡紫～濃紫色まで様々。果実は蒴果で長さ1.5～2.5cm。蝦夷延胡索。❋4～5月 ●低地～山地の湿った林下や草地 ❋北海道

5月5日 札幌市

距 上花弁 内側の花弁
花の縦断面
下花弁

距 外側上の花弁
先端部が合着した内側の花弁
外側下の花弁

種子
種枕といわれる付属体、蟻が好んで運ぶ

熟すと急に裂けて種子がはじける
果期の姿
葉の大きい個体変異
塊茎
地下部

■ ムラサキケマン
Corydalis incisa

高さが20～50cmで軟弱な多年草。茎は無毛で稜がある。葉は1～2回3出複葉で小葉はさらに深裂し、鋸歯縁。根出葉には長い柄があり、茎葉にも柄がある。花は総状につき、長さ1.2～2cm、4個の花弁のうち上花弁の後方は距となる。果実は長さ1.2cmほどの円筒形。紫華鬘。❋5～6月 ●低地～山地の明るい林内 ❋北海道～九州

5月20日 白老町
上花弁 距
下花弁 内側の花弁
果期の姿

■ エゾオオケマン
Corydalis gigantea

中空で滑らかな茎が直立して高さが1m近くになる大形の多年草。茎葉は2～3回羽状複葉で終小葉はさらに切れ込み、裂片は狭披針形。裏面は著しく粉白色をおびる。花は総状花序に10～20個つき、長さ2～3cm。花弁は4個あり、上花弁の後方は筒状の太い距となる。果実は長さ2cm前後の太い棍棒状の蒴果。蝦夷大華鬘。❋5月下～7月上 ●夕張山地の渓流沿い(固有種)

距
上花弁 内側の花弁
果期の姿

6月22日 富良野西岳

ケシ科

■エゾキケマン
Corydalis speciosa
高さが40cm前後になる越年草。根茎が太く何本もの茎を立てて株立ち状となる。葉は粉白色をおび、2回羽状複葉で、小羽片はさらに切れ込む。花は総状に多数つき長さ2cm前後。4個の花弁のうち上花弁の後部は反り返った距となる。果実は長さ3cmほどの豆状。蝦夷黄華鬘。❋5〜6月 ●山地の明るい所 ❖北海道、本州(北部)

5月15日　札幌市八剣山　　　　　　　　果実

ケシ科

■チドリケマン
Corydalis kushiroensis
他の植物に寄り掛かるように生える軟弱な二年草で、高さが1mを超える。粉白色をおびる葉は2〜3回羽状複葉で小葉は3深裂し、裂片に切れ込みがある。花は長さ1.2cmほどで花弁は4個あり、上花弁の距は短く上に反り、下花弁に小さな突起がある。果実の皮が丸まる力で種子を飛ばす。千鳥華鬘。❋7〜8月 ●北海道の中部以東の林縁や原野の道沿い(固有種)

8月8日　鶴居村

ケシ科

■コマクサ
Dicentra peregrina
小形の多年草で、高さは5〜20cm。葉は全て根元から出、長い柄があり粉白色をおび、葉身は3出状に細かく裂けて終裂片は線状披針形。花は長さ2〜2.5cmで4個の花弁のうち外側の2個は基部が膨らみ先が反り返る。内側の2個は合着してやや筒形。蒴果は枯れた花弁に包まれて熟す。駒草。❋7〜8月 ●高山のれき地 ❖北海道、本州(中部・北部)

7月17日　北大雪山系平山　　　　　　　果期の姿

ケシ科

■クサノオウ
Chelidonium majus subsp. *asiaticum*
高さが50cm前後になる二年草で、よく分枝する茎ははじめ毛があるが後に落ちる。茎や葉を切ると黄色い汁が出る。葉は長さ10cm前後で軟らかく不規則な円い切れ込みが入り、裏面は灰白色。花は径約2.5cm、花弁は4個、がく片2個は開花と同時に落ちる。果実は棒状で長さ4〜5cm。瘡王。❋5〜8月 ●低地の明るい所 ❖北海道〜九州

6月5日　厚真町

109

ケシ科

リシリヒナゲシ
Papaver fauriei

高さが20cm前後になる多年草。全体に粗い毛がある。卵形で粉白色をおびた葉が根元から出、羽状に全裂、裂片はさらに裂けて先はややとがる。花は茎の先に1個つき、径4～5cm、花弁は4個。長毛が密生したがく片は開花と同時に落ちる。果実は広楕円形。利尻雛芥子。❋6月下～8月上 ●利尻山の高山れき地(固有種) 近年見分けが困難な別種の種子が生育地に撒かれ、その除去作業が行われている。

7月27日 利尻山

アケビ科

ミツバアケビ
Akebia trifoliata subsp. trifoliata

他のものに巻きついて伸びるつる性の木本。葉は頂小葉が大きい3小葉の複葉で小葉は卵形で長さ2～6cm。総状花序は下垂し、基部に1～3個の大きな雌花、先端部に小さな雄花が多数つく。花に花弁はなく、がく片3個が花弁状。果実は紫色をおびた長楕円形で肉質は食べられる。三葉木通。❋4～5月 ●低地～山麓の林縁 ❖北海道(道央以南)～九州

5月18日 松前町　　近似種アケビ*　　食べられる果実

ツヅラフジ科

アオツヅラフジ
Cocculus orbiculatus

雌雄異株でつる性の落葉木本。全体に短毛が多い。葉は心形に近い三角状卵形で厚みとやや光沢があり、全縁で先は円い。花は葉腋の円錐花序につき、径5mmほど。がく片、花弁、雄しべともに6個ある。花弁の先は2裂して裂片の先はとがる。果実は径7mmほどで黒く熟す。青葛藤。❋7～8月 ●海岸～丘陵の草地 ❖日本全土(北海道は南部)

7月27日 函館市　　果実(核果)

ツヅラフジ科

コウモリカズラ
Menispermum dauricum

つる性で雌雄異株の落葉木本で、茎は這ったり物に絡んで伸びる。葉は三角状卵形で全縁、浅く5～9裂し、長さ5～15cm。柄は縁からずれた位置につく。径4～5mmほどの小さな花が密につく。雄花はがく片4～6個、花弁5～10個あり、雌花は雌しべが3～4個あって柱頭が2裂する。蝙蝠蔓。❋6～7月 ●野山の林縁 ❖北海道～九州

6月18日 札幌市

メギ科

■ナンブソウ
Achlys japonica
高さが15～30cmの多年草で地下茎が伸びて群生する。根元から伸びる細い柄の先に無柄の3小葉が地表と平行につく。小葉は質が薄く長さ5～7cmの扇形～広い菱形で、縁が緩く波打つ。小さな花が茎頂に穂状につき、花弁やがく片はなく、長さ3mmほどで5～15個の雄しべと1個の雌しべで1つの花となる。南部草。❀5～6月 ◉山地の林内 ◆北海道、本州（北部）

6月22日　蘭越町

雄しべ。長さは一定せずバラバラ　雌しべ

果実は袋果で長さ4mmほど

メギ科

■ヒロハヘビノボラズ
Berberis amurensis
高さが3mほどになる落葉低木。3本1セットになった鋭い刺がある。葉はやや硬く倒卵形で縁は刺状の鋸歯となる。花の径は1cmほど。花弁より大きながく片と小さながく片が3個ずつある。果実は楕円形で鮮やかな紅色に熟す。広葉蛇登らず。❀5～6月 ◉山地、時に海岸、特に蛇紋岩地やかんらん岩地 ◆北海道～九州

ヘビが登れないような刺がある
大きい内側のがく片
果実
6月14日　アポイ岳
葉の縁には刺状の鋸歯
花弁は6個

メギ科

■ルイヨウボタン
Caulophyllum robustum
高さが40～70cmの多年草で太い根茎がある。直立する茎は滑らかで緑白色。1～2個つく葉は2～3回の3出複葉。小葉は長さ5～8cmの倒卵形、時に切れ込みが入る。花は径1～1.5cm、がく片6個が大きく花弁状。6個の花弁は濃色で内側に輪をつくる。雄しべは6個、雌しべは1個。果実は径7mmほどで青黒く熟す。類葉牡丹。❀5～6月 ◉低地～山地の林内 ◆北海道～九州

6月12日　札幌市

雄しべは6個
がく片　花弁
径約7mm
果実

メギ科

■サンカヨウ
Diphylleia grayi
高さが30～60cmの多年草で太い根茎がある。くびれ状の切れ込みが入る大きな蕗のような葉が2個つく。縁は不規則で鋭い鋸歯が並び、表面はつやがあるものの、脈部分が凹んでややスリガラス状。花は3～10個つき、がく片は開花と同時に落ちる。花弁は6個あり長さ約1cm。果実は濃い青紫に熟し、粉状物に被われる。山荷葉。❀5～6月 ◉山地の湿った所 ◆北海道、本州（北部）

花弁状のがく片　雌しべは1個
径8mmほどで食べられる
果実は液果
5月14日　札幌市砥石山

メギ科

キバナイカリソウ
Epimedium koreanum

高さが20〜30cmの多年草。葉は2回3出複葉で小葉は長卵形で長さ5〜10cm。先がとがり基部は心形、質は薄く縁に刺毛がある。花はぶら下がるように咲き、がく片8個のうち4個が早く落ちる。花弁は4個あり先が碇状の距となり斜めに開く。雄しべは4個ある。黄花碇草。❀5〜6月 ◉山地の林内や草地 ✤北海道（留萌以南）、本州（近畿以北）

キンポウゲ科

サラシナショウマ（エゾショウマ）
Cimicifuga simplex

高さが40cm〜1.5mの多年草。根出葉は長い柄があり、2〜3回3出複葉で、小葉は長さ3〜8cmの卵形〜狭卵形で切れ込みと鋸歯がある。円柱形の花序は長いと弓なりに曲がる。花は多数密につき、径約1cmでがく片4〜5個とそれより長い花弁が2〜3個あるが、開花直後に落ち、多数の雄しべが残る。果実は袋状で長さ約1cm。晒菜升麻。❀8〜9月 ◉低地の林縁〜高山草原 ✤北海道〜九州

6月3日　樺戸山地神居尻山

若い果実

9月21日　札幌市

キンポウゲ科

ルイヨウショウマ
Actaea asiatica

高さが40〜60cmの多年草。2〜3回3出複葉となる大きな葉が2〜3個つき、小葉はほぼ卵形で鋸歯も先も鋭くとがる。小さな花が多数つくが、がく片4個と長さ3mmほどの花弁4〜6個は開花時に落ち、雄しべと花柱のない雌しべが残る。果実はほぼ球形で黒く熟す。類葉升麻。❀5〜6月

◉低山の林内 ✤北海道〜九州　近似種アカミノルイヨウショウマ A. erythrocarpa の果実は赤く熟し、花や果実はルイヨウショウマより多くつく。赤実類葉升麻。❀6〜7月 ◉山地〜亜高山の林内 ✤北海道、本州（北部）赤く熟さず稀に果実が白く熟するものがあり、品種シロミノルイヨウショウマという。

ルイヨウショウマ　6月11日　札幌市

ルイヨウショウマの果実　アカミノルイヨウショウマの果実　シロミノルイヨウショウマの果実

キンポウゲ科

■エゾレイジンソウ（エゾルイジンソウ）

Aconitum gigas
高さが50cm～1mの多年草。腎円形で幅10～30cm、縁が7～9裂し長い柄のある根出葉がつく。花は長さ2.5～3cm、5個のがく片が花弁や雄しべ、雌しべを包む。花弁は2個、金槌形で長い柄に舷部と直線～大湾曲する距がつく。花の柄には屈毛が密生する。蝦夷伶人草。❋6～8月 ●山地の林縁や林内 ❖北海道（道央以北、以東）道内には近似種が多く知られ、主な見わけ点などは次の通り。**マシケレイジンソウ** A. mashikense は花の柄に開出毛がつき、距は太く長い。増毛・樺戸山地の固有種。**オシマレイジンソウ** A. umezawanum の距は太く短い。積丹半島～渡島半島に分布。**ソウヤレイジンソウ** A. soyaense は心皮（子房）に斜上毛が密生。道北に局所的に分布。**カムイレイジンソウ** A. asahikawaense のがく片先端部に紫褐色の斑紋。旭川市周辺の蛇紋岩地に自生。**コンブレイジンソウ** A. hiroshi-igarashii は花が淡紫青色で柄に開出毛が、**ニセコレイジンソウ** A. ikedae には屈毛が生える。2種ともニセコ山地周辺に分布。**ヒダカレイジンソウ** A. tatewakii は花の長さが約2cm、緑色を帯び上がく片が三角錐状。大雪、夕張、日高山地の高所に分布。

エゾレイジンソウ
6月2日　札幌市

エゾレイジンソウの花弁

距が180°以上巻いたエゾレイジンソウ

カムイレイジンソウ　6月18日　旭川市神居古潭

紫褐色の斑

エゾレイジンソウの袋果

エゾレイジンソウの花柄。屈毛が生える

開出毛が生えるマシケレイジンソウの花柄

オシマレイジンソウの花弁

屈毛が生える

ヒダカレイジンソウ
8月2日　日高山脈ヌカビラ岳

コンブレイジンソウ
6月24日　昆布岳

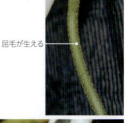
ニセコレイジンソウの上：屈毛の生える花柄、下：花序　6月24日　ニセコ山系

ヒダカレイジンソウの果実と花弁　短い距

開出毛が生えるコンブレイジンソウの花柄

ソウヤレイジンソウの上からがく片、中：雌しべと雄しべ、下：果実

113

■カラフトブシ

Aconitum sachalinense subsp. sachalinense var. sachalinense
茎は直立して高さが50cm～2mの疑似一年草。根出葉は開花時になく、茎葉は3全裂し裂片は羽状深裂し欠刻片は線形～披針形。花は上から下へ向かって咲き、柄に屈毛がある。上がく片の嘴は長短がある。花弁の舷部は強く膨らみ、細い距に続く。樺太附子。❋8～9月 ◉湿原周辺や原野 ✿北海道(道東や道北) 変種**リシリブシ** var. compactum は風衝地型で花序に花が詰まってつき、利尻島と礼文島に生える。亜種**エゾトリカブト** subsp. yezoense は茎が弓なりに曲がり葉の裂片は中裂、欠刻片は卵形～披針形 ◉低地～山地の林縁や林内 ✿北海道(道東と道南を除く) 草地に生えて茎が直立し、葉に厚みと光沢のあるものを**テリハブシ**と呼ぶことがある。近似種**セイヤブシ** A. ito-seiyanum の茎は斜上するか横に伸び、先が垂れる。葉の欠刻片は細い線形、雄しべに毛が密生する。◉✿道北蛇紋岩地の沢沿い **シコタントリカブト(シレトコブシ)** A. maximum subsp. kurilense の葉は3深裂または3全裂、花柄に屈毛(時に開出毛が混じる)があり、上がく片の嘴は長い。◉✿知床半島の海岸草原

花はコンパクトな花序に密につく

リシリブシ 8月26日 礼文島

カラフトブシ 8月30日 浜中町

テリハブシ 8月18日 上士幌町

茎は直立

上がく片
側がく片
下がく片

葉は3浅裂～3全裂

花柄には屈毛が生える

シコタントリカブト 果実
8月30日
斜里町ウトロ

エゾトリカブト 9月5日 陸別町

茎は直立せず、弓なりに曲がる

葉の裂片は細い

葉は3全裂に近い

距
花弁の舷部は距に向かってふくらむ
花弁の柄

茎は直立しない

セイヤブシ 9月11日 幌延町

キンポウゲ科

■エゾノホソバトリカブト
Aconitum yuparense var. yuparense
茎が直立または斜上して高さが30cm〜1mになる疑似一年草。葉は3〜5深裂し、裂片はさらに深く切れ込んで欠刻片は線形〜線状披針形。花は上から咲き、花柄には屈毛があり、5個のがく片が2個の花弁と3個の雌しべ、多数の雄しべを包んでいる。雌しべにも屈毛がある。蝦夷細葉鳥兜。❋8〜9月 ●亜高山〜高山の草地 ●北海道（中央高地以西） 変種ヒダカトリカブト var. apoiense は日高山脈に産し、上がく片の嘴が長く、雌しべはほとんど無毛。

エゾノホソバトリカブト　8月14日　尻別岳　　エゾノホソバトリカブト　　ヒダカトリカブト　　ヒダカトリカブト　8月8日　浦河町

キンポウゲ科

■ダイセツトリカブト
Aconitum yamazakii
前種エゾノホソバトリカブトによく似ているが、より小形で花柄には開出毛と腺毛が生える。雄しべと雌しべにも毛がある。大雪鳥兜。❋8〜9月 ●北海道中央高地の高山草原や低木地帯　前種との雑種が多く、純粋な個体は稀という。

8月20日　大雪山

キンポウゲ科

■オクトリカブト
Aconitum japonicum subsp. subcuneatum
本州に分布するヤマトリカブトの亜種で、茎は直立または弓なりに曲がり、長さ60cm〜2mの疑似一年草。葉はやや厚く長さ6〜18cm、掌状に5〜7中裂し、裂片には粗い鋸歯がある。花は上から咲き、花柄と上がく片、雄しべに屈毛が生える。花弁の距は太く短い。奥鳥兜。❋8〜10月 ●山地の林内や林縁 ●北海道（道南）、本州（中部以北）

9月17日　函館市

キンポウゲ科

■キクザキイチゲ（キクザキイチリンソウ）
Anemone pseudoaltaica
高さが10〜25cmの多年草。根出葉と茎葉ともに柄のある3小葉に分かれ、小葉は羽状に切れ込み、茎（苞）葉の柄は広い翼となる。径4cmほどの花が1個つき、白〜紫色の花弁状のがく片が8〜12個ある。菊咲一花。
✻4〜5月　●低地〜山地の明るい林内　✤北海道、本州（中部以北）

5月16日　長万部町　　紫色の花　集合果　葉柄の翼　根出葉

キンポウゲ科

■ウラホロイチゲ（アムールイチゲ）
Anemone amurensis
前種キクザキイチゲに似るが、高さが8〜20cm。小葉に深い欠刻があり、茎（苞）葉の側小葉にごく短い柄がある（キクザキにはない）。花の径は2.5cmほどで、花弁状のがく片は5〜8個あり、短く幅が広く白色。浦幌一花。ヤチイチゲの別名もあるが、ヤチに生えるわけではない。✻4〜5月中　●✤道東の低地〜丘陵の明るい林内や林縁

狭卵形の瘦果　斜上毛が密生している　花弁状のがく片は5〜8個　3出複葉の根出葉。小葉に大きな欠刻がある　5月9日　浦幌町

キンポウゲ科

■アズマイチゲ
Anemone raddeana
高さが15〜20cmの多年草。時に大群生する。花茎近くに長い柄のある根出葉が出、2回3出複葉で終裂片には円い鋸歯が少しある。花茎には開花前まで長軟毛がある。小葉の先に不明瞭な切れ込みと柄のある茎（苞）葉3個が花柄の基部につく。花は1個、径約5cmで花弁状のがく片が8〜13個あり、外面は紅色をおびる。東一花。✻4〜5月　●低地〜低山の明るい林内　✤北海道、本州、九州

4月28日　恵庭市　根出葉は褐色をおびることがない　茎葉はふつう垂れ下がる　茎葉の柄には顕著な翼はない　根出葉　茎葉

キンポウゲ科

■フタマタイチゲ
Anemone dichotoma
高さが40〜70cmの多年草。地下茎が伸び群生する。根出葉はなく、茎は直立して基部に鱗片葉がつく。対生する茎葉は柄がなく、3深裂して裂片は広線形。花は二股状分枝点に3〜7cmの柄とともにつき、径2〜3cm。花弁状のがく片が5個あり外面は紅紫色をおびる。集合果は卵形で径4〜5mm。二股一花。✻6〜7月　●低地の湿った草地や原野　✤北海道

瘦果はやや扁平　残存花柱は少し曲がる　集合果　ここで2股に分枝する　6月27日　白糠町

キンポウゲ科

■ニリンソウ
Anemone flaccida

変異の多い高さが15～30cmの多年草で群生する。根出葉は数個、3全裂し側裂片はさらに2深裂し、長い柄がある。輪生する3個の茎(苞)葉には柄がない。花は1～4個つき径約2.5cm。変異の多い花弁状のがく片が5～7個つく。果実に白毛が密生する。二輪草。✿4～6月 ●低地～山地の明るい林内 ✤北海道～九州 ミドリニリンソウはがく片が緑色の品種で変異が大きい。

キンポウゲ科

■サンリンソウ
Anemone stolonifera

前種ニリンソウに似た多年草で全体に小形、高さは10～25cm。大きな群落はつくらない。茎(苞)葉には柄があり、花は1～3個つき、むしろ前種よりも少なく、径1.5cmほど。三輪草。✿5月 ●山地のやや湿った明るい林内。沢沿い ✤北海道(渡島半島)、本州(中部以北)

5月19日 札幌市

5月16日 長万部町

キンポウゲ科

■ヒメイチゲ
Anemone debilis

高さが5～15cmのか細い多年草。根出葉は広卵形の3小葉からなり、0～1個が花茎から離れて出る。柄があり3個輪生する茎(苞)葉は3全裂し裂片は線状披針形で長さ2～5cm。花は径約1cm、花弁状のがく片が5個ある。果実は径7mmほどの集合果。姫一華。✿4～6月 ●低地～亜高山の日当たりのよい所、湿原 ✤北海道、本州(中部以北)

キンポウゲ科

■エゾイチゲ(ヒロバヒメイチゲ)
Anemone soyensis

高さが10～20cmの多年草。根出葉は1個で3全裂、小葉は卵形～菱形で長さ3cm前後、粗い鋸歯がある。柄のある3個の茎(苞)葉が輪生し、3全裂する。花は径2～2.5cm、花弁状のがく片は5～7個で6個が多い。蝦夷一華。✿5～7月 ●山地～亜高山の林内や林縁 ✤北海道

5月1日 札幌市

6月18日 富良野市

キンポウゲ科

■エゾノハクサンイチゲ（カラフトセンカソウ）
Anemone narcissiflora subsp. sachalinensis

高さが15〜40cmの多年草で群生することが多い。花茎や葉柄に長軟毛が多い。長い柄のある根出葉は3全裂、側裂片はさらに2裂。花柄基部に柄のない4個の茎葉が輪生し、線形に細裂する。花は1〜5個つき、径2〜2.5cm、花弁状のがく片が5〜7個ある。痩果の縁取りが黒みをおびる。蝦夷白山一花。✿6〜8月 ●亜高山〜高山の湿った草地 ✣北海道 別亜種ハクサンイチゲは本州に生える。

7月13日　大雪山　　がく片は5〜7個　　集合果

キンポウゲ科

■ツクモグサ
Pulsatilla nipponica

高さが5〜15cmの多年草。はじめ全体に白い軟毛が密生している。長い柄を持つ根出葉は長さ約3cmの広三角形、2回3出複葉で小葉はさらに線形状に裂ける。茎(苞)葉は3個が輪生する。花は茎頂に1個つき径3〜4cm、外面に長軟毛がある花弁状のがく片が6個ある。痩果の花柱が伸びて羽毛状になる。九十九草。✿5〜6月 ●高山のれき地や周辺 ✣北海道、本州(中部)

6月17日　芦別岳

キンポウゲ科

■ヒダカソウ
Callianthemum miyabeanum

高さが10〜25cmの多年草。全体無毛で粉白色をおびる。葉は3出複葉で小葉はさらに深裂する。花は径2.5cmほどで、葉が開く前から咲き始める。がく片は5個だが花弁の数は6〜12個と一定しない。集合果の果実は少数。日高草。✿5月下〜6月中 ✣アポイ岳山系のかんらん岩地帯に稀産。固有種 近年花が見られないほど衰退している。

5月17日　アポイ岳　　痩果の集まり

キンポウゲ科

■キリギシソウ
Callianthemum kirigishiense

前種ヒダカソウに似るが、葉は粉白色をおびず、花が葉の展開とともに咲く高さ20〜30cmの多年草。がく片5個、花弁は5〜10個ある。峨々草。✿5月下〜6月中 ✣夕張山地崕山の石灰岩地に稀産。固有種 1992年に大量盗掘に遭い一時絶滅の恐れがあったが、近年少しずつ回復に向かっている。

痩果の集まり　　　　　6月17日　崕山

キンポウゲ科

■ミヤマオダマキ
Aquilegia flabellata var. pumila

高さが10〜25cmの多年草。根出葉は数個出て柄の基部は膨らんで鞘状。2回3出複葉で小葉裂片はさらに浅く裂ける。花はやや下向きに咲き、径3〜4cm。5個のがく片は花弁状、花弁は先端部が白く、後方は距となって巻く。袋果は長さ2〜3cm。深山苧環。❋6〜8月 ●高山のれき地や草地 距のないものを品種**リシリオダマキ**という。

6月13日 アポイ岳　　　　　　袋果

キンポウゲ科

■オオヤマオダマキ
Aquilegia buergeriana var. oxysepala

高さが40〜80cmの多年草。まばらに毛のある茎が直立する。葉は2回3出複葉で小葉はさらに欠刻状に裂ける。花は径3〜4cm、がく片5個は卵形であずき色、花弁は淡黄色で長さ12〜15mm、上部が距となって強く内側に巻く。雄しべは多数、雌しべは5個ある。果実は袋果で直立する。大山苧環。❋6〜7月 ●山地の林内や河原 ✤北海道、本州、九州

7月13日 津別町

キンポウゲ科

■ミツバオウレン
Coptis trifolia

高さが5〜10cm、無毛の多年草。地中に細い根茎が伸びてまとまって生える。茎葉はなく、3出複葉の根出葉は長い柄があり、小葉は柄がなく長さ2〜3cm、硬い光沢があり緑色のまま越冬する。花は径1cmほどで、白い花弁状のがく片と小さなさじ形の花弁が4〜5個ある。三葉黄連。❋6〜7月 ●低地の湿原〜ハイマツ帯の日当たりのよい所 ✤北海道、本州（中部以北）

6月10日 オロフレ山　越冬した葉　　果実

キンポウゲ科

■キクバオウレン
Coptis japonica var. anemonifolia

高さは花時で20cm前後、その後大きく伸びる。葉は3出複葉の根出葉のみで、小葉は鋭い鋸歯縁。花はふつう3個が横向きにつき径1cmほど、雄性花と両性花があり、花弁状のがく片は5〜7個ある。菊葉黄連。❋4〜5月 ●人里近くの林内 ✤北海道、本州、四国

4月17日 福島町

キンポウゲ科

エゾミヤマハンショウヅル
Clematis ochotensis var. ochotensis

茎が他のものに絡んだり地表を這ったりして伸びる木質つる性の多年草。対生する葉は1～2回3出複葉で小葉は長さ2.5～8cmの広披針形。時に深裂して大きな鋸歯縁。花は広鐘形で長さ3cmほどのがく片が半開する。花弁は雄しべ群を囲むようにつくが、雄しべと中間の型もある。果期、長い花柱に羽毛状の毛が密生する。蝦夷深山半鐘蔓。❋6～8月 ●山地～亜高山の林内や陽地 ✤北海道

7月14日 大雪山

キンポウゲ科

クロバナハンショウヅル
Clematis fusca

茎が他のものに絡んで伸びるつる性の多年草で、長さ1m以上になる。対生する葉は羽状複葉で、小葉は2～3対、頂小葉は巻きひげになる。小葉は全縁か2～3裂する。花は鐘形で長さ2cmほど。花弁はなく、4個のがく片の外面に暗紫色の軟毛が密生する。雄しべと雌しべは多数。果期の長い花柱に毛が羽毛状に密生する。黒花半鐘蔓。❋7～8月 ●湿った草地や湿原 ✤北海道

7月27日 札幌市

キンポウゲ科

クサボタン
Clematis stans var. stans

雌雄異株で高さが1m前後になる多年草。葉は対生して長い柄があり3出複葉。小葉は長さ4～10cmの卵形で浅く3裂し、裂片に不揃いの鋭い鋸歯がある。花は輪生状に下向きにつき長さ1～2cm。花弁はなく、絹毛が生えるがく筒の先が4裂して裂片が反り返る。雌花は雄花より小さい。草牡丹。❋7月下～9月 ●山すその林縁や草地 ✤北海道(渡島半島)、本州

8月12日 福島町

キンポウゲ科

センニンソウ
Clematis terniflora

他のものに絡まって伸びる基部が木質でつる性の植物。葉は奇数羽状複葉で小葉は3～7個、厚みとやや光沢がある。卵形～卵円形で全縁、時に切れ込みもあり、長さ3～7cm、絡みつく柄がある。花は径4cmほど。花弁はなく4個のがく片が花弁状。雄しべと雌しべは多数ある。果実には羽毛状になった花柱が残る。仙人草。❋8～9月 ●野山の道端や林縁 ✤北海道(渡島半島)～九州

8月29日 函館市

キンポウゲ科

■フクジュソウ

Adonis ramosa

高さが10〜30cmになる多年草。雪解け直後、被われていた鱗片葉から花と葉を出す。葉は互生して托葉があり、3〜4回羽状に細裂し、終裂片は披針形でほとんど無毛。花は茎に1〜6個つき、径3〜4cm。花弁は20〜30個あり、がく片よりやや長い。蜜腺はない。集合果は有毛。福寿草。❋4〜5月 ◉明るい広葉樹林下 ❖北海道、本州 近似種キタミフクジュソウ A. amurensis は花が1個のみつき、葉は対生し、托葉はなく、特に裏面に毛が多く、展葉時は白っぽく見える。北見福寿草。❋3月下〜5月 ◉明るい広葉樹林下や海岸の草地 ❖北海道（東部・北部）

フクジュソウ　5月5日　札幌市

集合果　托葉がある

キタミフクジュソウには密に毛がある　フクジュソウにはあまり毛がない
葉裏面の比較

キタミフクジュソウ　4月12日　網走市

キンポウゲ科

■エゾノリュウキンカ（ヤチブキ）

Caltha fistulosa

高さが50〜80cmになる無毛でみずみずしい多年草。根出葉は長い柄があり腎形で鋸歯縁。花は集散状に6〜8個つき、径3〜4cm。花弁はなく花弁状のがく片が5個ある。雌しべはふつう10個以上。果実は袋果。蝦夷立金花。❋5〜7月 ◉低地〜高山の沢沿いや湿った所 ❖北海道、本州（北部）近似種リュウキンカ* C. palustris var. nipponica はより小形で花は2〜4個つき径2〜3cm、雌しべはふつう10個以下。道内では稀に見られるが二次的に生えたのであろう。その変種エンコウソウ var. enkoso は花茎が地表を這いながら長く伸び、節から発根する。葉の鋸歯は目立たない。花は1〜3個つく。猿猴草。❋5〜7月 ◉低地の水辺 ❖北海道、本州

エゾノリュウキンカ　4月29日　札幌市
残存花柱　集合果は痩果の集まり　大きな根出葉　大きくない茎葉

横に伸びる茎　エゾノリュウキンカの花　リュウキンカの花
2種の花の比較　　エンコウソウ　5月12日　大空町

キンポウゲ科

シラネアオイ
Glaucidium palmatum

高さが20～50cmの多年草。根茎が伸びてしばしば群生する。3個の葉がつき、下の2個には長い柄があり掌状に7～11中裂して裂片は鋸歯縁で両面に毛がある。上の葉は無柄。花はふつう1個つき径5～8cm、花弁状の美しいがく片が4個ある。雄しべは多数、雌しべは2個。果実は2個が合着していびつな台形となる。白根葵。❋4月下～6月 ●山地～亜高山の明るい林内や草地 ❖北海道、本州(中部以北)

果実
がく片は4個
大きな葉が2個つく
5月26日 札幌市
果実の中の種子

キンポウゲ科

タガラシ
Ranunculus sceleratus

高さが40cmくらいになる二年草。上部はよく分枝するが軟弱で倒れやすい。葉はやや多肉質で、根出葉は腎形で掌状に3～5中～深裂。茎葉は3深裂で裂片はさらに裂けるが先はとがらない。花は径8mmほどで花弁とがく片は5個、雄しべと雌しべは多数あり、花床が大きく盛り上がる。集合果は径5mm、長さ約1cmの楕円形。田芥子。❋6～8月 ●低地の水辺、水田、川岸 ❖北海道～九州

果実(集合果)
葉は3～5中～深裂。裂片の先はとがらない
8月8日 豊頃町

キンポウゲ科

キツネノボタン (ヤマキツネノボタン)
Ranunculus silerifolius var. silerifolius

変異の大きい多年草で、無毛～開出毛のある茎は直立し、枝を分けて高さ50cmほどになる。3出複葉の根出葉は長い柄があり、小葉はさらに大きく裂けて裂片の先はとがる。花は径約9mmでがく片が反り返る。集合果は球形で金平糖状。残存花柱はくるりと曲がる。狐牡丹。❋6～8月 ●湿った草地や道端、林縁 ❖北海道～九州

残存花柱は大きく曲がる
集合果
茎に上向きの毛があればヤマキツネノボタンという型
8月28日 蘭越町
茎の拡大

キンポウゲ科

コキツネノボタン
Ranunculus chinensis

茎が直立して高さが50cmほどになる多年草。茎や葉柄に粗い開出毛が目立つ。葉は3出複葉、小葉はさらに深裂し鋸歯縁で先はとがる。下部の葉には長い柄がある。花は約1cmで花弁はがく片と同長。集合果はラグビーボール状、残存花柱は短くて曲がらない。小狐牡丹。❋7～8月 ●日当たりのよい湿地 ❖北海道(中部以南)～九州

集合果
ほとんど曲がらない残存花柱
5個ある花弁
茎は有毛
下部の葉につく長い柄
6月24日 むかわ町

122

キンポウゲ科

ミヤマキンポウゲ
Ranunculus acris subsp. novus

時に大群生する高さが40cm前後になる多年草。ふつう茎や葉柄に伏毛がある。長い柄を持つ根出葉は茎葉より小さく、茎葉とともに3〜5裂してさらに切れ込みがある。花は径2cmほどで光沢のある花弁とがく片が5個ある。痩果の宿存花柱は鉤形に曲がる。深山金鳳花。❋6月下〜8月 ◉高山の草地 ✿北海道、本州(中部以北) 基準亜種のセイヨウキンポウゲ*(アクリスキンポウゲ)は根出葉が茎葉より大きく、道内に帰化している。近似種ソウヤキンポウゲ R. horieanus は道北と道央の低地沢沿いに生え、枝や花柄が横に伸び、葉の裂片が深く裂ける。ウリュウキンポウゲ R. uryuensis は道北の蛇紋岩地に生え、根茎が伸びて節から発根する。このほか葉が3中裂して裂片が重なるヒロハキンポウゲ*と3全裂した線形の裂片に柄のあるホソバキンポウゲ*などが道内に帰化している。

残存花柱

雄しべ
花の中心部
横に伸びる枝
ミヤマキンポウゲの若い集合果

ホソバキンポウゲの茎葉

ミヤマキンポウゲ　6月14日　大千軒岳
セイヨウキンポウゲ　6月20日　鹿追町
ソウヤキンポウゲ　7月6日　枝幸町

キンポウゲ科

エゾキンポウゲ
Ranunculus franchetii

やや軟弱な多年草で高さは25cm前後になる。茎は上部で分枝する。根出葉は掌状に3深裂するか3出複葉で長い柄がある。茎葉は3深裂し、裂片の先はとがらず、上部の葉に柄がない。花は茎頂に3個ほどつき、径約2cmで花弁とがく片は5個。痩果は球形で短毛が密生する。蝦夷金鳳花。❋5〜7月 ◉山地の湿った所、時に沢沿いに群生 ✿北海道(主に日本海側)

とがらない裂片の先
5月27日　幌加内町

キンポウゲ科

シコタンキンポウゲ
Ranunculus subcorymbosus var. austrokurilensis

高いもので50cm以上になる多年草で地中に走出枝がある。茎は有毛で、長い柄のある根出葉は3深裂し、裂片はさらに裂ける。花は径2cmほどで花弁は光沢があり、がく片の2倍長。痩果の残存花柱はゆるく曲がる。色丹金鳳花。❋6〜7月 ◉海岸に近い草地や砂地、湿地 ✿北海道(太平洋側)、本州(青森) よく似たウマノアシガタ R. japonicus には走出枝がなく、茎に開出毛があり、道南にあるという。

ゆるく曲がる残存花柱
集合果

地中に伸びる走出枝
6月25日　浜中町

キンポウゲ科

ハイキンポウゲ
Ranunculus repens var. major

根元から長い匍匐枝を出したり、茎が地表を這いながら伸びて節から発根する変異の多い多年草。茎の長さ50cmほど。湿地に生えるものは大形で茎に毛が少ない。道端などに生えるものは小形で毛が多く、基本種コバノハイキンポウゲ*が帰化したものだろう。葉は3出複葉、小葉はさらに裂ける。花の径は2cmほど。痩果には縁取がある。這金鳳花。✼5月下〜7月 ●湿地や道端、林縁 ◆北海道、本州(関東以北)

キンポウゲ科

イトキンポウゲ
Ranunculus reptans

糸のような細い茎が地表を這いながら節から発根する多年草。根出葉は線形で長さ10cm未満。茎葉は長さ2〜3cm。花は径7mmほどで花弁は5〜9個で、がく片は5個ある。糸金鳳花。✼7〜8月 ●沼の縁や湿地 ◆北海道(札幌市・野付半島)、本州(関東) 同属のカラクサキンポウゲ R. gmelinii は浅い水中に生え、葉は3〜5裂し、裂片はさらに深裂して全体が唐草模様に見える。国内では道東の霧多布湿原に知られていたが、生育環境破壊のため絶滅した模様。

ハイキンポウゲ 5月30日 長万部町 果実 地表を伸びる茎や匍匐枝 コバノハイキンポウゲ

雄しべ 雌しべ カラクサキンポウゲ 地表を這う茎 イトキンポウゲ 7月27日 札幌市空沼岳

キンポウゲ科

バイカモ (ウメバチモ)
Ranunculus nipponicus var. submersus

中空の茎が水中に伸びて長さ1〜2mになる多年草。水中葉は長さ2〜6cmで3〜4回3出複葉、裂片はさらに分裂して終裂片は糸状になる。花は径1〜1.6cm、水中でも咲き、花弁とがく片は5個。花床は有毛、雌しべも有毛で果期まで残る。梅花藻。✼6〜8月 ●清流や水のきれいな湖沼 ◆北海道、本州 水中葉のほか扇形の浮葉をつけるものを基準変種イチョウバイカモといい千歳川と本州に分布。近似種チトセバイカモ R. yezoensis は全体が小形で花床に毛がないもので、北海道の固有種。オオバイカモ R. ashibetsuensis は全体大形で花の径は2cmを超えるもの。道東の鶴居村に産するが生育環境悪化のため絶滅寸前。

バイカモ 7月21日 千歳市 有毛な雌しべ バイカモの花中心部 無毛の雌しべ チトセバイカモの花中心部 扇形の浮葉。これはイチョウバイカモという 互生する葉 オオバイカモ 7月16日 鶴居村

キンポウゲ科

アキカラマツ
Thalictrum minus var. hypoleucum

高さが50cm〜1.5mの無毛で変異の多い多年草。直立する茎は上部で大きく分枝。葉は2〜3回3出複葉で小葉は長さ1〜3cm、先が浅く3〜5裂し、裏面は帯白色。円錐花序に花は多数つき、花弁はなく、がく片4個あり多数の葯が細く白い花糸でぶら下がる。果実の柄は1cm以下。秋唐松。❋7〜9月 ●低地〜山地の林内や草地 ❋北海道〜九州 山地に生え果柄が1〜4cmと長い型を変種オオカラマツ（コカラマツ）という。

7月30日　札幌市藻岩山

キンポウゲ科

チャボカラマツ
Thalictrum foetidum var. glabrescens

茎は斜上〜横に伸びて長さ30cm前後。小葉は長さ8〜16mmで葉脈は裏面で隆起する。花糸は赤紫色。矮鶏唐松。❋6月 ●山地の岩場 ❋北海道、本州（北部）変種アポイカラマツ var. apoiense は小葉に厚みがあり小さく、アポイ岳周辺のかんらん岩地と後志・大平山の石灰岩地に生える。

アポイカラマツ　7月5日　島牧村大平山

キンポウゲ科

ハルカラマツ
Thalictrum baicalense

無毛の茎は直立して高さが1m近くになる多年草。葉は2〜3回3出複葉で托葉の縁が細かく裂けて、小托葉はない。花は散房花序につき、がく片は早くに落ち、棍棒状の白い花糸が花の主役。果実は球形に近く膨らみ、残存花柱は巻かない。春唐松。❋6〜7月 ●林縁や林内、草地 ❋北海道（石狩地方以東）、本州（関東以北）

7月1日　釧路市阿寒

キンポウゲ科

エゾカラマツ
Thalictrum sachalinense

前種ハルカラマツに似るが、托葉と小托葉があるが小さく目立たない。果実には翼がなく、柄は極めて短くぶら下がらず残存花柱は巻く。蝦夷唐松。❋6〜7月 ●林内や林縁、草地 ❋北海道

6月4日　日高町門別

キンポウゲ科

■カラマツソウ
Thalictrum aquilegiifolium var. intermedium
茎に縦の筋が走りよく分枝する多年草で、高さ50cm〜1m。葉は3〜4回3出複葉で、小葉は長さ2〜3cm、先が3つに浅く裂ける。托葉や小托葉は目立つ。花は複散房花序につき、4個のがく片は開花時に落ち、花弁はなく多数の雄しべと雌しべがある。果実は楕円形でぶら下がり、広い翼がある。唐松草。✿6〜8月上 ●低地〜亜高山の明るい所 ❖北海道、本州

7月24日　ニセイカウシュッペ山
若い果期の姿
遠くからも分かる托葉
大きな托葉
茎と托葉

キンポウゲ科

■ミヤマカラマツ
Thalictrum tuberiferum var. tuberiferum
茎は細いが大きいもので高さが50cmほどになる多年草。托葉と小托葉はない。茎葉は2〜3回3出複葉で、小葉は幅と長さはほぼ同長で浅い切れ込みがある。がく片は開花時に落ち、花弁はなく棍棒状の雄しべの花糸が目立つだけ。果実はぶら下がらない。深山唐松。✿5〜7月 ●山地渓流沿いなど湿った斜面 ❖北海道〜九州

6月11日　厚沢部町
針金のように細い茎
小葉に顕著な切れ込みがある

キンポウゲ科

■ナガバカラマツ
Thalictrum integrilobum
茎は針金状に細く、無毛で高さ20〜30cmの多年草。托葉と小托葉はない。長い柄を持つ根出葉は3〜4回3出複葉。茎にも小さな複葉がつき、小葉は長さ2cm前後の線状長楕円形で先はとがらず全縁。花の径は1cm弱、花弁はなく、白い雄しべがカラマツの葉状。果実はボート状へら形。長葉唐松。✿5月中〜6月上 ❖アポイ岳周辺の林内や沢沿い。固有種。

6月2日　えりも町
針金のように細い茎
線状長楕円形の小葉

キンポウゲ科

■モミジカラマツ
Trautvetteria palmata var. palmata
高さが25〜50cmの多年草。茎は直立し、花序の部分に毛がある。長い柄のある根出葉は長さ5〜13cm、3〜7深裂し、縁には粗い切れ込みと鋸歯がある。花は径1.5cmほどでがく片は開花時に落ち、花弁はなく、白い雄しべが多数ある。果実は卵形で緩く曲がった残存花柱がある。紅葉唐松。✿6月下〜8月 ●山地〜亜高山の湿った所、沢沿い ❖北海道〜九州　果実の残存花柱がくるりと鉤状に曲がるものを変種**オクモミジカラマツ**といい、道北に分布。

モミジカラマツ

緩く曲がった残存花柱
モミジ類のような形の葉
鉤状に曲がった残存花柱
オクモミジカラマツ
7月2日　日高山脈コイカクシュサツナイ岳

キンポウゲ科

■チシマノキンバイソウ（キタキンバイソウ）

Trollius riederianus
高さが20〜80cmになる多年草。根出葉は円心形で径4〜13cm、3全裂しさらに側裂片が2深裂するので5出掌状複葉に見える。縁は切れ込み状鋸歯となる。花は径5cmほどで、花弁状のがく片が5〜7個つき、花弁は広線形で長さがほぼ同じ雄しべと並ぶ。袋果は直立し、長さ1cmほどで残存花柱は長さ2mm以下で曲がり、竜骨は明瞭。千島金梅草。❉7〜8月 ●高山の草地 ❉北海道（大雪山〜知床山地）近似種**ヒダカキンバイソウ（ピパイロキンバイソウ）** T. citrinus は日高山脈の高山帯、沢の源頭やカール底に生え、花弁は雄しべよりやや長く、袋果は斜めに開き残存花柱は長さ2mm以上あり直立、竜骨は目立たない。固有種。**シナノキンバイソウ（シナノキンバイ）** T. shinanensis の袋果は直立し、残存花柱は直立して長さ2mm以上。❉北海道（増毛・夕張山地以西）、本州 **レブンキンバイソウ** T. rebunensis は礼文島の草地に生え（固有種）、花は半球形状に開き、がく片は5〜15個あり、花弁は雄しべよりはるかに長い。**ボタンキンバイソウ（ボタンキンバイ）** T. altaicus は利尻山上部に生え（固有種）、花はがく片が重なり合うように半球形状に開き（牡丹咲き）、花柱や柱頭が赤紫色。**ソウヤキンバイソウ** T. soyaensis は花の柄が8〜15cmと長く、がく片は7〜16個で花は半球形状に開く。袋果は6〜9個で残存花柱は長さ3〜4mm。●道北の低地渓流沿いに生える（固有種）**テシオキンバイソウ** T. teshioensis のがく片はふつう5個で花は平らに開き、袋果は10個以上つき残存花柱は長さ2mm以下。●道北と道東の低地渓流沿いに生える（固有種）。

チシマノキンバイソウ　7月27日　大雪山

レブンキンバイソウ

チシマノキンバイソウの果実

シナノキンバイソウの花中心部と果実（右）

ヒダカキンバイソウの果実

ヒダカキンバイソウ　7月21日　ピパイロ岳

ボタンキンバイソウ

テシオキンバイソウ

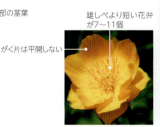

ソウヤキンバイソウ

ボタンキンバイソウ　7月16日　利尻山

テシオキンバイソウ　6月27日　天塩川

ボタン科

ヤマシャクヤク
Paeonia japonica

高さが40〜50cmの多年草。葉は2回3出複葉で、小葉は倒卵形〜長楕円形で長さ3〜8cm。裏面はふつう無毛。花は1個つき、径5cmほどで花弁はふつう6個、がく片は3個。平開せず満開でも花は球形で、先端の開口部から雄しべと雌しべが覗く。花柱は緩く巻く。袋果は縦に裂けて赤い偽種子と黒い本種子が現れる。山芍薬。❋5月下〜6月 ●低山の広葉樹林内 ◆北海道〜九州

6月3日 札幌市　　　　　　　果実

ボタン科

ベニバナヤマシャクヤク
Paeonia obovata

花の色以外は前種ヤマシャクヤクによく似た多年草。葉はふつう裏面は有毛。花は1個つき径5cmほどでがく片は3個、花弁はふつう5個あるが平開せず満開でも花は球形で、先端の開口部から雄しべと雌しべが覗く。花柱は強く巻く。袋果も前種と同様。紅花山芍薬。❋6〜7月 ●低地〜亜高山の林内 ◆北海道〜九州

果実　　　　　　　　　　　6月9日　崋山

ツゲ科

フッキソウ
Pachysandra terminalis

高さが20〜30cmになる草本状の常緑小低木。地中に伸びる茎から緑色の地上茎を何本も立てて群生する。厚く光沢があり長さ4〜5cmで菱状倒卵形の葉がやや輪生状につき、まばらな歯牙縁。穂状花序の上部は雄花でがく片4個と雄しべ4個、基部に少数の雌花があり、2裂した柱頭が見える。果実は径1cmほど。富貴草。❋5〜6月 ●低地〜山地の樹林下 ◆北海道〜九州

6月12日 足寄町　　　　　　　果実

ユズリハ科

エゾユズリハ
Daphniphyllum macropodum var. humile

基部が斜上し、高さがふつう1m、時に3mほどの雌雄異株で常緑の低木。葉は長さ10〜15cmの長楕円形で革質、硬い光沢がある。花は葉腋の総状花序につき、花弁とがく片がない。雄花は雄しべが房状にまとまり、雌花は雌しべの花柱が2〜4裂している。果実は長さ約1cmの楕円形。蝦夷譲葉。❋5〜6月 ●低地〜山地の林内 ◆北海道(主に日本海側)、本州(中・北部)

果実　　　　　　　　6月18日　樺戸山地神居尻山

ユキノシタ科

トリアシショウマ
Astilbe thunbergii var. *congesta*

高さが40cm～1mになる多年草で、直立する茎の節や葉柄に褐色の長い毛がある。葉は3回3出複葉で、小葉は長さ5～12cmの卵形で重鋸歯縁、先は尾状に細くなってとがる。花序は二重の円錐状となり腺毛が密生して多数の花がつく。花弁は5個、雄しべは10個ある。鳥脚升麻。❋7～8月 ●山地の林内や草地 ❀北海道、本州（中部以北）

8月6日　福島町

ユキノシタ科

モミジバショウマ
Astilbe platyphylla

雌雄異株の多年草で高さが30～80cm。葉は1～2回3出複葉で頂小葉は掌状に浅～中裂し長さ約10cm、重鋸歯縁で先はとがる。花は総状花序に多数つき、花弁はなく8裂したがくと雄しべ雌しべからなる。紅葉葉升麻。❋6～7月中 ●山地の明るい林内や林縁 ❀北海道（十勝～胆振～渡島）

6月16日　登別市

ユキノシタ科

エゾノチャルメルソウ
Mitella integripetala

地下茎から根出葉と花茎を出し、高さ25～40cmの多年草。葉は三角状卵形で幅約5cm、3～5浅裂して不規則な鋸歯縁。腺毛の密生する花序に花はまばらにつき、径1cmほど。がく片5個とそれより長い糸状の花弁が5個あり、ともに後方に反り返る。雄しべは5個ある。果実は黒く光沢がある。蝦夷チャルメル草。❋6～7月 ●山地の沢沿い ❀北海道（日本海側）、本州（北部）

6月22日　雨竜町

ユキノシタ科

マルバチャルメルソウ
Mitella nuda

高さが15～25cmの多年草で地表に細い匍匐枝が伸びる。葉は根元から出て長い柄があり、葉身は長さと幅はほぼ同長、1.5～3.5cmの円心形で浅い鋸歯縁。花序に腺毛が多く、花はまばらにつき径8mmほど、先が5裂したがく筒は皿状で裂片はやや反り返る。花弁5個は線～糸状で4対の枝がある。種子は黒く光沢がある。円葉チャルメル草。❋5～6月 ●山地の樹林下 ❀北海道、本州（南アルプス）

6月22日　上士幌町

ユキノシタ科

ネコノメソウ
Chrysosplenium grayanum

群生することが多い高さ20cmほどになる軟弱で無毛な多年草。根出葉はなく、卵形の茎葉が対生する。花は茎上部の黄色い苞葉に囲まれてつき、花弁はなく黄色いがく片が直立する。雄しべは4個。果期、果実とそれを囲むがく片が猫の目のように見える。猫目草。✿5～6月 ◎低地～山地の水辺 ✣北海道～九州

5月20日　札幌市

ユキノシタ科

ツルネコノメソウ
Chrysosplenium flagelliferum

高さが15cm前後の軟弱で無毛な多年草。葉は扇形で円い鋸歯があり、互生する。茎頂の苞葉に囲まれて小さな花がつく。花弁はなく、がく片は4個、雄しべは8個ある。花後走出枝が地表を伸び、先端に大きな円心形の葉と根がつき新苗となる。蔓猫目草。✿4月中～5月 ◎低地～山地の沢沿いなど ✣北海道、本州（近畿以北）、四国（剣山）

花後の全形　　　　　　　　　　　5月5日　札幌市

ユキノシタ科

ヤマネコノメソウ
Chrysosplenium japonicum

高さが10～20cmの多年草。根出葉と茎葉には先が平らな浅い鋸歯がある。花時、長い柄を持つ円心形の根出葉があるが走出枝は出さない。苞葉もがく片も淡い緑色。雄しべは8個、時に4個。山猫目草。✿4月下～5月 ◎低地～山地の林内 ✣北海道（西南部）～九州

4月24日　千歳市

ユキノシタ科

エゾネコノメソウ（カラフトネコノメソウ）
Chrysosplenium alternifolium var. sibiricum

高さが10cmほどになる多年草。花時、腎円形の根出葉があり、茎葉は互生し、花を囲む苞葉は鮮やかな黄色。水中に糸状の走出枝を出す。雄しべは8個。蝦夷猫目草。✿5～6月 ◎湿原の周辺や水辺 ✣北海道（東部など）

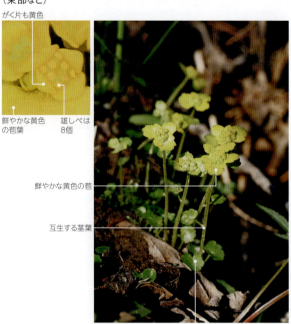

5月18日　根室市

ユキノシタ科

■ マルバネコノメソウ
Chrysosplenium ramosum

茎に長毛が生える軟弱な多年草で高さが15cmほど。花時、根出葉は枯れて茎葉が対生する。小さな花が茎頂の苞葉に囲まれてつき、花弁はなくがく片が4個、雄しべが8個ある。花後、走出枝が伸びて節から発根して増える。丸葉猫目草。❀5～6月 ◯山地の谷筋など湿った所 ❖北海道、本州（近畿以北）

5月17日　札幌市

ユキノシタ科

■ チシマネコノメソウ
Chrysosplenium kamtschaticum var. kamtschaticum

全体ほぼ無毛で軟弱な多年草で高さ20cm前後。根元に大きなロゼット葉があり、花時にも残る。茎葉は1対つくか、ない。花は卵形の苞葉に囲まれてつき、花弁はなく、がく片は4個、雄しべは8個ある。花後走出枝が伸びて、先端にロゼット葉と根をつけて新苗となる。千島猫目草。❀4月下～6月 ◯谷筋の湿った斜面 ❖北海道、本州（近畿以北）

4月21日　新冠町

ユキノシタ科

■ アラシグサ
Boykinia lycoctonifolia

地下茎から白い腺毛が密生する花茎を立てて高さ20～40cmになる多年草。根出葉には長い柄があり、茎葉は互生する。葉身は腎円形で掌状に7～9中裂し、裂片には不揃いの切れ込みと鋸歯がある。花は小さく、がく片と花弁、雄しべが5個あり、花弁は長さ5mmほどでがく片よりやや短い。嵐草。❀7～8月 ◯亜高山の草地 ❖北海道、本州（中部以北）

7月18日　大雪山

ユキノシタ科

■ エゾクロクモソウ
Micranthes fusca var. fusca

高さが10～40cmの多年草。葉は根元に集まり長い柄がある。葉身は長さ6～7cmの腎円形で縁は三角状の歯牙に囲まれる。径5mmほどの花が円錐状に多数つき、花弁とがく片が5個、雄しべは10個ある。花序や花柄に腺毛があり、花色は淡緑色～暗紫褐色。蝦夷黒雲草。❀7～9月 ◯山地の沢沿いや湿った斜面 ❖北海道、本州（北部）

8月12日　日高山脈幌尻岳

ユキノシタ科

■クモマユキノシタ（ヒメヤマハナソウ）
Micranthes laciniata
茎に腺毛が多い小形の多年草で高さが5〜10cm。柄がなく有毛の葉が根元に集まり、くさび形で長さ1〜3cm。上半分に欠刻状の鋸歯がある。花は円錐花序につき、5個の長三角形の花弁下部に黄色い斑が2個あり、雄しべ10個は花弁より短い。雲間雪下。❀7〜8月 ◉高山の湿ったれき地や草地 ✤北海道（大雪・日高・夕張山系）走出枝を出すものを品種ツルクモマグサという。

7月18日　夕張岳

ユキノシタ科

■ヤマハナソウ
Micranthes sachalinensis
高さが10〜40cmの多年草で、長軟毛や腺毛が多い。葉は根出葉のみでやや厚く、長卵形で長さ4〜10cm。粗い鋸歯縁で裏面は紫色をおび、基部は葉柄状。花はやや大きな円錐花序につき、径7〜8mmで花弁は5個、中央に黄斑があり、花糸は先が太い。山鼻草。❀5月下〜7月 ◉山地の岩場や急斜面 ✤北海道

6月27日　浜頓別町

ユキノシタ科

■チシマイワブキ
Micranthes nelsoniana var. reniformis
高さが5〜25cmの多年草で、葉は長い柄のある根出葉のみ。葉身は腎円形でやや厚みがあり、長さ2〜4cmで基部は心形。縁には三角形の歯牙が並ぶ。花は散房花序にやや密につき5個の花弁は長さ3mmほどで時に紅紫色をおびる。千島岩蕗。❀7〜8月 ◉高山の（利尻山では乾いた、大雪山では湿った）れき地 ✤北海道（利尻山、大雪山系）

6月28日　利尻山　　　　　　7月20日　十勝連峰

ユキノシタ科

■フキユキノシタ
Micranthes japonica
高さが15〜80cmの多年草。葉の大部分は長い柄のある根出葉で葉身は円心形で径3〜15cm、やや厚みと光沢があり縁は不揃いの鋸歯が並び、基部は心形。茎葉は小さい1個。花は大きな円錐花序にややまばらにつき、5個の花弁は開花後間もなく落ちる。蕗雪下。❀7〜8月 ◉山地〜亜高山の沢沿い ✤北海道、本州（中・北部）、四国

8月26日　大雪山

ユキノシタ科

■キヨシソウ
Saxifraga bracteata
茎の長さが5〜20cmの多年草。根出葉は腎円形で幅2cm前後、縁は5〜7浅裂、長い毛と柄がある。互生する茎葉も同形だがサイズが大きい。花には茎葉と同形の苞がつき、5個の花弁は長さ約5mmで雄しべは10個ある。瀞（千島列島の探検家の名）草。❉6〜7月 ●根室・釧路地方の海岸の湿った岩壁

6月17日　根室半島

■シコタンソウ
Saxifraga bronchialis subsp. funstonii var. rebunshirensis
地表を根茎が分枝しながら伸びて広がりを持って生える多年草で高さが5〜15cm。葉は根生して線状披針形で長さ6〜15mm、厚みと縁に刺毛がある。花は径1cmほどで5個の花弁に多様な斑点がある。色丹草。❉7〜8月 ●山地〜高山の岩場 ❖北海道、本州（中部・北部）　品種ヒメクモマグサは葉が小さく刺毛と縁毛が顕著。変種ユウバリクモマグサ var. yuparensis は先が3裂した葉が混じり、夕張岳に固有。次種との雑種と考えられている。

6月25日　礼文島　　無花茎も多い　　細長い花弁の型

赤い斑が入ることがある

円っこい花弁の型

ユキノシタ科

■チシマクモマグサ
Saxifraga merkii var. merkii
根茎が地表を這い、花茎と無花茎を出し塊となって高さが3〜8cmの多年草。葉は根元に集まり長さ6〜15mm、やや多肉的でふつう全縁、縁に腺毛がある。茎葉は小さい。花は茎頂に数個つき、径約1.2cm。花弁に斑点はなく、雄しべは10個、花柱が短く子房の先が2裂したように見える。柄に腺毛がある。千島雲間草。❉7〜8月 ●高山の湿ったれき地 ❖北海道（大雪・夕張・知床山系）

斑の入らない花弁　　短い花柱

花弁と対生5、互生5、計10本の雄しべがある

腺毛がある

無花茎と葉　　　　　　　　　　　　8月16日　大雪山

■エゾノクモマグサ
Saxifraga nishidae
岩場に生え、花茎の長さが2〜6cmの多年草。根元に密生する葉は厚みがあり、長さ5〜6mmで先が3裂するが茎葉は裂けない。縁に短い腺毛がある。花は1〜3個つき径1.2cmほどで花弁に黄色い斑点があり、雄しべは10個ある。蝦夷雲間草。❉7〜8月 ●夕張岳と芦別岳の岩場（固有種）

先が3裂する

無花茎と葉

先が3裂　先が3裂
しない葉　した葉

ユウバリクモマグサ　　エゾノクモマグサ　8月7日　夕張岳

ユキノシタ科

ダイモンジソウ
Saxifraga fortunei var. alpina

花茎の長さが5～40cmの変異の大きな多年草。葉は根生して長い柄があり腎円形で長さ3～15cm。掌状に5～7浅裂して不揃いの鋸歯もある。花は集散花序につき、柄に短腺毛がある。5個の花弁は上の3個が短く、下の2個が長くて大の字のようになる。大文字草。❋7～10月 ●海岸～高山の岩場 ◆北海道～九州 生育環境の幅が広いので変異の幅が大きい。

花弁が大の字をつくる　　8月29日　日高山脈額平川　　鋸歯のような裂片

ユキノシタ科

ヤグルマソウ
Rodgersia podophylla

高さが80cm～1.3mの多年草。長い柄を持つ根出葉は掌状に5～7裂する複葉で時に紫色をおびる。小葉は長さ30cm前後になり、先が大きく3裂して鋸歯縁。花は円錐状の花序に多数つき、花弁はなく、がく片5個、雄しべ10個、雌しべ2個からなり、径5mmほど。矢車草。❋6～7月 ●山地の林内や林縁 ◆北海道(南部)、本州

がく片(5個ある)

雄しべ(10個ある)　雌しべは2個

先は大きく3裂、さらに裂けた葉

先が大きく3裂した葉

5月30日　上ノ国町

ユキノシタ科

ズダヤクシュ
Tiarella polyphylla

高さが10～40cmの多年草。茎や葉柄、花柄に腺毛がある。葉は幅2～6cmの円心形で5浅裂して有毛、根出葉には長い柄がある。花はまばらに多数つき、径3mmほどでがくは5裂して花弁状、花弁は糸状でがく裂片より長い。雄しべは10個、長さが異なる2個の雌しべ(心皮)がある。喘息薬種。❋5月下～7月 ●山地～亜高山の樹林下 ◆北海道、本州(近畿以北)

6月6日　恵庭岳　　若い果実　短い心皮

花弁状のがく片

糸状の花弁

長い心皮　腺毛がある

スグリ科

コマガタケスグリ
Ribes japonicum

枝が横に伸びる落葉低木で、高さが2mほどになる。葉は長い柄で互生し、葉身は掌状に裂けて幅約15cm、鋸歯縁で裏面に油点が散在する。花は長さ30cmにもなる穂状に多数つき径8mmほど。がく筒の先は5裂、裂片は扇型の花弁より長い。雄しべは5個ある。果実は赤黒く熟す。駒ヶ岳酸塊。❋5～6月 ●山地から亜高山の林内や沢沿い ◆北海道、本州、四国

雄しべ(5個あり)

がく筒の裂片　花弁

果実

油点

葉の裏面　　5月29日　札幌市空沼岳

スグリ科

クロミノハリスグリ
Ribes horridum
高さが1m以下の落葉低木。よく分枝し、枝には刺が密生する。葉は互生し、径5cmほどの円心形で掌状に5中裂し、裏面にも柄にも刺がある。花は総状花序にややまばらにつく。花柄やがく筒に腺毛があり、花弁は5個で扇形、平らに開く。果実は黒く熟し、表面に刺状の腺毛が生える。黒実針酸塊。✿6月 ◉北海道(中央高地の樹林下)

6月21日　大雪山　　　　　　　　　　　　　果実

スグリ科

エゾスグリ
Ribes latifolium
高さが60cm〜2mの落葉低木で、新枝や葉柄、花軸に白軟毛と褐色の腺毛が生える。葉は掌状に切れ込み、長さ5〜10cm、重鋸歯縁で裏面に軟毛が密生。花は前年枝に房となってつき径5mmほど。へら形の5個の花弁は長さ約2mmで鐘形のがく筒に隠れて見えにくい。果実は食べられる。蝦夷酸塊。✿5〜6月 ◉山地の林内や林縁 ❖北海道、本州(岩手県)

果期の花序　　　　　　　　　　　　　　6月6日　礼文島

スグリ科

トガスグリ
Ribes sachalinense
幹が地表を這いながら立ち、高さが30〜60cmになる落葉低木。枝は横に伸びる。葉は円心形で掌状に5〜7中裂し、裂片には切れ込みと鋸歯がある。花は径5〜6mm、柄に腺毛が密生し、がく筒の裂片は花弁よりはるかに長い。雄しべは5個。果実は径8mmほど、表面に腺毛が密にある。栂酸塊。✿5〜6月 ◉低地〜山地の林内や林縁 ❖北海道、本州、四国

6月1日　日高町　　　　　　　　　　　　　果期の花序

スグリ科

トカチスグリ (チシマスグリ)
Ribes triste
高さが50cm〜1mの落葉低木。葉は掌状に浅く裂けて幅5〜10cm、鋸歯縁で裂片の先はとがらない。花は長さ5〜8cmの白い毛のある房につき、径5〜6mmでがく裂片が平開してスープ皿状。内側に小さな花弁が5個ある。果実は球形で赤く熟す。十勝酸塊。✿5〜7月 ◉低地〜亜高山の林内や林縁にやや稀 ❖北海道、本州

7月11日　大雪山

ベンケイソウ科

■ アズマツメクサ
Tillaea aquatica

軟弱な一年草で高さが2～5cm。茎は基部で分枝し、葉は対生して長さ5mm前後の線状披針形、全縁で先がとがる。花は上部の葉腋に1個ずつつき、長さ1.5mmほど。4数性でがく片、花弁、雄しべ、雌しべが4個ある。花弁はあまり平開せず直立のまま。果実は袋果。東爪草。❋6～8月 ◉ 低地の水辺や湿地 ✿北海道、本州、四国

がく片
花と果実　袋果
対生する葉

8月7日　日高町門別

■ カラフトミセバヤ（エゾミセバヤ、ゴケンミセバヤ、ヒメミセバヤ）
Hylotelephium pluricaule

花茎の長さが5～10cmの多年草。何本もの花茎を立てて株をつくる。多肉質で白味をおびる葉が対生、時に互生する。葉身は長楕円形～倒披針形で長さ1～2.5cm、全縁で柄がない。花は密につき、花弁は長さ5mmほどで先は余りとがらない。樺太見せば哉。❋8～9月 ◉山地の岩場 ✿北海道 夕張山地に生え、小形で花弁の先がとがるものを亜種ユウパリミセバヤと分ける見解がある。

雄しべは10個
花弁の先は鋭くとがらない
花弁の先は鋭くとがる　5個ずつ2輪に並ぶ雄しべ

9月2日　札幌市神威岳　ユウパリミセバヤ

ベンケイソウ科

■ ムラサキベンケイソウ
Hylotelephium pallescens

茎は枝を分けず直立して高さが20～50cmになる多年草。葉は白味をおび多肉質で柄がなく、対生または互生し、葉身は狭卵形で長さ3～6cm、不明瞭な鋸歯がある。花は花序に密につき、径約1cmで花弁とがく片、雄しべは5個ある。紫弁慶草。❋8～9月 ◉✿道東・道北の海岸草原

花弁の先はとがる
内側・外側に5個ずつある雄しべ
葉に柄はない

9月8日　小清水町

■ ヒダカミセバヤ
Hylotelephium cauticola

花茎は高さが10～15cmで、前種同様基部は枯れずに越冬する。葉は卵形～楕円形で、波状鋸歯が少数あり対生し、下部の葉には短い柄がある。雄しべは花弁と同長。日高見せば哉。❋8月下～10月上 ◉✿北海道（日高～釧路）の海岸～山地の岩場

とがる花弁の先

長さ約1mmの花柱　雄しべの葯
柄と鋸歯のある葉
無花茎

9月16日　えりも町

ベンケイソウ科

■ミツバベンケイソウ
Hylotelephium verticillatum var. verticillatum
全体に白緑色、中空で硬い茎が直立して高さが30〜80cmになる多年草。葉は数段にわたり3〜4個、時に5個が輪生状につく。葉身は広披針形で長さ3〜10cm、肉質で不揃いな低鋸歯縁。花は複散房状に密につき5数性で雄しべは10個あり、花弁は長さ5mmほど。三葉弁慶草。❋8〜9月 ◉山地の岩場や林内、沢沿い ❋北海道〜九州

8月15日 北大雪山系平山

■アオノイワレンゲ
Orostachys malacophylla var. aggregeata
高さが10〜25cmになり、開花結実後枯死する一稔性植物。根出葉は何個も重なりながら放射状に広がりロゼットをつくる。葉身は長さ3〜7cmの倒長卵形〜長楕円形で、扁平、肉質、緑色で先がとがる。花は穂状に密に多数つき、径6〜12mm。がく片と花弁が5個、雄しべが10個あり、花弁は長さ5〜7mmで平開しない。雄しべの葯は赤紫色。青岩蓮華。❋9〜10月 ◉海岸〜山地の岩場 ❋北海道、本州(北部)、九州(北部)

9月26日 札幌市八剣山

ベンケイソウ科

■チチッパベンケイソウ
Hylotelephium sordidum var. sordidum
岩場に生え、花茎は斜めに伸びて長さ10〜30cmの多年草。葉は肉質で表面は汚れた緑色、時に赤紫色をおび、互生して葉身は楕円形で長さ5cm前後、波状の低鋸歯縁で基部は葉柄状となる。花は集散状にやや密につき、5数性で花弁の長さ約3.2mm、雄しべはほぼ同長。汚葉弁慶草。❋8月下〜9月中 ◉山地の岩場 ❋北海道(留萌地方中部)、本州(中部以北)

9月4日 苫前町

■コモチレンゲ (レブンイワレンゲ)
Orostachys malacophylla var. boehmeri
アオノイワレンゲに似るが、葉腋から走出枝を出して幼苗をつくって増える。葉は卵形〜広卵形で粉白色をおび、先はとがらない。葯の色は黄色〜淡紅色。子持蓮華。❋8〜10月 ❋北海道の海岸岩上

10月4日 江差町

ベンケイソウ科

キリンソウ
Phedimus aizoon var. aizoon

変異が大きく、太い根茎から多数の茎がまとまって立ち、高さが10～50cmの多年草。葉は広倒披針形で長さ2～4cm、ややとがり、半ば以上が鋸歯縁となる。葯はふつう黄色、時に紅紫色。果実(心皮)は斜め上を向く。麒麟草。✿7～8月 ●海岸～山地の岩場 ●北海道～九州 基準変種がホソバノキリンソウ(ヤマキリンソウ)で時に高さが50cm以上になり、株立ち状にはならず1～2本ずつ生える。葉は長さ4～5cmで下半部にも鋸歯がある。近似種エゾノキリンソウ P. kamtschaticus は地表を伸びる細い根茎から茎を立ち上げ、下部が地表を這って高さが20cm前後になる多年草。多肉質で光沢のあるくさび形の葉が互生し、葉身は長さ2.5cm前後、上部に鋸歯状の切れ込みがある。花の径は1.2cmほどで雄しべの葯ははじめ紅紫色。果実(心皮)は平開する。

ホソバノキリンソウ 7月26日 浦幌町　　キリンソウ 7月28日 松前町　　エゾノキリンソウ 7月23日 札幌市八剣山

ベンケイソウ科

イワベンケイ
Rhodiola rosea

高さが30cm前後、太い根茎から茎を何本も立てて株立ち状となる雌雄異株の多年草。葉は厚く多肉的で粉白色をおび、楕円形～倒卵形で長さ2cmほど。無柄で鋸歯も不明瞭。花は4数性、雄花で径1cmほど。雌花はやや小さく花弁はがく片より短い。岩弁慶。✿6～7月 ●海岸～高山の岩場 ●北海道、本州(中部以北)

6月12日 島牧村大平山　　若い果期の姿

ベンケイソウ科

ホソバイワベンケイ
Rhodiola ishidae

地表を這う根茎から多数の花茎を立てるので広がりを持つ雌雄異株の多年草。葉は細長く長さ1～3cm、厚みがあり多肉質ではっきりした鋸歯がある。花は4数性、花弁の長さは雄花で3～4mm、雌花で約2.5mm。袋果は直立する。細葉岩弁慶。✿7～8月 ●高山のれき地や岩場 ●北海道、本州(中部以北)

果期の姿　　7月19日 大雪山

ベンケイソウ科
ヨーロッパタイトゴメ*（オウシュウマンネングサ）
Sedum acre
高さが5cmほどになる多年草。肥厚して赤紫色〜濃緑色の葉が密に互生する。葉身は長さ4mmほど、三角状卵形で多肉質。ヨーロッパ大唐米。❋6〜7月　◉道端、空き地など　✿原産地はヨーロッパ、小アジア、北アフリカ

ベンケイソウ科
ツルマンネングサ*
Sedum sarmentosum
花をつけない紅紫色をおびた茎が四方に伸びる多年草。花茎はやや立ち上がり高さ10cm以上になる。葉はふつう3個が輪生し、多肉的で明るい緑色、先がとがり長さ約2cm。花は5数性で径1.2cmほど。果実はできない。蔓万年草。❋6〜7月　◉道端や石垣など　✿原産地は中国、朝鮮

がく片　雄しべの葯　花弁

葉が密生して太く見える茎
無花茎
7月5日　えりも町

紅紫色をおびる茎
無花茎
6月27日　札幌市

ベンケイソウ科
ウスユキマンネングサ*
Sedum hispanicum
やや株立ちとなって生える多年草で高さが8〜20cm。茎と果実は赤味をおびる。びっしりつく葉は白緑色で互生する。葉身は長さ4〜7mmの線形〜線状披針形で、厚みがあり多肉質。花は茎頂の集散花序につき、平開してがく片と白く先がとがった花弁が5個ある。薄雪万年草。❋6〜8月　◉道端や空き地　✿原産地はヨーロッパ中部〜小アジア

ベンケイソウ科
ミヤママンネングサ
Sedum japonicum var. senanense
茎が地表を這いながら多数の枝を立てて高さが7〜8cmになる多年草。茎は赤味をおびる。葉は多肉質の円柱形で互生し、長さ1cm前後。花は5数性で径1cmほど、水平に開き、果実も水平に開く。深山万年草。❋6〜7月　◉山地の岩場　✿北海道（渡島半島に局所的）、本州（近畿以北）

淡紅色の筋が入る
鋭くとがる花弁の先
裂開前の葯
袋果は斜めに立つ
粉白色をおびた葉
6月29日　苫小牧市

赤みをおびる下部の葉
赤みをおびる茎の下部
無花茎
7月11日　福島町

アリノトウグサ科

フサモ
Myriophyllum verticillatum
水中に茎が長く伸びる多年草で、水面上に出た部分に花序がつき、高さが3〜8cm。4個輪生する線状楕円形の葉は羽状に中〜深裂して長さ5〜15mm。水中葉は2〜6cm。花は水上の葉腋につき、上部4〜9段に雄花が、下部の2〜9段に雌花がつく。雄花は4個の花弁と8個の雄しべが、雌花はがく筒の先に4個の柱頭がつく。房藻。❀6〜7月 ●低地の沼や池 ❀北海道〜九州

7月18日 長沼町

アリノトウグサ科

ホザキノフサモ
Myriophyllum spicatum
水中に茎が長く伸びる常緑の多年草で、水上に花序が出て高さ3〜10cm。水中で4個輪生する葉は長さ1.5〜3cm。羽状に細裂して裂片は糸状。花序には葉がつかず、雄花は上部に3〜8段、雌花はその下に4〜6段につく。雄花は4個の花弁と8個の雄しべ、雌花はがく筒の先に羽毛状の柱頭がつく。穂咲房藻。❀7〜9月 ●低地の沼や池 ❀北海道〜九州

9月4日 札幌市北区

アリノトウグサ科

タチモ
Myriophyllum ussuriense
多年性で雌雄異株の変異の大きな水草で高さが5〜15cmになる。葉は下部では対生、上部で3〜4個が輪生、長さ1cm以下の線形で羽状に浅裂するが羽片はまばら。花は葉腋につき雄花は花弁が4個、雄しべが8個あり、雌花は4個の花弁と4個の柱頭がある。立藻。❀7〜8月 ●低地の湿原や浅い沼 ❀北海道(胆振・日高)〜九州

8月18日 苫小牧市

アリノトウグサ科

アリノトウグサ
Gonocarpus micranthus
地表を這う茎から花茎を立ち上げ、高さが10〜30cmになる多年草。対生する葉は6〜12mmの卵形で縁に小さな鋸歯が少しある。花茎が分枝して穂状の花序となり、花はまばらに下向きにつき、径3〜4mm。がく筒の先が4裂し、4個の花弁は反り返り、8個の雄しべがぶら下がる。雄しべと花弁が落ちた後に雌しべが現れる。蟻塔草。❀7〜8月 ●野山の湿った陽地 ❀日本全土

8月10日 えりも町

ブドウ科

ヤマブドウ
Vitis coignetiae
巻きひげで樹に登ったり藪をつくるつる性の木本。葉は長さ幅ともに8〜25cmの円心形で3〜5浅裂し、縁に歯牙があり長い柄がある。裏面はうす茶色のクモ毛に被われる。雌雄異株で花は長さ20cm前後の花序につき、花弁5個は先端で合着し開花時に落ちる。雄しべの花糸は長い。果実は球形で食用にされる。山葡萄。✿6月 ●低地〜山地の樹林内 ❖北海道、本州、四国

10月28日　札幌市南区

雄花序　雄しべは5本

雌花序

ブドウ科

エビヅル
Vitis ficifolia var. ficifolia
前種ヤマブドウに似るが、葉はより小さく長さと幅は10cm以下、裏面の白〜褐色の毛は秋まで残る。花序も小さく長さ10cm前後。花は5数性で5個の花弁は開花直後に落ちる。球形の液果は黒く熟す。海老蔓。✿7〜8月 ●海岸の丘陵や山地 ❖日本全土（北海道は西南部） 同属のサンカクヅル V. flexuosa は葉の長さ4〜9cm、三角状卵形で質は薄く裏面に褐色の毛はなく緑色。縁に歯牙状の鋸歯がある。✿6月 ●低地〜山地の林縁など ❖北海道（西南部）〜奄美大島

雄しべは5個
サンカクヅルの雄花序

サンカクヅルの若い果実　7月21日　函館市

ブドウ科

ヤブガラシ
Cayratia japonica
茎は分枝しながら物に絡んで、長さが数mにも伸びて大きな茂みをつくるつる性の多年草。葉は鳥足状の掌状複葉で小葉は5個。花序は巻きひげと同様に葉と対生する。花は径5mmほど、緑色の花弁が4個、雄しべは4個あるが開花後落ちて子房とそれを囲む橙色から淡紅色に変化する花盤が残る。果実は球形で黒熟する。藪枯。✿8〜9月 ●道端や空き地 ❖日本全土（北海道では石狩以南）

8月20日　松前町

花弁と対生する雄しべ　雌しべ
花弁　両性期の花
花弁と雄しべが落ちた雌性期の花
果実

ブドウ科

ノブドウ
Ampelopsis glandulosa
赤味をおびた茎が分枝しながら物に絡みついたり這って伸びるつる性の多年草で長さは2mほど。葉は巻きひげと対生し長さ6〜12cmの三角形で、先が3〜5浅〜中裂または裂けない。花序も葉と対生し、径4〜5mmの花が多数つき、花弁と雄しべは5個あるが早くに落ちる。球形で様々な色の果実はすべて虫コブで正常な実はまずないという。野葡萄。✿7〜9月 ●野山の陽地 ❖日本全土

花盤と雌しべ
花弁と対生する雄しべ　花弁　つぼみ
様々な形の葉
虫コブがあることが多い果実
様々な形の葉
10月17日　札幌市南区

ブドウ科

■ ツタ（ナツヅタ）
Parthenocissus tricuspidata

落葉するつる性の木本。巻きひげの先端が吸盤となって樹や壁をよじ登る。花がつく枝の葉は大きく長さ5～10cm、先が3裂、花のつかない枝の葉は小さく、時に3小葉となる。花は集散花序につき径2～3mm、花弁と雄しべは5個ある。蔦。✿6～7月 ●本来は野山の林内だが、目にするほとんどが植栽されたもの。❀北海道～九州

6月15日　札幌市南区　　果期の姿

マメ科

■ イタチハギ＊（クロバナエンジュ）
Amorpha fruticosa

全体異臭のする落葉小低木で高さ1～3m。葉は奇数羽状複葉で小葉は6～15対、葉身は長さ1.5～3cmの長楕円形～卵形。花は長さ6～15cmの穂状に多数つき花弁は翼弁と竜骨弁が退化し、長さ6～7mmで黒紫色の旗弁1個が筒状となり10個の雄しべと1個の雌しべがつき出る。鼬萩。✿6～7月 ●道路の法面や空き地 ❀原産地は北アメリカ

7月1日　札幌市

マメ科

■ ヤブマメ
Amphicarpaea edgeworthii

つる性の一年草で茎が他のものに絡んで伸び長さが1mほどになる。葉は3出複葉で小葉は三角状卵形～広卵形。(開放)花は花序に数個つき長さ1.5～2cmの蝶形花。別に小さな閉鎖花が葉腋について結実する。地表近くの葉腋から長い枝が地中に伸びて「落花生」が結実する。藪豆。✿8～9月 ●野山の草地や林縁 ❀北海道～九州

9月3日　標茶町　　地中で結実した果実

マメ科

■ クマノアシツメクサ＊
Anthyllis vulneraria

高さが50cm前後になる多年草。根出葉は頂小葉が特に大きな奇数羽状複葉。茎につく葉の小葉は小さく披針形。花は頭状に多数密につき、基部に3～5裂する苞葉があって、がくと共に白い長毛が密生する。花の長さは1.3cmほど。熊足詰草。✿6～7月 ●道端や空き地 ❀原産地はヨーロッパ 様々な花の色がある園芸植物として導入された。

7月5日　苫小牧市

マメ科

■ リシリオウギ
Astragalus frigidus

茎の下部が地表を這い、斜上して高さ15〜30cmの多年草。葉は奇数羽状複葉で小葉は3〜6対あり、葉身は長さ1〜3cmの狭卵形で裏面に軟毛が散生する。花は1花序に5〜10個つき、長さ1.5cmの蝶形花。がく歯は狭い三角形で先がとがり、黒褐色の毛が多い。果実の莢は少し膨らんだ袋状で黒褐色の毛が多い。利尻黄耆。❊7〜8月 ◉高山のれき地や草地 ❖北海道(利尻山・大雪山)、本州(中部)

7月20日　富良野岳

マメ科

■ タイツリオウギ
Astragalus mongholicus

茎はほぼ直立して高さが40〜70cmになる多年草。葉は奇数羽状複葉で小葉は6〜11対つき葉身は狭長楕円形で長さ6〜22mm。花は長さ1.5〜2cmの蝶形花。がくに黒い毛が多く、歯は細く突起状にとがる。豆果は釣られた鯛のような袋状で、表面はほぼ無毛。鯛釣黄耆。❊6〜7月 ◉山地〜亜高山の岩場周辺 ❖北海道(石狩・後志)、本州(中部・北部) かつて同種とされていた**トカチオウギ** A. tokachiensis は小形で茎は匍匐し、がくはほぼ無毛で歯は不明瞭とされ東大雪山系に産する。

タイツリオウギ 6月28日 島牧村大平山

トカチオウギ　7月29日　西クマネシリ岳

マメ科

■ カリバオウギ
Astragalus yamamotoi

茎はほぼ直立し高さ30〜50cmの多年草。葉は奇数羽状複葉で小葉は5〜7対、長さ1.5〜4cm。豆果は長さ4cmほど。花の長さ2.5cmほど、がくは長さ約5〜6mm、裂片に黒い毛がある。狩場黄耆。❊6〜7月 ◉渡島半島日本海側の山地岩場周辺(固有種) 近似種**エゾモメンヅル** A. japonicus はやや小形で、小葉は4〜6対、花は2cmほど、がくは長さ7〜8mm、裂片は狭三角形で下方に偏り白毛が多い。❊7〜8月 ◉知床方面の海岸〜山地の岩場周辺

エゾモメンヅルの花 7月18日 斜里町ウトロ

カリバオウギ　6月2日　八雲町熊石　果実

マメ科

■ ムラサキモメンヅル
Astragalus laxmannii

長さ10〜60cmの茎が地表を這い、上部が立ち上がる多年草。葉は奇数羽状複葉で小葉は17〜21個、粉白色をおびる。花は総状花序に斜め上向きでつき、蝶形花の竜骨弁の先はとがらない。果実は莢状、長さ1cmほどで上を向く。紫木綿蔓 ❊6月下〜8月 ◉山地〜亜高山のれき地 ❖北海道(後志・渡島)、本州(中部・北部)

6月20日　島牧村大平山

143

マメ科

■ モメンヅル
Astragalus reflexistipulus
地表を這って伸びる茎の長さが50～80cmになる多年草。葉は奇数羽状複葉で小葉は6～9対、葉身は長さ2～5cm、全縁で先はややとがる。花は長さ12～13mmの蝶形花で旗弁が最長。がく筒の歯は尾状に伸びて先がとがる。弓状に曲がった果実の莢は長さ3.5～4.5cmで先がとがる。木綿蔓。❋6～7月 ●河原や山地の草地 ❖北海道、本州

6月30日　穂別町

■ カラフトモメンヅル
Astragalus schelichovii
茎は這うか斜上し白伏毛が密生し、長さ20～50cmになる。葉は奇数羽状複葉で小葉は6～11対つく。花は蝶形花で長さ12mm。がく筒と果実に黒い伏毛が密生する。果実は楕円状円筒形で長さ1.5～2cm。樺太木綿蔓。❋5～6月 ●河原や山地の草地 ❖北海道

6月15日　上士幌町

マメ科

■ ホドイモ
Apios fortune
茎の長さが2mほどになるつる性の多年草。地中に径1～2cmの塊茎(イモ)ができる。葉は奇数羽状複葉で小葉は5個、頂小葉が大きく長さ5～10cm、先がとがる卵形。花は長さ約7mm、上に大きな旗弁が1個、下に赤い筒状の翼弁が2個、間に2個の竜骨弁が合着してS字状にねじれている。塊芋。❋8～9月 ●低地～山地の林縁など ❖北海道(渡島半島)～九州 同属の**アメリカホドイモ***A. americana は食用としても栽培され、花の内面は紫褐色。

ホドイモ　8月23日　上ノ国町　　アメリカホドイモ　8月30日　苫小牧市

■ エニシダ*
Cytisus scoparius
落葉低木で高さが3mほどになる。枝は緑色で5稜がある。葉は枝先につく単葉と3出複葉がある。小葉は長楕円形で長さ1cm前後。花は蝶形花で長さ1.5～2cm、豆果は平たく長さ3cmほど。金雀枝。❋5～6月 ●道端や荒れ地、道路法面に土砂止めとして植えられる。❖原産地はヨーロッパ南部

6月29日　札幌市

マメ科

■カラフトゲンゲ
Hedysarum hedysaroides

高さが15〜40cmの多年草。太い根茎があり株立ちとなる。葉は長さ8〜15cmの奇数羽状複葉で小葉は6〜8対つき長さ1.5〜3cm、裏面に白色の伏毛がある。葉腋から出る総状花序に長さ1.5〜2cmの蝶形花を密につけ、竜骨弁が最大。果実は種子ごとの大きなくびれがある。樺太蓮華。✿6〜8月 ●礼文島・大雪山・日高山脈の高山れき地や草地　果実に毛があるものを品種**チシマゲンゲ** f. neglectum という。

マメ科

■（仮）カムイイワオウギ
Hedysarum sp.

前種カラフトゲンゲに似た多年草で、茎は分枝して高さが30cm〜1mになる。互生する葉は奇数羽状複葉で小葉は約1cm間隔で最大12対つき線状披針形、長さ15〜33mm。托葉は膜質鞘状。花序は柄を含めて最大約20cm、蝶形花は約5mm間隔でつき、長さ15〜20mm。がく歯は先が針状の三角形で筒部より短く白い伏毛がある。神威岩黄耆。✿7月中〜8月 ●北海道（日高山脈渓流沿いの崖や河原）

がく筒　旗弁　翼弁
両体雄ずい（9個の雄しべの下半部が合着、1個が離生）

ほぼ無毛
果実

6月8日　礼文島　　花は密につく　小葉は6〜8対　あまり間隔を空けずにつく

8月8日　日高山脈ニシュオマナイ川

マメ科

■イワオウギ
Hedysarum vicioides

高さが20〜40cmの多年草。太い根茎があり、株立ち状となる。葉は奇数羽状複葉で小葉は5〜12対あり葉身は長さ2〜2.5cm長狭卵形で裏面に長毛がある。花は総状花序に10〜20個ぶら下がり、下から咲き上る。蝶形花は長さ1.4〜2cm。豆果の莢はくびれのある節果。岩黄耆。✿6月下〜7月 ●山地高山の岩場やれき地　●北海道、本州（中部以北）

マメ科

■ツルマメ（ノマメ）
Glycine max subsp. soja

茎は這ったり物に絡んで伸びる長さ1.5m前後のつる性の一年草。茎や葉柄、果実に褐色の毛が下向きに密生する。葉は3出複葉で小葉は狭卵形〜広披針形で長さ2.5〜8cm。花は葉腋につく蝶形花で長さ5〜6mm。閉鎖花もつける。ダイズの原種といわれる。蔓豆。✿8〜9月 ●野山の草地や河原　●日本全土

6月29日　幌尻岳　　若い果実　小葉は5〜12対　果実

旗弁　翼弁　竜骨弁

淡褐色の毛が密生している

逆毛のあるつる（茎）
果実　8月26日　日高町門別

145

マメ科

ヤブハギ
Hylodesmum podocarpum subsp. oxyphyllum var. mandshuricum
変異の大きいマルバヌスビトハギの亜種ヌスビトハギの変種で高さ60cm〜1mの多年草。葉は茎の下部〜中部に互生、3出複葉で小葉は卵形で長さ3〜7cm、裏面は白っぽい。花は長さ3〜4mmの蝶形花。果実は種子が入った部分が半円形に区切られ、1〜3個が連なる。鉤毛があって衣服や動物に付着して運ばれる。藪萩。✽7〜9月 ●林縁や山道沿い ✿北海道〜九州 変種ヌスビトハギ var. japonicum（狭義）は大形で葉は上部にもつき、裏面は緑色とされるが中間型も多い。

マメ科

イタチササゲ
Lathyrus davidii
無毛のつる性の多年草で茎はものに絡まって伸び、長さは1m以上になる。葉は先端が巻きひげとなる偶数羽状複葉で基部に大きな托葉がある。小葉は4〜5対、長さ3〜8cm、全縁で裏面は粉白色をおびる。花は総状花序につき長さ約1.5cmの蝶形花で花弁は開花後イタチの毛色となる。豆果は扁平で長さ7〜8cm。鼬豇豆。✽7〜8月 ●野山の陽地 ✿北海道（石狩以南）、本州、九州

マメ科

ハマエンドウ
Lathyrus japonicus
稜のある茎が地表を這って伸び長さが60cm前後になる多年草。全体無毛で粉白色をおびる。葉は先端が巻きひげとなる羽状複葉で小葉は4〜6対。葉身は厚く肉質で長さ1〜4cmの卵形〜楕円形。三角状卵形の大きな托葉がある。蝶形花は長さ2.5〜3cm。豆果の莢は長さ4〜5cm。浜豌豆。✽5〜7月 ●海岸の砂地やれき地 ✿北海道〜九州

マメ科

エゾノレンリソウ
Lathyrus palustris
高さが30〜80cmになる多年草。茎は分枝する巻きひげで物に絡みながら伸びる。葉は先端が巻きひげとなる羽状複葉で、小葉は3〜4対、長さ2〜4cm。蝶形花は長い柄につき長さ約2cm、旗弁が大きい。蝦夷連理草。✽6〜9月 ●湿地や原野 ✿北海道、本州（中部・北部） 同属のヤナギバレンリソウ* L.sylvestrisは茎の翼が発達して小葉は1対で線形、法面などに生える。✿原産地はヨーロッパ

マメ科

■ ルピナス*（ラッセルルピナス）
Lupinus polyphyllus
茎が直立して高さが1m以上になる多年草。群生することが多い。長い柄の根出葉は車状に分裂する複葉（掌状複葉）。小葉は7〜12個。総状花序は長さ40〜70cm、蝶形花の色は多彩で2色花もある。ラッセルは交雑種から品種改良した園芸家名　❁5月下〜7月中　●道端や空き地、原野　❖原産地は北アメリカ

マメ科

■ ミヤコグサ
Lotus corniculatus subsp. japonicus
無毛の茎がよく分枝しながら斜上する多年草で長さ40cm前後になる。茎は中実。葉は菱形の5小葉に分かれるが、基部の小葉は小さく托葉状。花は蝶形花で枝先に1〜3個つく。がく裂片は筒部より長い。旗弁の幅は1cmほど。豆果は熟すと2つに裂ける。都草。　❁6〜8月　●海岸周辺や河原　❖日本全土

竜骨弁をとり除いた花
4個の短い雄しべ
5個の長い雄しべ
雄しべの合着部　合着しない1個の雄しべ　雌しべ

掌状複葉。小葉は7〜12個
6月19日　伊達市大滝区

中空でなく中実
茎の断面　8月19日　乙部町

マメ科

■ セイヨウミヤコグサ*
Lotus corniculatus subsp. corniculatus
前種ミヤコグサの基準亜種。全体大形で茎は有毛で中実。花は枝先に3〜7個つく。がく裂片は筒部より短い。西洋都草。　❁6〜8月　●道端や空き地　❖原産地はユーラシア・アフリカ　同属の帰化植物ワタリミヤコグサ* L. tenuis の小葉は線形に近い。亘理（発見者名）都草。　❁6〜8月　❖原産地はヨーロッパ・アフリカ・西アジア　ネビキミヤコグサ* L. pedunculatus も帰化植物で、茎は中空で（同属の他種は中実）地中に走出枝を出す。根引都草。　❁6〜8月　❖原産地はヨーロッパ、北アフリカ

セイヨウミヤコグサ　7月5日　札幌市　中空でなく中実　茎の断面
ワタリミヤコグサ　6月21日　えりも町

茎の断面（中空）
1〜4花がつく花序
3〜12花がつく花序
線形状の小葉
ネビキミヤコグサ　6月21日　蘭越町

147

マメ科

ヤハズソウ
Kummerowia striata

下向きの毛が密生する茎は直立または斜上して高さが15～30cmになる一年草。互生する葉は3出複葉で小葉は長さ1～1.5cmの長倒卵形。先端部を摘まんで引くと矢はずの形となる。長さ5mmほどの蝶形花が葉腋に1～2個つくが、北海道では閉鎖花の場合が多い。矢筈草。✿8～9月 ●道端や草地 ◆日本全土（北海道では石狩以南）近似種**マルバヤハズソウ*** K. stipulacea は同じような環境に生え、混生する場合もあるが、より多く分枝し、茎には上向きの毛がある。近年見られるようになったので、二次的に生えたものだろう。❖本州、四国、九州

ヤハズソウ　8月27日　上ノ国町　　葉の比較　　マルバヤハズソウ　8月25日　苫小牧市

マメ科

ムラサキウマゴヤシ*（アルファルファ）
Medicago sativa

高さが30cm～1mの多年草。葉は3出複葉で小葉は長さ1～3cm、上部に数対の鋸歯がある。蝶形花は10～20個まとまってつき長さ8～11mmで竜骨弁の先はとがらない。がくの先は5深裂し、裂片は線状に細く、先は針のように鋭くとがる。花色は白～クリーム色～赤紫～青紫。果実は螺旋状に巻いて扁平。紫馬肥。✿6～8月 ●道端や空き地 ◆原産地は地中海地方～西アジア

マメ科

コメツブウマゴヤシ*
Medicago lupulina

長さ50cmほどになる茎が地面を這い、上部が立ち上がる一年草～越年草。3出複葉の小葉の先は平ら。長さ3mmほどの小さな蝶形花が20～30個集まり径5mmほどの頭状花序をつくる。果実は腎形。米粒馬肥。✿6～8月 ●道端や空き地 ◆原産地はヨーロッパ よく似たコメツブツメクサは153ページ

6月16日　小樽市

7月8日　伊達市

マメ科

■ヤマハギ
Lespedeza bicolor
高さが50cm～2mになる落葉半低木。葉は3出複葉で小葉は長さ1.5～4cmの広楕円形、頂小葉が少し大きい。蝶形花が葉腋から出る花序に総状につき、長さ12～17mm。がく筒は4裂し、裂片は細い三角状。果実は円く扁平で熟しても裂開しない。冬には小枝は枯れる。山萩。❋7月下～9月 ●低地～山地の日当たりのよい所 ❖北海道～九州　変種**チャボヤマハギ** var. nana は高さが30cm以下で花序は基部の葉より短くアポイ岳に固有。近似種**マルバハギ*** L. cyrtobotrya はふつう小葉の先は凹み花序は基部の葉より短い。がく裂片は針状。●山地の日当たりのよい所 ❖北海道(二次的、稀)～九州

ヤマハギ　9月6日　鶴居村

チャボヤマハギ　8月22日　アポイ岳

マルバハギ　9月24日　新冠町

マメ科

■メドハギ
Lespedeza cuneata var. cuneata
茎は直立して多数の葉をつけ、高さが50cm～1mになる多年草。花と果実以外は有毛。葉は3出複葉で小葉は角ばったへら形で主脈の先端が先から飛び出ている。頂小葉が長さ1～2.5cmでやや大きい。蝶形花が葉腋に集まってつき、長さ6～7mmだが閉鎖花をつける場合が多い。目処萩。❋8～9月 ●河原や道路の法面、土手 ❖北海道～九州

8月26日　音更町

マメ科

■ネコハギ
Lespedeza pilosa
茎が地表を這って伸び、長さが1m近くになる多年草。全体に開出毛がある。葉は3出複葉で小葉は広倒卵形～楕円形、長さ1～2cm。蝶形花が葉腋につき、旗弁下部に紅紫色の斑点が2個ある。閉鎖花が上部の葉腋に1～3個つく。がくに軟毛があり、裂片は針状。猫萩。❋7～9月 ●低地～丘陵の陽地 ❖北海道(西南部)～九州

8月21日　上ノ国町

149

マメ科

■エゾオヤマノエンドウ
Oxytropis japonica var. sericea

茎が地表を這うように伸びる長さ5〜10cmの多年草。数個の根出葉は奇数羽状複葉で小葉は4〜7対つき、長さ5〜10mmで両面に白い綿毛が密生する。茎頂に長さ17〜20mの蝶形花がふつう2個つき、白い斑が目立つ旗弁が特に大きい。大きな袋状の莢の豆果は長さ3〜4cmある。蝦夷御山豌豆。❁7〜8月 ◉❁大雪山の砂れき地や風衝草地(固有変種)

マメ科

■レブンソウ
Oxytropis megalantha

太い根茎から多数の葉と2〜3本の花茎を出す多年草。全体に白い毛が多い。葉は長さ5〜8cm、奇数羽状複葉で小葉は8〜11対、長さ1〜2cm、裏面に毛が密生する。長さ2cmほどの蝶形花が5〜15個つき、旗弁の先は円い。がくに長白毛が密生し、がく歯は三角形。長さ2cmほどの豆果には黄褐色の毛が密生する。礼文草。❁6〜7月 ◉❁礼文島のれき地や草地(固有種)

7月17日 大雪山　　　　果実(豆果)　　　　　　　　　　6月15日 礼文島

マメ科

■ヒダカゲンゲ (オカダゲンゲ)
Oxytropis revoluta

高さが10cm前後の多年草。葉は奇数羽状複葉で長さ1cmほどの小葉は4〜7対ある。長さ1.5〜2cmの蝶形花が1〜4個つき、がくには黒い毛がある。豆果は長さ1.3〜2cmで5mm前後の柄がある。日高蓮華。❁6月下〜8月上 ◉❁日高山脈中〜北部の草地やれき地　近似種ヒダカミヤマノエンドウ O. retusa は日高山脈北部に産し、がくに白い毛があり、小葉は5〜8対あり、表面と縁に黄褐色の粗い毛が密生する。豆果に柄はない。マシケゲンゲ O. shokanbetsuensis は増毛山地の高山帯に産し(固有種)、小葉は8〜13対あり、表面はほぼ無毛で裏面に伏毛がある。蝶形花の旗弁の先は顕著に凹む。

ヒダカミヤマノエンドウ 7月8日 ピパイロ岳　　ヒダカゲンゲ 7月10日 エサオマントッタベツ岳　　　　　　　　マシケゲンゲ 7月26日 暑寒別岳

マメ科

リシリゲンゲ
Oxytropis campestris

茎は地表を這い花茎を立ち上げて高さが10～15cmになる多年草で、葉柄とともに白い毛が多い。葉は奇数羽状複葉で小葉は8～12対あり、葉身は広線形で長さ1～1.2cm、裏面に白い毛がある。蝶形花は5～10個つき、長さ約2cm。がく筒に黒い毛がある。長さ2～2.5cmで長卵形の豆果が斜め上を向いてつく。利尻蓮華。✿6月下～7月 ●利尻山と夕張岳、ニペソツ山の高山れき地やその周辺

マメ科

タマザキクサフジ*
Securigera varia

茎は分枝しながら地表を這ったり斜上して長さが1m近くになる多年草。葉は奇数羽状複葉で柄のない小葉が7～12対つく。葉身は長さ1～2.5cmの長楕円形。蝶形花は葉腋から出る長い柄の先に10～20個つき長さ1cmほど。白っぽい竜骨弁の先がつき出る。球咲草藤。✿7～8月 ●道端、法面や空き地 ◆原産地はヨーロッパ

果実(豆果)
表面はほとんど無毛
花は5～10個つく
小葉は8～12対

上:クリーム色の花　7月3日
下:白色の花　7月9日　いずれも利尻山

旗弁
竜骨弁の先端　翼弁

開花前の花序
柄のない小葉が7～12対

8月10日　豊頃町

マメ科

シナガワハギ*
Melilotus officinalis subsp. suaveolens

無毛の茎はよく分枝して高さが1.5m前後になる一～二年草。葉は長楕円形で長さ1～3cmの3小葉に分かれて柄があり、まばらな鋸歯縁。蝶形花は葉腋から出る長さ3～5cmの総状花序に多数つき、長さ4～5mm。がく筒は5深裂。果実は先がとがった楕円形。品川萩。✿6～9月 ●道端や空き地、河原など ◆原産地はヨーロッパ　亜種シロバナシナガワハギ*(コゴメハギ) subsp. albus は全体やや小形で高さ1.3m前後、花は白色でやや小さい。 ◆原産地は中央アジア

シナガワハギ　6月16日　小樽市

5裂したがく裂片
果実(豆果)

翼弁　旗弁　翼弁　竜骨弁　旗弁

花の比較。左:シロバナシナガワハギ　右:シナガワハギ

シロバナシナガワハギ　7月12日　札幌市

マメ科

■シロツメクサ* (オランダゲンゲ、ホワイトクローバー)
Trifolium repens

茎は地表を這い、所々から葉柄と花茎、根を出し高さが15〜30cmになる多年草で群生することが多い。葉は3、時に4出複葉で小葉は長さ1.5〜3cmの卵形。ふつう白っぽい斑があり、先が浅く凹む。花茎に葉はなく多数の蝶形花が球状につく。授粉後花は下向きとなる。白詰草。❀5〜8月 ●道端や空き地、土手、畑地など ❖原産地はヨーロッパ

5月27日　札幌市

マメ科

■タチオランダゲンゲ*
Trifolium hybridum

前種シロツメクサに似るが、茎は無毛で太く直立して高さ30〜50cm。互生する葉は3出複葉で長さ1.5〜3cmの長楕円形。球形の花序が頂生し長さ8mmほどの多数の蝶形花を集める。花色は淡紅色〜白色で受粉後茶色みをおびて下を向く。立オランダ蓮華。❀6〜8月 ●道端や空き地、法面など ❖原産地は地中海地方

6月26日　札幌市

マメ科

■ムラサキツメクサ* (アカツメクサ)
Trifolium pratense

毛の多い茎が直立または斜上し高さ20〜60cmの多年草。葉は互生するが花序直下のものは対生して3出複葉。小葉は長さ3〜5cmの卵形で有毛、ふつうV字形の斑が入る。長さ約1.5cmの蝶形花が球状に多数つき、受粉後も下を向かない。紫詰草。❀5〜10月 ●道端や空き地、法面など ❖原産地はヨーロッパ　同属の帰化植物ベニバナツメクサ*の花序は円錐形、花色は濃紅色でヨーロッパ原産

6月17日　旭川市　　　　ベニバナツメクサ　7月31日　長沼町

マメ科

■シャジクソウ
Trifolium lupinaster

茎は斜上し株立ちとなり高さが20〜50cmになる多年草。葉は車輪状に分かれる複葉で、小葉は3〜5個。長さ1.5〜4cmの披針形で、先がとがり細かい鋸歯縁。長さ1.3cmほどの蝶形花は葉腋から出る柄に半球形〜扇状に5〜15個つく。がく裂片は針状にとがり有毛。車軸草。❀7〜8月 ●海岸〜山地の乾いた草地や岩場 ●北海道、本州(中部・北部)

8月8日　斜里町ウトロ

マメ科

シャグマハギ*
Trifolium arvense

高さが7～30cmになる一年草。全体に灰色の毛が多い。葉は3出複葉で小葉は狭長楕円形〜狭倒卵形、長さ5〜18mm、上部の葉は低い鋸歯縁で先端は短い針状。倒卵形〜円筒状の穂状花序に蝶形花が多数つく。がく裂片は濃紫紅色で針状、筒部の2倍長で淡紅灰色の長毛が羽毛状に密生して花を半ば隠している。花弁は白色〜淡紅色。赤熊萩。❀7〜9月 ●道端や空き地 ✿原産地は地中海を囲む地方

蝶形花　毛の生えたがく裂片

翼弁　旗弁

がく裂片

8月29日　苫小牧市

マメ科

テマリツメクサ*
Trifolium aureum

高さが50cm前後になる一年草。葉は倒卵形で長さ1cm前後の3小葉に分かれ、小葉には短い柄がある。卵円形の花序の長さは1.5cmほど。長さ約5mmの蝶形花が20個ほど集まり、色が黄から褐色に変化する。手毬詰草。❀6〜8月上 ●道端や空き地 ✿原産地はヨーロッパ・西アジア　近似種クスダマツメクサ* T. campestre は頂小葉の柄が側小葉のより長い。✿原産地はヨーロッパ・アフリカ・西アジア

小葉の柄は短く同長

テマリツメクサの小葉基部

頂葉の柄が長い

クスダマツメクサの小葉基部　　テマリツメクサ　7月29日　富良野市

マメ科

コメツブツメクサ*（コゴメツメクサ）
Trifolium dubium

別属なのに148ページのコメツブウマゴヤシによく似た一年草で高さが10〜50cm。小葉はほとんど無毛で先は凹み、がく裂片の先は不揃いで果実は花弁に被われる。米粒詰草。❀5〜7月 ●道端や空地 ✿原産地はヨーロッパ・西アジア

古い花弁に包まれた豆果

豆果の集まり

地表を這う茎の下部

コメツブツメクサ（小葉の先が凹む）

6月27日　伊達市有珠山　　葉の比較　コメツブウマゴヤシ

マメ科

クズ
Pueraria lobata

茎が木などに絡みついて伸び、長さが10mほどにもなる多年草で、黄褐色の毛が密生する。葉は3出複葉で小葉は円形〜広楕円形で長さ10〜15cm、先がとがる。蝶形花は葉腋から出る花序に密につき長さ2cmほど。果実は長さ7cm前後で褐色の毛が密生する。秋の七草のひとつ。葛。❀8〜9月 ●野山の林縁、土手、法面 ✿日本全土

凹んだ旗弁の先　　翼弁（旗弁より濃色）

黄色い旗弁基部　竜骨弁

褐色の毛に被われる豆果

小葉基部の小托葉（小葉枕）。ここで葉の角度を調節する

8月29日　札幌市

マメ科

■クサフジ
Vicia cracca

つる性の多年草で茎に軟毛があり、長さが1.5m前後になる。葉は羽状複葉で先端が3〜5本の巻きひげとなる。小葉は9〜12対、披針形〜広線形で長さ1.5〜3cm。蝶形花は長さ10〜12mm。柄はがくの末端につく。草藤。❋6月下〜8月 ●低地〜山地の陽地 ●北海道、本州、九州 近縁の**ビロードクサフジ*** V. villosa は一〜越年草で、全体に軟毛が多く、花は長さ1〜2cm。柄はがくの末端より前方につく。❖原産地はヨーロッパ・西アジア

クサフジ　7月18日　栗山町　　　ビロードクサフジ　6月16日　小樽市

マメ科

■オオバクサフジ
Vicia pseudo-orobus

つる性の多年草で茎は長さ80cm〜1.5m。葉は羽状複葉で互生する小葉は4〜7対つき、先端は巻きひげとなる。葉身は長さ3〜5cmの卵形で質が薄く葉脈の網目が裏面に浮き出る。蝶形花は長さ13〜15mm。豆果の長さ2.5〜3cm。大葉草藤。❋8〜9月 ●林縁や草地 ●北海道〜九州

9月18日　新冠町

マメ科

■イブキノエンドウ*
Vicia sepium

つる性の多年草で茎の長さ30cm〜1m。葉は羽状複葉で先端は3分枝した巻きひげとなり小葉は4〜7対つく。葉身は長さ1.5〜3cmの狭卵形で先は円いか少し凹む。蝶形花は葉腋にふつう2個ずつつき長さ1.5cmほど。がくに軟毛がまばらにある。豆果の莢は長さ3〜4cmで熟すと黒色になる。伊吹豌豆（伊吹山の薬草園から帰化）。❋6〜7月 ●土手や草地 ❖原産地はヨーロッパ

6月1日　南幌町

マメ科

■ヨツバハギ
Vicia nipponica

茎は直立または斜上して長さ30〜70cmの多年草。葉は偶数羽状複葉で小葉は対生して4〜8個。先端に巻きひげが出たり出なかったり。葉身は質が硬くやや厚く広楕円形で長さ2.5〜5cm。蝶形花は長さ10〜12mm。豆果の莢は長さ3〜4.5cm。四葉萩。❋8〜9月 ●低地〜山地の草地 ●北海道〜九州

果実（豆果）　　対生する小葉　　9月13日　新冠町

マメ科

■ツルフジバカマ
Vicia amoena

つる性の多年草で茎の長さ70cm〜1.7mになる。葉は羽状複葉で先端は巻きひげとなり、小葉は10〜16個が互生し、葉身は長楕円形〜狭卵形で長さ1.5〜3cm。側脈は主脈から30度以下の角度で分かれる。托葉は大きく数個の歯がある。蝶形花は長さ1.3cmほど。豆果の莢は狭楕円形で長さ2〜2.5cm。蔓藤袴。❋8〜9月 ●野山の草地や林縁 ❖北海道〜九州

8月28日　千歳市

マメ科

■ヒロハクサフジ
Vicia japonica

つる性の多年草で茎は長さ30cm〜1m、顕著な稜と伏毛がある。葉は先端が巻きひげとなった羽状複葉で、小葉は10〜16個つく。葉身は長さ1〜2cmの長楕円形で先は円い。側脈は主脈から35度以上の角度で分かれる。小さな托葉は先が2裂する。蝶形花は長さ12〜15mm。広葉草藤。❋7〜9月 ●海岸の草地やれき地 ❖北海道、本州（近畿以北）

8月8日　礼文島

マメ科

■ナンテンハギ（フタバハギ）
Vicia unijuga

稜がある茎が高さ40cm〜1mになる多年草。葉は2、時に3小葉からなる複葉で小葉は卵形〜広披針形、長さ2〜6cm。全縁で先がとがる。葉柄基部に卵形の托葉がある。蝶形花は長さ1〜1.5cmで、苞は微小で開花時に落ちる。豆果は長さ2.5〜3cm。南天萩。❋6〜9月 ●野山の草地や林縁 ❖北海道〜九州

7月7日　札幌市

マメ科

■ツガルフジ
Vicia fauriei

前種ナンテンハギに似た多年草で、茎の長さ50cm〜1m。小葉は3〜4対つき、広披針形で質はやや厚く硬く縁は細かく波状に縮れる。苞は大きく果時まで残る。豆果は長楕円形で長さ3〜4cm。津軽藤。❋7〜8月 ●山すその陽地 ❖北海道（渡島半島南部）、本州（北部）

7月21日　上ノ国町

マメ科

■ センダイハギ
Thermopsis lupinoides
太い地下茎から直立する花茎を立ち上げ、高さが40〜80cmになる多年草。しばしば群生する。葉は3出複葉で小葉の長さ5cm前後、基部に小葉と同大の托葉1対がつく。蝶形花は長さ約2.3cm。雄しべは合着しない。豆果は鞘状で長さ7〜11cm、中に10個以上の種子を入れる。先代萩。✿6〜7月 ●海岸の砂丘や草地、時に山間の草地 ❀北海道、本州(中部以北)

6月24日 当別町 / 3出複葉 / 果実(豆果)

ヒメハギ科

■ ヒメハギ
Polygala japonica
基部で分枝して直立または斜上する硬い茎の長さが10〜30cmになる多年草。葉は互生し長さ1〜2.5cmの楕円形だが変異がある。花はまばらに数個つき、がく片5個中2個が大きく花弁状。花弁は3個中2個が合着して長さ6〜7mmの筒状となり、1個は小さな舟形で先が細裂する。姫萩。✿5〜6月 ●低地〜山地の日当たりのよい乾き気味の所 ❀北海道〜沖縄

花弁状のがく片(2個あり)。花後緑色になる / がく片 / 下側花弁の先にある細裂した付属体

互生する葉 / 6月18日 福島町

クロウメモドキ科

■ ミヤマハンノキモドキ (ユウバリノキ)
Rhamnus ishidae
雌雄異株の落葉低木で、幹は地表を這い枝が直立または斜上して高さが30cmほどになる。互生する葉は長さ3〜8cmの卵形〜広楕円形で、6〜10対の側脈が目立ちミヤマハンノキの葉に似るが鋸歯は鈍い。雄花は1〜5個ずつ、雌花は1個葉腋につき、花弁はなくがく片が4〜5個ある。果実は球形で赤から黒く熟す。深山榛擬。✿5〜6月 ●山地〜亜高山の超塩基性岩地帯 ❀北海道(固有種)

柱頭(3個あり) / 雌花 / がく片 / 雄花は数個つく / 目立つ側脈 / 6月8日 崕山 / 赤色から黒色に熟す果実(核果)

イラクサ科

■ タチゲヒカゲミズ
Parietaria micrantha var. coreana
軟弱な一年草で、茎は分枝して伸び高さが10〜20cm、全体に軟毛がある。葉は卵形で長さ3〜4cmで同長の柄がある。葉腋に雄花、雌花、両性花の集団がつく。花被片は各4個あるが、雌花の花被片は合着して黒い痩果を包む。立毛日影ミズ。✿8〜9月 ●海岸の崖下やほら穴など他の草が生えない乾燥気味の所 ❀北海道(西部)、本州、九州

雌花 / 開出毛の生える葉柄 / 花序 / 花被片(4個あり) / 雄しべの葯

8月31日 蘭越町

イラクサ科

■ミズ
Pilea hamaoi

多汁の一年草で茎は無毛で直立し、ふつう赤味をおびよく分枝して高さは15～30cmになる。長い柄で対生する葉は葉身が長さ3～7cmの卵状菱形で、先はあまりとがらず鋸歯は5対ほど。小さな雌雄の花が葉腋に集まり、花序の枝は短い。雄花は花被片と雄しべが2個、雌花は花被片が3個あり、1個は長さ1.5mmほどの果実より長い。水（瑞）。❋8月下～9月 ●低山の湿った所 ✤北海道～九州

9月10日　旭川市

イラクサ科

■アオミズ
Pilea pumila

前種ミズに似るが茎は緑色、葉は卵形で先が尾状に長く伸び、鋸歯は5～10対ある。花序の枝は長く、雌花の花被片は長さ1mmほどの果実より短い。青水。❋8～9月 ●低山の湿った所 ✤北海道～九州

9月26日　松前町

イラクサ科

■ヤマミズ
Pilea japonica

前2種と同属の一年草で無毛の茎は直立して高さ15cm前後になる。葉身は長さ3～4cmの卵形で鋸歯は2～6対ある。柄は葉身とほぼ同長。葉腋から出る長い柄に雌雄花がつき、雄花被片と雄しべが4個、雌花被片5個のうち1個が小さい。痩果はレンズ形。山水。❋8～9月 ●山地の湿った所 ✤北海道(上川)～九州

9月17日　鷹栖町

イラクサ科

■ラセイタソウ
Boehmeria splitgerbera

高さが30～70cmの多年草で太い茎がまとまり、こんもりした株をつくる。柄のある葉が対生し、葉身は長さ8～15cmの広卵形で質は厚く、表面に著しい皺があり、羅紗布の感触がある。上部の葉腋に雌花序が、下部の葉腋には雄花序がつく。雌花は球形に密集し花被片はない。雄花は基部に苞葉がつき花被片と雄しべは4個ある。羅背板(羅紗に似た毛織物)草。❋7～8月 ●海岸の岩地 ✤北海道(西南部)、本州(近畿以北)

7月27日　函館市

イラクサ科

■アカソ
Boehmeria silvestrii

茎は分枝せずほぼ直立して高さが50～80cmの多年草で、葉柄とともに赤味をおびる。葉は柄があり対生する。葉身は長さ8～20cmの卵円形で3脈が目立ち粗い鋸歯縁。先は大きく3裂し中央裂片が尾状に長く伸びる。上部の葉腋に雌花序が、下部の葉腋に雄花序がつく。赤麻。✤7～8月 ●低山のやや湿った所 ✤北海道～九州 近似種**クサコアカソ**（マルバアカソ）B. gracilis は茎や花の状態はアカソとほぼ同じだが葉が大きく異なる。葉身は小さく先は3裂せず尾状にとがり、縁の鋸歯は低く整っている。✤北海道～九州 和名が似ていて混同されるコアカソは半低木で北海道には分布していない。

アカソ　7月31日　札幌市　　雌花の集団　　雄花の集団　　クサコアカソ　8月1日　恵庭市

イラクサ科

■ヤブマオ
Boehmeria japonica var. longispica

変異のある多年草だが茎は分枝せずに直立して高さ80cm～1.3m。葉は葉柄があって対生する。葉身は卵状長楕円形で長さ10～15cm、大きな鋸歯縁で先は3裂気味の場合もある。質はやや厚くざらつく。葉腋にふつう雌花序がつき、時に下部に不稔の雄花序がつく。花後痩果の集まりが連なり太い果序となる。藪苧麻。✤8～9月 ●野山の路傍など ✤北海道（西南部）～九州 近似種**マルバヤブマオ** B. robusta は高さ1.5mほどになり大きな葉はやや薄く、縁は粗い鋸歯があり、先端部の方が大きな鋸歯縁となる。●✤北海道（胆振地方の海岸）～九州

ヤブマオ　8月23日　福島町　　雄花の集団　　　　　　マルバヤブマオ　8月20日　豊浦町

イラクサ科

ウワバミソウ（ミズナ）
Elatostema involucratum

多汁質の茎は斜上して上部が水平になって高さが30～40cmになる雌雄異株の多年草。葉は互生し、葉身は湾曲した長卵形で長さ5～12cm、鋸歯縁で先が尾状に細くなってとがる。雄花は葉腋に密集し、雌花は柄の先に密集する。秋に上部の節が膨れてむかごとなる。雄花は花被片と雄しべが4個、雌花は花被片が3個ある。蟒蛇草。❋6～7月上 ●低山の谷間 ❋北海道（西南部）～九州

6月9日　札幌市円山　　むかご　　葉の比較

ヤマトキホコリ
Elatostema laetevirens

多汁質の茎は斜上し、上部が水平になって高さが20～40cmになる雌雄同株の多年草。柄のない葉が互生し、葉身は湾曲した長卵形で長さ3～10cm、鋸歯縁で先は尾状にとがらない。葉腋に小さな雌雄の花が密集して球状の花序になり、時に長さ2～3cmの柄の先に雄花序がつく。雄花は花被片と雄しべが4～5個、雌花は花被片が3～5個ある。山時埃。❋7～8月 ●低山の湿った所 ❋北海道～九州

ヤマトキホコリ　8月29日　札幌市

イラクサ科

ミヤマイラクサ
Laportea cuspidata

雌雄同株の多年草で茎は直立して高さが40～90cmになる。茎や葉に刺毛があり、触れると痛痒い。葉は長い柄があり互生し、葉身は広卵形で長さ6～15cm、粗い鋸歯縁で先が尾状。茎頂部に細い雌花序が、その下に分枝する雄花序がつく。小さな花被片と雄しべが5個あり、雌花の雌しべ1個は白く長いので目立つ。山菜として利用される。深山刺草。❋7月下～9月上 ●低山の林内 ❋北海道（渡島半島）～九州

8月3日　厚沢部町　　雄花

ムカゴイラクサ
Laportea bulbifera

雌雄同株の多年草で茎は直立して高さが40～80cmになる。茎や葉に刺毛があり、触れると痛痒い。葉は長い柄があり互生し、葉身は卵状楕円形で長さ4～12cm、粗く低い鋸歯縁で先がとがる。柄の基部にむかごがつく。茎頂部に雌花序が、その下に雄花序がつく。いずれも円錐状。雄花は花被片と雄しべが4個、雌花は白く長い雌しべが目立つ。珠芽刺草。❋8～9月上 ●低地～低山の林内 ❋北海道～九州

8月10日　札幌市

イラクサ科

■エゾイラクサ
Urtica platyphylla

ふつう雌雄異株、時に同株の多年草で高さが50cm～2mになる。茎は直立して分枝せず、断面は四角状で葉と共に刺毛があり、触れると痛痒い。柄がある葉は対生し、葉身は卵状長楕円形で長さ8～20cm、鋸歯縁で先がとがる。托葉は2個。小さな花が葉腋から出る穂状の花序にまとまってつく。花被片と雄しべは4個。蝦夷刺草。✿6～8月 ◉低地～亜高山の湿っぽい所 ❋北海道、本州(近畿以北)

雌の株　8月14日　南幌町　　雌雄同株の個体

■コバノイラクサ
Urtica laetevirens

前2種と異なり雌雄同株の多年草で高さが1m以下。葉は卵形～狭卵形で長さ5～8cm、先が尾状となってとがり、鋸歯は大きいがあまりとがらない。托葉は離生して4個に見える。花序は穂状で、雄花序は上方の、雌花序は下方の葉腋につく。小葉刺草。✿7～9月 ◉低山の林内や林縁 ❋北海道、本州(近畿以北)

7月7日　札幌市　　離生する4個の托葉

イラクサ科

■ホソバイラクサ
Urtica angustifolia var. angustifolia

前種エゾイラクサに似るが、やや小形で高さ50cm～1.5m。葉身ははるかに細く、幅は3cm以下で先が尾状に細長くとがる。托葉は離生して4個に見える。ふつう雌雄異株、時に同株。細葉刺草。✿7～9月 ◉湿地や湿原の周辺 ❋北海道～九州

托葉の比較　　雌の株　8月7日　釧路町

アサ科

■アサ*
Cannabis sativa

雌雄異株の一年草で高さが1～2mになる。茎は直立してよく分枝し、断面は四角い。葉は掌状に5～9裂する複葉で、小葉は線状披針形、鋸歯縁で先がとがる。上部の葉はあまり分裂しない。雄株の花序は円錐状で雄花は花被片と雄しべが5個あり黄色い葯が目立つ。雌株の花穂は枝先につき短く、苞に包まれた花柱がつき出る。別名は大麻で所持は処罰の対象となる。麻。✿8～9月 ◉道端や空き地 ❋原産地は南・中央アジア

雄花序の一部　　9月30日　津別町

160

アサ科

カラハナソウ
Humulus lupulus var. cordifolius

茎と葉柄にある逆向きの刺で他の物に絡んで長大に伸びる雌雄異株の多年草。対生する葉は3〜5中裂するものとしないものがあり鋸歯縁。雄花は円錐状に多数つき、径約5mmで花被片と雄しべが5個ある。雌花は葉腋から出る柄の先につき2花ずつ苞に包まれる。やがて苞は大きくなり長さ3〜4cmの松かさ状となり、腺点のある果実を包む。ビールの苦みの原料ホップは基準変種。唐花草。❋8〜9月 ●道端や林縁 ❖北海道、本州（中部以北）

アサ科

カナムグラ
Humulus scandens

茎や葉柄にある逆向きの刺で他の物に絡んで伸びる雌雄異株でつる性の一年草。対生する葉は掌状に5〜7裂して幅は5〜10cm。鋸歯縁で両面に粗い毛がありざらつく。雄花は円錐状の花序にまばらにつき、径3mmほど。花被片5個で大きな葯がぶら下がる。雌花は葉腋から出る柄の先につく小さな松かさ状の花序につく。果穂は長さ約1cm。金葎。❋8〜9月 ●低地〜低山の林縁や道端 ❖日本全土

果期の姿（雌株） 9月14日 むかわ町穂別　　苞に包まれた内部

9月26日 松前町

バラ科

キンミズヒキ
Agrimonia pilosa var. viscidula

全体に軟毛が密生し、高さが1m以上になる多年草。葉は奇数羽状複葉で小葉は5〜9個、間に小さな羽片が4〜5対つく。小葉の先はとがり、葉柄基部に茎を抱くようにつく托葉の先も鋭くとがる。花は長い総状花序に密に多数つき、径8〜10mm。雄しべは8〜14個ある。がく筒の上部に鉤状刺が密生し、果期に動物などに付着して運ばれる。金水引。❋7〜9月 ●林縁、原野、道端など ❖北海道〜九州　近似種 ヒメキンミズヒキ A. nipponica は全体に小形、小葉は3〜5個で先は円い。花弁も細く、雄しべは5〜8個。時にキンミズヒキとの中間の型も見られる。❋8〜9月 ❖北海道（道央以南）〜九州　チョウセンキンミズヒキ A. coreana は全体に長軟毛が多く、ビロードの感触がある。小葉も托葉も扇状で先はとがらない。花はまばらにつき花弁はやや細く、雄しべは12〜30個ある。❋8〜9月 ●林内や林縁 ❖北海道〜九州

キンミズヒキ 8月1日 札幌市

ヒメキンミズヒキ 8月20日 厚沢部町　　チョウセンキンミズヒキ 8月13日 苫小牧市

バラ科

ハゴロモグサ
Alchemilla japonica

高さが15〜35cmの多年草で全体に白い毛がある。葉は円心形で主脈とともに掌状に7〜9裂し、裂片は円く細かい歯牙縁。根出葉は径4〜7cmで長い柄があり、茎葉には短い柄と目立つ托葉がある。花は散形花序に密につき、径3mmほど。花弁はなくがく片と副がく片、雄しべが4個ずつある。羽衣草。✿7〜8月 ●高山の開けた所 ✤北海道(夕張岳)、本州(中部)

7月2日　夕張岳

バラ科

クロバナロウゲ
Comarum palustre

地表を這う根茎から茎を立ち上げ高さが20〜70cmになる多年草。葉は羽状複葉で小葉は5〜7個、長楕円形で長さ3〜7cm、粗い鋸歯縁で表面は白緑色、裏面はさらに白い。花は径2cmほど、花弁は小さく、がく片がはるかに大きい。その外側に小さな副がく片がつき、いずれも5個。雄しべと雌しべは多数。黒花狼花。✿6〜8月 ●低地〜高地の湿原や湿地 ✤北海道、本州(中部・北部)

6月21日　えりも町

バラ科

キンロバイ
Dasiphora fruticosa

高さが50cm前後になる落葉低木で、よく分枝してこんもりとした樹形になる。葉は羽状複葉で小葉は3〜5個、やや厚みがあり長さ1〜2cm、鋸歯はないが縁が裏側に巻き込んでいる。花は径2〜2.5cm、花弁はほぼ円形で先は凹まない。金露梅。✿6〜8月 ●亜高山の岩礫地に局所的 ✤北海道、本州(中部以北)

6月29日　崕山　　　果期の花序

バラ科

エゾツルキンバイ
Argentina anserina

茎が地表を這って伸び、節から発根する多年草。奇数羽状複葉が根生してロゼット状になる。小葉は9から19個、長楕円形で長さ2〜5cm、鋭い鋸歯縁。裏面は白綿毛が密生する。花は茎から出る柄に1個つき、径2〜3cm、雄しべは20個ある。蝦夷蔓金梅。✿6〜7月 ●海岸、塩湿地 ✤北海道、本州(北部)

6月27日　佐呂間町

バラ科

オニシモツケ
Filipendula camtschatica

大形の多年草で高さが1〜2mになる。群生することが多い。茎や葉柄は無毛から多毛まで変異が大きい。葉は単葉に見えるが奇数羽状複葉で頂小葉が特大で掌状に大きく切れ込み鋸歯縁。径6〜8mmの小さな花が散房状に多数つき、花弁とがく片は5個、多数の雄しべが花から突き出る。果実は平たく縁に長毛がある。鬼下野。❋7〜8月 ●山地〜亜高山のやや湿った所 ✿北海道、本州(中部・北部)

7月21日 雨竜町

バラ科

エゾノシモツケソウ
Filipendula yezoensis

茎は直立して高さが50cm〜1mの多年草。葉は奇数羽状複葉だが頂小葉と側小葉の大きさに極端な差があるので単葉に見える。頂小葉は掌状に5〜7中〜深裂し、側小葉は0〜3対あり鋸歯縁。径4〜5mmの小さな花が多数つき、花弁とがく片が4〜5個、花弁より長い雄しべが多数ある。蝦夷下野草。❋6〜8月 ●低地〜山地の湿っぽい所、湿原の周辺 ✿北海道、本州(岩手)

7月20日 上士幌町

バラ科

ノウゴウイチゴ
Fragaria iinumae

高さが10〜15cmの多年草。根出葉は3出複葉で小葉は長さ2〜4cm、粗い鋸歯縁。葉柄と花茎には白毛が密生する。花は径2cmほどで花弁とがく片は7〜8個、雄しべと雌しべは多数ある。花後地表に長い匍匐枝を伸ばして新苗をつくる。果実は赤く熟して食べられる。能郷苺。❋5月下〜7月 ●山地〜亜高山の日当たりのよい所 ✿北海道、本州(大山・中部・北部)

6月18日
大千軒岳

果期の姿 8月6日 大千軒岳

バラ科

シロバナノヘビイチゴ (エゾノクサイチゴ)
Fragaria nipponica

高さが10〜25cmの多年草。花茎や葉柄に開出毛が密生する。根出葉は3出複葉だが小さな側小葉が1対つくことがある。花は径1.5〜2cm、雄しべは雌しべよりはるかに長い。果実は赤く熟して食べられるが、痩果が果床に沈み込む。白花蛇苺。❋5月中〜7月 ●野山の日当たりのよい所 ✿北海道、本州、九州 よく似た**エゾノヘビイチゴ***(ベスカイチゴ) F. vesca の雄しべは雌しべとほぼ同長、痩果は果床の表面につく。●道端など。原産地はヨーロッパ

シロバナノヘビイチゴ 開出毛が密生する シロバナノヘビイチゴ 5月27日 鶴居村
エゾノヘビイチゴ 6月12日 札幌市

バラ科

オオダイコンソウ
Geum aleppicum

茎は直立して高さが40cm～1mになる多年草。根出葉は頂小葉が大きい羽状複葉で長さ20cm前後。茎葉も羽状複葉で小葉の先がとがり、側小葉と同大の托葉がつく。花の径は2cmほど、花弁の形や大きさは一定しない。果実の集合体は卵形～楕円形で残存花柱に腺毛がない。大大根草。❋6～7月 ●林縁や草地 ❋北海道、本州(中部以北)

6月22日　札幌市

バラ科

カラフトダイコンソウ
Geum macrophyllum var. sachalinense

前種オオダイコンソウに比べやや小形で全体に黄褐色の針のような粗い毛がある。茎葉は単葉で3浅～中裂、托葉は小さく、裂片はほぼ全縁。小花梗に粗い毛がある。果実の集合体は球形で残存花柱に腺毛がある。❋5月下～7月 ●山地の林縁や沢沿い ❋北海道、本州(中部以北)

7月2日　北見市留辺蘂

バラ科

ダイコンソウ
Geum japonicum

高さが50cm前後の多年草。根出葉は羽状複葉で長さ20cmほどで頂小葉が大きく粗い切れ込みと鋸歯があるが先はとがらない。茎葉は3出複葉または単葉、小さな全縁の托葉がつく。花の径は1.5cmほどで小花梗に粗い毛がない。果実の集合体は球形で残存花柱に腺毛がある。大根草。❋7月中～9月 ●低地～山地の林内 ❋北海道～本州

8月2日　札幌市

バラ科

ミヤマダイコンソウ
Geum calthifolium var. nipponicum

高さが30cm前後になる多年草で、全体に黄褐色の剛毛が密生する。根出葉は羽状複葉で頂小葉が特に大きな腎心形で径7～12cm、側小葉はごく小さい。柄がない茎葉は茎を抱く。花の径は2～2.5cm、がく片の間に副がく片がある。果実には長毛が生えた長い花柱が残る。深山大根草。❋6月下～8月 ●高山のれき地や草地 ❋北海道、本州(近畿以北)

6月24日　芦別岳

164

バラ科

コキンバイ
Geum ternatum

長い地下茎から高さ15cm前後の細い花茎を立てる多年草。大きな葉は全て根生で、長い柄がある3出複葉。小葉の長さは2.5cm前後でさらに3～5中裂し、粗い鋸歯もある。時に緑色のまま越冬する。花は茎頂に1～3個つき、径約2cmで花弁は5個、がく片間に副がく片がある。小金梅。❀5～6月 ◉山地の林下 ✿北海道、本州（中部以北）これまでWaldsteinia属とされていた。

6月6日 上川町

バラ科

チングルマ
Sieversia pentapetala

落葉低木だが草に見える。枝は地表を這ってマット状に広がる。葉は奇数羽状複葉で小葉は2～5対。光沢と鋭い鋸歯があり、長さ0.5～1.5cm。花は径2.5cmほどで花弁は5個ある。果実に羽毛状になった雌しべが残る。稚児車の転化か。❀6～8月中 ◉亜高山～高山の湿地やれき地 ✿北海道、本州（中部以北）ダイコンソウ属Geumとする見解もある。

6月17日 アポイ岳

バラ科

チョウノスケソウ
Dryas octopetala var. asiatica

草のように見える常緑性の小低木で枝がよく分枝してマット状に広がる。葉は長楕円形で長さ1～2.5cm、厚みがあり先の円い大きな鋸歯があり、葉脈部分が凹んで裏面は白い綿毛が密生する。花は径約2.5cm、花弁は8～9個あり、花後、花柱は長さ3cmほどの羽毛状に伸びる。長之助草（植物採集家の名）。❀6月中～8月上 ◉高山のれき地や岩場 ✿北海道、本州（中部）

6月17日 芦別岳

バラ科

ホザキナナカマド
Sorbaria sorbifolia var. stellipila

まとまって生える落葉低木で高さは1～2m。葉は長さ20cm前後の奇数羽状複葉。小葉は6～11対、披針形で長さ5～8cm、先がとがり重鋸歯縁で裏面に星状毛がある。花は円錐花序に多数つき、径7～8mm。多数の雄しべが花弁より長く突き出る。果実は円筒状の蒴果で長さ約5mm。穂咲七竃。❀7～8月 ◉山地の林縁 ✿北海道、本州（中部・北部）

7月28日 苫小牧市

バラ科

ノイバラ
Rosa multiflora var. multiflora

幹や枝が横に伸びるややつる性の落葉低木で高さが2mくらいになる。枝と葉に鋭い刺がある。葉は奇数羽状複葉で小葉は3～4対、倒卵形で長さ3cmほど。花は円錐花序につき径2～3cmでよい香りがあり、5個の花弁は先が凹む。雄しべと雌しべは多数ある。果実は長球形で長さ1cmほどで赤く熟す。野茨。✻6～7月 ●野山の明るい所や河原 ✤北海道（中部以南）～九州

凹む花弁の先
雌しべは雄しべとほぼ同長
小葉が7～9個の羽状複葉
見かけの果実は花床筒が肥厚したもの
花弁と雌しべの跡
果期の姿

7月14日　鹿部町

バラ科

ハマナス
Rosa rugosa

生育環境により高さが20cm～1.5mの落葉低木。よく分枝してこんもりした樹形となる。枝には刺と短毛が密生する。葉は奇数羽状複葉で小葉は7～9個、表面に光沢があり、皺も多い。花は枝先に1～3個つき、径6～10cmで花弁ととがり片は5個、雄しべと雌しべは多数ある。果実は球形で赤熟し食用になる。浜ナスビ→浜梨の転化。✻6～8月 ●海岸の砂丘や草地、山地のれき地 ✤北海道、本州（山陰以北）ノイバラとの雑種を**コハマナス** R. × iwara という。

見かけの果実は花床筒の肥厚したもの
しわ状の葉の表面　残存がく片

コハマナス　6月29日　上ノ国町　　ハマナス　7月5日　苫小牧市

バラ科

オオタカネバラ
Rosa acicularis

落葉低木で高さが50cm～1.7mになる。幹や枝に小さな刺が多い。葉は奇数羽状複葉で、小葉は5～7個、長楕円形で長さ2～4cm、先がとがり鋸歯縁。質は薄く裏面は白っぽく葉軸に腺毛がある。花は枝先に1個つき、径3～4cm。花弁とがく片は5個、雄しべと雌しべは多数あり、柄には刺と腺毛が多数つく。果実は紡錘形で長さ約2cm。大高嶺薔薇。✻6～7月 ●山地～亜高山の低木帯やれき地 ✤北海道、本州（中部以北の日本海側）

伸長した残存がく片
見かけの果実は花床筒が肥厚したもの
密生する白っぽい刺状の毛

7月14日　ウペペサンケ山

バラ科

カラフトイバラ
Rosa amblyotis

高さが60cm～2mになる落葉低木。幹や枝はほぼ無毛だが分枝点に1対の大きな刺がある。葉は奇数羽状複葉で、小葉は5～9個、長さ2～4cmの長楕円形で鋸歯縁。長い托葉基部に1対の刺がある。花は径3～4cmで花弁ととがり片は5個あり、柄には刺がない。果実はほぼ球形。樺太茨。✻6～7月 ●海岸～山地の草地や林縁 ✤北海道、本州（中部）

7月3日　釧路市阿寒　　1対の大きな刺
見かけの果実は花床筒が肥厚したもの
伸長した残存がく片

166

バラ科

イワキンバイ
Potentilla dickinsii

茎が横〜斜め上に伸びて長さが20cm前後になる多年草。全体に伏毛があり、茎と葉はやや硬い。葉は3、時に5小葉に分かれ、小葉は鋸歯縁で裏面は白味をおび、長さ4cm前後で先はとがる。枝分かれした茎の上部に径1cmほどの花をつける。がく片と副がく片の先は鋭くとがる。岩金梅。✿6〜8月　⬤山地の岩場　❖北海道〜九州

7月11日　札幌市

バラ科

チシマキンバイ
Potentilla megalantha

根茎は太く、茎は直立〜横に伸び、長さが10〜30cmになる多年草。全体に軟毛を密生する。葉は3出複葉で小葉は長さ幅ともに3〜4cmのくさび状倒卵形、やや厚く縁に大きな鈍頭鋸歯ががあり、葉脈部が凹んで皺状の表面となる。花は散房状に3〜7個つき、花弁、がく片、副がく片は5個。花弁の先は凹む。千島金梅。✿6〜8月　⬤海岸の岩場や草地　❖北海道

6月17日　根室半島　　　　　葉の表と裏面

バラ科

ヒメヘビイチゴ
Potentilla centigrana

茎がつる状になって50cmほど地表を這う軟弱な多年草。葉は3出複葉で小葉は長さ1〜3cm、楕円形で質は薄く明るい緑色で鋸歯縁。花の柄が葉柄と向き合って出て先に花がつく。花の径は7mmほど。花後、花床は苺果のように肥大せずに、痩果がまとまってつく。姫蛇苺。✿6〜7月　⬤山地の林内　❖北海道〜九州

6月28日　札幌市

バラ科

ヒロハノカワラサイコ
Potentilla niponica

よく分枝して長毛が密生する茎が地表を這うように伸びて長さが20〜50cmになる多年草。葉は奇数羽状複葉で小葉は5〜13個、基部のものほど小さくなる。裏面には白毛が密生し、縁は鋸歯状に中裂する。花の径は1cm前後、がく片と小さい副がく片の下面に白い綿毛が密生する。広葉河原柴胡。✿6〜9月　⬤海岸や河原　❖北海道、本州（中部以北）

8月10日　豊頃町

167

バラ科

キジムシロ
Potentilla fragarioides

太い根茎から花茎と根出葉を出し、高さが15〜20cmになる多年草。茎と葉柄に開出毛が目立つ。根出葉は奇数羽状複葉で小葉は5〜9個、先の3個が大きい。茎葉は3〜5個に分かれる複葉で花期のものは小さい。小葉は鋸歯縁で先はとがらない。花は多数つき、径2cmほど、花弁の先はやや凹む。雄蕊。✾5〜7月 ●低地〜山地の日当たりのよい所 北海道〜九州

バラ科

ツルキジムシロ
Potentilla stolonifera

前種キジムシロに似るが、根茎から長さ50cm以上の葡萄枝を四方に伸ばし、節から根を出して新苗となる。葉は奇数羽状複葉で小葉は5〜7個。花茎の高さは15cmほど。蔓雉筵。✾6〜7月 ●海岸や野山の草地や砂地、れき地 ●北海道、本州、九州

5月26日　礼文島

6月25日　釧路市

バラ科

ミヤマキンバイ
Potentilla matsumurae var. matsumurae

太い根茎から花茎と葉を出し高さが10〜20cmになる多年草。花茎や葉柄に白い長毛が目立つ。葉は3出複葉で小葉は大きな鋸歯縁。花の径は約2cm、花弁の先がやや凹む。がく片と同形の副がく片があり、花床には毛がある。深山金梅。✾6月中〜8月中 ●北海道、本州(中部以北) 変種**アポイキンバイ** var. apoiensis の葉には光沢があり鋸歯が深く切れ込んで裂片が線形になる。✾5月中〜6月上 ●アポイ岳周辺と日高山脈北部のかんらん岩地。変種**ユウバリキンバイ** var. yuparensis の葉は粗い毛があり光沢はない。鋸歯は主脈までの半ば近くまで切れ込む。✾6月下〜7月 ●夕張山地、中央高地、日高山脈の蛇紋岩地など

ミヤマキンバイ　6月17日　芦別岳

アポイキンバイ　5月21日　アポイ岳

ユウバリキンバイ　7月3日　夕張岳

バラ科

ウラジロキンバイ
Potentilla nivea

太い根茎から白毛が密生する花茎と葉柄を出し、高さが10〜20cmになる多年草。葉は3出複葉で小葉は長さ2cm前後、鋸歯縁で裏面は白い綿毛が密生して真っ白に見える。花は径1.5〜2cm、花弁は5個、がく片は披針形で副がく片はさらに細く小さい。裏白金梅。❋6月下〜8月 ●亜高山〜高山のれき地や岩場に局所的 ❋北海道、本州(中部)

バラ科

ミツバツチグリ
Potentilla freyniana

短く太い根茎から花茎と根出葉、匍匐枝を出す多年草で高さが25cmほどになる。葉は3出複葉で小葉は鋸歯縁、先はとがらず裏面は淡い紫色をおびる。葉柄基部には鋸歯のある托葉がつく。花は散房状につき、径1〜1.5cm。がく片と副がく片はほぼ同長、花弁はがく片より長い。三葉土栗。❋5〜6月 ●低地〜山地の日当たりのよい所 ❋北海道〜九州

6月30日　夕張岳

花弁を除いて下から見た花　副がく片

花弁は5個
葉は3出複葉

匍匐枝　6月7日　白老町

バラ科

ヘビイチゴ
Potentilla hebiichigo

茎が地表を這って長く伸びる多年草。葉は3出複葉で小葉は卵形で長さ2cmほど。花は茎頂につくがその後茎が伸びるので葉と対生状に見える。花の径は1cmほど、がく片は直立して開出する葉状の副がく片より小さい。花後、花床が肥大して径1cmほどの苺果となり、痩果に小さな突起があり光沢がない。蛇苺。❋5〜6月 ●低地〜低山の日当たりのよい所 ❋北海道〜九州　近似種ヤブヘビイチゴ P. indica はより大形で、小葉は濃い緑色で長卵形、苺果の径は約2cm。痩果に光沢がある。藪蛇苺。❋5〜8月 ●林縁や林内 ❋北海道(西南部)〜九州　和名が似ているオオヘビイチゴ*(タチロウゲ) P. recta は全体に開出する白毛が多い帰化植物で、茎は直立して50cm程度になる。葉は3〜7個掌状に分かれる複葉、小葉は深い鋸歯縁で表面に白毛が密生する。花は径2cm前後で花弁は淡い黄色で先がやや凹む。痩果は卵形で長さ約1.5cm。❋6〜8月 ●道端や空き地 ❋原産地はヨーロッパ

ヘビイチゴ　5月16日　函館市　3出複葉の小葉は広卵形　ヘビイチゴの果実　痩果に小突起があり、光沢がない

ヤブヘビイチゴ　5月29日　上ノ国町　3出複葉の小葉は長卵形　がく片　副がく片　ヤブヘビイチゴの果実　痩果に小突起がなく、光沢がある

オオヘビイチゴ　7月4日　札幌市　5個の花弁の先は大きく凹む　掌状の複葉

169

バラ科

ミツモトソウ
Potentilla cryptotaeniae

高さが50〜80cmになる多年草。全体に開出する白毛があり、葉は3出複葉、下部の葉に長い柄があり、基部に托葉が半ば合着する。小葉は卵状長楕円形で先がとがって長さ5cmほど。花の径は約1.5cm、花弁と同長のがく片と副がく片が5個ある。果実には多数の筋が入る。水源草。❀7〜9月 ●山地の林縁や草地 ✿北海道〜九州 近似種**エゾノミツモトソウ*** P. norvegica は一〜二年草の帰化植物で、花弁はがく片より短く茎基部の葉は5小葉からなる羽状複葉。托葉は基部のみ葉柄に合着する。●道端や空き地 ✿原産地はヨーロッパ〜北アメリカ

ミツモトソウ 7月28日 白老町　　複葉の比較(左:ミツモトソウ)　基部のみ葉柄に合着する托葉　　エゾノミツモトソウ 8月7日 札幌市

バラ科

メアカンキンバイ
Sibbaldia miyabei

木質化した茎が地表を這うように伸び根元から花茎と葉を出す多年草で高さは10cm程度。葉は3出複葉で灰緑色、小葉はくさび形で長さ1cmほど、先に大きな3つの切れ込みがある。花は径1cmほどで、がく片と副がく片がある。雌阿寒金梅。❀7〜8月 ●高山のれき地 ✿北海道(羊蹄山以北)

7月23日 大雪山　　果期の姿

バラ科

タテヤマキンバイ
Sibbaldia procumbens

茎は木質化して分枝しながら地表を這いマット状に生える多年草。葉は灰緑色、3出複葉で小葉はくさび形で先が3〜5個の歯牙となる。花は小さく径約4mm。花弁はがく片より小さい。立山金梅。❀7月下〜8月 ●高山の雪田跡のれき地 ✿北海道(大雪山)、本州(中部)

8月11日 大雪山

バラ科

■ホロムイイチゴ（ヤチイチゴ）
Rubus chamaemorus
横に伸びる地下茎から茎を立て、高さが10～30cmになる雌雄異株の多年草。葉は腎心形で長さ・幅ともに4～7cm。先は浅く3～5裂し、基部は心形。両面に褐色の腺毛と軟毛がある。径2cmほどの花が1個つき花弁は4～5個、雌しべを欠く雄花と雄しべと雌しべが揃う両性花がある。果実は径1.5cmほどで赤く熟す。幌向苺。❀6～7月　●泥炭湿原　❖北海道、本州（北部）

6月29日　ニセコ鏡沼　　　　　　集合果

バラ科

■コガネイチゴ
Rubus pedatus
細いつる状の茎が地表を伸び、節から根や高さ5～10cmの茎、葉を出す低木状の多年草。葉は3出複葉だが側小葉がさらに深裂するので5小葉に見え、重鋸歯縁。花は長い柄の先に1個つき、径約1cm。花弁は4～5個、がく片の数も花弁数に応じている。果実は2～4個からなる集合果。小金苺。❀6～8月上　●亜高山～ハイマツ帯の樹林下　❖北海道、本州（中部以北）

集合果　　　　　　　6月25日　芦別岳

バラ科

■エゾ(キ)イチゴ（カラフトイチゴ、カナヤマイチゴ）
Rubus idaeus
よく分枝する変異の多い落葉低木で高さが50cm～1.2mになる。茎や柄に細い刺が密にある。葉は3出複葉で小葉は楕円形で長さ4～6cm。裏面は綿毛が密生して白く、不揃いの鋸歯縁。花はやや下向きに数個ずつつき、5個の花弁は長さ5mmほどで平開しない。果実は赤熟して食べられる。蝦夷苺。❀6～7月　●山地の明るい所。よく伐採跡に群生　❖北海道、本州（北部）

6月6日　札幌市　　　　　　　　集合果

バラ科

■ヒメゴヨウイチゴ（トゲナシゴヨウイチゴ）
Rubus pseudojaponicus
茎が倒伏し、翌年下部の節から花茎を立てる小低木状の多年草。茎と葉柄に刺はなく下向きの軟毛がある。薄い葉は掌状に5つに分かれ、小葉は長さ5～7cmで重鋸歯縁。花はがく片と花弁が7個あり、長さ8mmほどの花弁は平開せず直立する。果実は径13mmほどの集合果で食べると酸っぱい。姫五葉苺。❀5～7月　●山地～亜高山の林内　❖北海道、本州（中部・北部）

集合果　　　　　　　7月29日　増毛山系

171

バラ科

クマイチゴ
Rubus crataegifolius

根茎からつる性の茎を出し、高さが1〜2mになる落葉低木。茎や葉柄に扁平で下向きの刺がある。葉は広卵形で長さ10cmほど。3〜5に中〜深裂し、重鋸歯縁で基部は心形。花は数個ずつつき径2.5cmほど、5個の花弁は平開〜反り返る。がく片も5個で毛が多い。果実は集合果で赤熟すると食べられる。熊苺。❋6〜7月 ●低地〜山地の明るい所、林道沿い ✤北海道〜九州

6月23日 札幌市

がく片／花弁／花柱群／雄しべ

そり返るがく片／核果
集合果

バラ科

モミジイチゴ
Rubus palmatus

よく分枝する落葉低木で高さが1〜1.5mになる。当年枝と葉柄にまばらに刺がある。葉は卵形〜広卵形で長さ3〜7cm、先が3〜5裂してカエデ類状。裂片には切れ込みと鋭い鋸歯がある。花は葉柄基部付近から出る柄の先に1個下向きにつき、径3cmほど、花弁は5個。果実は黄色く熟すが道内の結実は道南以外は稀。紅葉苺。❋5月 ●野山の日当たりのよい所 ✤北海道(石狩以南)〜九州

がく片／花弁／雄しべ群
カエデ類のような葉

5月25日 豊浦町

バラ科

エビガライチゴ
Rubus phoenicolasius

高さが1m前後になる落葉低木。茎や葉柄、花軸、がく片に紫褐色の腺毛が密生し、茎と葉柄には刺が混じる。葉は切れ込みのある頂小葉が大きい3出複葉で、小葉は裏面に白綿毛が密生して鋸歯縁。花は花序に10個ほどつき、花弁は5個で長さ4〜5mm、平開しない。果実は径2cm近い集合果で赤く熟して食べられる。蝦殻苺。❋6〜7月 ●野山の林縁や明るい所 ✤北海道〜九州

8月6日 札幌市

雄しべ群／小さな花弁／腺毛が密生するがく片

核果／腺毛が密生するがく片
集合果

バラ科

ナワシロイチゴ
Rubus parvifolius

茎が地表を這って伸び、高さ20〜30cmの刺のある枝を多数立てる落葉低木。葉は複葉で小葉は3〜5個、広倒卵形で頂小葉が大きく長さ3〜5cm。重鋸歯縁で先はとがらず表面はしわ状、裏面は綿毛が密生して白い。花は径2cmほど、花弁は5個で直立し、白い綿毛が密生するがく片が平開する。集合果は赤く熟して食べられる。苗代苺。❋6〜7月 ●海岸〜丘陵地の砂地や草地 ✤日本全土

直立する花弁／雄しべ
がく片外側にある刺／白い綿毛が密生するがく片

核果

集合果　　　7月2日 札幌市

バラ科

■ クロイチゴ
Rubus mesogaeus var. mesogaeus

高さが1〜2mの落葉低木で茎は分枝してつる状に伸び、まばらに小さな刺がある。葉は頂小葉が大きい3出複葉で、小葉は先がとがった広卵形で重鋸歯縁、裏面は綿毛が密生して白い。花は数個つき花弁は倒卵形、長さ5mmほどで直立、平開するがく片に腺毛はない。黒苺。❋6〜7月 ●低地〜山地の林縁など ❖北海道〜九州 茎や花柄に腺毛があるものを変種**シモキタイチゴ** var. adenothrix という。

果期の姿　8月29日　札幌市　　　　　シモキタイチゴ
　　　　　　　　　　　　　　　　　6月11日　新ひだか町静内

バラ科

■ ベニバナイチゴ
Rubus vernus

刺のない落葉低木で高さが40cm〜1mになる。葉は3出複葉で頂小葉が長さ・幅ともに3〜7cmの菱状倒卵形、先がとがり重鋸歯縁。花は軟毛と腺毛のある柄の先について径2〜3cm。花弁は5個、がく裂片の2倍長で平開せず斜めに開く。集合果は球形で赤く熟して食べられる。紅花苺。❋6〜7月 ●亜高山の湿った斜面や雪渓跡 ❖北海道（西南部）、本州（中部・北部）

集合果　　　　　　　　　6月22日　ニセコ山系目国内岳

バラ科

■ イシカリキイチゴ＊
Rubus exsul

茎は這うか斜めに伸びて長さが1.5mほどになる落葉低木。他の植物を駆逐して群生する。茎や葉柄、花序に鋭い刺がある。葉は掌状複葉で小葉は鋭い鋸歯縁。花は円錐花序にやや密につき径約2cm、花弁5個は長楕円形。果実は黒く熟して食べられる。石狩木苺。❋6月 ●低地の明るい所 ❖原産地はヨーロッパか 近似種**セイヨウヤブイチゴ**＊ R. armeniacus の花序はややまばらで花弁は倒卵形で白色〜淡紅色。葉の裏面は綿毛で白い。❖原産地はアルメニア

イシカリキイチゴ　6月24日　新篠津村　セイヨウヤブイチゴ　7月9日　札幌市

バラ科

■ チシマザクラ
Cerasus nipponica var. kurilensis

高さが5m以上になる個体もあるが、ふつう人の背丈ほどの落葉低木。幹はあまり直立せず、斜上または基部から分枝してこんもりとした樹形となる。葉は長さ5〜10cm、倒卵形で先が尾状にとがり欠刻状重鋸歯縁、基部は円形〜くさび形。花は径2〜2.5cm、柄に葉柄とともに開出毛がある。果実は黒紫色に熟す。千島桜。❋6〜7月 ●低地（道東）〜亜高山 ❖北海道、本州（中部以北）基準変種**タカネザクラ**は花の柄や葉柄がほぼ無毛。

果実　　　　　　　　　　　5月17日　アポイ岳

173

バラ科

■ タカネトウウチソウ
Sanguisorba stipulata

高さが40〜80cmの多年草でよく群生する。根出葉は奇数羽状複葉で長卵形、小葉は5〜7対、長さ3〜5cm。鋸歯縁で光沢があり裏面は白っぽい。茎にも小さな複葉がつく。花は3〜10cmの穂に多数密につき、下から咲く。花弁はなく、4個のがく片中央から長い雄しべが4個つき出る。高嶺唐打草。❋7月下〜8月 ◐高山の湿った草地やれき地 ❀北海道、本州(中部)

8月20日 大雪山

バラ科

■ エゾトウウチソウ
Sanguisorba japonensis

斜上し上部で分枝する茎の長さが40cm〜1mの多年草。葉は奇数羽状複葉で小葉は4〜8対、長楕円形〜卵状長楕円形で長さ3〜8cm、粗い鋸歯縁で裏面は白っぽい。花は長さ5〜20cmの穂に多数密につき、下から咲く。花弁はなくがく片4個の中央から上部が太く長い雄しべ4個がつき出る。蝦夷唐打草。❋7〜9月 ◐日高山脈の岩場、特に渓流沿い(固有種)

9月22日 浦河町

バラ科

■ ナガボノワレモコウ
Sanguisorba tenuifolia var. tenuifolia

変異の大きい植物で高さ80cm〜1.4mの多年草。根生する長い葉は奇数羽状複葉で、長さ7〜8cmで広線形の小葉が5〜7対あり、鋸歯縁で基部に小さな托葉がつく。花序は長さ2〜7cmの円柱形で先が垂れる。花に花弁はなく、長い雄しべが4個のがく片中心部から突き出て花後も残る。長穂吾木香。❋8〜9月 ◐低地〜山地の湿った草地 ❀北海道、本州(中部・北部) 変種チシマワレモコウ var. kurilensis は小形で花穂が短く小葉が卵形に近い。

8月27日 雨竜沼

バラ科

■ ミヤマワレモコウ
Sanguisorba longifolia

高さ30〜80cmの多年草。葉は茎の下部に集まり、奇数羽状複葉で小葉は11〜15個、長楕円形で鋸歯縁。花は長さ2cm前後の穂に密につき、径4〜5mmで花弁はなく4個のがく片中心部から4個の雄しべが突き出て花後落ちる。深山吾木香。❋8〜9月 ◐山地〜亜高山の草地 ❀北海道(日高)、本州(中部)

8月27日 アポイ岳

バラ科

■マルバシモツケ
Spiraea betulifolia var. betulifolia
変異の大きい落葉低木で高さは30cm〜1m。葉は質が薄く長さ2〜5cm、倒卵形で先は円く基部はくさび形。花は複散房花序に多数密につき、径約6mm。花弁は5個、がくは5裂、雌しべは5個、多数の雄しべが花から突き出る。円葉下野。✿6〜8月 ●亜高山〜高山の日当たりのよい所 ❀北海道、本州（中部・北部）変種エゾノマルバシモツケ var. aemiliana は高山れき地に生え、全体小形で葉表面の葉脈が凹み皺が多く見える。北海道特産

6月30日　樽前山　　7月19日　カミホロカメットク山

バラ科

■エゾシモツケ
Spiraea media var. sericea
よく分枝する落葉低木で高さ1m前後。葉は長さ2〜4cm、長楕円形で先が円く、全縁か上部に鋸歯があり、長軟毛がある。花は散形花序に多数つき、径約6mmで花弁は5個、5裂するがくは裂片が反り返り、多数の雄しべが花から突き出る。蝦夷下野。✿5〜7月 ●原野〜高山の岩場やその周辺 ❀北海道、本州(北部)

5月31日　札幌市八剣山

バラ科

■エゾノシロバナシモツケ
Spiraea miyabei
高さ1m前後の落葉低木。よく分枝して若枝には褐色の毛がある。葉は長さ3〜7cmの長卵形で重鋸歯縁で先が尾状にとがる。裏面に白い軟毛がある。花序は当年枝と前年枝につき、花は密につき、径6mmほど、花弁は5個、がくは5裂して裂片は反り返り、多数の雄しべが花から突き出る。蝦夷白花下野。✿6〜7月 ❀北海道、本州(北部)

6月14日　札幌市八剣山

バラ科

■ホザキシモツケ
Spiraea salicifolia
群生することが多い落葉低木で高さ1〜2m。葉は互生し、長さ3〜10cmの披針〜広披針形、鋭い鋸歯縁で柄は短い。花は頂生する長さ7〜15cmの円錐花序に多数密につき、径5〜7mmで花弁とがく片は5個、雌しべは5個、多数の雄しべが花から突き出る。穂咲下野。✿7〜9月 ●原野や湿った草地 ❀北海道、本州(中部)

7月30日　釧路市阿寒

バラ科

■ ヤマブキショウマ

Aruncus dioicus var. kamtschaticus

雌雄異株の多年草で高さは30cm～1m。葉は薄く、2～3回3出複葉で、小葉は長さ3～10cmで欠刻状重鋸歯縁で先はとがる。花は円錐状総状花序に多数つき、5個の花弁は長さ1～1.5mm（雄花。雌花ではより小さい）で白色、がく片は5個で卵形。山吹升麻。✹6～8月 ●海岸～高山の明るい所 ✤北海道～九州 変異が大きく、品種**アポイヤマブキショウマ** f. latilobus は小形で小葉はやや厚く硬く、卵円形で鋸歯が鋭く深い ✤アポイ岳 品種**キレハヤマブキショウマ** f. laciatus は小葉が卵状披針形で鋸歯が切れ込み状に深い。✤日高山脈

雄花　雄しべは約20個　花弁

直立する3個の心皮（子房を包む皮）　花柱

雌花　花弁

ヤマブキショウマ　7月21日　雨竜町

キレハヤマブキショウマ　6月30日　日高山脈神威岳

卵状披針形の小葉。鋸歯は切れ込み状

やや厚く、鋸歯が鋭い小葉

アポイヤマブキショウマ　7月4日　アポイ岳

バラ科

■ タカネナナカマド

Sorbus sambucifolia var. sambucifolia

高さ1～2mの落葉低木。葉は奇数羽状複葉で、長さ4～6cmの小葉が4～5対ある。厚く光沢のある小葉は鋸歯縁で先がとがる。花は枝先に十数個つき、5個の花弁はわずかに赤みをおび、平開しない。果実は楕円状球形で長さ1cmほど、下垂して先端にがく片が残る。高嶺七竈。✹6～8月上 ●亜高山～高山の尾根筋 ✤北海道、本州（中部・北部）変種**ミヤマナナカマド** var. pseudogracilis は全体小形で果実は下垂しない。近似種**ウラジロナナカマド** S. matsumurana はより大形で羽状複葉の頂小葉が側小葉より小さく、長楕円形、光沢がなく裏面は白っぽい。半ばより先端側が鋸歯縁。花は径1cmほど、花弁5個は平開する。果実は下垂せず先端のがく片は内側に曲がり星形の窪みをつくる。裏白七竈。✹6月中～8月上 ●亜高山から高山の斜面 ✤北海道、本州（中部・北部）

光沢のある小葉

小葉は鋸歯縁

横～斜め上を向いて咲く花。花弁は平開しない

直立するがく片

平開する花弁　雄しべの葯

花は上を向いて咲く

鋸歯のない部分

鋸歯がある部分

タカネナナカマド　6月19日　知床硫黄山

果実

ウラジロナナカマド　7月7日　羊蹄山

ウリ科

ゴキヅル
Actinostemma tenerum

雌雄同株でつる性の一年草で長さが1.5mほどになる。葉は巻きひげと対生、葉身は長さ3〜12cmの長い鉾形〜心形で大きな葉は浅く3〜5裂し、時に波状の鋸歯縁となる。葉腋から出る長い柄に雄花と雌花がつき、がくと花冠は5深裂して径約5mm。裂片の先は細くとがる。果実は長さ2.2cmほどの長卵形で基部側半分に突起が散在、先の半分は種子と共に落ちる。合器蔓。❋7〜9月 ●低地の水辺や湿地 ❖北海道〜九州

8月5日 鶴居村

ウリ科

ミヤマニガウリ
Schizopepon bryoniifolius

つる性の一年草で雄株と両性花の株がある。二股になる巻きひげが葉と対生する。葉は薄く卵心形で先がとがり、葉脈が凹む。両性花は葉腋に単生するか短い総状につき花冠は径約6mm、5深裂し、雄しべは3個、柱頭は3裂する。雄花は総状花序に多数つくが稀。ぶら下がる果実は緑色で角の丸い三角錐。深山苦瓜。❋7〜9月 ●山地の湿った林内 ❖北海道〜九州

両性花の株 9月5日 倶知安町

ウリ科

キカラスウリ
Trichosanthes kirilowii var. japonica

つる性で雌雄異株の多年草。葉は扇形で幅約10cm、多くは掌状に浅く裂けて基部は心形、数cmの柄がある。花は夕方開花、翌日午前中にしぼむ。雄花の花冠は径10cmほどで5裂し、裂片の先は多数の糸状に細裂する。雌花は地味で葉腋に単生。果実は卵形で黄色く熟す。黄烏瓜。❋8〜9月 ●野山の明るい所 ❖日本全土(北海道は渡島半島西部)

雄株 8月22日 上ノ国町　　果実

ウリ科

アマチャヅル
Gynostemma pentaphyllum var. pentaphyllum

茎の長さが1m以上になる雌雄異株のつる性の多年草。巻きひげと対生する葉は掌状複葉で小葉は5個、葉身は長さ10cmほどの卵状長楕円形、鋸歯縁で先がとがる。花は葉腋から出る花序につき、花冠は5深裂して裂片は尾状に伸びる。雄花の花序が大きく、雄しべは5個ある。果実は径7mmほどの球形で黒く熟す。甘茶蔓。❋7〜9月 ●低地〜山地の林縁 ❖北海道〜九州

果実　　　　　　　　　　　8月9日 札幌市

ウリ科

■ アレチウリ*
Sicyos angulatus

3分枝する巻きひげで他の物に絡みついて伸びるつる性の一年草。葉は円心形で径10〜20cm、浅く3〜7裂し、裂片の先はとがる。花は葉腋から出る雌雄別の花序につき、径1cmほどで黄白色。楕円形の果実は長さ約1cm、長い刺が密生する。荒地瓜。❊7〜9月 ●道端や空き地、河川敷など ❖原産地は北アメリカ

9月24日 上ノ国町　雄しべの合着した葯　雄花　花冠裂片（花冠は5裂）　心形の葉の基部　花柱　雌花の集まり

ニシキギ科

■ ウメバチソウ（エゾウメバチソウ）
Parnassia palustris var. palustris

高さが10〜40cm、無毛の多年草。根出葉は長い柄があり、葉身はやや肉厚の心形で長さ2〜4cm。茎葉は同形で小さい。花は1個つき、径2〜2.5cm、5個の花弁が重なり合う。雄しべ10個のうち花弁に対応する5個は仮雄しべで、糸状に12〜22裂して黄色い腺体がつく。梅鉢草。❊8〜9月 ●低地〜亜高山の湿地 ●北海道〜九州 高山に生え全体小形で仮雄しべが7裂するのは変種**コウメバチソウ** var. tenuis という。

雄しべ　重なり合う花弁　12〜22裂している仮雄しべ　7裂した仮雄しべ　雄しべ　コウメバチソウ　ウメバチソウ 8月12日 ニペソツ山

ニシキギ科

■ ニシキギ
Euonymus alatus f. alatus

高さ50cm〜3mの落葉低木。枝にコルク質の4翼がある。葉は対生し長さ1〜9cmで先がとがり基部はくさび形、鋸歯縁で葉脈は裏面に明らか。4数性の花が1〜3個つき径6〜8mm、雄しべは4個、長短の花柱がある。果実は1花から1〜3個に分離し、朱色の仮種皮に包まれた種子をぶら下げる。錦木。❊5月下〜6月 ●低地〜山地 ●北海道〜九州 品種**コマユミ** f. striatus は枝に翼がない。

コルク質の翼　仮種皮　果期のニシキギ　花弁（4個）　雄しべの葯　コマユミ 6月14日 札幌市　花柱

ニシキギ科

■ ツルウメモドキ
Celastrus orbiculatus var. orbiculatus

つる性で雌雄異株の落葉低木で幹は長さ7〜8mにもなる。葉は長さ3〜10cm、倒卵円形で先は突端状、不整の鋸歯縁で葉脈が裏面で出る。花序に雄花は1〜7個、雌花は1〜3個つき、径6〜8mmで5数性で柱頭は3裂する。黄色い果実は径約8mm、3つに裂けて朱色の仮種皮に包まれた種子が出る。蔓梅擬。❊5〜6月 ●野山や道端 ●北海道〜九州 変種**オニツルウメモドキ** var. strigillosus は葉の裏面脈上に突起状の毛がある。

退化した雄しべ　雌花　花弁　3裂した柱頭　葉の裏面脈上に突起状毛があるオニツルウメモドキ　果皮　仮種皮　果実　6月23日 札幌市

カタバミ科

■カタバミ
Oxalis corniculata

変異が多く、茎が地表を這い長さが30cmほどになり、節から葉柄や花柄を出す多年草、時に一年草。葉は小葉が倒心形の3出複葉で夜は畳まれる。花は散形花序に1～8個つき、径1cmほどで蒴果は円柱形で熟して種子を弾き飛ばす。傍食。✿6～9月 ●道端や空き地、畑の縁など ❖北海道～九州 葉があずき色で花の中心部に橙色の環があるものを品種アカカタバミという。近似種エゾタチカタバミ O. stricta は地下茎から径1mm、高さ30cmほどの花茎を立てる多年草。花は集散花序に1～3個つき、径8mmほど、蒴果は長さ1.5～2cm。蝦夷立傍食。✿7～9月 ●山地の林縁や道端 ❖北海道、本州（中部以北） よく似た帰化種オッタチカタバミ* O. dillenii は茎の径約2mmと太く、細毛が目立つ。❖原産地は北アメリカ

カタバミ　8月10日　札幌市 ／ アカカタバミ／あずき色の葉／橙色の環／果実／短い雄しべ　長い雄しべ／柱頭／直立した細い茎／エゾタチカタバミ　9月2日　札幌市定山渓／直立した太い茎。毛が目立つ／果実／オッタチカタバミ　7月13日　札幌市

カタバミ科

■コミヤマカタバミ
Oxalis acetosella

細長い根茎の先から葉柄と花柄を出し、高さが5～15cmの多年草。葉は3出複葉で、小葉は倒心形で幅2.5cmほど、夜は折り畳まれる。花は径1.5cmほどで5個の花弁に淡紅色の筋が入り、時に花弁が淡紅色。雄しべは10個、果実は卵球形で約5mm。小深山傍食。✿5月下～7月 ●山地～亜高山の樹林下 ❖北海道、本州（中部以北） より大形で、葉の幅2.5～5cmで緑色のまま越冬することが多く、果実が長楕円形になる近似種ミヤマカタバミ（ヒョウノセンカタバミ） O. nipponica subsp. nipponica が渡島・檜山地方に産する。

コミヤマカタバミ　5月27日　札幌市／しばしば見られるピンク色の花／花は葉より高い位置で咲く／小葉の幅は1～3cm／長さ3～4mm／コミヤマカタバミの果実／長さ1～1.5cm／ミヤマカタバミの果実／花は葉より高い位置で咲く／幅が2～5cmの前年の小葉／ミヤマカタバミ　5月2日　奥尻島

ヤマモモ科

■ ヤチヤナギ
Myrica gale var. tomentosa

雌雄異株の落葉低木で高さは30～90cmになる。葉は長さ2～4cmの長卵形で、くすんだ淡い緑色で先の方は低鋸歯縁。花は葉が開く前に咲き、雄花序は長さ1cmほどの松かさ状、鱗片状の苞が3個輪生して雄しべは4～6個ある。雌花序は長さ2～3mm、苞の間から2個の柱頭が覗く。果実の集まりも松かさ状。谷地柳。❋4～6月上 ●低地の湿原 ❋北海道、本州(近畿以北)

7月18日 苫小牧市

トウダイグサ科

■ コニシキソウ*
Chamaesyce maculata

茎は分枝を繰り返しながら地表を這って伸び、長さ10～20cmになる一年草。褐色をおびた茎に白毛がある。対生する葉は長さ5～15cm、長楕円形で先が円く、中央に黒紫色の斑がある。杯状花序が葉腋につき、1個の雌しべ(雌花)と数個の雄しべ(雄花)がある。果実は丸みのあるつぶれた三角形で幅1.5mmほど。小錦草。❋6～9月 ●道端や空き地 ❋原産地は北～中央アメリカ

8月13日 札幌市

トウダイグサ科

■ エノキグサ (アミガサソウ)
Acalypha australis

茎は直立して高さ20～60cm、分枝し伏毛がある。葉は互生し、葉身は長さ3～8cmの長卵形で先がとがり浅い鋸歯縁。花序は葉腋から出る柄につき、基部に雌花が、2cmほどの花軸に雄花が穂状につく。雌花は苞に包まれるように咲き、花被片3個、花柱は細かく裂ける。雄花は花被片3個と8個の雄しべがある。榎草。❋8～10月 ●道端や畑地 ❋日本全土

9月26日 松前町

トウダイグサ科

■ マツバトウダイ*
Euphorbia cyparissias

まとまって生える多年草で高さ10～30cmになる。葉は密に互生し、茎頂では多数輪生する。葉身は松の葉状に線形で長さ2～4cm、輪生する葉の基部から散形に枝が多数出て先に黄色い苞葉と杯状花序がつく。花序には雄花(雄しべ)数個と雌花(雌しべ)1個、半月状の腺体が4個ある。果実は偏球形で深い溝がある。松葉灯台。❋5～6月 ●道端や空き地 ❋原産地はヨーロッパ

6月14日 札幌市

トウダイグサ科

ノウルシ
Euphorbia adenochlora

茎は太く直立して高さ30～60cm、切るとかぶれる白い乳液が出る多年草。群生することが多い。葉は互生、上部で5個が輪生する。葉身は長さ5～8cm、長楕円形～披針形で先はとがらない。輪生葉の基部から散形に枝を出し、黄色い苞葉のある杯状花序がつく。花序には雄花（雄しべ）数個、雌花（雌しべ）1個、腎形の腺体が4個ある。果実にはいぼ状の突起がある。野漆。❄5月 ●低地の湿った草地 ❋北海道（西部・南部）～九州 近似種**マルミノウルシ**（**ベニタイゲキ**）E. ebracteolata はやや株立ちで生え、乳液は黄色をおび、苞葉は緑色、果実（子房）が滑らか。丸実野漆。❄4月下～5月 ●低山の林内 ❋北海道、本州（関東以北）

ノウルシ　5月23日　長万部町　　ノウルシの果実　　マルミノウルシの果実　　マルミノウルシ　5月7日　札幌市

トウダイグサ科

ナツトウダイ
Euphorbia sieboldiana

茎は直立して高さが20～50cm、切ると白い乳液が出る。葉は互生し、葉身は長さ3～6cm、長楕円形。上部では5個が輪生し幅が広い。そこから散形に枝を出して先に苞葉と杯状花序をつけ、さらに枝を出して苞葉と花序をつける。花序には数個の雄花（雄しべ）と1個の雌花（雌しべ）、両端の角が長く立った三日月形の腺体が4個つく。夏灯台。❄5～6月 ●低山の明るい所 ❋北海道（上川以南）～九州 近似種**ヒメナツトウダイ**（**ヒメタイゲキ**）E. tsukamotoi は小形で高さが30cm以下、花序は2段にならず、腺体両端の角は短くやや開く。ナツトウダイの変種とする見解もある。姫夏灯台。❄6～7月 ●山地～亜高山のれき地や草地 ❋北海道、本州（中部以北）　トウダイグサ科の花序は杯状花序といい、雄しべ1個が雄花である。

ナツトウダイ　5月31日　函館市南茅部　　ヒメナツトウダイ　6月6日　岨山

ドクウツギ科

ドクウツギ
Coriaria japonica

落葉低木で高さ1〜1.5m、下部で枝を出す。葉は新枝に対生して複葉に見える。葉身は卵形〜卵状披針形で長さ4〜10cm、全縁で先が鋭くとがる。長さ2〜5cmで無葉の雄花序と、長さ5〜15cmで小さな葉がつく雌花序が当年枝基部につく。がく片5個、小さな花弁5個、雄しべ10個、雌しべ5個がある。果実は5分果で黒く熟す。有毒植物。毒空木。❀5〜6月 ◉海岸付近の斜面や山の陽地 ❖北海道(留萌以南)、本州(中部・北部)

ミゾハコベ科

ミゾハコベ
Elatine triandra

茎が分枝を繰り返し地表を這って伸び、長さが3〜8cmになる無毛の一年草。節から発根する。葉は対生し、長さ5〜12mm、狭卵形〜広披針形、先はとがらず全縁でやや肉質。径1mmほどの花が葉腋に1個つき、がく片3個、楕円形の花弁が3個、雌しべが1個、雄しべが3個つく。沈水する型は茎が10cm以上になる。溝繁縷。❀7〜9月 ◉低地の水辺、水田 ❖日本全土

7月18日 石狩市浜益区 / 果期の姿

9月27日 美唄市

ヤナギ科

エゾマメヤナギ
Salix nummularia

雌雄異株の矮性落葉低木で幹が分枝しながら地表を這う。楕円形の葉は長さ2cm以下で先はとがらず、ほぼ全縁で質は厚くやや硬い。花序は葉腋につき雄花序は長さ4〜10mmの楕円形、雌花序は長さ3〜7mmの卵形。1花に雄しべは2個、腺体は2個あり、花柱は長さ約0.5mm。蝦夷豆柳。❀6月下〜7月中 ◉❖大雪山の高山れき地(特産種) 同じような生態で雌雄異株の矮性落葉低木ミヤマヤチヤナギ *S. fuscescens* の葉は倒卵状楕円形〜倒卵形で質は硬く長さ1〜3cm、表面に光沢があり裏面は白っぽい。花序は直立して長さ3cmほど。腺体は1個ある。❀7〜8月 ❖大雪山の高山湿地(特産種)

エゾマメヤナギ 6月19日 大雪山 / 果実

ミヤマヤチヤナギ 7月2日 大雪山

ヤナギ科

エゾノタカネヤナギ
Salix nakamurana subsp. yezoalpina

幹が分枝しながら地表を這い、枝の立ち上がりが5～15cmになる雌雄異株の落葉小低木。葉は長さ1.5～5cmの広楕円形で先がとがらず細かい鋸歯縁。質はやや厚く、表面に著しい皺があり、はじめ両面に長白毛がある。花穂は径約8mm。果期に穂は5cmほどの長さになる。蝦夷高嶺柳。❋6月～7月中 ◉高山のれき地 ✿北海道 亜種ハイヤナギ(ヒダカミネヤナギ) subsp. kurilensis は日高山脈に産し、子房が緑色とされる。

雄株　7月16日　大雪山

ヤナギ科

ミヤマヤナギ (ミネヤナギ)
Salix reinii

雌雄異株の落葉低木で高さが50cm～3mになる。下部から上部までよく分枝して茂み状に広がる。互生する葉は倒卵形～長楕円形で花のつかない枝で長さ2～7cm、花のつく枝の葉は小さい。質はやや厚く光沢があり、低い鋸歯縁で裏面は粉白色。花序は長さ2～3cm。雄しべは2個、腺体は1個。雌しべの柱頭は黄色～赤色。深山柳。❋6～7月 ◉山地～高山の草地や林縁 ✿北海道、本州(中部以北)

雄株　7月2日　十勝岳

スミレ科

ジンヨウキスミレ
Viola alliariifolia

高さが15cm前後になる多年草で、地下茎から花茎と根出葉を立てる。軟らかい腎臓形の葉が下部に2個、三角形の葉が上部に1～2個つき、まるみをおびた不規則な鋸歯縁。托葉は長卵形で小さな突起縁。花は1～2個つき径1.5cm前後、唇弁に茶色の網目筋が、側弁に白毛があり、距は短い。腎葉黄菫。❋6月下～7月 ◉亜高山～高山の草地や低木の下 ✿北海道(大雪山・無意根山・余市岳)。北海道固有種

7月16日　大雪山

スミレ科

シソバキスミレ
Viola yubariana

地下茎から短い花茎と根出葉を出す多年草で高さ5cm前後、低地で10cm以上。花茎には短毛が密生し大きな葉2個と小さな葉1個がつく。葉の表面には光沢があり、葉脈は赤い。裏面はアカジソのように紅紫色をおびる。花は1～2個つき、径約1.5cm、側弁に毛はなく、唇弁の紫褐色筋が目立ち距は短い。紫蘇葉黄菫。❋6～8月上 ◉夕張岳の山地～高山の蛇紋岩地。夕張岳の固有種

6月7日　夕張岳山麓

スミレ科

オオバキスミレ

Viola brevistipulata subsp. brevistipulata
変異の大きいスミレで幾つかの亜種、変種、品種に分けられている。高さは5〜20cm。狭義の**オオバキスミレ** var. brevistipulata は根茎で増え群生することが多い。葉は3〜4個、最下の葉が離れてつき、ほぼ心形。径1.5〜2cmの花が1〜3個つく。大葉黄菫。✿5〜6月 ●山地の明るい林下など ❀北海道（日本海側）、本州（近畿以北）変種**フチゲオオバキスミレ** var. ciliata は茎が紅紫色をおび、葉は光沢があり、縁の毛が目立つ。花弁の裏面やつぼみは赤く、群生はしない。変種**フギレオオバキスミレ** var. laciniata は葉の縁が不規則に深く切れ込んだもので、群生する。✿6〜7月 ❀北海道西部の山地多雪地帯。特に雪田跡。固有変種

フチゲオオバキスミレ　5月25日　恵庭岳山麓
オオバキスミレ　6月5日　幌加内町
6月5日　三頭山
フギレオオバキスミレ　6月22日　ニセコ山系目国内岳

スミレ科

エゾキスミレ（イチゲキスミレ）

Viola brevistipulata subsp. hidakana var. hidakana
高さが5〜15cmになるスミレで茎や葉の裏面、葉脈が紅紫色をおびる。葉は3個が輪生状につき、長卵形で厚く光沢があり先が尾状にとがる。1個つく花は径1.5〜2cm、花弁はまるみが強く色も濃い。蝦夷黄菫。✿5月中〜6月 ●山地の超塩基性岩地 ❀北海道（アポイ岳・天塩山地白鳥山）変種**ケエゾキスミレ** var. yezoana は茎以外は紅紫色をおびる部分がなく葉は卵形で縁や葉脈に毛があり光沢も弱い。✿5月下〜7月 ●山地〜亜高山のれき地や周辺 ❀北海道（日高山脈・夕張山地・東大雪）変種**フギレキスミレ** var. incisa は葉の縁に深い切れ込みが入ったもので、特に根出葉に著しい。❀北海道（夕張山地）

エゾキスミレ　5月25日　アポイ岳
フギレキスミレ　7月5日　夕張岳
ケエゾキスミレ　7月8日　日高山脈　ペンケヌーシ岳
7月18日　ニペソツ山
葉が輪生状につく本州に産するミヤマキスミレに似た不明種　5月6日　北斗市
毛の少ないケエゾキスミレ

スミレ科

キバナノコマノツメ
Viola biflora var. biflora

軟弱なスミレで高さが20cm前後になるが、生育環境によってはエゾタカネスミレ状となる。葉は薄く腎円形で長さ1〜2cm、先は円くわずかに毛がある。花は径1.2cm前後、唇弁が他の4個から離れて前につき出す形となって縦長の花のよう。距は短く円い。黄花駒爪。❋6月下〜7月 ●山地〜亜高山のやや湿った所、渓谷に多い ❀北海道、本州、四国、屋久島

- 他の花弁から離れて前につき出る唇弁
- 上弁は後方へ
- 薄くて光沢のない葉

7月17日　北大雪山系平山

スミレ科

エゾタカネスミレ
Viola crassa subsp. borealis

有茎のスミレで高さが5〜10cm。前種キバナノコマノツメに似るが、葉は厚く無毛、濃緑色時にやや光沢がある。花は径1〜1.3cm、側弁に毛がなく唇弁が大きく突き出る形で茶褐色の筋が入る。距は短く膨らむ。蝦夷高嶺菫。❋7月 ●高山のれき地 ❀北海道（大雪山・夕張山地・日高山脈・羊蹄山）北海道の固有亜種

- ふつうの上弁
- 側弁
- 上弁がたまたま小さくなった
- 唇弁に走る茶褐色の筋

- 前につき出る唇弁

7月8日　大雪山

スミレ科

シレトコスミレ
Viola kitamiana

無茎のように見えるが有茎のスミレで高さ5〜8cm。葉は先がとがった腎円形で長さ1.5cm、やや厚く濃緑色で光沢があり、低い鋸歯縁。花は中心部が黄色く、側弁基部に毛があり、唇弁には紫色の筋が入る。距は非常に短い。果実は黒紫色に熟す。知床菫。❋6〜7月 ●知床連山の高山れき地（択捉島にも分布するので固有種ではない）

果期の姿

- 濃緑色の葉
- 側弁が前につき出る

6月19日　知床硫黄山

スミレ科

エゾノタチツボスミレ
Viola acuminata

変異の大きい有茎のスミレで高さ20〜40cm。長三角形の葉が数個つき、上部の葉ほど大きく長さ1.5〜5cm。柄の基部に櫛歯状の長さ3cmほどの托葉がつく。花は径1.3〜2cmで5個の花弁のうち側弁内側に白い毛がある。白い距は短く長さ2〜3mm。花色は淡青色〜白色で白花は花弁が円い傾向がある。蝦夷立壺菫。❋5〜6月 ●山地の明るい林内や草地、原野 ❀北海道、本州（岡山以北）

白花の株も多い

ここに托葉がある

- 側弁基部にある毛
- 上弁
- 唇弁にある濃紫色の筋

6月5日　厚真町

185

スミレ科

■オオタチツボスミレ（クサノスミレ）

Viola kusanoana

有茎のスミレで茎はやや株立ち状に数本出て高さが15〜25cm。葉は円心形で長さ3〜5cm、明るい緑色、質は軟かく葉脈が凹み縁が波打つ傾向がある。葉腋に櫛歯状に浅裂した托葉がつく。葉は緑色のまま越冬する。花柄は茎頂や葉腋から出て根元からは出ない。花は径2cm前後で側弁に毛はない。唇弁に紫色の網目状の縦筋が入る。距は白色。開花後、夏にかけて閉鎖花をつけ、結実する。大立壺菫。❋4月下〜6月 ●低地〜山地の林内や谷間 ❖北海道〜九州（福岡） 花色はいろいろあり、シロバナオオタチツボスミレとモモイロオオタチツボスミレの品種が知られている。

■タチツボスミレ

Viola grypoceras var. *grypoceras*

変異の大きな有茎のスミレで高さが5〜15cm、花後さらに大きくなる。茎や葉柄は無毛か短毛が生える。葉は長さ2〜4cmの心形で葉柄基部に櫛歯状に裂けた托葉がある。花柄は葉腋と根元から出る。花は径1.5〜2cmで5個の花弁のうち側弁には毛がない。距はやや細く、長さ5〜8mmで紫色。立壺菫。❋5〜6月 ●低地〜山地のやや乾いた明るい所 ❖日本全土 いろいろな品種があり、白花品をシロバナタチツボスミレ、その距だけが紫色のものをオトメスミレ、茎や葉柄、花柄が有毛なものをケタチツボスミレ（これはごく普通に見られ、無毛のものが少ない）、その白花品をシロバナケタチツボスミレという。

スミレ科

■アイヌタチツボスミレ
Viola sacchalinensis var. sacchalinensis
地上茎のあるスミレで高さは5〜15cm。葉は心形で長さ2〜6cm、裏面は時に紫色をおびる。葉柄基部に浅い切れ込みのある托葉がある。花は径2cmほどで5個の花弁のうち側弁2個の内側に毛が密にある。唇弁の距は白色。花弁の形、色に変異がある。アイヌ立壺菫。✿5〜6月 ⬤山地のれき地や草地 ❖北海道、本州(中部以北) 白花品を品種シロバナアイヌタチツボスミレといい、変種アポイタチツボスミレ var. alpina は超塩基性岩地帯に生育し、全体紫色をおび、葉は表面が濃緑色で光沢があり、裏面は紫色で表側に巻く。超塩基性岩地帯から外れるに従い形質は基準変種に近くなる。⬤アポイ岳、日高山脈北部、夕張岳、道北の蛇紋岩地帯

アイヌタチツボスミレ　5月20日　札幌市藻岩山

5月6日　啀山

アポイタチツボスミレ　5月4日　アポイ岳

スミレ科

■ニオイタチツボスミレ
Viola obtusa
地上茎のあるスミレで高さ5〜15cm。葉は長さ2〜4cm、卵形で基部は心形、柄の基部に櫛歯状の托葉がある。花柄の多くは根元から出、微毛が密生する。花は径1.5〜2cm、5個の花弁はまるみが強く、重なり合うようにつき、中心部の白色と回りの色のコントラストが強い。距はやや太く淡紫色。条件により芳香がある。匂立壺菫。✿5月 ⬤明るい林内や草地 ❖北海道(南部)〜九州

5月15日　七飯町

スミレ科

■イソスミレ (センナミスミレ)
Viola grayi
丈夫な地上茎のあるスミレで高さ5〜20cm。こんもりした大きな株をつくる。葉は広心形で長さ1.5〜4cm、厚みと光沢があり表側に巻く。托葉はやや浅く裂ける。花柄は葉腋から出るが、茎が短く根生に見える。花は径2〜2.5cmで5個の花弁はまるみが強く重なり合うように咲く。側花弁は無毛で距は短く太く白い。磯菫。✿5月 ⬤海岸の砂浜 ❖北海道(西南部)、本州(鳥取以北)

果実　　　　　　　　　　　　6月1日　石狩市

スミレ科

■ オオバタチツボスミレ
Viola kamtschadalorum

地上茎のある大形のスミレで高さが30cm前後。葉は長さ3～7cmの円心形で質は軟らかく、波状の鋸歯縁。托葉はほぼ全縁。花は径2～3cmと大きく全体に濃色の筋が入り、側花弁に白毛が密生し、距は短い。側がく片の先は鋭くとがる。大葉立壺菫。✿5～7月 ●低地～山地の湿地、湿原 ✤北海道、本州（中部以北）知床山系に産し、小形の高山型とされていたものは別種タカネタチツボスミレ V. langsdorfii で、花色は淡く、側がく片の先はとがらない。

スミレ科

■ ナガハシスミレ（テングスミレ）
Viola rostrata var. japonica

地上茎のあるスミレで高さ10～20cm。葉は長さ2～5cmの先がとがった心形でやや厚く光沢がある。葉柄基部に櫛歯状の托葉がある。花時まで越冬した根出葉が残る。花柄は根元と葉柄から出る。花は径1.5cm、側花弁に毛はなく、唇弁の距は長さ2cm前後あって、天狗の鼻のように後方につき上げる。長嘴菫。✿4～5月 ●低山の明るい樹林下 ✤北海道（西南部・浜頓別）、本州（島根以北）

オオバタチツボスミレ（右写真も） 6月22日 雨竜沼

タカネタチツボスミレ（右写真も）
7月9日 知床羅臼岳

ナガハシスミレ 5月13日 厚沢部町

スミレ科

■ ツボスミレ（ニョイスミレ）
Viola verecunda var. verecunda

地上茎のある無毛でやや軟弱なスミレで高さが5～20cmになる。葉は根元と茎につき長さ1.5～4cmの偏心形～腎形、波状の低い鋸歯縁。托葉はほぼ全縁。花は小さく径1cmほど。唇弁に紫色の筋が入り、時に唇弁が淡紫色に見える。側花弁の基部に毛がある。距は短く半球形状。壺菫。✿5月下～6月 ●低地～山地の湿った所 ✤日本全土 変種アギスミレ var. semilunaris は湿原型で花後出る葉は三日月形とされるが、顕著でない場合も多い。

ツボスミレ 5月26日 千歳市

アギスミレ 7月5日 苫小牧市

スミレ科

■ イブキスミレ
Viola mirabilis var. subglabra
地上茎のあるスミレだが開花初期は無茎に見え、高さ10cm前後。葉は心形で、質は薄く葉柄基部の線形の托葉は全縁。花は径1.5～2cm、側花弁はふつう無毛。距は長さ5～7mmで白い。開花後、茎が伸びた先に対生した葉と閉鎖花か開放花をつける。伊吹菫。✿5月 ●低山の明るい林内 ✤北海道（日高など）、本州（広島以北）

根生の開放花　5月19日　日高町富川　　地上茎の上部についた開放花

スミレ科

■ サクラスミレ
Viola hirtipes
地上茎のないスミレで高さが8～15cmになる。葉は三角状長卵形で長さ5～8cm、柄は花柄と共に開出毛が多い。花は大きく径2.5cmもあり、5花弁のうち上弁2個が大きく先端が桜の花弁状に凹む個体がある。側花弁基部に白い毛が密生する。花弁基部はあまり開かない。距は長さ6～9mm。桜菫。✿5～6月中 ●低地～低山の明るい所 ✤北海道（主に太平洋側）～九州

長さ6～9mmの距　　　　　　　　　5月26日　函館市恵山

スミレ科

■ アオイスミレ（ヒナブキ）
Viola hondoensis
地上茎のあるスミレだが地面にへばりつくように生える。新葉は筒状に巻いて出る。葉身は長さ2～3cmの円形～円心形で、花後はぐんと大きくなり、時に越冬する。花は径1～1.5cmで側花弁が前につき出るように咲く。唇弁の距は短い。白花も多い。花後、匍匐枝を出して新苗をつくる。果実は球形で種子に蟻の好む大きな種枕がつく。葵菫。✿4～5月 ●低山の林内や林縁 ✤北海道～九州

4月17日　札幌市　越冬した葉

スミレ科

■ エゾアオイスミレ（マルバケスミレ）
Viola collina
地上茎のないスミレで高さ3～10cm。前種のように葉は越冬せず、匍匐枝も出さない。葉は先がとがった円心形で花期で長さ2cmほど、柄と共に毛が密生する。花後長さ5cmほどになる。花は径1.4cmほどで2個の上弁が後ろに反り、基部に毛のある側花弁と唇弁が前につき出る。蝦夷葵菫。✿4月中～6月 ●山地～亜高山の陽地。蛇紋岩地帯に多い ✤北海道、本州（中部以北）

6月19日　富良野西岳

スミレ科

■ウスバスミレ
Viola blandiformis
地上茎のないスミレで高さが5〜8cm。根茎は太くて短い。葉は根元からまとまって出、長さ2〜4cmの円心形。薄く軟らかく無毛で浅い波形の鋸歯縁。花は径1〜1.5cmと小さく、唇弁に紫色の筋が入り、上花弁2個は後ろに反る。距は短く長さ2mmほど。薄葉菫。❋5月下〜6月 ◉亜高山の樹林下、特に針葉樹林下 ❖北海道、本州(中部以北)

6月3日 オロフレ山　　斑入り模様のある果実

スミレ科

■チシマウスバスミレ（ケウスバスミレ）
Viola hultenii
前種ウスバスミレそっくりなスミレだが地下茎を伸ばして増えるのでやや広がりを持って生える。高さ5〜8cm。別名のように葉には微毛があり、鋸歯は小さくとがる。千島薄葉菫。❋5〜6月 ◉❖北海道、本州(中・北部)の高層湿原

5月28日 根室市

スミレ科

■タニマスミレ（オクヤマスミレ）
Viola epipsiloides
地上茎のないスミレで地下茎を伸ばして葉柄や花柄を出す。葉は長さ2〜5cmの膨らみのある心形で、質は軟らかく無毛だが葉脈が凹んで光沢がない。花は径1.5cmほどでくすんだ紫色。側花弁基部に白毛がある。距は短く袋状。谷間菫。❋6〜8月上 ◉❖道内の山地〜高山の湿地や湿原に局所的

7月30日 ユニ石狩岳　　果実

スミレ科

■ヒカゲスミレ
Viola yezoensis
地上茎のないスミレで高さは6〜12cm。地下茎でも増え、広がりを持って生える。花柄や葉柄に毛が多い。葉は長さ3〜7cmの長卵形〜長三角形で基部は心形、軟らかい。花はやや大きく径2cmほど。唇弁と側弁、時に上弁にも紫色の筋が入る。ふつう側弁基部に毛がある。距は太く長さ7〜8mm。日蔭菫。❋4月下〜6月上 ◉山地の樹林下 ❖北海道(胆振〜釧路以南)〜九州

5月7日 函館山

190

スミレ科

■ スミレ
Viola mandshurica var. mandshurica

地上茎のないスミレで高さは5～20cm。葉は長さ3～9cmの細長いへら形～鉾形で斜上する。先はとがらず柄に顕著な翼がある。花は径約2cm、側弁基部に白い毛がある。唇弁中央部に白地に紫色の筋が入る。距は長さ4～7mm。菫。❀5～6月 ◉海岸～低山の陽地 ✿北海道～九州(屋久島) 変種**アナマスミレ** var. crassa は日本海沿岸に生え、葉は厚く光沢があり、表側に巻く。✿北海道、本州(山口以北)

スミレ科

■ シロスミレ (シロバナスミレ)
Viola patrinii var. patrinii

地上茎のないスミレで高さは8～15cm。葉は長さ4～7cmの細長いへら形～鉾形でほぼ垂直に立つ。基部は葉身よりはるかに長い柄に翼となって流れる。花はふつう葉と同じ高さより低い位置で咲き、径2cmほど。上弁は後ろに反り、唇弁に紫色の筋が入り、側弁基部に毛がある。距は袋状で長さ約2mm。白菫。❀5～6月 ◉湿った草地や湿地、原野 ✿北海道、本州(愛知以北) 唇弁に紫色の筋がないものを品種**トヨコロスミレ**という。

5月28日　札幌市　　　アナマスミレ　6月1日　上ノ国町

6月30日　羅臼町

スミレ科

■ マルバスミレ (ケマルバスミレ)
Viola keiskei

地上茎のないスミレで高さは5～10cm。葉は卵円形で基部は心形、長さ2～4cm、花茎と共に粗い毛が多い。花は径1.5～2cmで唇弁に紫色の筋が入る。側弁基部に毛がある個体とない個体がある。距は太い円筒形で長さ5～7mm。丸葉菫。❀5～6月上 ◉山地の広葉樹林内 ✿北海道(胆振・日高・十勝地方)～九州

スミレ科

■ アカネスミレ
Viola phalacrocarpa var. phalacrocarpa

全体に毛が多い地上茎のないスミレで高さ5～10cm。葉は三角状卵形だが変異が多く、長さ2～5cm、先はとがらず鋸歯縁。花は径約1.5cm、5個の花弁は基部部分はあまり開かず、側花弁2個の基部に白毛が密生する。唇弁の距は細く長く、長さ6～9mmでふつう有毛、時に無毛。子房にも毛がある。茜菫。❀5～6月上 ◉野山の日の当たる所 ✿北海道(上川以南)～九州

5月20日　苫小牧市

5月25日　北広島市

スミレ科

ヒナスミレ
Viola tokubuchiana var. takedana
地上茎のないスミレで高さは3～8cm。葉は水平に広がり、長さ3～6cmの三角状卵心形～長卵形で先がとがり鋸歯縁。時に葉脈に沿って白斑が入る。葉柄は葉身の1～3倍長。花は径1.5～2cmで、側弁基部に毛がまばらにある。距はやや太くて長い。雛菫。❀4～5月 ◉低地～山地の明るい林下 ❖北海道(石狩以南)～九州 道南にあり全体小形のものをエゾヒナスミレと呼ぶことがある。

5月7日　函館山

スミレ科

ミヤマスミレ
Viola selkirkii
地上茎のないスミレで高さ3～10cmで地下茎が伸びて増えるのでよく群生する。葉は長さ2～4cmの心形で、縁は波状の鋸歯となり、先が摘んだようにとがる。花は径1.5～2cm、側弁2個の基部に毛はなく、距は円筒形で長さ6～8mm。深山菫。❀5～6月 ◉低地～亜高山の林内や林縁 ❖北海道、本州、四国 葉の表面葉脈に沿って白い斑が入る型を品種フイリミヤマスミレといい、裏面が紫色をおびる傾向がある。

5月29日　札幌市

スミレ科

スミレサイシン
Viola vaginata
地上茎のないスミレで高さ5～15cm、太い根茎がある。葉柄と花柄、葉脈は暗紫色をおびる。葉は先が細くとがった心形で長さ5～8cm。開花時に開き切らず、花後さらに大きくなる。花は径2～2.5cmで側弁基部は無毛。唇弁中央部は白地に紫色の筋が入る。距は短く袋状。菫細辛。❀4～5月 ◉山地の湿った林内 ❖北海道(主に西南部)、本州、四国

5月2日　奥尻島　　　果実

スミレ科

アケボノスミレ
Viola rossii
地上茎のないスミレで高さ5～10cm。葉は先がとがった心形で両面と柄に微毛があり、花期に長さ3～4cm、花後倍以上になる。花は葉の展開に先立って咲き、径2～2.5cm。花弁はやや厚みがあり、2個の側弁基部にまばらに毛がある。距は太くて短い。曙菫。❀4月下～5月 ◉山地の明るく乾いた林内 ❖北海道(南部)～九州

4月27日　函館山

スミレ科

■ シハイスミレ
Viola violacea var. violacea
地上茎のない変異の大きなスミレで高さ3〜8cm。斜上する葉は長さ2〜4cm、長卵形で基部は心形、光沢があり無毛。花は径1.5cm前後で唇弁中央部は白地に濃色の筋が入る。距はやや長い。紫背菫。✽5月 ●明るい広葉樹林内 ◆北海道（南部）〜九州 渡島半島の西部、亀田半島の山中で局所的な記録がある。二次的に生えた可能性もある。

5月13日　函館市海向山

スミレ科

■ コスミレ
Viola japonica
地上茎のないスミレで高さ3〜10cm。葉は長さ2〜5cmの長卵形〜長三角形で表面は灰色をおび、濁った緑色。低い鋸歯縁。花は径1.5〜2cm、毛のない側弁は基部から開く。唇弁は白っぽく紫色の筋が目立つ。道内では閉鎖花をつける個体が多い。小菫。✽4月中〜5月 ●低地の明るい林内など ◆北海道（南部）〜九州 二次的分布の可能性あり。野生化したヒゴスミレ* V. chaerophylloides f. sieboldiana も函館市の公園内で見ている。

コスミレ　5月3日　函館市

スミレ科

■ ニオイスミレ*
Viola odorata
地上茎のあるスミレで高さ5〜15cm。地表に匍匐枝を伸ばして新苗をつくり群生する。葉は長さ2〜5cmの円心形で両面に短毛が密生する。花は径1.5〜2cmで、側弁基部に毛が少しあり、距は長さ4〜5mm。濃い紫色で香りがある。果実は球形で、種子には大きな種枕がある。匂菫。✽4〜5月上 ●道端や空き地 ◆原産地はヨーロッパ〜西アジア このほか野生化している外来のスミレとして次の種などが知られている。**アメリカスミレサイシン** V. sororia は根がスミレサイシンに似ることからの名。様々な園芸品種が知られ、写真はスノープリンスという白花品、ほかにプリケアナ、フレックルス（**フキカケスミレ**）などの品種が野生化している。**サンシキスミレ** V. tricolor はパンジーの原種、**マキバスミレ** V. arvensis はヨーロッパ原産の越年草で畑の雑草として広まったようだ。

ニオイスミレ　4月19日　札幌市

サンシキスミレ　7月10日　湧別町

アメリカスミレサイシンの白花品
5月15日　札幌市

フレックルス（フキカケスミレ）

オトギリソウ科

トモエソウ
Hypericum ascyron var. ascyron
4稜が走る茎は分枝し、高さが1m前後になる多年草。葉は柄がなく茎を抱くように対生し、長さ5cm以上の長楕円形で明点が散在。径5～6cmの花は茎頂に数個つき、花弁は鎌状にゆがみ、巴形の花となる。多数の雄しべは5束にまとまる。5個の花柱は半ばまで合着する。巴草。❁7～8月 ●野山の草地や林縁 ❖北海道～九州 全体小形で花柱が基部まで離生するものを変種ヒメトモエソウ var. brevistylum という。

半ばまで合着する花柱
トモエソウの雌しべ
子房

基部近くまで離生する花柱
子房
ヒメトモエソウの雌しべ

8月11日 上士幌町

オトギリソウ科

オトギリソウ
Hypericum erectum var. erectum
茎は分枝して高さが50cmほどの変異の多い多年草。葉は茎を抱くように対生し、黒点が特に縁に多くある。花は径1.5～2cm、花弁には黒線と縁に黒点がある。花柱3個は子房と同長。がく片は狭卵形で先はとがる。弟切草。❁7～8月 ●野山の日当たりのよい所 ❖北海道～九州

花弁に黒線と黒点がある
がく片は狭卵形で先がとがる
葉の基部は半ば茎を抱いている

7月28日 乙部町

オトギリソウ科

オシマオトギリ
Hypericum vulcanicum
前種オトギリソウに似る多年草で高さ10～60cm。あまり分枝しない。葉は披針形～卵状長楕円形で先はとがらず、がく片は線状披針形で先は鋭くとがる。渡島弟切。❁7～8月 ●山地の岩場やその周辺 ❖北海道（根室～渡島）、本州（北部）

花弁に黒線がある
がく片の先は鋭くとがる

8月5日 八雲町

オトギリソウ科

ミネオトギリ
Hypericum kimurae
茎はあまり分枝せず、やや株立ちとなり高さ20～30cmの多年草。葉は長さ2～3cm、楕円形～長卵形で明点と黒点があり縁に黒点がある。花は径1.5～2cm、花弁は赤みをおびやすい。花柱は子房の2倍弱長。峰弟切。❁7～8月 ●❖北海道（留萌以南の日本海側、海岸～山地の岩場や草地に固有） 近似種マシケオトギリ H. yamamotoi は株立ち状にならず、より大形で葉は長さ4cm前後、花柱は子房の2倍前後。●❖北海道（増毛山系の山地に固有）

がく片内側に黒線や黒点がなく、明線や明点がある

花柱は子房の2倍長

ミネオトギリ 7月29日 上ノ国町

マシケオトギリ 7月25日 深川市

オトギリソウ科

■ ハイオトギリ
Hypericum kamtschaticum

地下茎から何本もの茎を立てて株立ちとなり、高さ30cm前後になる多年草。葉は長さ3～4cm、卵形～楕円形で先は円く基部は茎を抱きつつ対生し、黒点のみがある。花は径1.5～2cmで花弁に黒点と黒線がある。花柱は子房より少し長い。這弟切 ❋7～8月 ◉亜高山～高山の草地 ✤北海道 近似種サマニオトギリ H. nakaii の葉は広卵形で、花弁に黒点がなく花柱は子房の2倍長 ◉✤アポイ岳周辺のかんらん岩地(固有) その亜種トウゲオトギリ subsp. miyabei は全体小形で花柱は子房の2倍長 ✤北海道(亜高山の草地やれき地に局所的) また日高山脈北部の高山高茎草原にオオバオトギリ H. pipairense があり、全体大形で、茎に4稜があり、葉は長さ5cm前後、花の径は2～3cm。

ハイオトギリ 8月8日 大雪山　　サマニオトギリ 7月16日 アポイ岳　　オオバオトギリ 8月3日 日高山脈北戸蔦別岳　　トウゲオトギリ 津別町

オトギリソウ科

■ エゾオトギリ
Hypericum yezoense

高さが30cm前後になる多年草。茎に黒点が連なる2本の稜が走る。葉は長楕円形で長さ10～25mm。花は径約2cm、花弁の縁に黒点がある。多数の雄しべは3束にまとまっている。蝦夷弟切 ❋7～8月 ◉海岸や山地の岩場 ✤北海道、本州(北部)

茎　稜線上に黒点が並ぶ

7月13日 札幌市八剣山

オトギリソウ科

■ コケオトギリ
Hypericum laxum

高さ10cm以下の一年草または多年草。茎の断面は四角い。葉は長さ6mm前後の卵形で茎を抱くように対生し、明点が散在する。花も小さく径約5mm、雄しべは7～8個あり、花柱は子房よりもはるかに短い。全草に腺体(黒点、黒線も)がなく別属扱いとなることもある。果皮にも腺体がない。苔弟切。 ❋7～9月上 ◉水辺に近い裸地 ✤北海道(道央以南)～九州

秋に発根した

秋、葉腋にできたむかごから発芽して翌年の新苗となる　　8月10日 えりも町

オトギリソウ科

ダイセツヒナオトギリ
Hypericum yojiroanum
高さがふつう10cm以下の小形の多年草。葉は長さ1cm前後の倒卵形で時に赤く変色し、黒点と明点があり、基部が細くなって少し茎を抱く。花は径1cm前後で花弁とがく片に黒点が入り、花柱は長さ約3mmで短い。北海道の固有種。大雪雛弟切。❋6月中～8月 ●❖大雪山の地熱のある湿った裸地

子房より少し短い花柱

赤く変色した葉。黒点と明点がある

6月15日　大雪山高原温泉

オトギリソウ科

サワオトギリ
Hypericum pseudopetiolatum
茎はよく分枝し、下部が地表を這い、斜上して長さが50cm前後になる多年草。葉は薄く倒卵形～長楕円形で先はとがらず、基部は茎を抱かず、柄状になって茎につく。8月になると紅葉が始まる。花は径1cmほどで花柱は子房より顕著に短い。沢弟切。❋7～8月 ●山地の沢沿い、河原など❖北海道(西南部)～九州

葉の基部は茎を抱かない

花期に紅葉がはじまる

8月6日　大千軒岳

オトギリソウ科

セイヨウオトギリ*（コゴメバオトギリ）
Hypericum perforatum var. angustifolium
前ページのエゾオトギリに似るが、茎は直立して高さ40cmほど。茎を走る2稜があるが黒点がない。小さな葉は線状楕円形で明点があり、葉腋から多数の枝を出す。花は径2cm前後、花弁は明腺が入り、縁がやや波打つ。❋6月下～8月 ●道端など❖原産地はヨーロッパ

花は大きく径2cmほど

小さな葉が多数つく

よく枝を出す

8月7日　標茶町

オトギリソウ科

オオカナダオトギリ*
Hypericum majus
草丈の差が大きく20～50cmになる多年草。茎は4稜があり分枝する。葉は灰白色をおび、披針形で先がとがり、斜め上を向いて対生する。花は径6mmほどで花弁はがく片と同長。花柱はごく短い。全草に黒点や黒線はないが、明点が多数ある。大カナダ弟切。❋7～9月上 ●水辺に近い草地や空き地、道端❖原産地は北アメリカ

離生している雄しべは10個　がく片

先がとがる白っぽい葉が対生する

花は小さく径6mmほど

8月6日　釧路市阿寒

オトギリソウ科
■ミズオトギリ
Triadenum japonicum
あまり分枝しない茎が直立して高さが30〜80cmの多年草。地下茎が伸びてまとまって生える。葉は柄がなく対生し、葉身は長さ4〜7cmの狭長楕円形で先はとがらず明点がある。秋には紅葉する。花は葉腋の花序につき、径約1cm。花弁は5個、雄しべは3個1束となり、3束間に腺がある。開花は午後、夕方にしぼむ。水弟切。❋7月下〜9月 ●湿地や沼地、水辺 ❖北海道〜九州

アマ科
■アマ*
Linum usitatissimum
全体繊細で無毛の一年草、高さは40〜90cm。茎は円柱形で分枝する。葉は互生し、長さ2〜5cmの線形〜狭披針形で全縁、先が鋭くとがり、3脈が目立つ。花は径1.5〜2cm。5個の花弁は落ちやすい。雄しべは5個、花柱は5個ある。茎から繊維を、種子から亜麻仁油を採るため昔から栽培されてきた。観賞用にも栽培される。亜麻。❋7〜8月 ●道端や空き地 ❖原産地は中央アジア シュッコンアマ*は多年草で葉は披針形。

花弁は淡紅色

3個の雄しべが基部で合着。それが3組あるので、計9個の雄しべ

対生する葉

とがらない葉の先

7月28日　江別市

基部が合着する5個の雄しべ

狭披針形の葉

7月31日　札幌市

フウロソウ科
■チシマフウロ
Geranium erianthum
茎がよく分枝して高さ20〜50cmになる多年草。葉は掌状に深く5〜7裂し、裂片はさらに切れ込んで先がとがる。花は集散花序に多数つき、径2.5〜3cmで花弁は5個。柄に屈毛が密生し、がく片には長毛が密生し、腺毛も混じる。棒状の果実は下から巻くように割れる。千島風露。❋6〜8月 ●海岸（道東・道北）〜高山の草地 ❖北海道、本州（北部）花色が淡い型を品種トカチフウロという。

フウロソウ科
■エゾグンナイフウロ
Geranium onoei var. onoei f. yezoense
前種チシマフウロに似るが、葉の切れ込みが深く、裂片の先は鋭くとがる。茎や葉柄、花柄がく片に腺毛が密生する。花色は濃い。蝦夷郡内風露。❋6〜7月 ●道内山地の岩場やその周辺

トカチフウロ

先がとがる葉の裂片の先

伏毛が密生

6月8日　礼文島　　花の柄

先が鋭くとがる葉の裂片の先

密生する腺毛

花の柄　　6月14日　札幌市定山渓

フウロソウ科

エゾフウロ
Geranium yezoense var. yezoense

高さ30～80cmの多年草でよく分枝するので茂みをつくる。茎や葉柄に斜め下向きの毛が密生する。葉は掌状に5深裂し、裂片はさらに切れ込んで終裂片は線形となる。花は2個ずつついて径2.5～3cm。花弁は5個、がく片も5個で長毛が密生する。蝦夷風露。✽7～8月 ●海岸～原野 ❖北海道（主に太平洋側）、本州（中部以北） よく似た変種ハマフウロ var. pseudopratense は全体に毛が少なく、茎や花柄の毛は下向きに寝、葉は5中裂。終裂片は披針形とされるが、この形質は連続している。主に日本海側の海岸に分布

フウロソウ科

ゲンノショウコ（ミコシグサ）
Geranium thunbergii

茎は基部が地表を這って立ち上がり長さが30～60cmの多年草。茎と長い葉柄に開出毛が密生する。葉は掌状に3～5裂し、裂片に浅い鋭くない切れ込みがある。花は2個ずつつき径1.5cmほど。がく片と花弁は5個、雄しべは10個ある。花弁の色は白～ピンク。長さ約2cmの棒状の果実は下部からめくれて種子を飛ばす。現証拠。✽7～9月 ●道端や草地 ❖北海道～九州

8月22日 浜中町 ／ ハマフウロ 9月4日 松前町

8月19日 幌加内町

フウロソウ科

ミツバフウロ
Geranium wilfordii var. wilfordii

前種ゲンノショウコに似るが、茎には下向きの伏毛がまばらに生え、葉はほとんどが3中～深裂して、5裂するのは下部の葉のみ。花は2個ずつつく。三葉風露。✽7～9月 ●低地～山地の草地や林縁 ❖北海道～九州 変種エゾミツバフウロ var. yezoense は葉の裏面全体に短い伏毛があるもの

フウロソウ科

イチゲフウロ
Geranium sibiricum

前2種に似る多年草で、茎は長さが50cm前後、下向きの伏毛が生える。上部の葉は3深裂、下部の葉は5深裂し、裂片には大きく深い鋸歯がある。花は1個、稀に2個つき、小さく径約1cm。花柄にも下向きの伏毛が密生する。一華風露。✽7～9月 ●低地～山地の草地や林縁、原野 ❖北海道、本州（北部）

8月26日 本別町 ／ 葉の比較 左からゲンノショウコ、イチゲフウロ、ミツバフウロ ／ 8月16日 札幌市

フウロソウ科

ヒメフウロ＊（シオヤキソウ）
Geranium robertianum
茎は横に伸び長さが30cmほどになる一〜越年草。全体に縮毛と異臭がある。葉は3出複葉で小葉は1〜2回羽状深裂し、終裂片は幅1〜3mm。花は2個ずつつき径1.5cmほど。姫風露。✿6〜8月 ●道端や空き地 ❖原産地はユーラシア。日本では本州と四国の石灰岩地帯に自生

6月4日　札幌市

フウロソウ科

ピレネーフウロ＊
Geranium pyrenaicum
茎は斜上することが多く、腺毛と長白毛が生え高さが20〜50cmになる多年草。下部の葉には長い柄があり葉身は径3〜5cmの円形で掌状に5〜7中〜深裂し、円い鋸歯縁となる。上部の葉は3〜5深裂し円くない。花は2個ずつつき径1.5cm前後。花弁は5個、先がV字状に切れ込む。✿6〜9月 ●道端や空き地 ❖原産地はヨーロッパ

6月17日　札幌市

ミソハギ科

エゾミソハギ
Lythrum salicaria
地下茎が伸びて群生し、高さ50cm〜1.5mの多年草。茎は稜と突起状の短毛がある。葉は茎を抱くように対生し、長さ7cm前後の広三角状披針形で、裏面に突起状の短毛がある。花は穂状に多数つき、径2cmほど。花弁は6個、雄しべは12個あり、花柱の長さに3通りある。蝦夷禊萩。✿8月 ●低地の湿地や水辺 ❖北海道〜九州

9月3日　標茶町

ミソハギ科

キカシグサ
Rotala indica
茎の下部が地表を這い上部が立ち上がって分枝し、長さが5〜20cmになる無毛の一年草。時に地面に接した節から発根して大きな株になる。葉は対生し、長さ5〜10mmの倒卵形で厚みと光沢がある。花は葉腋に1個つき、径2〜3mm。4数性で小さな花弁4個、雄しべが4個ある。✿8〜9月 ●低地の湿地。水田やその周辺 ❖北海道（上川・留萌以南）〜九州

8月23日　上ノ国町

ミソハギ科

ヒシ
Trapa jeholensis

水面に浮かぶ一年草。水底から伸びた茎の節から根が出る。茎頂に浮葉が放射状につく。葉柄に膨らみがあり、葉身は広い菱形で厚みと光沢があり裏面が有毛。花は径1cmほどでがく片、花弁、雄しべが4個ある。果実は幅3〜5cmの扁平な三角形で、がく片が変化した刺が2個ある。菱。❀7〜8月 ●池や沼 ❖北海道〜九州 ヒメビシ T. incisa は全体小形で葉の裏面が無毛、果実の刺が4個ある

8月27日　標茶町

果実（石果）

アカバナ科

ウシタキソウ
Circaea cordata

全体に軟毛があり、上部に腺毛も混じる茎が直立して高さ40〜70cmの多年草。葉は広卵形で長さ4〜10cm、先がとがり基部は心形になる。下部の葉ほど長い柄がある。花序の長さは7〜15cm。花には反り返るがく片2個、小さな心形の花弁2個、雄しべが2個ある。果実には鉤形の白毛が密生する。牛滝草。❀7〜8月 ●山地の林縁や林内 ❖北海道〜九州

9月1日　札幌市藻岩山

アカバナ科

ミズタマソウ
Circaea mollis

下向きの細毛がある茎が直立して高さ30〜70cmの多年草。対生する葉は狭卵形で長さ5〜12cm、先がとがり基部は心形にならない。花は細毛のある総状花序につき、反り返る緑色の2個のがく片、心形の花弁2個、雄しべが2個ある。果実には鉤形の白毛が密生する。水玉草。❀8〜9月 ●山地の林内や林縁 ❖北海道〜九州

9月30日　函館市南茅部

アカバナ科

エゾミズタマソウ（ヤマタニタデ）
Circaea canadensis subsp. quadrisulcata

前種ミズタマソウに似るが、茎は無毛で、反り返るがく片は紅紫色。花序の軸や花柄に腺毛が多くつく。蝦夷水玉草。❀8〜9月 ●山地の林内や林縁 ❖北海道、本州（関東北部） この属には様々な自然雑種があるため同定が困難な場合がある

果実　　8月25日　釧路町

アカバナ科

ミヤマタニタデ
Circaea alpina subsp. alpina

細い地下茎を伸ばして群生し、高さが5～25cmの多年草。対生する葉は三角状卵形1～2cmの柄があり、長さ1～3cm。基部は心形で縁は粗い波形に浅く凹む。花には反り返るがく片2個、2深裂した花弁が2個、雄しべが2個ある。花色は白～淡紅色。棍棒状の果実に鉤形の白毛が密生する。深山谷蓼。❉7～8月 ◉山地～亜高山の湿った林内、沢沿い ✿北海道～九州

雄しべ
雌しべ　がく片　2裂した花弁

葉の基部は心形

鉤形の毛
棍棒状の果実

8月8日　斜里岳

アカバナ科

タニタデ
Circaea erubescens

前種ミヤマタニタデに似るが、より大形で葉の基部は円形で、心形にはならない。花弁の先は浅く3裂し(あまり顕著ではない場合が多い)、果実はほぼ円形。谷蓼。❉7～8月 ◉山地の林内 ✿北海道～九州 前種との自然雑種があり、同定が難しい場合がある

3裂した花弁
長い果柄
心形にならない葉の基部
先は鋭くとがる

8月10日　様似町

アカバナ科

チョウジタデ（タゴボウ）
Ludwigia epilobioides subsp. epilobioides

紅紫色をおびた茎がよく分枝して高さが40cmの一年草。葉は長さ5cm前後の長楕円状披針形で光沢があってタデ類の葉に似る。花は小さく径4mmほど、4個の花弁はがく片より短い。雄しべは4個、花柱は1個。果実は細い円柱形で長さ2cmほど。丁子蓼。❉8～9月 ◉水田やその周辺 ✿日本全土 北海道では通常閉鎖花をつけ、時に開花する

雄しべはふつう4個。これは5個
花弁より長いがく片
花弁はふつう4個。これは5個
紅紫色をおびる茎は直立
果実

8月28日　余市町

アカバナ科

ヤナギラン
Chamaenerion angustifolium subsp. angustifolium

茎が直立して高さが1～1.5mになる多年草。地下茎を伸ばして時に群生する。多数互生する葉は長さ8～20cmの長披針形で先がとがり、全縁に見えるが細鋸歯縁。花は下から咲き、径2～3cm、がく片と花弁は4個、柱頭は4裂し、8個の雄しべが先に熟する。蒴果に種髪のついた種子が多数ある。柳蘭。❉7～8月 ◉低地～山地の陽地や裸地、草地など ✿北海道、本州(中部・北部)

つぼみ
果実
熟した雄しべの葯。この花にまだ雌しべは見えない
熟した雌しべ
花粉を出し終えた雄しべの葯

8月7日　湧別町

アカバナ科

■ イワアカバナ
Epilobium amurense subsp. cephalostigma
高さが20〜60cmの多年草で、茎はよく分枝し、屈毛が散生する。葉は長さ3〜9cmの披針形〜長楕円状披針形で凸点状の鋸歯縁。花は径1cmほどで、花弁は4個、柱頭は頭状。蒴果に屈毛がある。岩赤花。❋7〜9月 ◉山地のやや湿った所 ❖北海道、本州、九州 基準亜種 **ケゴンアカバナ(シコタンアカバナ)** subsp. amurense は茎に屈毛が生える2稜が走り、熟した蒴果は無毛。沢沿いに生える。

■ カラフトアカバナ
Epilobium ciliatum subsp. ciliatum
変異の大きな多年草で高さは35〜80cmになる。茎は上部で分枝して屈毛が生える稜がある。葉は長さ4〜10cmの披針形〜長楕円形で先がとがり細鋸歯縁。4個の花弁は長さ3.5〜5mm、先が2浅裂し、柱頭は棍棒状。蒴果は長さ4〜7cmで屈毛と腺毛がある。樺太赤花。❋7〜9月 ◉山地のやや湿った所 ❖北海道、本州(中部以北)

屈毛が散生する茎　　イワアカバナ　8月20日　千歳市　　　ケゴンアカバナ　7月29日　上士幌町　　　カラフトアカバナ　9月1日　札幌市　屈毛が生える稜

■ エゾアカバナ
Epilobium montanum
茎は円柱形で稜がなく上部に屈毛があり、高さが15〜50cmの多年草。葉は長さ3〜10cmの長卵形〜卵状披針形。不揃いの鋭い鋸歯縁。4個の花弁は長さ7〜10mm、先が2裂し、雌しべは1個で柱頭は4裂する。蒴果に屈毛がある。蝦夷赤花。❋6月中〜7月 ◉低地〜山地の草地や林縁。時に市街地の裸地 ❖北海道、本州(中部・北部) 花弁の長さが10mm以上ある近似種**オオアカバナ**＊E.hirsutumが帰化している

■ アカバナ
Epilobium pyrricholophum
細い地下茎があってまとまって生える多年草で高さは20〜60cm。茎は稜がなく屈毛が生え、上部で腺毛が混じる。葉は長さ2〜6cmの卵状披針形で粗い鋸歯があり、基部はやや茎を抱く。花は径1cmほどで花弁は4個、花柱は棍棒状。蒴果に腺毛が多く、種髪は薄茶色。赤花 ❋7〜9月 ◉低地〜山地の湿った所 ❖北海道〜九州

エゾアカバナ　7月2日　札幌市藻岩山　　　オオアカバナ

8月7日　札幌市

アカバナ科

ホソバアカバナ（ヤナギアカバナ）
Epilobium palustre
高さが10〜40cmの多年草。稜がない茎は直立して多少分枝し、短毛がある。葉は幅2〜12mmの線形〜披針形で先はとがり低い鋸歯縁。花は径8mmほどで白色〜淡紅色。4個の花弁は先が2裂して柱頭は棍棒状。蒴果に白い短毛が密生する。細葉赤花。❀7月下〜8月 ●低地〜高山の湿原 ◆北海道、本州（中部以北）

アカバナ科

ヒメアカバナ（ムカゴアカバナ）
Epilobium fauriei
小形の多年草で高さは5〜20cm。茎の断面は円いが毛が2列に生える。葉は長さ1〜3cm、幅1〜4mmの線形で1〜4対の鋸歯がある。4個の花弁は長さ4〜7mmで先が2浅裂し雌しべは1個で柱頭は棍棒状。蒴果は長さ2〜4cmで伏毛が散生する。姫赤花。❀7〜8月 ●山地のれき地や岩場 ◆北海道、本州中国以北

8月5日　鶴居村

7月29日　日高山脈幌尻岳

アカバナ科

ミヤマアカバナ
Epilobium hornemannii subsp. hornemannii
高さ5〜25cmの多年草で茎に2条の毛列がある。葉は対生、時に上部で互生し、長さ1〜4cmの長楕円形〜卵形。やや光沢があり、突起状の鋸歯縁。4個の花弁は長さ4mm前後、花柱は棍棒状。蒴果には1〜2cmの柄があり、腺毛が生える。種子に乳状突起がある。深山赤花。❀7〜8月 ●亜高山〜高山の湿った所や沢沿い ◆北海道、本州（中部以北）
酷似種シロウマアカバナ E. lactiflorum の種子に乳状突起はない

アカバナ科

アシボソアカバナ（ナガエアカバナ）
Epilobium anagallidifolium
小形の多年草で高さが3〜15cm。茎に2本の屈毛列がある。下部の葉は楕円形で対生し、上部の葉は卵状披針形で互生する。全縁かまばらな細鋸歯縁。4個の花弁は長さ3〜6mm。蒴果は無毛か細毛があり、柄は長さ2〜4cmで屈毛がある。足細赤花。❀7〜8月 ●高山の湿った所、雪田跡など ◆北海道、本州（中部以北）

7月24日　大雪山

8月11日　大雪山

アカバナ科

メマツヨイグサ*
Oenothera biennis
発芽してロゼットで越冬、春から茎を立ち上げて高さが1.5mを超える越年草。全体に毛がある。互生する葉は長さ10cm前後、倒披針形で浅い鋸歯縁。夕方開花し、花は径2〜4cm、花弁は4個で先が浅く凹む。雄しべは8個、柱頭は4裂する。果実(蒴果)は長楕円形で長さ約3.5cm。雌待宵草。❀7〜9月 ●道端や空き地など ✿原産地は北アメリカ

7月15日　利尻島　　　越冬前の姿

アカバナ科

オオマツヨイグサ*
Oenothera glazioviana
前種メマツヨイグサ同様の越年草だがロゼット葉の先はとがらない。茎には剛毛が生え、時に腺毛が混じる。葉形は変化に富み、長さ10cm前後。花は径3.5〜5cm、がく片は赤味をおびる。蒴果は披針形。大待宵草。❀7〜9月 ●道端や空き地、河原など ✿ヨーロッパで園芸化された雑種が起源とされる

越冬前の姿　　　7月29日　松前町

アカバナ科

ヒナマツヨイグサ*
Oenothera perennis
多年草で高さは30cm前後。茎は基部で分枝し、白い伏毛がある。互生する葉は倒披針形〜へら形で花は昼間咲き、径は1.5cmほど、花弁は4個。蒴果に腺毛があり、基部は柄のように細くなる。雛待宵草。❀6〜8月 ●道端や空き地 ✿原産地は北アメリカ

8月8日　苫小牧市

ウルシ科

ツタウルシ
Toxicodendron orientale subsp. orientale
気根によって岩や幹をよじ登る。雌雄異株でつる性の落葉低木。3出複葉の小葉は長さ5〜15cmの卵形。全縁だが幼樹では切れ込みがある。新葉は小豆色、秋にも紅葉して触れるとかぶれる。花は葉腋から出る花序に多数つき、がく片と花弁、雄しべは5個ある。果実は偏球形で長さ5〜6mm。蔦漆。❀6月 ●低地〜山地の林内 ✿北海道〜九州

春の葉　　　6月25日　幌加内町

アオイ科

■ ジャコウアオイ*
Malva moschata

高さが20〜70cmの多年草で茎に白長毛が密生する。茎葉は掌状に深裂し、さらに羽状深裂して終裂片はおおむね線形で長い柄と托葉がある。花は白色〜淡紅色、径4cmほどで花弁は5個、中央に筒状に合着した花糸群が雌しべを囲む。柱頭は15ほどに裂ける。芳香がある。麝香葵。
❋6〜8月 ●道端や空き地 ●原産地はヨーロッパ

7月8日 札幌市

アオイ科

■ ゼニバアオイ*
Malva neglecta

有毛の茎が地表を這ったり斜上する長さ50cmほどの二年草。葉には長い柄があり、円形の葉身は5〜7浅裂し、不揃いな鋸歯縁。花は葉腋に2〜4個つき、径1.2cm前後。花弁は5個、がくは5裂する。多数の雄しべが合着して筒状になり、雌しべはその中を突き抜けて柱頭が上に出る。果実は扁平で10個以上の分果からなる。銭葉葵。❋6〜8月 ●道端や空き地 ●原産地はユーラシア

6月29日 小樽市

アオイ科

■ イチビ* (キリアサ、ゴザイバ)
Abutilon theophrasti

上部で分枝する茎は高さ1m近くなり、軟毛や腺毛があり、強靭な表皮に被われる一年草。互生する葉は心臓形で5〜9本の掌状脈があり、先はとがり基部は深い心形。若い葉はビロード状。花は葉腋につき、径約2cm、5個の花弁は基部で合着、先はわずかに凹むか平ら。多数の雄しべの下半部は合着して袋となる。果実は半球形、16個の分果が環状に並ぶ。
❋8〜9月 ●空き地や荒れ地 ●原産地はインド

9月8日 苫小牧市

ミカン科

■ ツルシキミ (ツルミヤマシキミ)
Skimmia japonica var. intermedia

下部が這って立ち上がる雌雄異株の常緑小低木で高さは50cm前後。葉は上部に集まるが互生している。葉身は厚みと光沢があり、長さ5〜10cmの長楕円状倒披針形。花は枝先の花序につき、がく片と花弁は4個、雄しべは4個ある。果実は球形で赤く熟す。蔓樒。❋5月中〜6月 ●山地の明るい林内 ●北海道〜九州の積雪の多い所

6月6日 礼文島

ジンチョウゲ科

ナニワズ（エゾナツボウズ）
Daphne jezoensis

高さが60cm前後になる雌雄異株の小低木。葉は倒披針形で長さ6〜7cm、裏面は白っぽく夏に落葉し、秋に新葉が出る。花は花弁がなく、筒状のがくが4深裂する。雄花の径は1.5cmほど、雌花は小さい。果実は赤い液果で球形〜楕円体、長さ約1.3cm。難波津。❋4〜5月 ◉低地〜低山の林下 ✿北海道、本州（中部以北）

5月9日　札幌市藻岩山　　　　　　　　　　果期姿（夏）

ジンチョウゲ科

ナニワズsp.
Daphne sp.

前種ナニワズに似るが、新葉は春に出て、同時に花も開花する。花は変異があるものの、おおむねクリーム色。夏に果実ともに葉もつけている。秋に落葉する。❋5〜6月 ◉山地の石灰岩地帯 ✿北海道（崕山）近似種 **カムチャッカナニワズ** D. kamtschaticaが道東で確認された。

果期の姿（夏）　　　　　　　　　　　　　6月2日　崕山

ジンチョウゲ科

カラスシキミ
Daphne miyabeana

高さ30〜60cmの常緑で雌雄異株の小低木。葉は長さ10cm前後の倒披針形で厚みと光沢があり、先がとがり、基部は長いくさび形。花は当年枝の先に数個まとまってつく。花冠に見えるのは先が4裂したがく筒で、径約4mm。液果はほぼ球形で径約8mm、赤く熟す。烏（偽物の意）樒。❋6〜7月 ◉山地〜亜高山の林内 ✿北海道、本州（中部・北部）

5月24日　札幌市砥石山　　　　　　　　　果実

アブラナ科

セイヨウワサビ*（ワサビダイコン）
Armoracia rusticana

大形で無毛の多年草で高さは50〜120cm。太い根茎は香辛料として利用される。長い柄があり、しわの多い根出葉は長楕円形で波打ち、円い鋸歯縁。茎葉は下部ほど深く羽状分裂する。花は径1cmほどで、がく片、花弁は4個、雄しべは6個、雌しべは1個ある。短角果は広卵形だが北海道では完熟しないようだ。西洋山葵。❋5月下〜7月中 ◉道端や土手、田畑の周辺 ✿原産地はヨーロッパ

早春の姿　　　　　　　　　根出葉　　　　6月7日　白老町

アブラナ科

■ハクサンハタザオ（ツルタガラシ、オシマタネツケバナ）

Arabidopsis halleri subsp. gemmifera var. senanensis

開花初期の高さが10〜30cmの多年草だが倒伏することが多く、葉腋から根を出し新苗をつくる。根出葉は長さ2〜7cm、頭大羽状浅裂〜中裂し、柄がある。茎葉はより小形で長さ1〜2cm。花は総状花序につき、がく片、花弁は4個、雄しべは6個ある。長角果は長さ1〜2.5cmで無毛で数珠状にくびれる。種子は平らな長楕円形で翼がない。白山旗竿。❋4〜5月 ●海岸〜山地の岩場やその周辺 ✤北海道〜九州の局所的に分布 変種リシリハタザオ（リシリツルタガラシ）var. umezawana は越年草で種子は円形〜楕円形で基部に狭い翼がある。❋5〜7月 ●✤利尻山の中腹れき地や周辺に生え、遠軽町などでも見つかっている。

ハクサンハタザオ　5月16日　函館市戸井
リシリハタザオ　7月7日　利尻山
リシリハタザオ　7月4日　利尻山

リシリハタザオの種子　狭い翼
倒伏して新苗をつくる茎　果実

■ミヤマハタザオ

Arabidopsis kamchatica subsp. kamchatica

茎は基部からも分枝して直立〜斜上して高さ10〜30cmになる多年草。多少とも2種の毛がある。根出葉は頂片が大きく奇数羽状深裂しロゼット状。茎葉は長さ3cm前後の倒披針形で全縁。花は短い総状花序につき、4個の花弁は長さ約4mm。長角果は長さ3〜4cmで弓なりに上を向く。深山旗竿。❋5〜7月 ●山地の岩場やれき地 ✤北海道、本州（大山・中部・北部）、四国

5月19日　遠軽町
根元から分枝する茎　越冬前の姿
弓なりに上を向く長角果
分裂しない上部の葉
ロゼット状に広がる根出葉

■シロイヌナズナ*

Arabidopsis thaliana

茎は直立して高さ10〜40cmの1〜越年草。茎の下部には二叉毛や星状毛が密生する。根出葉はロゼット状で長さ1〜5cmの長いへら形。鋸歯状の凹みがあり分枝した毛が密生する。茎葉は小さい。葉腋から花序が出て、花は径4mmほど。長角果は長さ2cm前後で斜め上を向く。白犬薺。❋4月下〜7月、時に秋にも咲く ●道端や空き地、植え込みなど ✤原産地はヨーロッパ・北アフリカ

雄しべの葯　柱頭
茎の下部に生える毛　根出葉
長角果
4月26日　札幌市

アブラナ科

エゾノイワハタザオ
Arabis serrata var. glauca
変異が大きい多年草で、高さは15〜40cm。茎や葉に粗毛と柄のある分枝毛がある。根出葉はロゼット状につき、長さ3〜8cmの長倒卵形で粗い鋸歯縁。花にはがく片と長さ6〜9mmの花弁が4個、雄しべ6個ある。長さ5〜8cmの長角果は花(果)序の軸と直角に近く離れる。蝦夷岩旗竿。❀4月下〜6月 ●山地の岩場とその周辺 ❖北海道、本州(北部)

5月24日　長万部町

柱頭　雄しべは6個
長角果は軸とほぼ直角に離れる
柄のある分枝毛
根出葉の毛

アブラナ科

ヤマハタザオ
Arabis hirsuta
高さ25〜80cmの越年草。葉は根出葉、茎葉ともに長楕円状へら形で星状毛と短毛があり、波状の鋸歯縁。花はややまばらにつき、4個の花弁は長さ約4mmであまり平開しない。長さ5cmほどの長角果は花(果)序の軸と平行する。山旗竿。❀6〜7月 ●山地の明るい林内 ❖北海道〜九州

6月9日　函館市

長角果は直立
花弁はあまり平開しない
茎は直立
茎葉の基部茎を抱く

アブラナ科

ハマハタザオ
Arabis stelleri var. japonica
茎は株立ち状に直立して高さ20〜50cmの1回繁殖型の多年草。全体に星状毛と短毛がある。根出葉は倒披針形でロゼット状に広がる。茎葉は長さ2〜5cm、長楕円形で基部は茎を抱く。花はやや大きく、4個の花弁は長さ1cm近い。長さ5cm前後の長角果は花序の軸に圧着するように直立する。浜旗竿。❀5〜6月 ●海岸の砂地やれき地 ❖北海道〜九州

6月1日　上ノ国町

直立する長角果
柱頭　雄しべ(6個ある)
茎を抱く茎葉の基部
ロゼット状に広がる
越冬前の根出葉

アブラナ科

エゾハタザオ
Catolobus pendulus
茎は直立して高さ20cm〜1mの越年草。星状毛と単純毛がある。長楕円形の葉は薄く、大きいもので長さ10cm、先がとがり鋸歯縁。4個の花弁は長さ4〜5mm、平開せず、4個のがく片の外面に星状毛がある。長さ5〜8cmの長角果は熟すとだらりと垂れ下がる。蝦夷旗竿。❀7〜8月 ●山地の林縁や草地 ❖北海道、本州(北部)

雄しべ(6個ある)
だらりと下がる長角果
あまり平開しない花弁　柱頭　がく片

8月26日　本別町

分裂せず先がとがる茎葉

208

アブラナ科

■ ハタザオ
Turritis glabra
全体灰白色をおび、茎は直立して高さが30cm〜1.3mの越年草か短命の多年草。ロゼット状の根出葉はへら状披針形で長さ4〜15cm、先はとがらず羽状浅裂か波状縁。披針形の茎葉は先がとがり、基部は矢じり状となって茎を抱く。花序は長く、花弁は黄白色で長さ約7mm、長角果は長さ5〜6cmで直立する。旗竿。❀5〜8月 ●海岸〜山地の草原など ❖北海道〜九州

6月23日　苫小牧市

アブラナ科

■ オニハマダイコン*
Cakile edentula
茎は下部で分枝して株立ち状となって高さは20〜40cm。全体に多肉的で白味をおびた緑色。葉は長さ4〜8cmの倒卵形〜長楕円形。縁の切れ込みは様々だが不整の波状縁が多い。花は枝先や葉腋から出る花序につき径約8mm。4個の花弁は白色〜淡紅色。鬼浜大根。❀6〜8月 ●海岸の砂地やれき地 ❖原産地は北アメリカ東岸

8月17日　奥尻島

アブラナ科

■ ヤマガラシ
Barbarea orthoceras
全体無毛で高さが50cmほどになる1回繁殖型の多年草。葉は長さ6〜12cm、頂片が特大の羽状中〜全裂。根出葉に柄があり、茎葉の基部は耳状となって茎を抱く。花の径は5mmほど、がく片は楕円形。花柱は子房よりも短い。長角果は長さ3〜5cm、残存花柱は太く、長さ0.5〜1.2mm。山芥子。❀6〜7月 ●山地の谷沿いや岩地 ❖北海道、本州（中部以北）酷似する帰化種ハルザキヤマガラシ*（フユガラシ）B. vulgaris のがく片の先にはこぶ状突起があり、花柱は子房とほぼ同長。長角果上の残存花柱は細長く、長さ1.5〜3mmある。❀5〜7月上 ●道端、空き地、河原などにしばしば群生する ❖原産地は、ヨーロッパ〜西アジア

ヤマガラシ　7月30日　ユニ石狩岳

ハルザキヤマガラシ　5月29日　札幌市

209

アブラナ科

クロガラシ*
Brassica nigra

一年草ゆえかサイズの差が大きく、高さが1mを超える個体もある。茎は分枝して横にも広がる。下部の葉は大きく長さ30cmもあり、頂裂片が大きな羽状に分裂し、粗い毛がある。上部の葉に柄があり茎を抱かない。花の径は1cmほどでがく片も平開する。長角果は長さ2cmほどで花序の軸に圧着する。黒芥子。❄5〜9月 ●道端や空き地 ✿原産地はヨーロッパ・西アジア 同属のセイヨウアブラナ* B. napus は一〜二年草で、茎も葉も粉白色でほとんど無毛。上部の葉は長三角形で基部は耳状となって茎を抱く。4個の花弁は長さ1.5cmほど、がく片は直立する。長角果は斜上または開出する。西洋油菜。❄5〜7月 ●道端や空き地 ✿原産地はユーラシア カラシナ* B. juncea は上部の葉はふつう柄があるが無柄の場合も茎を抱かず、長角果は斜上し開出する。✿原産地はユーラシア

クロガラシ 6月16日 小樽市

セイヨウアブラナ 7月17日 小樽市

カラシナ 7月5日 様似町

アブラナ科

タネツケバナ
Cardamine occulta

高さ15〜30cm。多年草と一年草の生活型がある。茎は下部から分枝して多少毛がある。花時、根生葉はないか枯れる。下部の葉は長さ3〜9cm、頂小葉が大きめの羽状複葉で、側小葉は長楕円形、茎葉は数個つき目立つ。4個の花弁は長さ3〜4mm、雄しべは6個あり、長角果は長さ約2cmで直立する。種漬花。❄4月下〜5月 ●道端や田畑の畦 ✿日本全土 よく似たミチタネツケバナ* C. hirsuta は茎が無毛で根出葉は花時に残り、茎葉はないか小形のものが1〜2個つき、雄しべは4個しかない。❄4〜5月 ●道端や空き地 ✿原産地はヨーロッパ

タネツケバナ 5月17日 札幌市

タネツケバナの花

ミチタネツケバナ 5月11日 札幌市

アブラナ科

■ ジャニンジン
Cardamine impatiens var. impatiens
ほとんど無毛の茎が直立して高さ20〜60cmの越年草。葉は奇数羽状複葉で小葉は2〜5対、卵形〜線形と変異が大きく、さらに切れ込む場合も。葉柄基部は矢じり形となって茎を抱く。花は小さく、4個の花弁は長さ2〜3mmで平開しない。がく片も4個、雄しべは6個、雌しべは1個ある。長角果は長さ2〜3cm。蛇人参。❋5〜6月 ◉低地〜山地の湿った林内 ✣北海道〜九州

6月8日　礼文島

アブラナ科

■ エゾノジャニンジン
Cardamine schinziana
茎の基部が地表を這って立ち上がる高さは15〜35cm。葉は奇数羽状複葉で小葉は2〜6対つき長楕円形〜披針形で先がとがり、小葉に欠刻があるがその形は多様。花は径1cmほど、花弁とがく片は4個、雄しべは6個のうち4個が長く、雌しべは1個ある。長角果は長さ約2cm。蝦夷蛇人参。❋5〜6月 ◉日高山脈と上川地方の山地渓流沿い。北海道固有種

6月12日　浦河町

アブラナ科

■ ミヤマタネツケバナ
Cardamine nipponica
無毛の茎が分枝して横に広がり、高さが3〜10cmになる多年草。厚みと光沢がある葉は羽状複葉で、1〜3対つく小葉は楕円形〜倒卵形で長さは1cm以下で全縁。茎葉と根生葉は数個つく。花も数個やや密につき、長さ5mmほどの花弁が4個、がく片が4個、雄しべは6個ある。長角果は長さ2〜3cmで直立する。深山種漬花。❋7〜8月 ◉高山の岩礫地 ✣北海道、本州(中部・北部)

8月15日　大雪山　　　　　果期の姿　8月12日　大雪山

アブラナ科

■ ホソバコンロンソウ (ミヤウチソウ、ホソバタネツケバナ)
Cardamine trifida
無毛の茎は分枝しないで直立して高さ15〜25cmになる多年草。葉は奇数羽状複葉だが3出複葉的になるものが多い。小葉は線形〜長楕円形で羽状の深い切れ込みがあり、裂片の先は急に狭まり、先端は刺状。花は総状花序につき、4個の花弁は長さ8mmほど。果実は長角果。細葉崑崙草。❋4月下〜5月 ◉道北地方の林縁や草地に局所的

5月7日　礼文島　　ヒメイチゲの花　　果期の姿　5月22日　旭川市

アブラナ科

■ハナタネツケバナ
Cardamine pratensis

無毛の茎は分枝せず直立して高さ15～50cmの多年草。葉は奇数羽状複葉で小葉は3～7対つく。根生葉には長い柄があり小葉は広卵形、茎葉の小葉はほぼ線形、しばしば上方に湾曲気味となる。花は白色～淡紅色で径1.3cmほど。4個の花弁の長さはがく片の約3倍ほど。雄しべは6個、雌しべは1個ある。果実は長角果。花種漬花。❉5月中～6月 ●道東の湿原に局所的

6月13日　鶴居村

アブラナ科

■オオバタネツケバナ
Cardamine regeliana

変異の大きな無毛の多年草で高さ10～50cm。葉は奇数羽状複葉で小葉は1～4対あり、頂小葉は特大で時に浅い切れ込みが入る。側小葉は倒披針形。4個の花弁はあまり平開せず、がく片が4個、雄しべは6個ある。長角果は長さ2cm前後で斜め上を向く。大葉種漬花。❉5～6月 ●湿地や水辺、沢沿い ✤北海道～九州

越冬前の姿　　　　　　　6月15日　日高町富川

アブラナ科

■アイヌワサビ（アイヌガラシ）
Cardamine valida

太い茎が直立して高さ30～80cmの多年草。根元から匍匐枝を出して群生する。葉は奇数羽状複葉で小葉は2～5対つき、頂小葉は側小葉とほぼ同形同大、長卵形で切れ込みは目立たない。花は径1.3cmほどで花弁とがく片は4個、雄しべは6個、雌しべは1個ある。長角果は長さ2～2.5cm。アイヌ山葵。❉5～7月 ●山地の沢沿い ✤北海道、本州(北部)

7月14日　ウペペサンケ山

アブラナ科

■エゾワサビ（ミツバタネツケバナ）
Cardamine yezoensis

ふつう茎は下部が地表を這い、立ちあがって長さが20～50cmになる多年草。結実後上部も倒れて節に新苗をつくる。葉は単葉または複葉で、径4～5cmの円形～円心形。さらに切れ込みが入る。複葉の場合は小さな側葉が1～2対つく。花は多数つき、径1.2cmほど。花弁とがく片は4個、雄しべは6個、雌しべが1個ある。長角果は長さ2.5cm前後。蝦夷山葵。❉5～7月 ●山地の沢沿い ✤北海道、本州(北部)

5月4日　八雲町熊石

アブラナ科

■コンロンソウ
Cardamine leucantha

細い根茎が伸びてまとまって生え、高さが40〜70cmになる多年草。全体に毛があり、茎は上部で分枝する。互生する葉は羽状複葉で、小葉は2〜3対、頂小葉で長さ6〜7cm、広披針形で粗い鋸歯縁。花は径約1cm、花弁とがく片は4個、雄しべは6個(2個は短い)、雌しべは1個ある。長角果は長さ2cmほど。崑崙草。❋5〜6月 ●低地〜山地の林内 ◆北海道〜九州 札幌市の山中沢沿いにヒロハコンロンソウに似ているが全草有毛の植物があり、まだ解明されていない。

アブラナ科

■オランダガラシ*（クレソン）
Nasturtium officinale

茎は水辺や水中に節から根を出しつつ伸びて群生する多年草。水面に出る部分は高さ20〜50cmになるが、水中でも育つ。茎や葉は生食される。葉は羽状複葉で小葉は2〜4対、頂小葉も側小葉も広卵形〜披針形で形とサイズはほぼ同じ。花は径6mmほどで花弁とがく片は4個、雄しべは6個ある。長角果は長さ1cmほどで上に曲がり、熟すと下から裂ける。オランダ芥子。❋6〜8月 ●清流の中 ◆原産地はユーラシア

6月2日 札幌市砥石山　　不明種 7月8日 札幌市定山渓

7月8日 鶴居村

アブラナ科

■ワサビ
Eutrema japonica

開花時の高さが20〜40cmの多年草で、円柱形の太い根茎は栽培もされて香辛料として利用される。鋸歯縁の葉はやや光沢があり、長い柄のある根出葉が特に大きく円心形で長さ5〜10cm、茎葉は心形で上部ほど小さくなり苞へと移行する。花は径1cmほどで、花弁とがく片は4個、6個の雄しべは4個が長い。雌しべは1個ある。山葵。❋4月下〜6月上 ●山地の沢沿い ◆北海道(胆振以南以外は栽培起源か)〜九州

アブラナ科

■オオユリワサビ
Eutrema okinosimense

茎は斜上か地表を這って伸び、長さが20〜30cmになる多年草。太い根茎はなく、上部に前年の葉柄基部が肥厚したユリ根状のものがつく。葉は光沢がなく不規則な波状の鋸歯縁。根出葉は腎円形〜卵円形で長い柄がある。茎葉は心形で上部ほど小さく苞に移行する。花は径1cmほどで花弁とがく片は4個、雄しべは6個ある。大百合山葵。❋4月下〜5月 ●山地の沢沿いなど ◆北海道(道央以南)〜九州の特定地域

5月8日 八雲町　　地下部

4月27日 豊浦町

アブラナ科

■モイワナズナ

Draba sachalinensis var. sachalinensis

高さが10～30cmの多年草で根元で分枝して株立ち状となる。ロゼット状につく根出葉は長さ2～3cm、倒披針形で短毛と星状毛が密生し僅かな鋸歯縁。花はやや密に多数つき、4個の花弁は長さ6～8mm。披針形の短角果はほとんどねじれず星状毛と短毛が密生し、長さ2～4mmの残存花柱がある。藻岩薺。❋4月下～6月 ◉山地の岩場 ✤北海道(西南部・網走) 近似種**シリベシナズナ** D. igarashii は根出葉の長さ3cm前後、花弁は長さ4.5～5mm、短角果の残存花柱が短く1～1.8mm。❋6～7月 ✤後志地方大平山周辺石灰岩地の固有種とされるが、モイワナズナの変種とする見解もある。

モイワナズナ　5月18日　札幌市　　葉の表面　　　　シリベシナズナ　6月12日　島牧村大平山

アブラナ科

■ソウウンナズナ

Draba nakaiana

高さが10～18cmの多年草でやや株立ちとなって生える。ロゼット状につく根出葉は狭披針形、長さ13mm前後で両面に星状毛が密生して白っぽくみえる。4個の花弁の長さは4.5～5mm、短角果は長卵形で長さ7～10mm、残存花柱は0.7～1.8mm。層雲薺。❋6～7月 ✤中央高地と夕張山系の岩場　生育地ごとに葉形に差があり、個体変異なのか別の分類群なのかは今後の課題である。夕張山系の崾山には大形で茎葉が多い同属の別種と思われる植物仮称**キリギシナズナ** D. sp. が知られるが、これについての解析はまだない。

ソウウンナズナ　7月13日　ニセイカウシュッペ山　　不明種　7月20日　富良野岳　　不明種　7月14日　西クマネシリ岳　　6月22日　夕張岳山麓　　(仮)キリギシナズナ　6月17日　崾山

アブラナ科

エゾイヌナズナ（シロバナイヌナズナ）
Draba borealis

株立ち状にまとまって生える多年草で高さが6〜20cmになる。根出葉は倒卵形で長さ1〜3cm、ほとんど鋸歯はない。茎葉は大きく卵形で数対の鋸歯がある。花は径8〜9mm、4個の花弁は先が凹む。短角果は長楕円形で長さ1cmほど、強くねじれて毛はわずか。蝦夷犬薺。❋5〜7月　●海岸の岩場　❋北海道、本州（北部）

5月25日　様似町　　　　　　　　　果期の姿

イヌナズナ
Draba nemorosa

高さが25cmほどになる越年草でサイズの幅が大きく分枝する株もある。花序を除いて星状毛がある。無柄の根出葉は長さ3cmほどの長楕円形。花の径は5mmほどで花弁は4個、がく片4個に長毛がある。短角果は長楕円形で長さ約1cm、長い柄の先につく。犬薺。❋4月下〜5月中　●道端や空き地（二次的に生えた?）　❋北海道〜九州

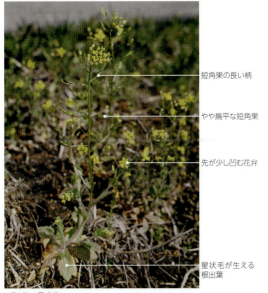

5月9日　足寄町

ヒメナズナ*
Draba verna

細い茎が何本か出て株立ち状となり高さが10〜30cmになる一年草。長さ2cm前後、短毛と星状毛が密生する倒広披針形の葉がロゼットをつくる。花は小さく花弁は長さ約3mm、4個あるが先が中裂しているので8個に見える。短角果は長さ8mmほどで長い柄があるが毛はない。姫薺。❋4月下〜5月　●道端や空き地　❋原産地は地中海地方

5月14日　北斗市

ナンブイヌナズナ
Draba japonica

小形の多年草で高さが10cm前後。全体に星状毛が生えてざらつく感触がある。根出葉は長さ4〜10mmでやや厚みがあり全縁。花の径は8mmほど、4個の花弁は倒卵形で先が凹む。短角果は楕円形で長さ約4mm。南部犬薺。❋6〜8月　●高山の蛇紋岩地やかんらん岩地　❋北海道（夕張山地・日高山脈）、本州（早池峰山）

7月13日　夕張岳

アブラナ科

トモシリソウ
Cochlearia oblongifolia subsp. oblongifolia

全草無毛の越年草で高さが5〜30cmになる。茎は基部から出四方八方に伸びる。長い柄のある根出葉は長さ1〜2cmの腎円形で花時に枯れていく。茎葉は卵形で長さ1.5cm前後、いずれも厚くつやがある。花は径6mmほどで花弁ととがく片は4個ある。果実は球形に近く、径5mmほど。友知(根室半島にある地名)草。❋5〜7月 ●海岸の岩場 ✿北海道(根室半島・知床半島)

6月17日 根室半島

アブラナ科

ハクセンナズナ
Macropodium pterospermum

高さが50cm〜1mの多年草で茎は直立して分枝しない。根出葉は広卵形で長い柄があり上部の葉ほど小さく柄がなくなる。中部の葉で長さ7〜12cm、先がとがり鋸歯縁。花は長さ15〜40cmの花序に下から咲き上る。白い花弁が4個あるが、外側にあるあずき色のがく片4個の方が目立つ。雄しべは6個あり2個は短い。長角果は扁平で長さ3〜5cm。白鮮薺。❋7〜8月 ●亜高山〜高山の湿った草地 ✿北海道、本州(中部・北部)

7月30日 ユニ石狩岳

アブラナ科

エゾスズシロ
Erysimum cheiranthoides

サイズの差が大きいが高さ50cm前後の一〜越年草。稜がある茎は伏毛に被われる。葉は下部から広披針形〜線形へと変わり、下部の葉に波状の鋸歯がある。花は径約4mm、長楕円形のがく片に伏毛が密生する。長角果は長さ3cmほど。蝦夷蘿蔔。❋6〜9月 ●海岸、道端や空き地 ✿原産地は北半球の温帯 道北〜オホーツク沿岸のものは在来種と推定される

6月24日 新十津川町

アブラナ科

ハマタイセイ (エゾタイセイ)
Isatis tinctoria

直立した茎が高さ30〜90cmになる一〜越年草。全体無毛で茎上部で枝を出す。粉白色をおび互生する葉の基部は茎を抱き、長さ10cm前後。下部の葉は円みをおび鋸歯縁。花は総状に多数つき、径3〜4mmで4個の花弁はあまり平開しない。果実は扁平なへら形で細い柄でぶら下がる。浜大青。❋6月下〜7月 ●海岸の砂地や斜面、草地 ✿北海道(利尻・礼文島〜オホーツク沿岸)

7月13日 礼文島

アブラナ科

■ウロコナズナ*
Lepidium campestre

太い茎が直立して高さが10〜40cmになる一〜越年草。全体に短毛が密生して灰白色をおびる。根出葉は柄があり、倒披針形で全縁か羽状浅裂。茎葉は披針形で全縁、基部は矢じり形となって茎を抱く。花は径約3mmで、へら形の花弁が4個あるが、平開しない。果実はボート形の短角果で長さ5〜6mm、表面に細かい突起が密生する。鱗薺。❋6〜7月 ●道端や空き地 ❖原産地はヨーロッパ 同属のヒメグンバイナズナ* L. apetalum は下部の茎葉は羽裂せず、花には微小な花弁があるかまたは欠如する。種子の翼は周囲の一部にある。姫軍配薺。❖原産地は北アメリカ 同じく同属のマメグンバイナズナ* L. virginicum の茎は細毛があり中部からよく枝を出す。根出葉と下部の茎葉は羽状に分裂し、上部の茎葉は線形。4個の花弁は長さ約1mmと小さく、がく片よりわずかに長い。短角果は上下に扁平な円形で長さ3mmほど、先が軍配形に凹む。種子の周囲に半透明の翼がある。❖原産地は北アメリカ

細かい突起が密生する短角果

よく分枝する茎

熟しつつある果実

花弁はないかあっても微小

基部が矢じり状になって茎を抱く

ウロコナズナ　5月30日　苫小牧市　　　　　　ヒメグンバイナズナ　6月29日　小樽市　　　マメグンバイナズナ　6月29日　小樽市

アブラナ科

■タカネグンバイ
Noccaea cochleariformis

高さが10〜20cm、まとまって生える多年草。全体無毛で粉白色をおびる。根際の葉はへら状倒卵形で柄があり、茎葉は長さ1cmほどの卵形で基部が心形となって茎を抱く。花は径約6mm、短い穂状にまとまってつき、開花時の花序は平たい。短角果は三角状の軍配形となる。高嶺軍配。❋5〜7月 ●山地〜亜高山の岩場やその周辺 ❖北海道(固有種)

■グンバイナズナ*
Thlaspi arvense

茎は直立して上部で分枝し高さが30〜70cmになる無毛の越年草。葉はやや厚く、茎葉は長さ3〜7cmの狭卵形〜披針形で下部のもの以外は無柄で基部は茎を抱き、まばらな低鋸歯縁。花序は開花しつつ伸び、花は径4〜5mm、花弁が4個。短角果は長さ1〜1.5cmの扁平な楕円形で先が凹んだ軍配形の翼がつく。軍配薺。❋6〜7月 ●道端や空き地、畑の周辺 ❖原産地はヨーロッパ

軍配状の短角果

平らに並ぶ花

茎を抱く茎葉の基部

凹む深さは5mmほど

軍配形の短角果

開花しながら伸びる花序

厚みのある葉

茎を抱く葉の基部

6月30日　夕張岳　　　　　　　　　　　　　　　　　　　　　　　　　　　　7月3日　釧路市

アブラナ科

■ セイヨウノダイコン*
Raphanus raphanistrum
全体に粗い毛がある一〜二年草。茎は高さ30〜90cmで分枝する。根出葉は長さ30cm前後で頭大羽状に深裂し、裂片の縁には粗い鋸歯がある。花は径1.5〜2cm。色は白色から黄色までで、時に紫色の筋が入ることもある。果実(長角果)は太い棒状で種子の間がくびれ、熟すとここから切れる。西洋野大根。❋6〜10月 ●道端や空地 ✣原産地はヨーロッパ・北アフリカ・中近東

アブラナ科

■ ハマダイコン
Raphanus sativus f. raphanistroides
栽培の大根と種は同じだが根は細くて硬い。茎は斜上気味で長さ30〜50cmになる越年草。根出葉は頭大羽状に分裂して粗い毛がある。花は径2cmほどで4個の花弁は倒卵形で基部が細くなって長い爪となる。太い長角果は数珠状にくびれ、先が細い嘴となる。浜大根。❋6〜8月 ●海岸地帯 ✣北海道〜九州

10月14日 札幌市

8月7日 えりも町

アブラナ科

■ イヌガラシ
Rorippa indica
高さが50cmほどになる一〜越年草。分枝して斜上することが多い。葉は長さ3〜15cmのほぼ長楕円形で粗い鋸歯縁になるか頭大羽状に分裂する。花は径約5mm。長角果は長さ1.5〜2cm、内側にゆるく曲がる。犬芥子。❋5〜6月 ●道端や空地 ✣北海道〜九州 同属の**キレハイヌガラシ*(ヤチイヌガラシ)** R. sylvestris は多年草で、根茎は太く長くて分枝するのでまとまって生える。全体無毛で茎の下部は倒れることが多い。葉は1〜2回羽状に全裂し、終裂片は披針形。長角果は長さ1.3cmほど。切葉犬芥子。❋6〜8月 ✣原産地はヨーロッパ 近似種**スカシタゴボウ** R. palustris は一〜越年草で葉は羽状に深裂して基部は茎を抱く。果実は長さ1cm以下、曲がった長楕円体で柄も曲がる。透田牛蒡。❋5〜10月 ●道端や空き地 ✣北海道〜九州

イヌガラシ 6月19日 札幌市

キレハイヌガラシ 6月15日 札幌市　　スカシタゴボウ 5月26日 札幌市

アブラナ科

カラクサナズナ* （インチンナズナ、カラクサガラシ）
Lepidium didymum

茎が根元から分枝して匍匐、斜上して高さが10～20cmになる一～越年草。全草に悪臭がある。花時根出葉は枯れ、茎葉は1～3回羽状全裂して側裂片は3～7対あり、終裂片は卵形～線形。花序は葉腋につき、微小な花が多数つく。がく片4個、花弁は0～4個あるが平開しない。雄しべは6個あるが黄色い葯を持つのは2個のみ。唐草薺。✿6～9月 ●道端や空き地 ✿原産地は南アフリカ

アブラナ科

ノハラガラシ*
Sinapis arvensis

高さが50cm前後になる一年草。茎は無毛か粗い毛が少しある。柄がある下部の葉は頂裂片が特大に羽状深裂し、上部の葉は無柄で裂けない。いずれも鋸歯縁。花は径1cmほど。長角果は浅いくびれがあり、先は細い円柱形の嘴となる。野原芥子。✿6～7月 ●空地や荒地 ✿原産地は地中海地方 同属のシロガラシ* S. alba は上部の葉も羽状分裂し、果実の嘴は扁平。✿原産地は地中海地方

7月5日　苫小牧市

7月31日　利尻島

アブラナ科

ハタザオガラシ*
Sisymbrium altissimum

高さ50cm以上になる一年草。茎はよく分枝して斜め上に長く枝を伸ばす。葉は羽状全裂し、下部の葉の裂片は披針形でふつう粗い鋸歯縁、上部の葉の裂片は糸状線形。花は径約8mm、花弁は4個、4個のがく片先端に角状突起がある。長角果は長さ6～8cm、無毛で花序の軸から離れる。旗竿芥子。✿6～9月 ●道端や空地 ✿原産地はヨーロッパ

同属のイヌカキネガラシ* S. orientale 最上部の葉は全縁の矢じり形か小さな側裂片が1～2対に羽状分裂。若い長角果は有毛。✿原産地は地中海地方。またカキネガラシ* S. officinale の枝は水平方向から上に伸び、葉は羽状に深～全裂するが、裂片の形とつき方は不規則。花は径約4mm、がく片は長楕円形で毛が多い。短い長角果はやや扁平で花序の軸に圧着する。垣根芥子。✿原産地はヨーロッパ

ハタザオガラシ　7月15日　釧路市

イヌカキネガラシ　6月29日　小樽市

カキネガラシ　7月14日　稚内市

アブラナ科

■ゴウダソウ＊（ルナリア）
Lunaria annua
高さが50cm～1mになる一年草。全体に粗い毛が多い。葉は長三角形～長心形で先がとがり、粗い鋸歯縁。花は総状花序に多数つき径2cmほど。花弁とがく片は4個あり、白花の個体もある。果実は径4cmほどのうちわ形。合田（導入者の名）草。❋5月下～7月 ◉道端や空地 ✤原産地はヨーロッパ

アブラナ科

■オハツキガラシ＊
Erucastrum gallicum
高さが50cm前後になる一年草。全体に粗い毛がある。下部に集まった大きな茎葉は羽状に深裂し、裂片は先が円く、さらに浅く切れ込む。花は径8mmほど。柄の基部に葉状の苞がつき、下部のものほど大きく、羽状に深裂する。長角果は長さ4cmほどで斜上する。御葉付芥子。❋6月下～8月 ◉道端や空地 ✤原産地は中央ヨーロッパ

アブラナ科

■クジラグサ＊
Descurainia sophia
高さが50cm前後になる一～二年草。全体に様々な毛が生えているので灰色をおびて見える。葉は2～4回羽状に細裂し、終裂片は線～糸状。4個の花弁は白いが黄色いがく片より小さいので花全体は淡い黄色に見える。長角果は弓形となり内側に曲がる。鯨（葉を鯨髭に見立てた）草。❋6～7月 ◉道端や空地 ✤原産地はヨーロッパ・北アフリカ・西アジア

アブラナ科

■ツノミナズナ＊
Chorispora tenella
高さが10～40cmになる一年草。茎に微細な腺毛が散生する。根出葉は羽状分裂か波状縁。茎葉は披針形に近く先はとがる。花は径1cm前後、4個のがく片は直立する。4個の花弁は基部の細い部分が長い。長角果は長さ3～5cm、強く湾曲してねじれ、先端は長くとがった嘴となる。角実薺。❋6～7月 ◉道端や空き地 ✤西アジア

ビャクダン科

■ カマヤリソウ
Thesium refractum
茎が斜上または倒伏する軟弱な半寄生(寄主はイネ科植物)の多年草で、長さ10〜30cm、全草無毛で粉白色をおびる。互生する葉はやや多肉的で、長さ2〜3cmの線形。花は5〜15mmの曲がった柄の先につき、花弁はなく、長さ約4mmのがく筒の先が4〜5に裂けて白い内側が星形に開く。基部に細長い苞が2個ある。壺形の果実には縦筋が顕著。鎌槍草。❋6〜7月 ●亜高山の岩地や草地 ❖北海道(超塩基性岩地に多い) 近似種カナビキソウ T. chinense は花の柄は短く5mm以下で苞も短い。果実の表面に隆起する網目模様がある。鉄引草。❋6〜7月 ●海岸〜山地の乾いた草地 ❖日本全土

カマヤリソウ 6月4日 アポイ岳　　果実　　果実　　カナビキソウ 7月1日 伊達市

タデ科
■ エゾイブキトラノオ
Bistorta officinalis subsp. pacifica
高さが20cm〜1mの多年草。根出葉は長さ6〜12cmの狭卵形〜卵状長楕円形で基部はやや心形。茎葉は卵形〜披針形で上部ほど柄が短くなる。花は茎頂の長さ3〜6cmの円柱花序に密に多数つき、花被は白色〜淡紅色で5深裂し、長さ3mmほどで雄しべは8個ある。果実は3稜形でつやがある。蝦夷伊吹虎尾。❋7〜9月 ●海岸〜高山の草原 ❖北海道、本州(中・北部)

7月14日 利尻山

タデ科
■ ムカゴトラノオ
Bistorta vivipara
高さが10〜30cmになる多年草。多くの葉が根際につき長さ2〜10cm、線状披針形で厚みと光沢がある。茎上部の葉ほど小さい。花序は長さ2〜5cmの穂状でふつう上部に多数の花がつき、下部にむかご(珠芽)がつき、時に花序上で発芽する。花被(がく)は5裂してふつう白色、時に淡紅色。果実はほとんど熟さない。珠芽虎尾。❋7〜8月 ●高山のれき地や草地 ❖北海道、本州(中部以北)

8月11日 大雪山

タデ科

ヒメイワタデ
Aconogonon ajanense
茎が分枝して這うように伸びる雌雄同株の多年草で、長さは10〜30cm。葉はやや厚く、長さ3〜7cmの披針形〜広披針形で柄はない。花は円錐状の総状花序に密につく。花被は5深裂して長さ3mmほどの裂片が花弁に見える。果実は3稜形で光沢がある。姫岩蓼。❋7〜8月 ●高山のれき地 ✿北海道

7月31日　大雪山

タデ科

オヤマソバ
Aconogonon nakaii
高さが15〜40cmになる雌雄同株の多年草。茎は赤味をおび、よく分枝して葉をつける部分で交互に折れ曲がる。卵形の葉はやや厚みがあって先がとがり、葉柄はごく短い。花は円錐花序に多数つき、花被は径3〜4mm、深く5裂して花弁のように見える。果実は3稜形で長さ4mmほど。御山蕎麦。❋7月中〜9月上 ●亜高山〜高山のれき地 ✿北海道（アポイ岳・後志）、本州（中部・北部）

果期の姿　　　　　　　　　　　　8月22日　アポイ岳

タデ科

ウラジロタデ
Aconogonon weyrichii var. weyrichii
高さが30cm〜1m、雌雄異株の多年草。茎は少し分枝し、葉は長卵形で先がとがり、長さが20cm以上になることもある。裏面は綿毛が密生して真っ白に見える。円錐状の花序に小さな花がびっしりつく。5個の花被片はやや淡黄色。果実は3稜のある倒卵形。裏白蓼。❋6〜9月 ●低地〜高山のれき地 ✿北海道、本州（中部以北）　葉裏面の綿毛が少なく緑色に見えるのは変種**オンタデ** var. alpinum という

ウラジロタデ　7月21日　樽前山　　托葉鞘　　オンタデ　8月17日　斜里岳

タデ科

ソバ*
Fagopyrum esculentum
栽培される一年草で茎は直立して高さが30cm〜1mになる。葉は長さ3〜8cmの三角形で、全縁で先がとがる。茎頂と葉腋に総状花序がつく。花被は4〜6裂し、雄しべは6〜9個、花柱は2〜3個で長花柱花と短花柱花の株がある。果実は3稜形の痩果で長さ6mmほど。蕎麦。❋6〜8月 ●道端や畑の周辺 ✿原産地は中央アジア〜中国東北部

6月14日　苫小牧市

タデ科

■ オオイタドリ

Fallopia sachalinensis

高さが1〜3m、雌雄異株で大形の多年草。根茎が伸びて群生する。茎は中空、枝は茎より細く斜上する。葉は軟らかく、葉身は長さ15〜30cmの広卵形で先は徐々にとがり、裏面は粉白色。葉腋から出る雄花序は立ち、雌花序は垂れる。花被は5深裂。果実は3稜のある倒卵形で3個の翼がある。大痛取。❀7〜9月 ●道端や山地、海辺の斜面 ❖北海道、本州(中部以北) 近似種イタドリ F. japonica var. japonica の枝は茎とほぼ同じ太さで水平に広がり、葉はやや硬く、基部は切形、裏面はあまり白くない。雌花序は花時に立つ。❖北海道(南部)〜九州 これの茎や葉の裏面脈上に短くとがった毛のあるものをケイタドリ var. uzenensis といい、花や果実の赤いものを品種ベニイタドリ(メイゲツソウ)という。またオオイタドリとの雑種をアイイタドリ F. ×bohemica という

オオイタドリ雄株 8月9日 遠軽町白滝
雄花の雄しべ
雌花の花柱
ベニイタドリ 8月29日 札幌市
オオイタドリの葉(裏面)
短毛
ケイタドリの葉(裏面)
イタドリ 7月12日 北斗市

タデ科

■ ソバカズラ*

Fallopia convolvulus

つる性の一年草で他の物に絡んで伸び、長さが1.5mほどになる。柄のある葉は互生し、葉身は長さ3〜6cmの長い心形で先がとがる。花は葉腋に数個輪生するか穂を出してつき、径1.5mmほど。花被片5個中、表面に微細な突起がある外花被片3個が花後痩果を包むが翼はできない。雄しべは8個、花柱は3個ある。痩果の柄は1〜3mm。蕎麦蔓。❀6〜8月 ●道端や空地 ❖原産地はヨーロッパ〜西アジア 同属のツルタデ*(ツルイタドリ) F. dumetorum は外花被片3個が痩果を包み長さ7〜9mm、背面に翼ができる。痩果は長さ約2.6mm、黒く光沢がある。蔓蓼。❖原産地はユーラシア 同じく同属のオオツルイタドリ F. dentatoalata は痩果を包む外花被片は長さ8〜12mmで、次第に細くなって柄に移行する。❖北海道、本州(近畿以北)

ソバカズラ 7月15日 函館市
外花被
雄しべは8本
内花被
心形の葉の基部

ツルタデ 9月9日 札幌市
長いへら形の外花被
外花被
ツルタデの痩果と外花被
とがる葉の先
オオツルイタドリ 9月12日 札幌市

223

タデ科

■ミチヤナギ

Polygonum aviculare subsp. aviculare
茎は下部が地表を這いながら分枝して伸び、上部が直立するか斜上する変異の大きな一年草。茎の長さは10〜40cmになる。互生する葉は無毛で粉白色線状長楕円形〜卵形、長さ1〜5cmで大小に大別される。茎上部の葉は下部の葉と同大か少し小さい。枝上の葉は主茎の葉より小さい（異葉性）。花は葉腋に数個ずつつき、花被は5裂して径3〜4mm。裂片は斜開して白く縁どられる。雄しべは6〜8個。果実は3稜形で細かい突起が密にある。道柳。❋6〜10月。◉道端や空地 ✤日本全土　亜種ハイミチヤナギ*（スナジミチヤナギ）subsp. depressum の茎はふつう匍匐し、葉は長楕円形〜長楕円状披針形で長さ1cm前後。枝上の葉は主茎の葉とほぼ同長。雄しべはふつう5個。亜種オクミチヤナギ* subsp. neglectum は茎が斜上〜やや直立、葉は線形〜披針形、長さ1〜3.5cm先がとがり枝上の葉は主茎の葉より少し小さい。雄しべは6〜8個。❖以上2亜種の原産地はユーラシア

ミチヤナギの花
6〜8個ある雄しべ
枝の葉は小さい
線形に近い葉
長楕円形の葉
オクミチヤナギ　8月27日　標茶町
ミチヤナギ　10月14日　札幌市
ハイミチヤナギ　10月3日　厚沢部町

タデ科

■アキノミチヤナギ（ナガバハマミチヤナギ）

Polygonum polyneuron
茎は直立または斜上し、大きいものでは高さが50cmを超え、分枝して葉は倒披針形〜長楕円形で先がとがり上部の葉は小さく、落ちやすい一年草。托葉鞘は細裂する。雄しべはふつう8個。秋道柳。❋8〜10月　◉海岸の砂地など ✤北海道〜九州

雄しべは8個
5深裂した花被片、縁が白色
直立〜斜上する茎
8月7日　網走市

タデ科

■ジンヨウスイバ（マルバギシギシ）

Oxyria digyna
高さが15〜30cmになる多年草。大部分の葉が根生し、幅1〜5cmの腎円形で全縁、長い柄の基部に鞘がある。茎葉はあっても小さい。茎の上部が花穂となり、花は数個束になってぶら下がる。花被は4裂して内側の2裂片が大きい。雄しべは6個、花柱は2個あり、柱頭は糸状に裂ける。痩果は扁平な腎円形で縁に広い翼がある。腎葉酸葉。❋7〜8月 ◉高山のれき地 ✤北海道、本州（中部）

雌しべの柱頭
花序
腎形の葉
長い葉柄
7月19日　利尻山

タデ科

■ エゾミズタデ
Persicaria amphibia var. amurensis

水中と陸に生える型がある多年草。雌性と両性の株があり、水中型の葉は長い柄で水に浮き、長楕円形で長さ6〜16cm。光沢があり先はとがらず基部は心形。長さ3〜4cmの花穂が水面につき出す。花被は5裂して花弁状。陸生型は茎が直立し、葉は光沢があり、細く先がとがる。蝦夷水蓼。❀7〜9月 ●湖沼とその周辺 ❖北海道、本州（中部・北部）

水中に生える型　7月14日　猿払村　　陸に生える型

タデ科

■ シロバナサクラタデ
Persicaria japonica var. japonica

茎は直立し、分枝して高さが50cm〜1mになる雌雄異株の多年草。地下茎が伸びて群生する。葉は互生、葉身は長さ10〜15cmの線状披針形で、質は硬くやや光沢がある。托葉鞘の上縁に長さ1cmほどの毛がある。花穂は長さ7〜8cmあり少し垂れる。花被は5裂して裂片は花弁状で白色〜淡紅色。雄花の雄しべ（8個）は雌しべより長く、雌花の雌しべは雄しべより長い。白花桜蓼。❀8〜10月上 ●低地の湿地 ❖北海道〜琉球

9月3日　長沼町

タデ科

■ ミズヒキ
Persicaria filiformis

茎は直立してまばらに分枝して高さが40〜80cmの多年草。互生する葉は長さ7〜15cmの楕円形〜長楕円形、時に中央に濃色斑がある。花穂は長さ20〜40cmあり、花はまばらにつく。花被片は4個中上側は赤色、下側は白色、側片2個は上部が赤く、下部が白色で上からは赤く、下からは白く見える。レンズ形の果実に鉤形の花柱が残り、衣服や動物に付着する。水引。❀7〜9月 ●低地〜山地の林内や林縁 ❖日本全土

9月5日　札幌市

タデ科

■ ヒメタデ
Persicaria erectominor var. erectominor

茎は直立または斜上し、まばらに分枝して高さが20〜40cmの一年草。葉は狭披針形〜広線形で長さ3〜12cmで先がとがる。托葉鞘の上縁に長い毛がある。花は円柱状の花序に密につき、5深裂する花被は緑白色。雄しべは5〜8個。果実は広卵形で3稜がある。姫蓼。❀7〜9月 ●低地の湿地 ❖北海道〜九州　北海道のものは花被片が赤みをおびない品種アオヒメタデという

托葉鞘　　　　　　　　　　　　　　　9月2日　札幌市

タデ科

オオイヌタデ
Persicaria lapathifolia var. lapathifolia

サイズの差が大きな一年草で高さが30cm～1.2mになる。大きな株はよく分枝し節は膨れて赤味をおびる。互生する葉は長さ10～20cmの披針形～卵状披針形で托葉鞘に縁毛がない。側脈は20～30対ある。花は穂状に多数つき、花被は4～5裂。果実は光沢のある卵円形。大犬蓼。❀8～10月 ●道端や河原、湿った所 ✿北海道～九州 変種 **サナエタデ** var. incana はより小形で茎の節は膨れず、葉脈は7～15対。早苗蓼。❀7～9月 ●北海道～九州

タデ科

イヌタデ（アカノマンマ）
Persicaria longiseta

茎の下部が横に這い高さが20～50cmの一年草。互生する葉は長さ4～8cmの披針形～長楕円形で托葉鞘の上縁に鞘と同長の長い毛がある。花は長さ2～5cmの穂に密につき、花被はふつう紅色で5裂するがあまり開かない。雄しべは8個、果実は3稜形で黒くつやがある。犬蓼。❀7～9月 ●道端や空き地、荒地 ✿日本全土

タデ科

ハルタデ
Persicaria maculosa subsp. hirticaulis var. pubescens

前種イヌタデに似た一年草のタデで高さは30cm～1m。茎に毛が多く、托葉鞘に長さ1～2mmの短い縁毛がある。花の穂は長く先が垂れることもあり、柄に腺毛がある。雄しべは6～7個で果実はレンズ形、まれに3稜形。春蓼。❀6～9月 ●畑の周辺や荒れ地、道端 ✿日本全土

タデ科

オオケタデ＊（オオベニタデ、ベニバナオオケタデ）
Persicaria orientalis

大形の一年草で高さは1～1.6mになる。よく分枝する茎は長毛が密生し、葉も毛が密生して裏面に腺点がある。中部の葉は卵形、基部は心形で柄があり、長さ10～25cm。托葉鞘は長さ1～2cm、時に葉状に広がる。花穂は枝先につき、長いもので長さ10cmあり、先が垂れる。花被は5裂し、果実はレンズ形。大毛蓼。❀8～10月 ●道端や空き地 ✿原産地は東～南アジア

タデ科

■ヤナギタデ（マタデ）
Persicaria hydropiper

茎はよく分枝し高さが30～80cmの一年草。互生する葉は披針形～長卵形で長さ3～12cm。先がとがり腺点があり、縁はざらつく。托葉鞘の縁毛は短い。細い花穂は長さ5～10cm、弓状に垂れる。花被は4～5裂し腺点がある。果実はレンズ形。若芽や葉に辛味があり刺身のつまとなる。柳蓼。✿8～10月上 ●湿地や水辺 ✤日本全土

9月3日　長万部町

タデ科

■ヤナギヌカボ
Persicaria foliosa var. paludicola

茎は斜上し分枝して長さ20～50cmの一年草。下部は地表を這い発根する。互生する葉は長さ4～7cmの線状披針形で厚みがある。両面に毛があり、裏面には腺毛がある。托葉鞘には縁毛がある。花序の穂は細く、花はややまばらにつき、花被は5裂して長さ1.5～2mm。果実はレンズ形。柳糠穂。✿8～9月 ●低地の水辺や水田の周辺 ✤北海道～九州

9月10日　旭川市

タデ科

■ハナタデ（ヤブタデ）
Persicaria posumbu

高さ20～50cmの一年草。茎の下部が横に伸びて立ち分枝する。葉は薄く長さ3～10cmの卵形～長卵形で先が尾状に細くなり、葉の中央に濃色の斑が入る。托葉鞘と縁毛はイヌタデに近い。花はまばらにつき花被は5深裂し淡紅色、雄しべは8個。果実は3稜形。花蓼。✿8～9月 ●低地～低山の林下 ✤日本全土

9月1日　江別市

タデ科

■ネバリタデ
Persicaria viscofera var. viscofera

茎は下部で分枝して立ち上がり高さ40～80cmの一年草。上部の節間と花柄から粘液を分泌して触れると粘る。互生する葉は長さ4～10cmの披針形～広披針形で全縁で先が鋭くとがる。托葉鞘の縁毛は長さ4mmほど、鞘の表面にも長軟毛がある。花序は長さ4cm前後、花被は5深裂して腺点がある。粘蓼。✿8～9月 ●日当たりのよい野山 ✤北海道～九州　変種オオネバリタデ var. robusta は大形で葉は長披針形、各部の毛は短いとされるが判別は難しい

9月3日　尻別岳

227

タデ科

■ミゾソバ（ウシノヒタイ）
Persicaria thunbergii var. thunbergii

変異が大きく、茎は下部が地表を這い斜上～直立し、長さ40cm～1mになる一年草。茎に下向きの刺があり、よく分枝して茂みをつくって群生する。葉は長さ4～10cmの鉾形で側片が耳のように横に張り出し、基部は浅い心形となり、柄に翼がつく場合があり、漏斗状の托葉がつく。花はまとまってつき、花被は5裂し、下部は白色、上部は紅色。果実は3稜形でつやがない。溝蕎麦。❀8～10月 ●低地の水辺や湿地 ●北海道～九州

8月31日　足寄町　　　　　　　　マルバヒメミゾソバと呼ばれた型

タデ科

■サデクサ
Persicaria maackiana

前種ミゾソバに似た一年草で、茎はよく分枝して茂みをつくる。葉は細長い鉾形で基部は心形で両側に水平に開いた耳状部がある。葉柄基部の托葉鞘に切れ込みがある。葉柄に翼はなく、刺が並ぶ。花被は5深裂して裂片はほとんど白色。果実は褐色でつやがある。❀7～9月 ●低地の水辺や湿地 ●北海道～九州

果実　　　　　　　　　　　　　　　　　　　8月29日　標茶町

タデ科

■ヤノネグサ
Persicaria muricata

茎の下部は地表を這い上部が斜上して長さが40～80cmになる一年草。茎に下向きの刺がある。互生する葉は長さ3～7cmの長楕円形～卵形。先がとがり基部はくびれ、裏面脈上に刺があり、縁に刺状の鋸歯がある。托葉鞘は長さ1～2cmで長い縁毛がある。枝先に花が集まり、花被は5裂し、裂片は白色だが先端は赤く、柄に腺毛がある。果実は3稜形。矢根草。❀8～10月 ●低地の水辺や湿地 ●北海道～九州

9月19日　江別市

タデ科

■タニソバ
Persicaria nepalensis

まとまって生えることの多い一年草で、高さは10～50cm。赤味をおびる無毛の茎はよく分枝する。葉は卵形～狭卵形で幅2cm前後、先がとがり、基部は翼状となって柄から流れて茎を抱く。花は枝先や葉柄に頭状に集まり、白色～緑色～淡紅色の花被は先が4裂し、長さ約3mm。雄しべは6～7個、花柱は2裂し、果実はレンズ形。谷蕎麦。❀8～10月 ●低地～山地の湿った所 ●北海道～九州

8月31日　陸別町

228

タデ科

■ ママコノシリヌグイ（トゲソバ）
Persicaria senticosa
茎は長さ1〜2mになり、下向きの刺があり他の物に絡みついて伸び茂みをつくる一年草。葉は長さ・幅ともに4〜8cmの三角形で、基部に逆刺と細毛のある長い柄があり、柄の基部に茎を包むつば状の托葉がある。花は頭状に集まり、花被は5裂して長さ4mmほど。果実は膨らんだ3稜形。継子尻拭。❀8〜10月　●野山の林縁など　❖日本全土

9月15日　乙部町　　　　　　　　　茎の様子

タデ科

■ ウナギツカミ（アキノウナギツカミ）
Persicaria sagittata var. sibirica
下向きの刺がある茎は下部が横に伸びてから斜上し、長さが30cm〜1mになる一年草。葉は長さ5〜10cmの細長い三角形で、先がとがり、基部は矢じり形となって茎を抱く。花は枝先に頭状となってつき、径3mmほど。花被は5裂し、片は下部が白色、上部は淡紅色、柄は無毛。果実は3稜形でふつう光沢はない。鰻攫。❀6月下〜9月　●水辺など湿った所　❖北海道〜九州

9月3日　標茶町

タデ科

■ イシミカワ
Persicaria perfoliata
茎に下向きの刺があり、他の物に絡んで伸び長さが1〜2mになる一年草。互生する葉は角のない三角形で長さ2〜6cm。全縁で柄は基部近くに楯状につく。托葉鞘上部は円い葉状となって茎を抱く。枝先や葉腋から出る花序に10〜20花がつく。花被は5中裂し、裂片はあまり開かない。花後花被が肥大して青い球形となり痩果を包む。石見川。❀7〜9月　●野山の湿った所　❖日本全土

果期の姿　　　　　　　　　　10月10日　札幌市

タデ科

■ ナガバノウナギツカミ
Persicaria hastatosagittata
前種ウナギツカミに似るが、茎の刺はまばら、葉は線形に近く長さ5〜12cm、先がとがり基部に長い柄があり、茎を抱かない。花序の柄に腺毛がある。果実は3稜形で光沢がある。長葉鰻攫。❀8〜9月　●低地の水辺、時に水中　❖北海道〜九州

8月23日　苫小牧市

タデ科

■ スイバ（スカンポ）
Rumex acetosa
雌雄異株の多年草で高さは30cm～1m。葉は長楕円状披針形で長さ10cm前後、全縁で基部は矢じり形。下部の葉に長い柄があり、上部の葉は無柄で基部は茎を抱く。托葉鞘の縁は細裂。花は総状花序に多数つき径約3mm、花被片は6個。雌花の3個は花後翼状に大きくなって痩果を包み先は円い。茎や葉に酸味がある。酸葉。✿5～6月 ●低地の道端や草地 ✤北海道～九州

雌株　6月19日　函館市

タデ科

■ タカネスイバ
Rumex alpestris subsp. lapponicus
前種スイバに似る雌雄異株の多年草で、葉はおおむね長卵形で基部矢じり形の湾入部の幅が広い。托葉鞘は全縁。痩果を包む花被片は卵状三角形で先はややとがる。高嶺酸葉。✿7～8月 ●高山の湿った草地。✤北海道、本州（中部以北）

6月12日　島牧村大平山

タデ科

■ ヒメスイバ*
Rumex acetosella subsp. pyrenaicus
高さが20～50cmで雌雄異株の多年草。根茎を伸ばして群生する。葉は長さ2～7cmの鉾形で基部は耳状に張り出す。雄花の花被片は平開し、雄しべが垂れる。雌花の花被片は小さく内外3個ずつ、先端以外は合着している。姫酸葉。✿6～7月 ●道端や空地 ✤原産地はヨーロッパ

7月11日　厚真町

タデ科

■ カラフトノダイオウ（カラフトダイオウ）
Rumex gmelinii
高さが40cm～1mになる多年草。根出葉は卵形～三角状卵形で基部がくびれて長い柄がある。果実を包む内花被片は全縁～まばらな低鋸歯縁で基部はくびれず円形。樺太野黄。✿6～8月 ●北海道の低地～高山の湿原

8月10日　大雪山

タデ科

■ エゾノギシギシ*（ヒロハギシギシ）
Rumex obtusifolius

雌雄同株の多年草で高さ50cm～1.3m。茎は直立して硬く、葉柄や葉脈とともに紫褐色をおびることが多い。葉は長さ15～30cmの卵状楕円形で縁が波打つ。下部の葉は基部がくびれて長い柄がある。両性花と雌花が穂状の花序に輪生状にぶら下がる。花には内外の花被片3個ずつ、雄しべ6個、雌しべ1個がある。果実は生長した内花被に包まれる。内花被片は先がとがり縁に歯があり、中央脈の基部がこぶ状突起となる。蝦夷羊蹄。❀7～9月 ●道端や空き地、畑など ✿原産地はヨーロッパ 近似種ギシギシ R. japonicus は茎や花は赤味をおびず、果実を包む内花被片は低い鋸歯縁。下部の葉は長楕円形で基部はくびれない。✿日本全土

エゾノギシギシ　6月20日　札幌市　　果実　　　　　　　　　　　　　　　　　ギシギシ　7月11日　松前町

タデ科

■ ハマギシギシ
Rumex maritimus var. maritimus

高さが10～50cmの一年草または越年草。茎は直立して上部でよく分枝する。葉は長さ5～15cmの狭～広披針形で縁が波打つ。下部の葉ほど長い柄がある。小さな花が球状に集まり、内外3個ずつの花被片があり、内片の縁に2～5本の刺針があり、中央脈基部にこぶ状突起がある。浜羊蹄。❀7～8月 ●海岸の砂地や湿地 ✿北海道(オホーツク沿岸) 変種コガネギシギシ var. ochotskius はこぶ状突起が大きい。黄金羊蹄。✿北海道(道東太平洋側)、本州(北部)

タデ科

■ ノダイオウ
Rumex longifolius

前2種に似るが、全体大形で、葉は狭卵形で細長く、基部は切形か浅い心形。果実を包む内花被片は全縁でこぶ状突起はなく基部くびれる。野大黄。❀6～8月 ✿北海道、本州(中部以北) ナガバギシギシ* R. crispus は葉が長楕円状披針形で縁が著しく波状に縮れる。果実を包む内花被片はほぼ全縁で、こぶ状突起が顕著。長葉羊蹄。✿原産地はヨーロッパ

ハマギシギシ　8月25日　網走市　　コガネギシギシの果実　　　　ノダイオウ　8月21日　苫小牧市　　ナガバギシギシ　6月25日　むかわ町

モウセンゴケ科

■モウセンゴケ
Drosera rotundifolia
高さが6〜20cmの多年性の食虫植物。葉はすべて根生し、長い柄の先に卵円形の葉をつけるので、しゃもじ形に見える。葉身は長さ5〜10mmで表に紅色をおびて長い腺毛が多数あり、粘る液で小虫を捕え消化液で溶かして養分とする。花は数個つき、巻いた花序を伸ばしながら咲き上り、径約6mmで5個の花弁はがく片の2倍長、雄しべは5個ある。毛氈苔。✿7〜8月 ●低地〜高山の湿原や湿った所 ❀北海道〜九州 同属の**ナガバノモウセンゴケ** D. anglica は高さ10〜25cm、葉身は長さ3〜4cmの線状倒披針形で先が円く、柄は長さ5〜10cmと長い。花も大きく径8mmほどで花弁はがく片より少し長い。●低地〜亜高山の湿原 ❀北海道(道北・大雪山)、本州(尾瀬) 両種の雑種を**サジバモウセンゴケ** D. × obovata といい葉は両種の中間的形質

モウセンゴケ 7月27日 札幌市空沼岳　　サジバモウセンゴケ 7月28日 大雪山　　ナガバノモウセンゴケ 8月11日 大雪山

ナデシコ科

■カトウハコベ
Arenaria katoana
高さが5〜10cmの多年草で茎は株立ち状に生え、2列の毛がある。対生する葉は柄がなく長さ3〜7mmの狭卵形で先がとがる。花は径7mmほどで花弁4〜5個が平開する。加藤繁縷。✿7〜9月 ●山地〜高山の超塩基性岩地 ❀北海道(日高山脈・夕張山地)、本州(北部) アポイ岳に産する変種**アポイツメクサ** var. lanceolata の葉は細く線状披針形。

ナデシコ科

■メアカンフスマ
Arenaria merckioides var. merckioides
細い地下茎がのびてマット状に広がって生え、高さが5〜15cmになる多年草。全体に軟毛がある。対生する葉は柄がなくやや厚く、長さ1〜2cmの長楕円形〜広卵形。花は径約1.2cm、花弁とがく片は5個、雄しべは10個。3裂した雌しべが1個ある。雌阿寒衾。✿7〜8月 ●高山のれき地 ❀北海道(雌阿寒岳・知床山系)

カトウハコベ 9月11日 夕張岳　　アポイツメクサ 7月16日 アポイ岳　　　　8月16日 羅臼岳

ナデシコ科

オオヤマフスマ（ヒメタガソデソウ）
Arenaria lateriflora

地下茎が伸びてまとまって生え高さが10～15cmになる多年草。茎は細く短毛がある。対生する葉は柄がなく、長さ1～2.5cmの長楕円形で先が円い。花は雌花と径1cm以上の大きな両性花がある。先が2裂しない花弁が5個、雄しべは10個、花柱は3個ある。大山衾。❋5月下～7月 ●野山、時に海岸草地や林縁 ✿北海道～九州

6月15日　札幌市

ナデシコ科

タチハコベ
Arenaria trinervia

軟弱な一～越年草で茎は下部で分枝して高さ20～30cm。対生する葉は長さ1～2cmの長卵形で、3脈が目立ち、下部のものに柄がある。花は茎頂と葉腋に長い柄でまばらにつく。花弁は5個でがく片より短いか消失する。がく片は長さ5mmほどで半透明、主脈周辺のみ緑色で先が鋭くとがる。立繁縷。❋5～6月 ●山地の沢沿いや湿った林内 ✿北海道（道央以南）～九州

6月7日　白老町

ナデシコ科

ノミノツヅリ
Arenaria serpyllifolia var. serpyllifolia

高さ5～25cmの一～越年草。全体に短毛が密生し、茎は下部からよく分枝し、枝は横に張る。無柄の葉が対生し、長さ3～6mmの卵形～広卵形で先がとがる。花は葉腋に1個ずつつき、径4mmほど。がく片と花弁が5個、雄しべは10個、花柱は3個あり。花弁はがく片よりはるかに短い。果実は長さ約3mm。蚤綴。❋5～7月 ●道端や空地、畑地 ✿日本全土

5月27日　札幌市

ナデシコ科

ヌカイトナデシコ*
Gypsophila muralis

ほぼ無毛の茎が分枝をくり返し、こんもりした草姿をつくる、大きいもので高さが20cmを超える一年草。葉は長さ2～15mmの糸状～針状線形で、対生する基部が合着し、托葉はない。花は径5～7mm。5個の花弁は3本の濃色筋が目立ち、鐘形のがく筒の2倍長。花柱は2個ある。園芸植物のカスミソウの仲間。糠糸撫子。❋7～10月 ●道端や空地 ✿原産地はヨーロッパ

9月15日　厚真町

233

ナデシコ科

■ミツモリミミナグサ（ホソバミミナグサ、タカネミミナグサ）
Cerastium rubescens var. ovatum

株立ち状に生える多年草で茎は直立～斜上し高さが10～25cm、1列の短毛があり、上部～花茎には腺毛が混じる。葉は線状披針形～狭卵形と変異があり、長さ3cm以下、縁と裏面脈上に毛が多い。5個の花弁の長さは1cmほどで先が2裂する。三森耳菜草。❋6～7月 ●山地～亜高山の岩場やれき地 ❋北海道（礼文島～渡島半島に局所的）、本州（中部・北部）

7月5日　島牧村大平山

ナデシコ科

■オオバナノミミナグサ
Cerastium fischerianum var. fischerianum

株立ち状となる多年草で高さが20～60cm。茎の下部が少し寝て上部が直立、長毛と腺毛が混生して少し粘る。葉は長さ1～5cmの長楕円状披針形で先はとがらない。花は集散花序に多数つき、径2～2.5cm。がく片5個、5個の花弁は2中裂。大花耳菜草。❋5～7月 ●海岸の岩地や草原 ❋北海道、本州（北部）

5月14日　乙部町

ナデシコ科

■ミミナグサ
Cerastium fontanum subsp. vulgare var. angustifolium

毛が密生する茎が斜上気味に生えて、長さが10～30cmの越年草。対生する葉は長さ1～3cmの卵形～長楕円形で両面に毛が密生し、全縁で先はとがらない。花は集散花序につき、径約8mm、先が2裂した花弁5個とがく片が5個あり、ほぼ同長で4～5mm、小花柄より短い。雄しべは10個。耳菜草。❋5～7月 ●野山の道端や田畑の周辺 ❋日本全土 基準変種オオミミナグサ var. vulgare は多年草で、がく片は長さ5～7mm ❋北海道、本州（北部）よく似た帰化種オランダミミナグサ* C. glomeratum は高さ10～50cm、茎や葉に灰黄色の軟毛がある。花は密集してつき、小花柄ががく片よりも短い。❋4～6月 ●道端や空地 ❋原産地はヨーロッパ

ミミナグサ　5月29日　函館市恵山　　オランダミミナグサ　5月15日　北斗市

ナデシコ科

■エゾタカネツメクサ
Minuartia arctica var. arctica

マット状に広がって生え、高さが5～8cmの多年草で茎の上部に腺毛がある。2～4対対生する針～線形の葉は長さ5～20mmでやや多肉的で無毛、葉脈は1本ある。花は径1cmほど、5個の花弁は狭倒卵形でがく片よりはるかに長い。蝦夷高嶺爪草。❀6月下～8月 ●高山のれき地 ❖北海道 近似種 エゾミヤマツメクサ M. macrocarpa var. yezoalpina は丈が低く、葉はやや扁平で弓状に湾曲し、縁に毛が多く、脈は3本ある（やや不明瞭だが）。花弁はよりふくよか。同属のホソバツメクサ（コバノツメクサ）M. verna var. japonica は葉の幅が0.5mmほどだが3脈があり、先が針状にとがる。花は径約5mm、花弁はがく片とほぼ同長で、がく片の先もとがる。

エゾタカネツメクサ 7月7日 夕張岳　　エゾミヤマツメクサ 7月21日 大雪山　　ホソバツメクサ 7月28日 夕張岳

ナデシコ科

■サボンソウ*（シャボンソウ）
Saponaria officinalis

4稜ある茎が直立して高さ30～60cmになる無毛の多年草。柄のない葉が対生し、葉身は長さ2.5～10cmの長楕円形～卵状披針形でやや厚く先がとがり、3脈が目立つ。花は径2～2.5cm、5個の花弁は先が浅く裂ける。2個の花柱は花から突き出て先が巻く。がく筒の先は5裂、裂片はさらに浅裂。水溶の汁液が泡立つのでシャボン草。❀7～8月 ●道端や空地 ❖原産地はヨーロッパ

8月25日 石狩市

ナデシコ科

■シバツメクサ*
Scleranthus annuus

茎の基部が地表を這いながら分枝し、やや株立ち状となる高さ3～15cmの一～越年草。対生する葉は長さ3～10mの線形で、肉質で硬く基部同士が合着して膜質の鞘となる。花は下部の葉腋か茎頂につくが、花弁は退化し、がく筒が5深裂して裂片は狭三角形で長さ1.5mm。雄しべは5個、花柱は2個。壺型の果実はがくとともに落ちる。芝爪草。❀6～8月 ●道端や空地 ❖原産地はヨーロッパ

6月29日 苫小牧市

ナデシコ科

ツメクサ
Sagina japonica

高さ5〜15cmの一年草で、茎は根出葉がロゼット状に出る根元で分枝して横に伸び、上部と小花柄、がく片に短腺毛がある。葉は長さ7〜18mmの細い線形でやや多肉質、先がとがり、柄と托葉はない。花は径4mmほどで5個の花弁とがく片はほぼ同長。種子に微細な円柱形の突起がある。爪草。✿5〜9月 ●道端や公園、家の周り ✤日本全土 同じような環境に生える同属の**アライトツメクサ** *S. procumbens* はより小形で無毛の二年草。花は4数性で、がく片は4個、花弁も4個だが、消失しているのがふつう。阿頼度（地名）爪草。✿5〜9月 ●歩道や公園、市街地の至る所 ✤原産地はヨーロッパ、北アメリカ、オーストラリア

ツメクサ　6月8日　函館市

アライトツメクサ　6月21日　栗山町

ナデシコ科

ハマツメクサ
Sagina maxima

茎は根元で分枝して地表を這うか斜上して長さが5〜25cmになる一年草、または多年草。根出葉はロゼット状。対生する葉はやや肉質で長さ1〜2cm。花は径5〜6mm、花弁は5個、時に欠く。がく片は楕円形で白い縁どりと腺毛がある。浜爪草。✿5〜8月 ●海岸のれき地 ✤北海道（西南部）〜沖縄　品種**エゾハマツメクサ** f. crassicaulis はがく片が無毛。主に道東海岸にある

ハマツメクサ　6月10日　乙部町

ナデシコ科

チシマツメクサ
Sagina saginoides

茎は斜上、あるいは地表を這い、高さが3〜5cmの多年草で全体無毛。葉は線形〜針形で先がとがる。托葉はない。花は径3〜5mm、花弁とがく片はふつう5個、雄しべは10個。千島爪草。✿7〜8月 ●高山のれき地 ✤北海道（利尻山・中央高地・釧路）、本州（中部）にまれ

7月8日　利尻山

ナデシコ科

ウシオツメクサ
Spergularia marina

高さが10～30cmの一～越年草。茎は上部で分枝し、小さな茂み状となる。対生する葉は長さ1～3cm、線形で半円柱状、先がとがり、基部に三角形で膜質の托葉がある。花は径7～8mm、花弁ととがく片は5個あり、がく片には腺毛があり、花弁の色は淡いピンク色～白色まで様々。✿6～8月 ●海岸の砂地や塩湿地 ✿北海道、本州、九州

8月7日　網走市

ナデシコ科

ウスベニツメクサ*
Spergularia rubra

茎は分枝しながら地表を伸び、枝先が斜上する長さ5～20cmになる一年草または多年草。対生する線形の葉は長さ1～1.5cm、基部に膜質で先が細裂した托葉がある。花は径7mmほどで花弁5個はがく片より少し短い。雄しべは5～10個、花柱は3個ある。薄紅爪草。✿6～8月 ●道端や空地 ✿原産地は北半球の温帯

花弁は5個

6月11日　長万部町

ナデシコ科

ノハラツメクサ*
Spergula arvensis var. arvensis

高さが20～50cmの一年草。茎や葉に腺毛がまばらにある。やや肉質の葉は長さ1.5～4cmの狭線形で先がとがらず、10個ほどが何段も輪生状につき、基部に膜質の托葉がある。花は径約8mm、花弁は5個、同長のがく片5個、雄しべ10個ある。種子に白い小突起が多数ある。野原爪草。✿6～8月 ●道端や田畑の周辺 ✿原産地はヨーロッパ

7月17日　厚真町　　　　　　　種子

ナデシコ科

ハマハコベ
Honckenya peploides subsp. major

根茎が分枝しながら砂地に伸びて大きな株となり高さ10～20cmの茎を多数立てる多年草。両性株と単性株がある。葉は長さ3cm前後の卵形～長楕円形で多肉質で光沢があり、十字対生して基部同士が合着する。両性花は径約1cm、花弁とがく片が5個、雄しべが10個、花柱は3個あり、雌花は花弁なく、雄しべは小さい。果実はほぼ球形。浜繁縷。✿6～8月 ●海岸の砂地 ✿北海道、本州（中部以北）

雌花と果実　　　　　　　　　　　　6月5日　礼文島

237

ナデシコ科

■ウシハコベ
Stellaria aquatica

茎は下部が地表を這い、分枝しつつ斜上し長さが50cmほどになる越年草、時に多年草。ふつう紫紅色をおび上部に腺毛がある。対生する無毛の葉は長さ1～6cmの卵形で先がとがり、下部の葉は有柄。花は径7mmほどで花弁は5個だが2深裂して10個に見える。がく片は花弁より長い。雄しべは10個、花柱は5個ある。牛繁縷。❀5～9月 ●道端や畑の周辺 ❖日本全土 近似種オオハコベ（エゾノミヤマハコベ）S. bungeana var. stubendorfii は茎に腺毛と毛列があり、葉縁も有毛。花弁はがく片より長く、花柱は3個。❀5～7月 ●野山の林縁など ❖北海道

ナデシコ科

■カンチヤチハコベ
Stellaria calycantha

軟弱な多年草で4稜がある茎は斜上あるいは倒伏することが多く、長さ10～40cm、よく分枝して茂み状となる。対生する葉は無柄で、葉身は線状披針形～披針形で長さ5～17mm。花は小さく径5mmほどで花弁はないか、あっても微小。卵形のがく片は4～5個あり長さ2～3mm。果実は長卵形でがく片より長く突き出る。寒地谷地繁縷。❀7～8月 ●大雪山の高山帯の湿地

7月15日 函館市　ウシハコベの花　オオハコベの花

8月15日 大雪山

ナデシコ科

■ナガバツメクサ
Stellaria longifolia

高さ20～40cmの軟弱な多年草だが茎は直立し、小さな粒状突起を乗せる4稜が走る。無柄で対生する葉は長さ1.5～2.5cm、幅1.5～2.5mmの線形で先がとがる。花はまばらにつき径約6mm、5個の花弁は先が2深裂して10個に見え、がく片より長い。長葉爪草。❀6～8月 ●低地の湿地 ❖北海道、本州（北部）近似種**カラフトホソバハコベ*** S. graminea はより大形で葉の幅が広く、4mmほど、斜上する茎の稜は平滑。がく片の外縁は半透明の膜質。●道端や空き地 ❖原産地はユーラシア

ナガバツメクサ 7月5日 浜中町　ナガバツメクサの茎　カラフトホソバハコベの茎　カラフトホソバハコベ 6月24日 札幌市

ナデシコ科

■オオイワツメクサ
Stellaria nipponica var. yezoensis

地中の根茎から茎を多数出してマット状に広がる多年草で、高さは10〜20cm。葉は長さ2〜4.5cmの線形で先は次第に細くなって鋭くとがり、基部の縁にわずかに毛がある。花は径1.5cmほどで5個の花弁は2深裂して10個に見える。種子に乳頭状の突起が多数ある。大岩爪草。❀6月下〜8月 ●高山のれき地 ❖北海道（日高山脈・夕張山地に固有）近似種**エゾイワツメクサ** S. pterosperma はより小形で葉は長さ1〜2.5cm、基部側の縁に毛がある。種子には乳頭状の突起はなく、翼がある。❖大雪山の固有種

エゾイワツメクサの葉　　エゾイワツメクサの花

オオイワツメクサの葉

オオイワツメクサ　エゾイワツメクサ

種子の比較

オオイワツメクサ　8月2日　日高山脈幌尻岳

エゾイワツメクサ　7月9日　十勝連峰三峰山

ナデシコ科

■コハコベ（ハコベ）
Stellaria media

紫褐色をおびた茎は地表を這い、上部が立ち上がり長さが大きいもので50cmほどになる一〜越年草。葉は長さ1〜4cmの卵形〜広卵形で先がとがり、下部の葉は有柄。花は径約6mm、5個の花弁は2深裂して10個に見え、がく片より短い。雄しべは1〜7個、花柱は3個。種子に円いいぼ状突起がある。小繁縷。❀4月下〜10月 ●平地の道端など ❖日本全土　近似種**ミドリハコベ** S. neglecta は葉が大きく雄しべは5〜10個、種子にとがったいぼ状突起がある。

コハコベの花　　　　ミドリハコベの花

コハコベ　4月26日　札幌市　種子の比較（左・コハコベ）　ミドリハコベ　6月11日　松前町

ナデシコ科

■シコタンハコベ
Stellaria ruscifolia

茎は根元で分枝して株立ち状となり、全体無毛で粉白色をおびる多年草で高さが5〜20cm。対生する葉はやや多肉的で、長さ1〜3cmの狭卵形で先がとがり、全縁。花は茎頂か葉腋から出る長い柄につき、径1.5cmほど。5個の花弁はがく片の約2倍長で先が2深裂する。雄しべは10個ある。色丹繁縷。❀7〜8月 ●海岸〜高山のれき地 ❖北海道、本州（中部）

7月23日 利尻山　径約1.5cmの花　粉白色をおびた葉　イワギキョウの花

8月6日　北大雪山系朝陽山

ナデシコ科

ミヤマハコベ
Stellaria sessiliflora

毛の列がある茎の下部が地表を這い上部が立ち上がって高さ10〜30cmになる多年草。対生する葉は長さ1〜4cmの卵形〜広卵形で先がとがり、基部は円形〜浅い心形で柄がある。裏面脈上や基部に軟毛がある。花は径1cmほど。がく片は披針形で長軟毛がある。5個の花弁は先が2深裂し、がく片より少し長い。深山繁縷。❋5〜6月 ●山地の湿った林内 ❋北海道〜九州

5月26日　野幌森林公園

ナデシコ科

シラオイハコベ（エゾフスマ）
Stellaria fenzlii

高さが15〜40cmの多年草。細い茎は上部で分枝してまばらな花序をつくる。対生する無柄の葉は披針形で先がとがり、長さ5cm前後。花は径6mmほどで5個の（時に欠く）花弁は先が2深裂し、先がとがるがく片より短い。雄しべは10個、花柱は3〜5個ある。白老繁縷。❋6〜8月 ●山地〜亜高山の林内や林縁 ❋北海道、本州（北部）

7月26日　天塩岳

ナデシコ科

ノミノフスマ
Stellaria uliginosa var. undulata

軟弱な一〜越年草で茎の長さは10〜30cm、しばしば粉白をおびる。葉は長楕円形〜広披針形で長さ1〜2cm、無柄で先がとがる。まばらにつく花は径8mmほどで、柄の基部に小苞がつく。5個の花弁は先が2深裂し、がく片よりやや長い。蚤衾。❋5〜8月 ●低地〜山地の湿った林内、田の畔や水辺 ❋北海道〜九州　夏の型は全体弱々しく花弁を欠くことも多い。

6月8日　札幌市砥石山

ナデシコ科

エゾハコベ
Stellaria humifusa

無毛の多年草で高さが15〜30cm。対生する葉は無柄でやや多肉的、線状長楕円形で全縁、先はあまりとがらず、長さ1.5cmほど。花は葉腋から出る柄につき径約8mm、がく片は長卵形で先がとがり、長さ4〜5mm。5個の花弁はがく片と同長で先が2深裂する。雄しべは10個、花柱は3個ある。蝦夷繁縷。❋6月中〜8月 ●海岸の湿地や塩湿地 ❋北海道（東部）

6月18日　浜中町

240

ナデシコ科

■エゾオオヤマハコベ
Stellaria radians

全体に伏毛が密生してくすんだ緑色に見える多年草で、高さは40～70cm。茎は断面が四角で上部でよく分枝するので茂み状となる。柄がない葉は対生し、長さ6～12cmの細長い長卵形で先は次第にとがる。花はややまばらにつき径2cmほど。5個の花弁は先が紐状に細かく裂ける。蝦夷大山繁縷。❋6～8月 ●低地～低山の湿った草地、湿原の周辺 ❖北海道、本州(北部)

8月10日　豊頃町

■ナンバンハコベ（ツルセンノウ）
Silene baccifera var. japonica

つる性の多年草で、茎は分枝しながら伸びて長さが1.5mほどになる。対生する葉は長さ3～7cmの広披針形で全縁で先がとがり、基部は狭まり柄に流れる。がくは筒状から半球状に膨らむ。5個の花弁は長さ1.5cm、先が2裂して下に反り、基部は糸状になる。果実は径約1cmの球形で黒く熟す。南蛮繁縷。❋7～9月 ●山地の林内や林縁 ❖北海道～九州

8月1日　札幌市藻岩山

ナデシコ科

■クシロワチガイソウ
Pseudostellaria sylvatica

高さが15～30cmの多年草で芋状の塊根がある。細い茎が直立して無柄の葉が対生する。葉身は長さ3～8cmの線形～線状披針形で全縁、先がとがり、基部に毛がある。花は径約8mm、がく片は5個、5個の花弁の先は2浅裂する。果実は径5mmほどの球形。茎下部にあずき色の閉鎖花が数個つく。釧路輪違草。❋5～6月 ●山地の林下や湿原 ❖北海道、本州(北部)

5月19日　本別町　　　茎の下部につく閉鎖花

■エゾマンテマ
Silene foliosa

高さが20～40cmの多年草。茎が何本も立ち、下部に短毛があり上部で粘液を分泌する。柄がなく対生する葉は長さ3～6cmの線状倒披針形。花は径1.5cmで5個の花弁は先が2浅裂し、裂片の幅は約1mm。雄しべ10個、花柱3個がつき出る。マンテマの語源は不明。❋7～8月 ●海岸～山地の岩場 ❖北海道(上川以南・以西)

7月2日　札幌市八剣山

ナデシコ科

■ カラフトマンテマ
Silene repens var. repens
高さ10～30cmの多年草。茎は下部が地表を這い上部が直立して短毛がある。対生する無柄の葉は線状披針形～倒披針形で長さ2～7cm、幅2～8mm、縁毛がある。花は径1.5cmほど、円筒状のがくから先が2浅裂する5個の花弁が出る。雄しべは10個、花柱は3個がかく筒より少し長い。マンテマの語源は不明。❋7～9月 ◉❖北海道（大平山の石灰岩地）変種**チシママンテマ** var. latifolia は全体に毛が多く、葉は幅広く5～15mmの長楕円形。❋6～7月 ◉❖礼文島のれき地や周辺　変種**アポイマンテマ** var. apoiensis はやや小形で高さ10～25cm、茎と葉が紫色をおびる。花弁の色は時に淡紅色。❋7月中～8月 ◉❖アポイ岳かんらん岩地の固有変種

カラフトマンテマ　7月25日　島牧村大平山

アポイマンテマ　7月25日　アポイ岳

チシママンテマ　8月8日　礼文島

ナデシコ科
■ トカチビランジ
Silene tokachiensis
根茎から多数の根出葉と花茎を立てて高さ10～20cmの多年草。根出葉は幅が2～5mmの細長いへら形。花茎は紫褐色でごく小さな葉が1～3対つく。花は径2cmほど。がく筒はふっくらした卵形で紫色の筋がある。5個の花弁は先が2裂して白色から次第に赤みをおびてくる。大雪山の固有種。❋7月下～8月中 ◉❖東大雪山系の高山の岩場

ナデシコ科
■ カムイビランジ
Silene hidaka-alpina
茎の長さが4～10cmの多年草で、下向きの短毛が密にある。対生する葉は長さ1.5～3cmの倒卵形～長楕円状披針形で先がとがり突起状の微毛縁で質はやや厚い。花は茎頂に1個つき、径1.5cm前後。5個の花弁は先が2浅裂し長さ11mmほどのがく筒は先が5裂する。雄しべは10個、花柱は3個ある。ビランジの語源は不明。❋7月中～8月 ◉❖日高山脈稜線上や渓流源頭部の岩場、カール壁

8月11日　ニペソツ山

7月31日　日高山脈中部

ナデシコ科

■フシグロ
Silene firma

無毛で分枝せず、節の部分が暗紫色の茎が直立して高さが30〜80cmになる多年草。対生する無柄の葉は長さ3〜10cmの長楕円形〜卵形で縁に白毛がある。花は葉腋から出る柄にやや上向きに咲き、径5mmほど。5個の花弁は先が2裂し、白色〜淡紅色。がく筒は無毛で長卵形、長さ7〜10mm。雄しべは10個、花柱は3個ある。節黒。❋7〜9月 ●低地〜低山の日当たりのよい所 ❖北海道〜九州

ナデシコ科

■シラタマソウ*
Silene vulgaris

全体が無毛で白っぽい緑色の多年草で高さは30〜70cm。無柄で対生する茎葉は長さ5〜10cmの倒披針形で先がとがる。花は細い柄の先に横〜下向きに咲き、同じ花序中に雄花、雌花、両性花があるが形は同じ。径1.5cmほどで5個の花弁は先が2裂し、雄しべは10個、花柱は3個ある。がく筒は長さ1.5cmほどで白玉のように膨らみ、網目状の細脈が目立つ。白玉草。❋6〜8月 ●道端や空地 ❖原産地はヨーロッパ

6月25日 札幌市

ナデシコ科

■マツヨイセンノウ* (ヒロハノマンテマ)
Silene alba

雌雄異株で高さが30〜80cmの一年草(暖地では多年草)。全体に短毛と腺毛が密生。無柄の対生する葉は長さ10cm前後の長楕円形。花は夕方開花し、径2〜3cmで5個の花弁は先が大きく2裂する。雄花はがく筒の膨らみが小さく筋が10個、雌花はがく筒が円錐状に大きく膨らみ筋は15個以上あり、花柱5個がつき出る。待宵仙翁。❋6月下〜8月 ●道端や空地 ❖原産地はヨーロッパ 同属の帰化植物フタマタマンテマ*(ホザキマンテマ) S. dichotoma は花序が二股に分かれ、花柱は3個。❋6〜7月 ❖原産地はヨーロッパ 同じく同属の帰化植物アケボノセンノウ* S. dioica は花は小さく径約1.5cm、紅紫色でがく筒は雄花が円柱形、雌花が長卵形、どちらも10個の筋があり、長さ1〜1.2cm。❋5〜6月 ❖原産地はヨーロッパ

マツヨイセンノウ 7月5日 更別村　フタマタマンテマ 7月6日 様似町　アケボノセンノウ 5月30日 北見市

243

ナデシコ科

■エンビセンノウ
Silene wilfordii
直立する茎は単純または上部で分枝して高さ50〜90cmの多年草。無柄の対生する葉は長さ3〜7cmの狭卵形で先がとがる。花はまとまってつき、径3〜4cm、5個の花弁はがく筒先端で折れ曲がって平開、先が4深裂し裂片は線形。燕尾（花弁の形から）仙翁。❋7〜8月 ◉山間の湿地 ❖北海道（胆振・日高）、本州（中部） 同属の帰化植物**アメリカセンノウ*（ヤグルマセンノウ）** S. chalcedonica は茎に白毛が密生し、花弁の先は2浅裂する。❖原産地はヨーロッパ

ナデシコ科

■ムシトリナデシコ*
Silene armeria
時に群生し、分枝する無毛の茎は直立して高さ20〜50cmの一〜越年草で、節間に褐色の粘液を分泌する部分があるが、虫を捕えるものではない。対生する葉は長さ5cm前後の長卵形で先がとがり全縁で基部は半ば茎を抱く。花は散形状につき、径1.5cmほど。5個の花弁は先が浅く窪む。がく筒の先は5浅裂。虫取撫子。❋7〜8月 ◉道端や空地 ❖原産地はヨーロッパ

8月26日　日高町門別　　　アメリカセンノウ

茎の一部　　淡い色の花。白花もある　　7月17日　厚真町

ナデシコ科

■エゾカワラナデシコ
Dianthus superbus var. superbus
無毛の多年草で高さ30〜50cm、全体に白味をおび、株立ちとなって茎は上部で分枝する。対生する葉は長さ5〜6cmの線形〜披針形。花は径5cmほどで5個の花弁は先が細く深裂し、中心部に褐色の毛がある。がく筒は長さ2.5cm前後で2対の苞がある。蝦夷河原撫子。❋6〜9月 ◉海岸〜高山の岩場や草地 ❖北海道、本州（中部・北部） 変種**タカネナデシコ** var. speciosus は高山に生え、がく筒が短く花色が濃いとされるが、中間の個体も見られる。

エゾカワラナデシコ　7月20日　松前小島　　　長い苞　　タカネナデシコ　8月4日　増毛山系

244

ナデシコ科

■ノハラナデシコ*
Dianthus armeria

高さが20〜50cmの一〜越年草。茎は直立して上部ほど短縮毛が密生する。根出葉は柄がありへら形。対生する茎葉は無柄で線形で毛がある。花は枝先に2〜数個つき、5個の花弁は平開して中央部が白く、花弁全体に白点が散在し、中部に濃紅色点があり環状の模様となる。がく筒は長さ2cm前後あり、先が5裂して短毛が密生する。野原撫子。❋7〜8月 ●道端や空地 ❋原産地はヨーロッパ

8月1日　比布町

ヒユ科

■イノコヅチ（ヒカゲイノコヅチ）
Achyranthes bidentata var. japonica

断面が四角い茎が直立して高さが50cm〜1mの多年草。対生する葉は長さ5〜15cmの広楕円形で先がとがり全縁。花は横向きに咲き、5個の花被片は長さ3〜4mm。果実は下向きになり、2個の針状の苞で衣服や動物につく。苞の基部に膜質の付属体がつく。猪子槌。❋8〜9月 ●低地〜山地の林内 ❋北海道（南部）〜琉球　変種ヒナタイノコヅチ var. tomentosa は葉が厚く裏面に毛が密生し、花は密につき苞の付属体は微小。❋北海道（南西部）〜九州

イノコヅチ　9月2日　札幌市　　ヒナタイノコヅチ　9月4日　松前町

ヒユ科

■アオゲイトウ*
Amaranthus retroflexus

一年草で茎は直立して高さが50cm〜1.5mになり、よく分枝して軟毛がある。互生する葉は長い柄があり、菱形で長さ5〜10cm。花は茎頂と葉腋に密集してつき、雄花と雌花が混在する。花の基部の小苞は披針形で先が鋭くとがる。へら形の花被片が5個あり、果実は花被片より短い。青鶏頭。❋8〜9月 ●道端や空地 ❋原産地は北アメリカ　同属の近似種ホソアオゲイトウ* A. hybridus の果実は披針形の花被片5個とほぼ同長か長い。❋原産地は南アメリカ　イヌビユ* A. blitum は葉の先が深く凹み、花被片は3〜5個で畑地に多い。古い時代に帰化。❋原産地は地中海地方？　ヒメシロビユ*（シロビユ） A. albus は茎は直立して高さ10〜50cm、枝が水平に伸びる。茎頂に花穂はつかない。花被片は3個。❋原産地は北アメリカ

アオゲイトウ　8月11日　札幌市　　ホソアオゲイトウ　8月17日　小樽市　　ヒメシロビユ　7月21日　釧路市　　イヌビユ　8月16日　江別市

245

ヒユ科

アカザ*

Chenopodium album var. centrorubrum

大形の一年草で茎は直立して高さが50cm～1.5mになる。互生する葉は長い柄があり、葉身は長さ3～6cmの三角状卵形～狭卵形で、縁に大小の欠刻があり、基部付近のものは粗くとがり、基部は広いくさび形。若い葉の基部周辺に赤い粉粒が密につく。花は短い穂に多数密につき、径約2mm、白い粉状の毛に被われ、花被片が5個、5個の雄しべは雌しべが熟してから伸びる。熟した種子は黒く光沢がある。古い時代に中国から渡来したと言われる。藜。✻8～9月 ●道端や空地、畑地 ✿日本全土 基準変種のシロザ（シロアカザ）var. album はより小形で葉身は長さ1.5～7cm、若い葉の基部周辺に白い粉粒が密につき、葉はやや厚く欠刻は浅い。同属のコアカザ C. ficifolium は高さが50cm程度までで葉の幅が狭く長卵形～広披針形。縁に浅く大きな3つの切れ込みと不揃いの歯牙がある。種子に光沢がない。古い時代にユーラシアから帰化したとされる。同属のホソバアカザ C. stenophyllum は葉が披針形～線状披針形で下部の葉に浅い歯牙がある。✻9～10月 ●海岸近くの草地や荒れ地 ✿北海道～九州 また同属のヒメハマアカザ C. leptophyllum ヒロハヒメハマアカザ C. pratericoda が道内から記録があり、葉の形からシロザモドキ C. strictum と推定されるものもあり、今後の研究課題だろう。

両性花（雄しべ(5個)、花被片、子房）

シロザモドキに似た不明種 9月2日 根室半島

コアカザ 7月12日 札幌市

アカザ 9月21日 札幌市

紫紅色の粉状毛

アカザの若い株

白色の粉状毛

シロザの若い株

アカザの果実と種子

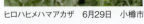

ヒロハヒメハマアカザ 6月29日 小樽市　ホソバアカザ 6月29日 小樽市

ヒユ科

ウラジロアカザ*

Oxybasis glauca

高さが10～50cmの一年草。茎は赤色をおびることが多い。互生する葉は長さ0.5～6cmの長楕円形で、枝につく葉は極端に小さくなる。縁に波状の鋸歯があり、裏面は白い粉粒が密にあって白色。花被片は2～5個、種子は暗褐色で光沢がある。裏白藜。✻7～8月 ●道端や空地 ✿原産地はヨーロッパ 別属の近似種ウスバアカザ* Chenopodiastrum hybridum の葉は長さ4～20cmの卵形で先が鋭くとがり、両縁に大きな切れ込みがあり、裂片は三角形で質は薄い。✿原産地はヨーロッパ

ウラジロアカザの花被と種子

ウスバアカザ 10月10日 本別町　ウラジロアカザ 8月17日 小樽市

ヒユ科

イソホウキギ*
Bassia scoparia

高さが1m前後になる一年草。枝は斜上し、葉は線形〜披針形で両面に軟毛がある。葉腋に少数の両性花と雌花がつき、花被片は5裂する。磯箒木。❋8〜10月 ●道端や空地、畑地 ●北海道〜九州 秋の紅葉が美しくコキア*の名で栽培されるホウキギ*の枝は密に直立し、葉も密につき紅葉が美しい。❀原産地はユーラシア

イソホウキギ 7月17日 小樽市　　コキアの名で栽培される

ヒユ科

ゴウシュウアリタソウ*
Dysphania pumilio

全体に腺毛や屈毛があり、地表を這う茎は下部から分枝し、葉は長さ0.5〜3cmの長楕円形で3〜4対の大きな鋸歯がある。茎や葉の裏面に黄色い腺体があって異臭を放つ。花は葉腋に数個ずつつく。豪州有田草。❋6〜9月 ●道端や空地 ●原産地はオーストラリア 同属のアリタソウ* D. ambrosioides の茎は直立し、花序の葉は茎の葉より著しく小さく、線形で花より長い。❀原産地は中央アメリカ

アリタソウ 8月19日 小樽市　　ゴウシュウアリタソウ 6月29日 小樽市

ヒユ科

ハマアカザ
Atriplex subcordata

茎がよく分枝する一年草で、高さが40〜60cm。互生する葉はやや肉質で長さ3〜8cmで縁に少数の歯牙がある三角状披針形〜鉾形。下部の葉は披針形。花は穂状に密につき雄花には花被片と雄しべが5個、雌花には花被片がなく、雌しべを包む三角形の苞が大きくなって果実を包む。浜藜。❋8〜9月 ●海岸の砂地 ●北海道、本州 よく似たホコガタアカザ* A. prostrata の下部の葉は三角形で対生する。❀原産地はヨーロッパ ホソバハマアカザ A. patens は葉が長披針形〜線形でほぼ全縁。❀北海道〜九州

ハマアカザ 9月2日 根室半島
ホコガタアカザ　対生する葉　ホソバハマアカザ 8月7日 網走市

ヒユ科

オカヒジキ
Salsola komarovii

茎は分枝しながら地表を這い、先端部が立ち上がり、個体により長さ50cm以上になる一年草。全体に肉質で葉は長さ1〜4cmの円柱形で先はとがる。花は葉腋で1個ずつ咲き、苞が2個、膜質花被片が5個あり、5本の雄しべがつき出る。陸鹿尾菜。❋7〜9月 ●海岸の砂地 ●日本全土 同属のハリヒジキ* S. tragus は葉が暗緑色で先は針状。花被片は合着して薄い膜質の翼が環状になる。❀原産地はユーラシア

ハリヒジキ 8月10日 釧路市　オカヒジキ 9月3日 長万部町　果実

247

ヒユ科

■ アッケシソウ（サンゴソウ）
Salicornia europaea

茎は多肉質の円柱形、節から分枝して高さが10～30cmの一年草で群生する。葉は退化して小さな鱗片状となって節に対生する。秋に美しく紅葉して珊瑚のように見える。花は微小で上部の節に3個セットでつき、中央が両性花、両側が雄性花。種子は波で運ばれる。厚岸草。 ❋8～9月 ●海岸の塩湿地 ❖北海道、本州、四国

雄性花　両性花

8月15日　網走市　　紅葉した姿

ハマミズナ科

■ ツルナ
Tetragonia tetragonoides

茎は地表を這って伸び、枝とともに斜上して長さ50cmほどになる多肉質の多年草。全体に粒状の突起がありざらつく感触がある。葉は厚みがありほぼ三角形。花は径8mmほどで花弁はなく、がくが4～5裂して内側が黄色い花冠に見える。果実に角状の突起がある。蔓菜。 ❋7～10月 ●海岸の砂地 ❖北海道（渡島半島）～九州

9～16個ある雄しべ

4～5個あるがく裂片　4～5裂する花柱

葉腋に1～2個つく花
粒状の突起がありざらつく葉

10月11日　上ノ国町

ヌマハコベ科

■ ヌマハコベ
Montia fontana

無毛の一年草で茎は分枝しながら伸び、這うか斜上し、長さが5～15cm。対生する葉は長さ5～10mmのへら形で先は円く、全縁でやや肉質。径約3mmの花は集散状の花序に細い柄でまばらにつき、がく片が2個、白い花弁が5個あるが、大きさは不揃い。沼繁縷。 ❋5～7月 ●海岸～山地の湿った岩場や水辺、遊水地 ❖北海道、本州（中部以北）

2個あるがく片
花弁は5個あるが大きさや形は不ぞろい

地表を這う枝
対生する葉

7月5日　弟子屈町

スベリヒユ科

■ スベリヒユ
Portulaca oleracea

赤みをおび、水気が多い茎は地表を這い、長さが30cmほどになる一年草。多くの枝を分けて四方に広がる。互生、対生あるいは束生する葉は多肉質で光沢があり、長さ1.5cmほどの倒長楕円形。花は午前中日が当たると開花し、暗いと開花せず、径6～7mm。柱頭は5裂する。果実は熟すと蓋がとれて種子を吐き出す。滑莧。 ❋7～10月 ●道端や畑の縁など ❖日本全土

ふつう先が凹む花弁は5個　7～12個ある雄しべ
肉質の葉
黒色でゆがんだ円形の種子

横に裂けたがい果　横に伸びる枝　9月9日　余市町

ヤマゴボウ科

■ヤマゴボウ*
Phytolacca acinosa

無毛の茎は直立して高さ1〜1.5mの多年草。葉は長さ10〜15cmの楕円形〜卵状楕円形で全縁、先はあまりとがらない。花は葉と対生状の総状花序に多数つき、径約8mm。花弁状のがく片が5個あり、雄しべは8個で葯が紫紅色。花序が直立したまま果実は黒く熟す。山牛蒡。✿6〜8月 ●人里に近い路傍など ●原産地はヒマラヤ〜中国 近似種ヨウシュヤマゴボウ P. americana はより大形で茎は赤みをおび、花（果）序はほぼ下垂する。✿原産地は北アメリカ

8〜9個の心皮に分かれた子房

がく片（5個）
ピンク色系の雄しべの葯
花序は果期も直立
子房（心皮の分かれ目が見えない）　がく片

7月13日　南幌町

ヨウシュヤマゴボウ
9月12日　三笠市

アジサイ科

■エゾアジサイ
Hortensia cuspidata f. yesoensis

高さ1〜1.5mの落葉低木で、茎は根元から何本も出る。対生する葉は長さ10〜15cmの卵状楕円形、粗い鋸歯縁で先がとがる。花序の周りを4個のがく片が美しい飾り花となって囲み、中心部に5個のがく片と花弁がある両性花が集まる。雄しべは10個、花柱は3個。蝦夷紫陽花。✿7〜8月 ●山地の林内、谷間 ●北海道、本州 同属とされていたノリウツギ（サビタ） Heteromalla paniculata の花序は円錐形で飾り花は白色。●北海道〜九州

ノリウツギ（サビタ）
8月7日　利尻島
円錐形の花序
両性花
4個の白いがく片（飾り花）
雄しべは10個
紫青色の飾り花はがく片4個　両性花

エゾアジサイ　8月26日　浦河町

ミズキ科

■ゴゼンタチバナ
Cornus canadensis

常緑性の多年草で高さ5〜15cm、根茎が伸びて群生する。倒卵形で長さ3〜6cmの葉が茎頂に4個が輪生状につき、花をつける茎には6個つく。緑色で越冬する葉と紅葉して枯れる葉がある。径2.5mmほどの花が4個の花弁状の苞に囲まれて多数集まる。花弁と雄しべは4個。果実は球形で径5〜8mm、赤く熟す。御前橘。✿6〜7月 ●山地の針葉樹林帯やハイマツ帯 ●北海道、本州

花序のアップ
4個の花弁　雄しべ
4個が輪生状となる無花茎の葉
花弁状の4個の総苞片
羽状の葉脈
6個が輪生状となる花茎の葉

7月27日　釧路市阿寒

果期の姿

ミズキ科

■エゾゴゼンタチバナ
Cornus suecica

前種ゴゼンタチバナに似た常緑の多年草。卵形〜長楕円形で長さ1.5〜3cmの葉は輪生状にはつかず、間隔をあけて4〜5対十字対生する。花のつくりも前種同様だが色は黒紫色をおびる。果実も球形で赤く熟す。蝦夷御前橘。✿6〜7月 ●道東や道北の湿原や高山草原

4個の花弁
花序のアップ　雄しべ
4〜5対、十字対生する有花茎の葉
花弁状の4個の総苞片
平行状の葉脈

果実　6月26日　天塩岳

ツリフネソウ科

キツリフネ
Impatiens noli-tangere

軟弱な無毛の一年草で茎は高さ70cm前後。互生する葉は長卵形で浅い鋸歯縁。長さ3～4cmの舟形の花が葉腋から出る柄にぶら下がるようにつく。3個の花弁のうち下の2個が大きく、内側に赤い斑点がある。がくも3個、1個が袋状になって先が長い距となり、下に曲がる。黄釣舟。❀7～9月 ●低地～山地の湿った所 ❉北海道～九州 花色が白っぽいものを品種ウスキツリフネという。

9月12日　札幌市　　　　　　　　　　　　　　　ウスキツリフネ

ツリフネソウ科

ツリフネソウ
Impatiens textorii

多汁質でやや軟弱な一年草で茎は高さ40～80cm、赤味をおび節が膨らみよく分枝する。互生する葉は長さ5～13cmの菱状楕円形で先がとがり、鋸歯縁。径2.5cm、長さ4cm前後の舟形の花がぶら下がる。釣舟草。❀7～9月 ●低地～山地の湿った所 ❉北海道～九州 白花品を品種シロツリフネソウという。

シロツリフネソウ　　　　　　　　　　　　　　　8月27日　函館市

ツリフネソウ科

ハナツリフネソウ*
Impatiens balfourii

高さが30～40cmで無毛の一年草。茎は赤味をおび、節の部分が少し膨れ、よく分枝する。互生し鋸歯縁の葉は卵状長楕円形で先がとがる。花弁2個が大きく平開した部分が紅紫色で美しく、下部のがくは筒形で後部が細くなって長く伸びた長さ1.5cmほどの距となる。花釣舟草。❀7～9月 ●道端や空地 ❉原産地はヒマラヤ西部

8月11日　札幌市

ツリフネソウ科

ロイルツリフネソウ*（オニツリフネソウ）
Impatiens glandulifera

高さが大きいもので2m近くになる一年草で、互生する下部の葉は長さが10cm以上になる。上部の葉は3輪生状となり、葉柄には太い腺毛がつく。花は総状花序につき、下部のがく片は袋状になって距はごく短く長さは4mmほど。側花弁は白色～暗紫色、それ以外の色は暗紫色。❀7～9月 ❉原産地はヒマラヤ～インド東部

9月5日　札幌市

ハナシノブ科

■ エゾノハナシノブ（ヒダカハナシノブ）
Polemonium caeruleum subsp. yezoense var. yezoense

高さが35～70cmの多年草。互生する葉は奇数羽状全裂し、裂片は19～25個、披針形で長さ3cmほど。花序と花の柄、がくに腺毛がまばらにある。花は径約3cm、花冠は花弁状に5深裂し、裂片の先はわずかに凹む～わずかにとがる。がくは5深裂、裂片は披針形で長さは幅の3～6倍。子房の乗る花盤に5歯がある。蝦夷花忍。✿6～7月 ◉山地の渓谷や草地時に岩場やその周辺 ✦北海道、本州（中部以北） がくは5中裂～深裂し、裂片が幅広く長さが幅の1.5～3倍で花盤が波状に浅裂するものを亜種**カラフトハナシノブ** subsp. laxiflorum var. laxiflorum という。◉✦道内の風衝草地 礼文島に生え、花序が詰まった型を品種**レブンハナシノブ**ということがある。また道東の湿地に生え軟弱で葉の裂片が細い型を変種**クシロハナシノブ** var. paludosum とされるが中間の型もあり識別の難しい分類群である。

エゾノハナシノブ 6月13日 札幌市定山渓

まばらに生える腺毛
雄しべは5個　深裂するがく

とがる花冠裂片の先
花柄も茎も無毛
かつてヒダカハナシノブと分けて呼ばれたタイプ 7月6日 浦河町

中裂するがく
クシロハナシノブ 6月22日 浜中町
小葉に見える裂片
カラフトハナシノブ 6月15日 礼文島

ハナシノブ科

■ クサキョウチクトウ*（フロックス）
Phlox paniculata

無毛か微毛がある茎が直立して高さが60cm～1.2mになる多年草。十字対生または3輪生する葉は長さ7～12cmの長楕円状・卵状披針形で、針状の縁毛がある。花は円錐状につき、花冠は径約2.5cm、先は花弁状に大きく5裂して平開する。色は白～紅色と様々な品種がつくられている。草夾竹桃。✿7～9月 ◉道端や空地 ✦原産地は北アメリカ グラウンドカバーとして栽培される芝桜は同属の花。

サクラソウ科

■ ヤブコウジ
Ardisia japonica var. japonica

伸びる地下茎の先が立ち上がり、高さ10～15cmになる常緑の小低木。葉は長さ3～4cmの長楕円形で硬くやや光沢があり鋸歯縁。花は下向きに数個つき、花冠は径、長さともに約5mm、先が5裂する。果実は球形で径5mmほど、赤く熟す。藪柑子。✿7～8月 ◉低地～低山の林下 ✦北海道（檜山・奥尻島）～九州

平開する花冠裂片
円錐状の花序
十字対生する葉
直立する茎
8月20日 夕張市

5個ある雄しべ
5裂した花冠裂片　花柱
硬く光沢のある葉

果実の径は5mmほど

8月17日 奥尻島

サクラソウ科

トチナイソウ（チシマコザクラ）
Androsace chamaejasme subsp. capitata
小さな多年草で高さは3〜4cm。茎は分枝しながら地表を伸び、枝先に多数の葉と花茎をつける。白い長毛が密生する葉はやや厚く、広披針形で長さ5〜12mm、先はややとがる。径約5mmの花は白い長毛のある花茎に3〜5個つき、花冠は花状に5裂する。栃内（道庁技手の名）草。❋6〜7月 ●山地〜亜高山の岩場や周辺の草地に局所的 ◆北海道（夕張山地以北）、本州（早池峰山）

6月17日 雌山

ツマトリソウ
Lysimachia europaea var. europaea
無毛で軟弱な多年草で高さ7〜20cm。細長い根茎が伸びる。茎の先に5〜10個の葉を輪生状につける。葉は広披針形で長さ2〜7cm、先がややとがる。花は葉腋から出る細い柄につき、花冠は花弁状にふつう7裂して径1.5〜2cm。裂片の先が赤くつまどられる個体は少ない。褄取草。❋6〜7月 ●山地〜亜高山の林縁など ◆北海道、本州、四国 高層湿原に生え、全体小形で葉の先が円いものを変種**コツマトリソウ** var. arctica とされるが中間の型もある。

6月23日 東大雪山系白雲山　　　コツマトリソウ

サクラソウ科

ヤナギトラノオ
Lysimachia thyrsiflora
地下茎が伸びて高さ50cmほどの茎を立てる多年草。柳のような葉は柄がなく対生し、大きいもので長さ10cm、黒い腺点がある。花は葉腋から出る総状花序に多数つき、花冠の径は1cmほど。先が6裂して裂片は広線形で先の部分に黒点がある。6個の雄しべは花冠からつき出る。柳虎尾。❋6〜7月 ●低地〜山地の湿地 ◆北海道、本州（中部以北）

6月25日 札幌市

コナスビ
Lysimachia japonica var. japonica
茎が地表を這って伸び上部が斜立し、長さが20cmほどの多年草。全体に軟毛が多い。対生する葉は三角状卵形で全縁で多数の腺点がある。花冠は径1cmほどで先が5裂する。果実は径5mmほどの球形で茄子に似る。小茄子。❋6〜7月 ●野山の林下や道端 ◆日本全土 同属の**コバンコナスビ*** L. nummularia は茎が50cmほどに伸び、葉は楕円形、花冠の径は2cmと大きい。小判小茄子。●道端や空地 ◆原産地はヨーロッパ

コバンコナスビ　7月15日 函館市　　　コナスビ　7月12日 黒松内町

サクラソウ科

ウミミドリ
Lysimachia maritima var. obtusifolia

地下茎が伸びて群生する全体無毛の多年草で高さ5～20cm。柄がない葉が対生し、葉身は長さ6～15mm、やや肉質でつやがある。花に花弁はなく、がくが花弁状に5深裂して径6～7mm。雄しべは5個あり、果実は球形で径4mmほど。海緑。❋6～7月 ⬤塩湿地や海岸の泥地 ❖北海道、本州（中部・北部）

6月25日　根室市　　　　　　　　　　　　　果実

サクラソウ科

オカトラノオ
Lysimachia clethroides

地中を伸びる地下茎から茎を立ち上げ、群生する。互生する葉は長楕円形で長さ7～12cm、全縁で両端がとがる。花は茎の先に一方に偏って総状に多数つき、花序の上部は弓なりに曲がる。花冠は花弁状に5裂して径1cmほど、花柄の基部に線形の苞がつく。果実は球形で径2.5mmほど。岡虎尾。❋6～8月 ⬤低地～低山の明るい所 ❖北海道～九州

7月25日　安平町

サクラソウ科

クサレダマ
Lysimachia vulgaris subsp. davurica

腺毛と軟毛がある茎の高さが1m近くまで伸びる多年草。根茎が伸びてやや群生する。ふつう2～4個が輪生する葉は長さ10cmほどの長楕円形で、裏面に黒い腺点がある。花は円錐状に多数つき、径1.5cmほどで花冠は5深裂するので花弁に見える。内面に突起物がある。草連玉。❋7月下～9月 ⬤湿った草地 ❖北海道、本州、九州

7月28日　苫小牧市　　　　　　　　　　　果実

サクラソウ科

ハマボッス
Lysimachia mauritiana var. mauritiana

無毛の越年草で高さ10～20cm、ロゼット葉で越冬して春に花茎を立てる。互生する葉は厚みと光沢があり、長さ2～5cmの倒卵状長楕円形。花は円錐状に多数つき、花冠は5深裂して径1.2cmほど、雄しべは5個ある。蒴果は球形で径約5mm、残存花柱が目立つ。葉やがくに黒い腺点が散在する。浜払子。❋7～8月 ⬤海岸の砂地や岩地 ❖北海道（渡島半島）～沖縄

果実　　　　　　　　　　　　　　　　8月4日　函館市

サクラソウ科

ハイハマボッス（ヤチハコベ）
Samolus parviflorus
大きな個体は倒伏する傾向がある、茎の長さが10〜40cmで無毛の多年草。葉は長さ2〜4cmの広楕円形〜倒卵形で質は薄く少しつやがある。花は総状花序に細い柄で苞とともにまばらにつき、径約3mm、花冠は5裂する。果実は径約3mmの球形。這浜払子。❀7〜8月 ●低地〜低山の湿地 ✿北海道（石狩以南）、本州

5裂した花冠の裂片
花冠裂片と対生する雄しべ（5個）
花冠裂片と互生する仮雄しべ
とがらない葉の先
柄のように細くなっていく葉の基部
無毛の茎

7月8日　野幌森林公園

サクラソウ科

サクラソウモドキ
Cortusa matthioli subsp. pekinensis var. sachalinensis
高さが15〜30cmの多年草。柄に開出毛が密生する葉が根元に集まり、葉身は径2〜8cmの腎円形で掌状に9〜13中裂し、裂片の縁には鋸歯と毛がある。花は毛の多い花茎の先から下垂する。花冠は約1.5cmの浅い鐘形で先は5深裂、裂片は斜開し花柱がつき出る。桜草擬。❀6月 ✿道内の山地林下や崖下に局所的

つき出る花柱
雄しべ5個の花糸基部が合着して雌しべを囲む
開出毛が密生し、茎葉がつかない花茎
花は下垂して咲く
根元から出る葉

6月11日　崕山

サクラソウ科

サクラソウ
Primula sieboldii
高さが15〜30cmの多年草。長毛のある長い柄を持つ葉が根元に集まる。葉身は長さ4〜10cmの卵形〜長卵形で、円頭で不規則な鈍い重鋸歯縁、基部は心形で表面は葉脈による皺がある。花は散形状に数個つき、花冠は径2.5cmほどで5深裂し、平開する裂片は先が2浅裂。長花柱花と短花柱花の株が混在している。これはこの属共通の特徴である。桜草。❀5〜6月 ●低地の明るい林内や草地 ✿北海道（胆振・日高）、本州、九州

花の縦断面。左：短花柱花、右：長花柱花
柱頭
雄しべの葯
がく裂片
がく裂片　柱頭　雄しべの葯

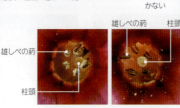

正面から見たクリンソウの花の中心部
左：短花柱花
雄しべの葯　柱頭
雄しべの葯
柱頭

サクラソウ　6月7日　日高町門別

サクラソウ科

クリンソウ
Primula japonica
高さが40〜70cmの多年草。時に群生する。葉は根元に集まり、葉身は長さ15〜40cmの楕円状へら形で質は薄く表面には皺があり、先は円く鋸歯縁だが裏側に巻き込む。花は茎の上部に3〜7段、数個が輪生状につく。花冠は径2〜2.5cm、5深裂した裂片の先が2浅裂して平開する。九輪草。❀5月下〜7月 ●低地〜山地の湿った所、沢沿い ✿北海道、本州、四国

何段も輪生状につく花
長い花茎だが茎葉はつかない

クリンソウ　6月18日　浦幌町

サクラソウ科

■ オオサクラソウ
Primula jesoana var. jesoana
高さが20～40cmの多年草。数個の葉が無毛の長い柄で根生する。葉身は長さ・幅ともに5～12cmの円心形で、7～9の浅い切れ込みがあり、裂片に不規則な鋸歯がある。花は茎頂に数個、時に2段につく。花冠は径2cm前後、5深裂して裂片はさらに2浅裂して平開する。大桜草。✽5～6月 ●低山の明るい林内 ❖北海道(渡島半島・西部・日高)、本州(中部・北部) 茎や葉柄に長軟毛が多いものを変種**エゾオオサクラソウ** var. pubescens といい道東に多く、中間の型もある。また室蘭岳には高さが10cm前後にしかならない型があり、**コエゾサクラソウ**と呼ばれていた。

高さが10cm前後にしかならないタイプを品種コエゾサクラソウと呼んでいた
6月6日　室蘭岳

長軟毛が多い茎

オオサクラソウ　5月10日　新ひだか町静内

エゾオオサクラソウ　6月1日　アポイ岳

サクラソウ科

■ ヒダカイワザクラ（アポイコザクラ、アポイイワザクラ）
Primula hidakana var. hidakana
横に伸びる根茎があり、まとまって生える高さが5～15cmの多年草。葉はやや硬く、長さ2～5cmの円形～腎円形で浅く7裂し、不規則な鋸歯があり、基部は深い心形。縁と裏面脈上に毛がある。花冠は径約2.5cm、筒部の長さは約1cm、喉部は黄色。日高岩桜。✽5～6月 ●日高山脈の岩場にほぼ固有　高所に生え、葉柄や花柄に長毛があるものは変種**カムイコザクラ** var. kamuiana とされるが、中間の型が多い。

■ テシオコザクラ
Primula takedana
太い地下茎から葉と花茎を立ち上げ、高さが15～20cmの多年草。長い柄を持つ葉は腎円形で縁に不揃いで二重の大きな切れ込みがあり、表に短毛、裏面と柄に長軟毛がある。花は2～3個つき、花冠は漏斗状で筒部の長さは6～8mm、先は5裂して裂片はさらに2裂し、平開しない。北海道の固有種。天塩小桜。✽5～6月 ❖道北の蛇紋岩地帯

6月1日
日高山脈ニオベツ川

カムイコザクラのタイプ
6月28日　ヌカビラ岳

長花柱花

柱頭が見え、雄しべは見えない

雄しべの葯が見え、柱頭は見えない

短花柱花

蛇紋岩

長軟毛が葉柄と花茎に生える　5月30日　幌延町

サクラソウ科

■ エゾコザクラ
Primula cuneifolia var. cuneifolia

高さが10～20cmで全体無毛の多年草でよく群生する。葉は根元に集まりやや多肉質、長さ1.5～5cmのくさび形で、上半分に顕著な鋸歯がある。花は3～10個つき、花冠は径2～2.5cm、5裂した裂片は花弁状に開き、同属の他種と同様に短花柱花と長花柱花の2型がある。蝦夷小桜。❋7～8月 ◉高山の湿った草地、雪田や雪渓の融雪跡 ✤北海道

サクラソウ科

■ ソラチコザクラ
Primula sorachiana

花茎の長さが3～10cmの多年草。根元に集まる葉は長さ1～3cmの楕円形～へら形で先はとがらず、上部は鋸歯縁、基部は長い柄に流れる。質は薄く光沢はなく、表面はスリガラス状で裏面の粉状物は白色。花は散形状につき、花冠は花弁状に5深裂し、裂片は他のコザクラ類より広角度で2裂する。空知小桜。❋4～6月 ◉✤日高山脈や夕張山地などの沢沿いの岩場。固有種

7月8日　大雪山

5月18日　平取町

サクラソウ科

■ ユキワリコザクラ
Primula modesta var. fauriei

高さが7～15cmの多年草。広卵形の葉が根元に集まり、基部は急に細くなって柄に流れる。葉縁には不明瞭な鋸歯があって下側に巻き込む。裏面には淡黄色の粉状物が密着する。花冠は径1.5cm前後、5深裂して先が2浅裂した裂片は平開する。雪割小桜。❋5～6月 ◉海岸～山地の草地や岩場 ✤北海道（太平洋側）、本州（北部）生育地により様々な型が知られる。基準変種**ユキワリソウ** var. modesta の根出葉は倒卵状長楕円形で基部は細く葉柄状になる。山地岩場に局所的に産するが少ない。変種**サマニユキワリ** var. samanimontana は葉柄が長く、粉状物は少なく、アポイ岳周辺に産する。変種**レブンコザクラ** var. matsumurana は全体大形で花つきもよく、花序は球形になる。礼文島、夕張山地、知床半島、北見山地に知られる。これらの形態上の違いは連続的なので判別は難しいことが多々ある。

ユキワリコザクラ　5月16日　函館市

サマニユキワリ　5月15日　アポイ岳

レブンコザクラ　6月9日　礼文島

サクラソウ科

■ ユウバリコザクラ（ユウバリコザクラ）
Primula yuparensis
高さが4〜10cmの多年草。倒披針形で長さ1〜3cmの葉が数個根元に集まる。柄はなく裏面に花茎と同じ白い粉状物がつく。花は1〜4個つき、花冠は径1.5cm前後、5深裂して裂片は2浅裂、筒部ががくの2倍長と長いのが特徴。花柱の長さは一定しないが雄しべの葯よりは短くならない。夕張小桜。✿6〜8月 ●夕張岳上部の蛇紋岩地帯。雪田の跡に咲く。固有種

がく　花冠の筒部。がくの部分より長い

葉柄のない根出葉

8月1日　夕張岳

イワウメ科

■ イワウメ
Diapensia lapponica subsp. obovata
常緑の小低木だが草本のように見え、幹や枝が分枝しながら地表を這い、マット状に広がったりクッション状の株をつくる。葉は長さ1cmほどのへら形で、革質で厚く光沢がある。梅に似た花が長さ1〜3cmの柄上につき、花冠は花弁状に5深裂して径1.5cmほど。がく片と雄しべは5個。蒴果はほぼ球形。岩梅。✿6〜7月 ●高山のれき地や岩地 ■北海道、本州（中部・北部）

果実　幅の狭いがく片

幅の広いがく片　小苞　残存花柱

重なり合ってクッション状となる葉

5個の雄しべは花冠裂片と互生

6月18日　東大雪山系岩石山

イワウメ科

■ イワカガミ
Schizocodon soldanelloides var. soldanelloides
常緑の多年草で高さが10〜20cm。長い柄のある葉が根元に集まり、葉身は基部がくびれた円形で、長さ3〜6cm、厚くて鏡のような光沢があり、縁にはややとがった大きな鋸歯がある。花は茎頂に数個つき、花冠は5裂して裂片の先は細かく裂ける。岩鏡。✿5月下〜6月 ●山地の岩場やその周辺 ■北海道〜九州　変異の大きな植物で、高山の草地に生え小形で葉の鋸歯が不明瞭なものは品種**コイワカガミ**、道内では渡島半島の多雪地帯の樹林下に生え葉が大形で長さ8〜12cm、花冠の色は白色〜淡紅色のものは変種**オオイワカガミ**とされるが、中間型があって判別は難しい。

細裂する花冠裂片

5個の雄しべ。仮雄しべは奥にあり見えない

明瞭な鋸歯

不明瞭な鋸歯

コイワカガミのタイプ
7月20日　富良野岳

当年の葉

大きな前年の葉

残存花柱
果実
がく裂片

イワカガミ　5月24日　函館市恵山　　　　　　　果実　　　　　オオイワカガミ　5月26日　福島町

ツツジ科

ヒメシャクナゲ
Andromeda polifolia
常緑の小低木で高さが10〜30cm。硬い葉は長さ1.5〜3.5cmの広線形〜楕円状披針形で、先はとがり縁は粉白色の裏面に巻き込む。花は枝先に下向きに数個つき、柄の色は花冠と同じで、がくは小さい。花冠は長さ5〜6mmのややつぶれた壺状で、先が5浅裂し、裂片は平開する。姫石楠花。❉5〜7月 ●低地〜亜高山の高層湿原 ❖北海道、本州（中部・北部）

6月1日　長万部町

ツツジ科

コメバツガザクラ（ハマザクラ）
Arcterica nana
常緑の矮性低木で高さが3〜10cm。幹は分枝して広がり、枝を立ち上げる。3個が輪生する葉は長さ5〜10mmの長楕円形で、質は硬く厚く光沢があり、縁は僅かに裏に巻く。花は枝先に3個ずつ下向きにつき、花冠は長さ4〜5mmの壺形で、先が5浅裂し、芳香がある。蒴果には花柱が残る。米葉栂桜。❉5月下〜7月 ●亜高山〜高山の岩場やれき地 ❖北海道、本州（中国以東）

稀にある赤色をおびた花

果期の姿　　6月20日　ウペペサンケ山

ツツジ科

ウラシマツツジ
Arctous alpinus var. japonicus
落葉する矮性低木で高さは5cm以下。茎は地表に伸び分枝して広がる。葉は長さ2〜5cmの倒卵形で光沢があり細脈が凹む。花は枝先に1〜数個ついて葉が開く前に咲き、花冠は壺形で先が5裂し裂片は反り返る。果実は球形の液果状で、黒く熟すころ紅葉が美しい。裏縞躑躅。❉6〜7月上 ●高山の乾いたれき地や草地 ❖北海道、本州（中部以北）

果期の姿　9月7日　大雪山

ツツジ科

チシマツガザクラ
Bryanthus gmelinii
幹が分枝しながら地表を這いマット状に広がる常緑の矮小低木で高さは2〜7cm。葉は広線形で密に互生し、厚みと光沢があり、長さ3〜4mm。縁が裏面に巻き込むので幅は約1mm。枝先に数個の花をつけ、径7mmほどで花弁は4個、雄しべは8個あり、蒴果は先が細い卵形。千島栂桜。❉7〜8月 ●高山のれき地 ❖北海道、本州（北部）

8月2日　大雪山

ツツジ科

■ イワヒゲ
Cassiope lycopodioides
茎が分枝しながら地表を伸びマット状に広がる常緑の矮性低木。葉は鱗状で茎に密に十字対生するので全体が径2mmほどの茎のように見える。花は葉腋から出る細長い柄にぶら下がり、花冠は鐘状で先が浅く4〜5裂する。果実は球形で径3mmほど。岩鬚。❋7〜8月 ●高山の岩地やれき地 ✤北海道、本州(中部・北部)

7月13日　大雪山

ツツジ科

■ ヤチツツジ （ホロムイツツジ）
Chamaedaphne calyculata
常緑の低木で高さは30cm〜1m。若い枝に白い細毛と鱗片が、花軸やがく片、葉の両面に鱗片が密生する。質が硬い葉は長さ3cm前後の長楕円形、縁は少し裏に巻き込む。花冠は壺形で長さ5mm前後、先が5浅裂、花柱が花冠からつき出る。果実は球形で径約4mm。谷地躑躅。❋4月中〜6月上 ●低地の湿原 ✤北海道

5月21日　新篠津村

ツツジ科

■ ミヤマホツツジ
Elliottia bracteata
高さが30〜60cmの落葉低木でよく分枝する。葉は長さ1〜5cmの倒卵形で円頭微突端。花は総状につき、径2cmほど、3個の花弁は後ろに反り返る。がくは5全裂し、雌しべの花柱はくるりと上に曲がる。深山穂躑躅。❋7〜8月 ●亜高山の尾根筋 ✤北海道、本州(中部・北部) 同属ホツツジ E. paniculata はより低地に生え、高さ1〜2m、がくは杯状、花柱はわずかに曲がる。❋8〜9月 ●山地樹林下 ✤北海道〜九州

7月21日　樽前山

同属のホツツジ

ツツジ科

■ ガンコウラン
Empetrum nigrum var. japonicum
幹が分枝しながら地表を這いマット状に広がる常緑で雌雄異株の小低木。密に互生または輪生する葉は長さ4〜7mm。花は高さ10〜20cmに立ち上がった枝先の葉腋につき、径4mmほど。花弁とがく片が3個あり、雄花には雄しべ3個、雌花には葉状の花柱が5個ほどある。果実は径約1cmの球形で黒く熟して食べられる。岩高蘭。❋5〜7月 ●亜高山〜高山のれき地やハイマツ林縁。道東では高層湿原や海岸 ✤北海道、本州(中部以北)

雄花　　　　　　　　果期の姿　7月30日　雌阿寒岳
雌花

ツツジ科

イワナシ
Epigaea asiatica
常緑の小低木で赤褐色の毛がある茎が地表を這い上部が立ち上がり高さは10〜25cm。葉は長さ3〜10cmの長楕円形で、硬く革質で表面は細かく波打つ。花は枝先に数個つき、花冠は長さ1cmほどの筒形で先が5浅裂する。雄しべは10個。果実は球形肉質で径8mmほどで表面に白毛が密生する。食べると甘酸っぱい梨の味がする。岩梨。✽4〜6月 ●山地〜亜高山の尾根筋林下や岩地 ✿北海道(日本海側)、本州(近畿以北)

4月29日 上ノ国町　　　　果実

ツツジ科

ハナヒリノキ
Leucothoe grayana var. grayana
よく分枝する落葉低木で高さ50cm〜1.2m。葉は長さ3〜10cmの長〜広楕円形、縁に長毛があり、表面に葉脈が浮き出る。花は枝先の総状花序に下垂し、花冠は径約4mmの壺形で先が5裂する。果実は上を向く。葉の粉末を殺虫に利用したという。嚔木。✽6〜8月 ●野山の陽地 ✿北海道、本州(近畿以北) 変種エゾウラジロハナヒリノキ var. glabra は葉が大きく幅が広く、裏面は粉白色。✿北海道、本州(北部)

花の断面　雄しべ(10個ある)

枯れた果皮　　7月13日　樺戸山地神居尻山

ツツジ科

アカモノ (イワハゼ)
Gaultheria adenothrix
常緑のよく分枝する小低木で高さ10〜30cm。若い枝や花柄に赤褐色の長毛が生える。互生し広卵形の葉は長さ1.5〜3cm、革質で厚く硬く、脈は凹み縁に波状の細鋸歯があって、先はややとがる。花は鐘形で先が5浅裂する。蒴果は赤く熟し、がくが膨らみそれを包み液果状となって食べられる。赤物。✽6月下〜7月 ●亜高山のれき地や草地 ✿北海道、本州、四国

6月19日 ニセコ山系　　　　果実

ツツジ科

シラタマノキ
Gaultheria pyroloides
よく分枝して横に広がる常緑の小低木で幹の長さが20〜30cmになる。葉は楕円形で厚く硬く光沢があり、表面の網目模様が目立つ。花は枝先に数個つき、花冠は壺形で先が5浅裂する。果実は蒴果で、がくが膨らみ、それを包み、径1cmほどで白く熟し、食べるとサロメチールの味がする。白玉木。✽6〜8月 ●亜高山〜高山のれき地 ✿北海道、本州(中部・北部)

花序　6月30日　樽前山　　　　果期の姿　8月29日　十勝岳

ツツジ科

■ジムカデ
Harrimanella stelleriana

常緑の小低木で幹は分枝しながら地表を這い、高さ3〜5cmの枝を立ち上げ、花をつける。葉は枝に密生し、長さ約3mmの針状だが先はとがらない。花冠は口部が開いた鐘形で、花弁状に5深裂し、がく筒も5裂して赤く、裂片の先は円い。地百足。❋7〜8月 ●高山のれき地 ✿北海道、本州(中部・北部)

ツツジ科

■ミネズオウ
Loiseleuria procumbens

茎は分枝しながら地表を這いマット状に広がる常緑の矮小低木。密につく葉は革質で光沢があり、長さ6〜12mmの狭長楕円形〜広披針形で鈍頭、全縁。縁は白細毛が密生する裏面に巻き込む。枝先につく花冠は径4〜5mmの鐘形で先が4〜5裂する。平開する裂片は三角状卵形なので星形に見える。峰蘇芳。❋6月下〜8月上 ●高山のれき地 ✿北海道、本州(中部・北部)

7月3日　大雪山

果期の姿　　　　　　　　　6月22日　富良野岳

ツツジ科

■ウメガサソウ
Chimaphila japonica

草状の常緑の小低木で高さ5〜10cm。葉は質が硬く、厚く光沢があり、長さ2〜3cmの長楕円形〜披針形で先がとがり、基部まで鋸歯縁で数個ずつ輪生状につく。花はふつう1個つき、径1cmほどで花冠は5個の花弁状。花柱はほとんどなく、無毛の子房上に柱頭が乗る。がく片は広披針形で花弁と同長。果実は上を向く。梅笠草。❋6〜8月上 ●山地の樹林下 ✿北海道〜九州 同属の近似種オオウメガサソウ C. umbellata は葉が倒披針形で先はとがらず、基部付近は鋸歯がない。花冠は径1.5cmほどで1茎に3〜6個つき、時に淡紅色。がく片は卵形で花弁の1/4長。✿北海道、本州(中部以北)

ウメガサソウ　7月14日　苫小牧市　　果期の姿　　　　　オオウメガサソウ　7月22日　苫小牧市

261

■アオノツガザクラ

Phyllodoce aleutica

常緑の小低木で高さは10〜30cm、幹は地表を這う多数の枝が斜上する。多数密につく葉は長さ5〜15mmの線形で、細鋸歯のある縁は、主脈に白細毛が密生する裏面にわずかに巻き込む。花は下向きにつき、花冠は長さ7〜8mmの壺形で無毛。先が5浅裂する。広披針形で緑色のがく裂片と柄に腺毛が密生する。青栂桜。❋7〜8月 ●高山の雪田跡やれき地 ❋北海道、本州（中部以北） 花冠が上を向いて咲くものを品種ソラムキアオノツガザクラという。同属のエゾノツガザクラ P. caerulea は花冠が長さ8〜10mmの長い壺形で表面に柄と共に腺毛がある。がく裂片は狭披針形で紅紫色。蝦夷栂桜。❋7〜8月 ●高山の雪田縁や草地、れき地 ❋北海道、本州（北部） コエゾツガザクラ var. yezoense はアオノツガザクラとの雑種と推定され、ごくふつうに見られる。両種と次種ナガバツガザクラとの間に様々な自然雑種が知られ、主なものは次項に示した。

アオノツガザクラ　7月16日　狩場山
ソラムキアオノツガザクラ　8月11日　大雪山
ソラムキエゾノツガザクラ？
エゾノツガザクラ　7月15日　羊蹄山

■ニシキツガザクラ

Phyllodoce aleutica var. marmorata

アオノツガザクラやエゾノツガザクラ、ナガバツガザクラが生育する地では様々な雑種と思われる花が見られる。その多様さから戻し交雑（雑種と元親との交雑）も行われていると推定される。ニシキツガザクラの花冠は無毛で黄緑色と紅紫色がしぼりになるものとされ、花冠がつぶれたようなユウバリツガザクラが顕著な例。ここではそれら雑種の総称をニシキガザクラとしておく。

■ナガバツガザクラ

Phyllodoce nipponica subsp. tsugifolia

常緑の小低木で高さが10〜25cm。やや密に互生する葉は長さ7〜12mmの細い線形で疎らな微鋸歯がある。花冠は鐘状で長さ5〜7mm、先が5浅裂する。花柄に腺毛があり、紅紫色のがく裂片は無毛。長葉栂桜。❋7月 ●高山の岩地 ❋北海道、本州（北部） 花柄とがく裂片が緑色の物を品種カオルツガザクラといい、夕張岳と日高山脈に知られる。

7月5日　夕張岳

ツツジ科

イチゲイチヤクソウ
Moneses uniflora

小形の多年草で高さは10cm前後。葉は長さ1〜2cmのほぼ円形で短い柄がある。花は茎頂に1個下向きにつき、径18mmほどで花弁は5個で平開する。雌しべは真っ直ぐつき出し柱頭は5裂する。雄しべは10個ある。一華一薬草。❀6月下〜8月上 ●針葉樹林下 ✿北海道（大雪山・二次的な産地は胆振など）

7月6日　安平町早来　　　　　　　　　　　　　　果実

ツツジ科

ギンリョウソウ
Monotropastrum humile

葉緑素を持たない菌寄生植物で高さは8〜15cm。全草が蝋細工のような透明感のある白色。茎は直立して楕円形で鱗片状の葉が多数互生する。花は横向きに1個つき、長さ2cmほど、葉と同形で全縁のがく片が2〜3個、花弁が3〜5個ある。果実は白い液果。秋には全草が黒く腐る。銀竜草。❀6〜8月中 ●山地の樹林下 ✿日本全土

果期の姿　　　　　　　　　　　　　　　　7月5日　札幌市

ツツジ科

ギンリョウソウモドキ（アキノギンリョウソウ）
Monotropa uniflora

前種ギンリョウソウに似るが、全体がくすんだ白色、時に淡紅色で高さ30cm前後になる。花は1個つき、がく片上部の縁に不規則な歯牙がある。果実は蒴果で上を向き、植物体は枯れたまま越冬する。銀竜草擬。❀8〜9月 ●山地の樹林下 ✿北海道（留萌・網走以南）〜九州

9月13日　今金町　　　　　　　　　　　　　　果期の姿

ツツジ科

シャクジョウソウ
Hypopitys monotropa

前種ギンリョウソウモドキと同属とされていた植物で、高さは10〜20cm。直立する肉質の茎は淡い黄褐色、上部に剛毛が生える。鱗片葉は広卵形で先がとがる。花は筒形で総状に2〜10個下向きにつき、長さ1.3cmほど。果実は蒴果で上を向く。錫杖草。❀7〜8月 ●山地の樹林下 ✿北海道〜九州

果期の姿　　　　　　　　　　　　　　　　8月4日　札幌市

ツツジ科

■コイチヤクソウ
Orthilia secunda

常緑の多年草で高さ10～15cm。地下茎が伸びてまとまって生える。柄がある葉は長さ1.5～3cmの卵形で、質は硬く光沢があり、細かい鋸歯縁。花は総状花序に10個ほど片側に偏ってつく。花冠は長さ5～6mmの鐘形で、先は5深裂するが裂片はほとんど開かない。花柱が花からつき出る。小一薬草。✿7～8月 ●山地の樹林下 ❀北海道、本州（中部以北）

花冠は5深裂するが、裂片は平開しない
細鋸歯縁の葉
残存花柱

7月16日 札幌市　　果期の姿

ツツジ科

■コバノイチヤクソウ
Pyrola alpina

高さが10～15cmの多年草。地下茎が伸びてまとまって生える。葉は下部に集まり、長さ2.5cm前後の卵状楕円形、葉先や基部、鋸歯の形態は様々。花は上部に数個つき、花冠は花弁状に5裂して径12～15mm。花柱はつき出て曲がる。がく裂片は三角形で長さ約1mm、先がとがる。小葉一薬草。✿7～8月 ●山地～亜高山の樹林下 ❀北海道、本州（中部以北）

ゆるく曲がる花柱　花弁状の花冠裂片
幅より長さが長い葉

8月1日 大雪山

ツツジ科

■ベニバナイチヤクソウ
Pyrola incarnata

地下茎が伸びてよく群生する常緑の多年草で高さ10～25cm。長い柄のある葉は下部に集まり、葉身は長さ3～5cmの広楕円形～卵状楕円形で質はやや硬くつやがあり円頭で低鋸歯縁。花は総状に多数下向きにつき、花冠は径12～15mm。花柱は長くゆるく曲がる。紅花一薬草。✿6～7月 ●山地の明るい林内や林縁 ❀北海道、本州（中部・北部）

花柱　柱頭
10個ある雄しべ。葯は紫紅色
花冠裂片は5個
がく裂片　残存花柱

6月11日 喜茂別町　　果期の姿

ツツジ科

■イチヤクソウ
Pyrola japonica

常緑の多年草で高さ15～25cm。葉は下部に数個集まり、長さ4～7cmの楕円形～長卵形で、先はとがらずまばらな低鋸歯縁、質は厚い。花は数個～10個つき、花冠は花弁状に5裂、径約1.2cm、花柱は突き出て曲がる。がく裂片は細長い。一薬草。✿7～8月 ●山地の林内 ❀北海道～九州 時に葉が退化した一群があり、品種**ヒトツバイチヤクソウ**といい、花茎が紅紫色、花冠も赤味をおびる。

雄しべは10個。孔開葯をもつ
ゆるく曲がる花柱　柱頭
紅紫色の花茎。花も少し赤い

ヒトツバイチヤクソウ　7月10日 厚沢部町　　イチヤクソウ 7月22日 札幌市

ツツジ科

■カラフトイチヤクソウ
Pyrola faurieana

高さ10〜25cmの多年草で、葉は下部に集まってつき、長さ2.5〜4cmほどの卵形、質は硬い厚みと光沢がある。葉柄に翼がある。花は少し間隔をおいてつき、径8〜9mm。長さ3〜4mmの花柱は曲がらない。花冠はわずかに紅色をおびた白色。がく片は長さ約2mm。果実に長い花柱が残る。樺太一薬草。❋7〜8月 ●亜高山〜高山の風衝草地や林縁 ❖北海道、本州(北部)

8月1日　富良野岳

ツツジ科

■エゾイチヤクソウ
Pyrola minor

前種カラフトイチヤクソウによく似た多年草で、全体に小形、葉は長さ1.8〜3cm、花はややかたまってつき、径5〜6mm、花柱は長さ2mmほど、がく片は長さ約1.4mm。蝦夷一薬草。❋7〜8月 ●北海道(利尻山・大雪山・夕張岳)の亜高山帯林縁など

7月13日　利尻山

ツツジ科

■マルバノイチヤクソウ
Pyrola nephrophylla

次種ジンヨウイチヤクソウによく似ているが、葉は腎円形で硬い光沢があり、長さ1.5〜2.5cm、幅1.5〜3.5cm、先は円いかやや凹む。脈に沿って白い斑は入らない。花茎は15〜20cm、がく片は長さ2mmほどで先は鋭くとがる。円葉一薬草。❋7月中〜8月上 ●山地の樹林下 ❖北海道〜九州

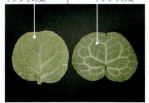

7月28日　函館市函館山　葉の比較

ツツジ科

■ジンヨウイチヤクソウ
Pyrola renifolia

常緑の多年草で高さは10〜15cm。根茎が伸びて群生する。長い柄のある葉は根元に数個集まり、腎円形で長さ1〜3cm、幅はそれ以上、基部は深い心形で葉脈に沿って白い斑が入る。花は径約1cm、花冠は花弁状に5深裂、少し緑色をおび、花柱は長くつき出て曲がる。がく片の先はとがらない。腎葉一薬草。❋6〜7月 ●低山〜山地の樹林下 ❖北海道、本州(中部以北)

7月1日　苫小牧市

ツツジ科

■ イソツツジ （エゾイソツツジ、カラフトイソツツジ）
Rhododendron diversipilosum

よく群生する常緑の低木で高さは40〜70cm。よく分枝してこんもりとした樹形となり、若い枝に赤褐色の長毛が密生する。葉は革質で厚く長さ3〜5cm、縁は裏面に巻き込み幅5〜12mm、裏面には白と茶褐色の毛が混在する。花は球状に多数つき、花冠は花弁状に5裂して径約1cm。雄しべは10個あり長い。磯躑躅。✿6〜7月 ●低地の湿原〜高山帯のれき地 ✿北海道、本州（北部） **ヒメイソツツジ** R. subarcticum は、かつて前種の亜種とされていた種で高さは20cm前後、葉は線形で幅は1〜3mm、裏面に赤褐色の長毛が密生する。●✿北海道（大雪山系の高山帯。時に前種と混生する）

イソツツジ　7月13日　大雪山
多数の花が散房花序につく

葉の比較（表・裏）
道東産　道南産

花冠裂片は5個
花柱
10個の雄しべは花冠裂片より少し長い

葉の比較　ヒメイソツツジ　ヒメイソツツジ　7月13日　大雪山
イソツツジ

ツツジ科

■ コヨウラクツツジ
Rhododendron pentandrum

高さが1〜2.5mの落葉低木で、よく分枝して横に広がる。葉は輪生状につき、葉身は長さ2〜5cmの長楕円形で、はじめ軟毛が多い。花は枝先から腺毛のある長い柄で数個ぶら下がる。花冠は径5mmほどのいびつな壺形で光沢があり、先が5浅裂、花冠の形と色は微小なリンゴ状。小瓔珞躑躅。✿5〜6月 ●山地〜亜高山の林内 ✿北海道、本州（兵庫以北）

6月23日　ウペペサンケ山

腺毛がある
花冠は小さなリンゴのイメージ
花柱
残存花柱
果実

ツツジ科

■ ウラジロヨウラク
Rhododendron multiflorum var. multiflorum

高さが60cm〜1.5mの落葉低木で、葉は枝先に輪生状につき、葉身は長さ3〜5cmの倒卵形で表面に毛があり裏面は白く、主脈上に刺状の毛がある。花は枝先に数個ぶら下がり、がくは広線形に5全裂するが長さは不揃い。花冠は長さ1.3cmほどの筒形で先が5裂する。裏白瓔珞。✿6〜7月上 ●山地〜亜高山の尾根筋や林内 ✿北海道（渡島半島）、本州

白っぽい葉の裏面
散房花序
残存花柱
果実
花冠の表面は無毛
6月21日　乙部岳

ツツジ科

■ キバナシャクナゲ
Rhododendron aureum

幹が地表を這い、多くの枝を立ち上げ高さが10～30cmの常緑小低木。葉は長さ3～6cmの長～広楕円形、無毛で質は厚くて硬く、表面は葉脈に沿って凹みやや皺状となる。花は枝先に5～6個つき、花冠は径3～4cmの漏斗形で先が5裂して上部裂片内側に濃色の斑点がある。果実は長楕円形で褐色の毛が密生する。黄花石楠花。❋6～8月 ●高山のれき地やハイマツ帯 ❋北海道、本州（中部・北部）

ツツジ科

■ ハクサンシャクナゲ
Rhododendron brachycarpum

常緑の低木で高さ30cm～3m。葉は長さ5～10cmの長楕円形で質は厚く光沢があり、全縁で縁は裏に巻き込む。裏面は軟毛が密生して褐色をおびる。花は数個～15個、枝先の短い散房花序につき、花冠は漏斗形で径3～4cm、先が5裂して内側に濃色の斑点がある。花色は白色～淡紅色。白山石楠花。❋6月下～8月中 ●山地～亜高山の樹林下、時に風衝草地 ❋北海道、本州（中部・北部）

7月17日　大雪山

7月21日　釧路市阿寒

ツツジ科

■ エゾムラサキツツジ
Rhododendron dauricum

よく分枝する半常緑の低木。葉は長さ2～6cmの長楕円形で、質は硬く光沢があり、縁が裏面にまくれ、表裏に円い腺点状の鱗片が密生する。越冬する葉と落葉する葉がある。花は枝先に数個つき、花冠は径2～3cm、漏斗状で先が5深裂し、新葉が開く前に開花する。蝦夷紫躑躅。❋5～6月 ●山地～亜高山の明るい林内や岩地 ❋北海道

ツツジ科

■ サカイツツジ
Rhododendron lapponicum subsp. parvifolium

常緑の小低木で高さ30～70cm。全体に腺状の鱗片が密生してくすんだ色合い。枝先に集まる葉は長さ7～20mmの狭楕円形で先は円く全縁、革質で硬い。裏面は腺状鱗片が密生して褐色。花は枝先に数個つき、花冠は径約2cmの漏斗状、先が5深裂する。雄しべは10個。境（南・北樺太の国境の意味）躑躅。❋5月下～6月 ●道東の湿地

5月20日　遠軽町

6月2日　根室市

ツツジ科

コメツツジ
Rhododendron tschonoskii var. tschonoskii
よく分枝してこんもりした樹形になる高さ30cm〜1mの落葉低木。花冠以外に褐色の毛がある。枝先に輪生状につく葉は、長さ8〜25mの長楕円形〜卵形で柄はない。花は2〜5個ずつつき漏斗状の花冠は径1cmほど、4〜5裂して裂片は筒より長い。4〜5個の雄しべは花冠からつき出る。長花柱花と短花柱花がある。つぼみが米に似る。米躑躅。❇7月 ●山地〜亜高山の岩地や稜線 ❋北海道〜九州

7月29日　樽前山

ツツジ科

バイカツツジ
Rhododendron semibarbatum
高さ2mほどになる落葉低木。薄い楕円形で長さ2.5〜5cmの葉は枝先に集まり、1cm以下の葉柄に腺毛がある。花は葉の下に隠れるように1個ずつ咲き、花冠は径2cmの皿形で、5裂して上側の裂片に紅紫色の斑点がある。雄しべは5個。梅花躑躅。❇6〜7月 ●山地の林縁など ❋北海道（南部）〜九州

7月17日　函館市絵紙山町

ツツジ科

ムラサキヤシオツツジ
Rhododendron albrechtii
高さが1〜2mの落葉低木で枝や花軸、葉柄に褐色の腺毛がある。葉は長さ5〜10cmの倒卵形で細剛毛があり鋸歯縁。花は枝先に数個ずつつき、漏斗状の花冠は径3〜5cm、5深裂して、内面中心部に白毛が密生する。雄しべは10個。紫八汐躑躅。❇5〜6月 ●山地の林縁や林内 ❋北海道、本州（中部・北部）

6月5日　幌加内町　　　　　　　果期の姿

ツツジ科

ヤマツツジ
Rhododendron kaempferi var. kaempferi
生育環境により高さの差が大きく、40cm〜3mになる半落葉低木。枝や葉、がくに褐色の剛毛がある。葉は長さ3〜5cmの楕円形で、裏面脈上に剛毛が多い。夏に出る葉は小さく、越冬する傾向が強い。花は枝先に2〜3個つき、花冠は径約4cmの漏斗状で先は5深裂。雄しべは5個ある。山躑躅。❇5〜6月 ●山地の乾いた所、明るい林内 ❋北海道（道央以南）〜九州

6月17日　アポイ岳

ツツジ科

ヒダカミツバツツジ
Rhododendron dilatatum var. boreale

よく分枝する高さ1～2mの落葉低木。葉は枝先に3個輪生し、葉身は長さ3～5cmの菱状三角形で、裏面の特に脈上に褐色の毛が多く、先がとがる。漏斗状の花冠は径3～4cm、先が不均等に5深裂する。雄しべは10個、蒴果は長さ約1cm。日高三葉躑躅。✾5月 ◉日高山脈南端部の樹林内

5月24日　えりも町

ツツジ科

エゾツツジ
Therorhodion camtschaticum

高さが5～30cmの落葉小低木。葉は長さ3cmほどの倒卵形で、先はとがらず縁と裏面に剛毛と腺毛がある。花は総状につき、皿状の花冠は径3～4cm、5深裂して上の裂片に褐色の斑点がある。柄とがく筒に腺毛があって粘る。雄しべは10個。蝦夷躑躅。✾6月下～8月中 ◉高山のれき地や草地　❀北海道、本州(北部)

果期の姿　　　　　　　　　　　　　7月24日　利尻山

ツツジ科

クロウスゴ
Vaccinium ovalifolium var. ovalifolium

高さが20cm～1.5mの落葉低木で枝に稜角があって断面は四角い。葉は長さ2～4cmの全縁で無毛の楕円形。若枝の葉腋に花は1個ずつつき、花冠は壺形で先が5浅裂。果実は球形で黒く熟し食べられる。黒臼子。✾6～7月 ◉亜高山～高山の陽地　❀北海道、本州(中部・北部)　変種ミヤマエゾクロウスゴ var. alpinum は高山の雪田周辺に生え背が低く葉は卵円形。変種オククロウスゴは葉が細くて厚く基部寄りの縁に鋸歯があり、利尻島に分布する。

6月20日　ウペペサンケ山

クロウスゴの葉　ミヤマエゾクロウスゴの葉　ミヤマエゾクロウスゴの花　果期の姿

ツツジ科

ヒメクロマメノキ (コバノクロマメノキ)
Vaccinium uliginosum var. alpinum

よく分枝して横に広がる落葉低木で高さは5～30cm。枝に稜角はなく断面は円い。葉は長さ1～2.5cmの倒卵形で全縁、光沢がなく網状の脈が隆起し、裏面は白っぽい。花は前年枝の先に1～2個つき、花冠は壺形で先は5浅裂。果実は球形で黒く熟して食べられるが甘酸っぱい。姫黒豆木。✾6～8月 ◉高山のれき地や低木帯　❀北海道、本州(中部・北部)　変種クロマメノキ var. japonicum は花が当年枝の先か葉腋につき、道内では稀。

クロマメノキの花

果期の姿　　　　　　　　ヒメクロマメノキ　7月11日　大雪山

ツツジ科

ツルコケモモ
Vaccinium oxycoccos

常緑の矮小低木で、細い針金のような茎が地表を這って伸びる。互生する葉は革質で光沢があり、長さ5〜15mmの長楕円形で、先が少しとがり全縁。花は細毛がある細長い柄の先に下向きにつき、花冠は4深裂し、裂片は外側に反り返る。果実は赤く熟す。蔓苔桃。❋6〜7月 ●高層湿原 ❖北海道、本州（中部・北部）よく似た近似種**ヒメツルコケモモ** V. microcarpum は葉が三角形状で先がとがり、長さ5mm以下。花の柄は無毛。大雪山と道東、本州の一部に分布するが少ない。

果実
ツルコケモモ 6月11日 利尻島
混生する両種 7月23日 大雪山
両種の葉の比較

ヒメツルコケモモ 7月23日 大雪山

アクシバ
Vaccinium japonicum var. japonicum

よく枝を分けて横に広がる落葉小低木で、高さは20〜50cm。若い枝は緑色で断面は円いが鋭い稜がある。互生する葉は長さ2〜6cmの長卵形〜披針形で細鋸歯縁で短い柄がある。花は長い柄でぶら下がり、花冠は4深裂して裂片は前種ツルコケモモのように外側に反り返る。果実は球形で赤く熟す。灰汁柴。❋6〜7月 ●山地の広葉樹林内 ❖北海道〜九州

7月21日 札幌市　果実

コケモモ
Vaccinium vitis-idaea

よく分枝してマット状に広がる常緑の小低木で高さ5〜20cm。互生する葉は長さ6〜12mmの卵状楕円形でほぼ全縁、革質で光沢がある。花は枝先の総状花序に下向きにつき、花冠は長さ6mmほどの鐘形で先が4裂し、白色〜淡紅色。果実は球形で赤く、完熟すれば食べられる。苔桃。❋6〜7月 ●亜高山〜高山のれき地やハイマツ林下、林縁、道北・道東部の湿原や海岸 ❖北海道〜九州

7月21日 大雪山　果期の姿 9月15日 日高山脈幌尻岳

ツツジ科

ウスノキ
Vaccinium hirtum var. pubescens

高さ50cm〜1mの落葉低木。若枝は緑色で稜がある。葉は長さ2〜5cmの楕円形〜長楕円形で先がとがり基部はやや円〜くさび状。花は前年枝の先に1〜2個つき、花冠は長さ6〜7mmの鐘形で先が5浅裂し、がく筒と果実に5稜がある。果実は赤く熟し、先が臼状に窪む。臼木。❋5月下〜6月 ●山地の日当たりのよい所 ✤北海道〜九州 葉が小さく長さ2.5cm以下の型を基準変種**コウスノキ** var. hirtum という。

5月22日 札幌市 / 果実

ツツジ科

オオバスノキ
Vaccinium smallii var. smallii

よく分枝する落葉低木で高さは1m前後。枝の断面は円い。互生する葉は長さ3〜8cmの楕円形〜広卵形で、先がとがり細鋸歯縁、基部は円〜くさび状。花は前年枝の先に1〜4個つき、花冠は長さ6〜7mmの鐘形で、先が5浅裂し、がく筒は滑らか。果実は黒く熟して酸っぱい。大葉酸木。❋6〜7月 ●山地〜亜高山の陽地 ✤北海道、本州、四国

果期の姿 / 6月7日 札幌市

ツツジ科

ナツハゼ
Vaccinium oldhamii

高さ1〜2mの落葉低木で、若い枝には軟毛と腺毛がある。互生する葉は長さ4〜10cmの卵状楕円形で先がとがり全縁。花は当年枝の先の総状花序に多数つき、花序軸や花柄、がく筒に腺毛が生える。花冠は長さ約4mmの膨らんだ鐘形で先は5浅裂して裂片は反り返る。果実は球形で黒く熟し、酸っぱい。夏櫨。❋5月下〜7月 ●低地〜山地の林縁 ✤北海道〜九州

7月16日 アポイ岳 / 果期の姿

ツツジ科

イワツツジ
Vaccinium praestans

地下茎が伸びて地上部に枝を立て、高さ3〜10cmになる草のような落葉矮小低木。葉は茎頂に数個まとまってつき、葉身は長さ3〜5cmの広倒卵形。細鋸歯縁で裏面脈上に軟毛が多い。葉に隠れるように花が枝先に1〜数個つく。花冠は長さ5〜6mmの鐘形、先が5浅裂し、がく筒も先が5浅裂。果実は球形で赤く熟す。岩躑躅。❋6〜7月 ●山地〜ハイマツ帯の尾根筋や樹林下 ✤北海道、本州（中部・北部）

果期の姿 / 6月26日 天塩岳

アオキ科

ヒメアオキ
Aucuba japonica var. borealis

幹は下部が匍匐し、斜上する雌雄異株の常緑低木で高さ50cm～1m。対生する葉は長さ10cm前後の長倒卵形で厚みと光沢があり、縁に凸点状鋸歯がある。花は円錐花序につき、雄花は径約1cmで花弁、がく片、雄しべは4個ずつあり、雌花は径約5mm。果実は長さ2cmほどの楕円体で冬を越して春に赤く色づく。姫青木。❋5月 ◉低地～山地の林内 ❖北海道(後志以南)、本州(中部以北)

雄株　5月13日　厚沢部町 ／ 雄花 ／ 雌花 ／ 厚く光沢のある葉 ／ 果実

アカネ科

エゾキヌタソウ
Galium boreale var. kamtschaticum

大きいもので高さが50cm以上になる多年草で、直立する茎は硬く、4稜があり分枝する。葉は長さ1.5～4cmの狭披針形で3脈が目立ち、4個が何段も輪生状につく(本葉2個以外は托葉)。花は茎頂や葉腋から出る枝に多数つき、花冠は径約4mmで4裂する。果実には上向きの曲がった毛が生える。蝦夷砧草。❋6～8月 ◉原野や山地の日の当たる所 ❖北海道

密につく花 ／ 葉腋から枝を出す ／ 7月24日　深川市

クルマバソウ
Galium odoratum

地下茎が伸びて群生する多年草で高さ20～40cm。明るい緑色の葉は長さ1.5～4cmの狭長楕円形で、先がとがり6～10個が輪生する(本葉2個以外は托葉)。押し葉にしても黒変せず、緑色のまま越冬する。花は3出状につき、花冠は径4～5mmの漏斗状で先が4裂し、筒部が長い。果実に鉤状の毛が密生する。車葉草。❋5～7月 ◉低地～山地の林内 ❖北海道、本州

鉤状の毛 ／ 果実 ／ 明るい緑色 ／ 5月25日　札幌市 ／ クルマバソウの長い筒部 ／ オククルマムグラのスープ皿状の花冠 ／ 花の比較

オククルマムグラ
Galium trifloriforme

前種クルマバソウに似るが、茎と葉の裏面脈上に刺がある。葉は長楕円形で先端は突端となり縁は有毛で6個が輪生(本葉は2個)。花冠はスープ皿状で径約3mm。奥車律。❋5～7月 ◉山地の林内 ❖北海道～九州　かつて変種とされていたクルマムグラ G. japonicum は茎と葉の裏面脈上は平滑。葉は先端と基部に向かって次第に細くなる。❋◉❖は同じ

クルマムグラ　基部に向かって徐々に細くなる葉　6月17日　厚沢部町

オククルマムグラ　7月2日　真狩村 ／ 果実

アカネ科

エゾノヨツバムグラ
Galium kamtschaticum var. kamtschaticum
群生することの多い多年草で、高さ10〜20cm。茎に4稜がある。4個輪生する葉は円形〜広楕円形で長さ3cm前後、先はとがらず微突端で短毛が生え、くすんだ緑色に見える。花冠は径約3mmで4裂する。果実は2分果で鉤状の毛が密生する。蝦夷四葉葎。❋6月中〜8月 ●亜高山の樹林下 ✿北海道、本州（中部以北） 変種オオバノヨツバムグラ var. acutifolium は全体大形で葉は楕円形〜長楕円形、長さ4〜5cmで先がとがる。

エゾノヨツバムグラ 6月18日 神居尻山　　オオバノヨツバムグラ 7月1日 ニセコ山系

アカネ科

ミヤマキヌタソウ
Galium nakaii
地下茎が伸びて群生する多年草で、茎は直立して高さ15〜30cm、4稜がありほぼ無毛。柄のない葉が4個数段輪生し、葉身は長卵形〜広披針形で先が次第に細くなってとがり、3脈が目立つ。花は集散花序にまばらにつき、花冠は径約3mm、4深裂する。果実に短毛が密生する。深山砧草。❋6〜7月 ●山地〜亜高山の湿った林下や岩場 ✿北海道、本州（北部）

7月10日 オロフレ山

アカネ科

キクムグラ
Galium kikumugura
茎は地を這ったり他の物に寄り掛かり伸び長さ50cmを超えることもある多年草。葉は4〜6個輪生状につく（本葉は2個）。花は葉腋から出る長い柄に1〜4個つき、基部に1個の苞葉がある。菊葎。❋6〜7月 ●山地の湿った林内 ✿北海道〜九州 近似種エゾムグラ G. manshuricum は輪生状の葉が6個つき、花序は複散形状で苞葉はない。●低山や原野 ✿北海道（東部）

キクムグラ 6月2日 新冠町　　エゾムグラ 6月25日 釧路市阿寒

アカネ科

ミヤマムグラ
Galium paradoxum subsp. franchetianum
軟弱な多年草で、高さ10〜25cm。細い茎に4稜がある。葉は長さ1.5〜3cmの三角形〜菱形、柄があり対生するが、上部では葉より小形の托葉が加わり4個輪生しているように見える。花冠は径3mmほどで3または4裂する。果実は2分果で白い鉤状の毛が密生する。深山葎。❋6月下〜7月 ●山地の林内、特に朽木の周辺 ✿北海道〜九州

果実（2分果）　　7月1日 釧路市阿寒

273

アカネ科

オオバノヤエムグラ
Galium pseudoasprellum

茎は直立せず地を這ったり物に絡んで伸び、長さ1m以上になる多年草。茎に走る4稜の上に小さな下向きの刺がまばらにある。柄がない葉が4〜6個輪生し（本葉は2個）、葉身は大きさが不揃いで長さ1.5〜3.5cmの倒披針形で、裏面主脈と縁に逆向きの刺がある。花は葉腋から出る長い柄の花序につき、花冠は約2mm、4〜5裂する。果実に鉤状の毛が密生する。大葉八重葎。❋7〜8月 ●山地の林縁や原野 ❀北海道〜九州

8月23日　札幌市定山渓　　　　　　　　　果実(2分果)

アカネ科

トゲナシムグラ*
Galium mollugo

平滑な茎ははじめ直立、のち分枝しながら倒伏し長さ30cm〜1m、群生してこんもりした茂みをつくる。葉は長さ2.5cmほどの倒広披針形、先はとがり刺状の短毛縁、6〜8個が（本葉は2個）輪生する。花冠は径約3mmで4裂して裂片の先は鋭くとがる。果実は2分果で表面は無毛。刺無縁。❋6月下〜8月 ●道端や堤防など ❀原産地はヨーロッパ

果期の花序　　　　　　　　　　　　　　7月13日　士幌町

アカネ科

ヨツバムグラ
Galium trachyspermum var. trachysperumum

茎は根元でよく分枝して株立ち状になる多年草で高さ20〜30cm、4稜があり無毛。柄のない葉が4個輪生し（本葉は2個）、葉身は長さ5〜15mmの卵状長楕円形〜長楕円形で先が突端状にとがり、縁に白毛がある。花は葉腋から出る短い花序にやや密につき、花冠は径1.5mmほどで4裂する。花柄の先に小さな苞がある。果実に曲がったこぶ状の突起がある。四葉葎。❋6〜7月 ●山すそや低山の林縁や草地 ❀北海道（渡島半島）〜九州

7月29日　松前町　　　　　　　　花柄が短いヨツバムグラの花序

アカネ科

ホソバノヨツバムグラ
Galium trifidum subsp. columbianum

軟弱な多年草で高さは15〜40cm、茎に短い刺のある4稜が走る。4〜6個輪生する（本葉は2個）葉は長さ7〜25mmの倒披針形で、先は円い。花冠は3裂、時に4裂し径1.8mmほど。果実は2分果で表面は無毛。細葉四葉葎。❋6〜8月 ●湿原やその周辺 ❀北海道〜九州

7月28日　長万部町

アカネ科

■ ヤツガタケムグラ
Galium triflorum

茎は地表を這って斜上し、長さ20〜40cmの多年草で下向きの刺が乗る4稜がある。6個輪生する葉は長さ1〜3cmの狭長楕円形で先がとがり先端は白い刺状となる。花は上部の葉腋から出る葉とほぼ同長の花序につき花冠は緑白色で4裂して径約2mm。果実に鉤状の毛が生える。八ヶ岳蘚。❋7月 ◎山地の樹林下 ❖北海道（大雪山・日高山脈）、本州（八ヶ岳）

7月6日 大雪山

アカネ科

■ ヤエムグラ
Galium spurium

茎が物に絡んだりしながら伸び長さ80cmほどになる一〜越年草。茎に走る4稜の上に下向きの刺がある。柄のない葉6〜9個（本葉は2個）が何段も輪生し、葉身は長さ3〜4cmの倒披針形で先が鋭くとがる。花は葉腋から出る集散花序に多数つき、花冠は径約2mmで4深裂する。果実は2分果で鉤状の毛が密生する。八重葎。❋6〜7月 ◎道端や空地、畑地 ❖日本全土 生態がよく似た帰化種シラホシムグラ* G. aparine が胆振や函館周辺で勢力を増している。花は白色、葉の輪生部に白毛が目立つ。❖原産地はヨーロッパ

7月8日 伊達市　　葉腋に白毛が密生するシラホシムグラ

アカネ科

■ エゾノカワラマツバ
Galium verum subsp. asiaticum

高さが50cm前後になる多年草で、茎に4稜がある。葉は長さ2.5cmほどの線形で8〜10個（本葉は2個）輪生する。花は円錐花序に多数つき、花冠は径2〜3mm。この種は花の色と果実の毛により4つの変種・品種に分けられる。蝦夷河原松葉。❋6〜8月 ◎山地の岩場、河原、海岸草地など ❖北海道〜九州
チョウセンカワラマツバ

変種・品種名	花色	果実の毛
エゾノカワラマツバ	黄	有
チョウセンカワラマツバ	白	有
キバナノカワラマツバ	黄	無
カワラマツバ	白	無

7月2日 札幌市八剣山

アカネ科

■ ツルアリドオシ
Mitchella undulate

茎が地表を這って節から根を出しながらマット状に広がる常緑の多年草。対生する葉は長さ1〜2cmの卵形で濃緑色、縁が波打ち質は厚く硬い。花は枝先に2個セットでつき、花冠は筒部が長い漏斗状で長さ1.5cmほど、先が4裂して内側に毛がある。果実は球形で径8mmほどで赤く熟し、花の痕跡が2個ある。蔓蟻通。❋7〜8月 ◎山地の樹林下 ❖北海道〜九州

果実　　　　　　　　　　　　　7月31日 ニセコ山系

275

アカネ科

ヘクソカズラ（ヤイトバナ、サオトメバナ）
Paederia foetida
つる性の多年草で、他の植物などに巻きつきながら伸びる。全体に短毛があり、悪臭がする。葉はおおむね長い心形で長さ5～8cm、柄があり先がとがる。花は筒部が長い漏斗状で先が5浅裂し、径約8mm、内側が紅紫色で腺毛が密生する。屁糞蔓。❁8～9月 ◉野山の日当たりのよい所 ❖北海道（渡島半島）～沖縄

8月27日　函館市

アカネ科

アカネ
Rubia argyi
よく分枝する茎は他の物に絡みながら伸びて長さ2mほどになる多年草で、下向きの刺が乗る4稜が走る。長さ3～5cmの三角状長卵形の葉が4個輪生（1対は托葉）する。花は集散花序に多数つき、花冠は4～5裂して径約3mm。球形の果実は黒く熟す。茜。❁8月下～10月上 ◉低地や山すそ ❖北海道（南部）～九州　近似種 オオアカネ R. hexaphylla の葉は4～6個輪生し、胆振～日高にあるが稀。

オオアカネ　8月21日　日高町　　アカネ　9月26日　松前町

アカネ科

オオキヌタソウ
Rubia chinensis f. mitis
4稜がある無毛の茎は直立して高さ30～60cmの多年草。柄のある葉は4個（1対は托葉）が輪生し、葉身は長さ6～10cmの三角状長卵形で先がとがり基部は円～浅い心形。花は茎頂や葉腋から出る花序にややまばらにつき、花冠は径3～4mm、4～5深裂する。果実は2分果だが一方が大きく径3～4mmの球形で黒く熟す。大砧草。❁6～7月 ◉低地～山地の樹林下 ❖北海道、本州（中部・北部）

6月24日　野幌森林公園

アカネ科

アカネムグラ
Rubia jesoensis
下向きの刺が乗る4稜があるやや太い茎は直立して高さ40～80cmの多年草。4個輪生状（本葉は2個）につく葉は長さ5～8cmの線状披針形～披針形で、両端がとがり柄はない。花は葉腋から出る花序につき、花冠は5深裂して径3～4mm。黒熟する果実に毛はない。茜葎。❁7～8月 ◉原野、海岸付近の湿った草地 ❖北海道、本州（北部）

8月2日　礼文島

リンドウ科

■ミヤマリンドウ
Gentiana nipponica var. nipponica
地表を這う茎から花茎を立ち上げ高さ5〜15cmの多年草。柄のない葉が対生し、葉身は長さ5〜12mmの広披針形〜狭卵状長楕円形で先はとがらず、厚く光沢がある。花は1〜数個つき、花冠は長さ1.5〜2.2cm。先が5裂して裂片は副片と共に平開し、先はとがるががく片の先はとがらない。果実の口は乾燥に応じて開閉すると思われる。深山竜胆。❋7〜9月 ◉高山の湿った草地や湿原 ✤北海道、本州(中部・北部)

7月28日　トムラウシ山　　　　　　　曇天時の果実

リンドウ科

■リシリリンドウ（クモマリンドウ）
Gentiana jamesii
茎の下部が地表を這い立ち上がる高さ5〜12cmの多年草。対生する葉は長さ7〜15mmの広披針形〜長楕円形で全縁。質はやや厚く光沢がある。花は少数つき、花冠は長さ約2.5cm、先は5裂して裂片は平開するが、三角形の副片は内側に折れてのど部をふさぐ。がく裂片は反り返る。利尻竜胆。❋7〜8月 ◉利尻山、大雪山、夕張岳の高山帯の湿った草地

8月5日　利尻山

リンドウ科

■ヨコヤマリンドウ
Gentiana glauca
同じ株から有花茎と無花茎を出し、高さが3〜12cmの多年草。柄のない葉が数対つき基部で合着して短い鞘をつくる。葉身は長さ約1.5cmの楕円形、先がとがらず全縁で厚みとつやがある。花冠は長さ約1.5cm、先が5浅裂するが裂片はほとんど平開せず、好条件下でわずかに開く。横山竜胆。❋7〜8月 ◉大雪山の高山帯れき地や薄い草地

7月19日　大雪山

リンドウ科

■フデリンドウ
Gentiana zollingeri
高さ5〜10cmの越年草で茎に稜がある。対生する茎葉は厚く肉質で長さ5〜15mmの卵形〜広卵形で柄がなく先がとがり、裏面は紅紫色。花冠は長さ18〜25mmで先が5裂して径約15mm、裂片間に小さな副片がある。緑色の苗の状態で越冬する。筆竜胆。❋5〜6月 ◉野山の日当たりのよい所 ✤北海道、本州(中部・北部)

越冬前の姿　　副片　　6月2日　札幌市南区

リンドウ科

■トウヤクリンドウ
Gentiana algida

高さ10〜25cmの多年草で、無花茎に広線形で厚みと光沢がある葉が多数対生し、長さ10cmほど。花茎の葉はより短い。花は1〜5個つき、花冠は長さ約5cmで先が5裂して外側に濃緑色の筋と模様がある。当薬竜胆。❋8月 ●大雪山の高山れき地や草地 ❖北海道のものは背が低い割に花が大きく変種**クモイリンドウ** var. igarashii とされることがある。

リンドウ科

■タテヤマリンドウ
Gentiana thunbergii var. minor

無毛の越年草で高さ5〜15cm。ロゼット状の根出葉は花時も残り、長さ1.5〜2cmの卵形〜狭卵形で先がとがり全縁。小さい茎葉は2〜3対つく。花冠は長さ1.5〜2cmで先が5裂し、裂片は副片と共に斜開する。副片の先は細裂し、花色は白色〜淡青色。がく筒は長さ約8mmで先が5裂し、裂片は三角状披針形。立山竜胆。❋5〜6月 ●低地の湿原、湿地 ❖北海道(西部)、本州(中部・北部)

8月16日　大雪山

5月28日　月形町

リンドウ科

■エゾリンドウ
Gentiana triflora var. japonica

変異の大きな多年草で、茎は直立して高さは30〜90cm。柄のない葉が対生し、葉身はやや厚く、長さ6〜10cm、幅8〜35mmの披針形、全縁で先がとがり、裏面は白っぽい。花は茎頂と葉腋につき、筒状の花冠は長さ4〜5cm、先は5裂して裂片は好条件下で斜開し、径約2cm。蝦夷竜胆。❋9〜10月 ●低地〜山地の草地 ❖北海道、本州(中部以北) 品種**エゾオヤマリンドウ** f. montana は亜高山〜高山に産し、丈が低く少数の花がほとんど茎頂につくが、中間の型も見られる。品種**ホロムイリンドウ** f. horomuiensis は湿原型で葉が細く幅8mm以下。少数の花がほとんど茎頂につく。

エゾリンドウ　9月20日　苫小牧市
ホロムイリンドウ　9月5日　浮島湿原

エゾオヤマリンドウ　8月22日　樺戸山地ピンネシリ

リンドウ科

ユウバリリンドウ（ユウバリリンドウ）
Gentianella amarella subsp. yuparensis
草丈の差が大きな越年草で高さ5〜20cm、時に30cm。大きな個体は分枝する。柄のない葉が対生し、葉身は長さ1.5〜3cmの細長い卵形で先はとがる。花冠は5裂して内片は長さ6〜7mm、基部まで細裂する。がくは3/4以上裂ける。夕張竜胆。❋7〜9月 ●山地〜高山のれき地や周辺草地 ❀北海道（大雪山・夕張岳・日高山脈） 亜種オノエリンドウ subsp. takedae は花冠の内片が長さ3〜4mm、1/2〜2/3細裂する。がくも同比率で裂ける。羊蹄山と本州に産する。

ユウバリリンドウ 8月16日 夕張岳　　オノエリンドウ 8月24日 羊蹄山

リンドウ科

チシマリンドウ
Gentianella auriculata
無毛で4稜が走る直立する茎は高さ5〜20cmで上部で分枝する越年草。柄のない対生する茎葉は長さ1〜3cmの狭卵形〜倒披針形で先がややとがり全縁。花は茎頂と葉腋につき、がくは広卵形の円頭で基部が耳状となって互いに重なり、長さと幅はほぼ同長。花冠はがくの2倍長で5裂した裂片は平開する。糸状に細裂した内片がある。千島竜胆。❋8〜9月 ●高山のれき地や周辺の草地 ❀北海道（利尻・礼文島・大平山）

8月29日 礼文島

リンドウ科

ホソバノツルリンドウ
Pterygocalyx volubilis
つる性の一年草で、茎は他の物に絡みついて伸び長さ40〜80cm。柄のない葉が対生し、葉身は薄く長さ2〜4cmの広披針形〜線状披針形、全縁で先はとがる。花は葉腋から出る長い柄につき、花冠は長さ3〜3.5cmで先が4裂。花色は白色〜淡青紫色。がく筒は長さ1.5〜2cmで目立つ4稜があり、先は4裂。細葉蔓竜胆。❋9〜10月上 ●山地の林内 ❀北海道、本州、四国

9月11日 札幌市手稲山

リンドウ科

ツルリンドウ
Tripterospermum japonicum var. japonicum
つる性の多年草で、茎は地表を這ったり他の物に絡んで伸び、長さは40cm〜1m。対生する葉は長さ3〜8cmの三角状卵形で先がとがり全縁、3脈が目立つ。花冠は先が開いた筒形で長さ3cmほど、先が5裂して径約2cm。果実は長さ1.5cmほどの楕円体で赤く熟す。蔓竜胆。❋7月下〜10月 ●低地〜山地の林内 ❀北海道〜九州 高山型の変種テングノコヅチ var. involubile は茎が短くよく分枝し、地表を這い花は小さいとされるが中間型が多い。

変種テングノコヅチの型　　　　　　　8月11日 札幌市藻岩山

リンドウ科

■アケボノソウ
Swertia bimaculata

直立する茎は低い4稜があり、分枝して高さが60〜90cmの一〜越年草。花時に根出葉はない。対生する葉は長さ4〜14cmの長卵形で3脈が目立つ。花冠は径1.8cmほどで花弁状に4〜5裂し、裂片中央に蟻が好む緑色の蜜腺が2個あり、その先に濃点が散在する。雄しべは5個。曙草。❋9月 ●山間の湿った所 ❖北海道（中部以南）〜九州

9月13日　由仁町

■センブリ
Swertia japonica var. japonica

紫色をおびた茎の断面は四角く高さが7〜20cmの一〜越年草。広線形の茎葉は長さ2〜3cm。花は上部につき、花冠は径1.5cmほどで花弁状に5深裂し、裂片に紫色の筋があり、基部には有毛の蜜腺溝が2個ある。強い苦みがあり、健胃剤として利用されてきた。千振。❋9〜10月 ●野山の日当たりのよい所 ❖北海道（渡島、胆振）〜九州　別属の帰化種ベニバナセンブリ* Centaurium erythraea が長万部海岸で増えている。

ベニバナセンブリ　8月8日　長万部町　　センブリ　10月5日　函館市恵山

■チシマセンブリ
Swertia tetrapetala var. tetrapetala

茎は直立して高さ10〜30cmの一〜越年草。柄がなく対生する葉は三角状披針形で長さ2〜3.5cm。花冠は径1cmほどで花弁状に4深裂し、裂片に濃色の斑点があり、中央に長楕円形で密に毛のある蜜腺溝がある。千島千振。❋8〜9月 ●海岸〜山地の草地や蛇紋岩地帯 ❖北海道、本州（中部・北部）　丈が低く蜜腺溝が三角形状で毛の少ない高山型をエゾタカネセンブリ var. yezoalpina と分けることができる。

チシマセンブリ　8月27日　アポイ岳
エゾタカネセンブリ　8月2日　日高山脈戸蔦別岳

■ミヤマアケボノソウ
Swertia perennis subsp. cuspidata

4稜のある茎は分枝せず、直立して高さが15〜30cmの多年草。大きな楕円形の根出葉は柄があり互生し、小さな茎葉は互生または対生する。花冠は径3cmほどで花弁状に5裂し、裂片には濃い斑点と筋があり、基部に2個の蜜腺溝があり、先が尾状にとがる。深山曙草。❋7月下〜9月 ●高山の湿った草地や岩地 ❖北海道（大雪山・夕張山地・日高山脈）、本州（中部・北部）

9月11日　夕張岳

リンドウ科

■ハナイカリ
Halenia corniculata

4稜があり、直立する茎は高さが10〜40cmの一〜越年草。ほぼ無柄の対生する葉は長さ2〜6cmの楕円形で先がとがり全縁で3脈が目立つ。花は茎頂と葉腋から出た柄につき、がくは4全裂し、花冠は先が4深裂して裂片の下部が長く伸びて距となり船の碇のように四方に開出する。雄しべは4個、雌しべは1個ある。花碇。❁8〜9月 ●海岸〜山地の草地や原野 ❖北海道〜九州

8月25日 礼文島

キョウチクトウ科

■チョウジソウ
Amsonia elliptica

無毛の茎は直立して高さ40〜80cmの多年草。互生する葉は長さ6〜10cmの披針形で、先は鋭くとがり全縁、柄はほとんどない。花は集散状につき、筒状の花冠は先が5深裂し、裂片は線形で大きく開き、径1.3cmほど。がくも5深裂する。丁字草。❁6〜7月 ●低地の草地や林内のやや湿った所。❖北海道（空知以南）、本州、九州

6月9日 美唄市

キョウチクトウ科

■バシクルモン（オショロソウ）
Apocynum venetum var. basikurumon

高さが40〜70cmの多年草。直立する茎は赤みをおび、よく分枝して切ると白乳液が出る。柄のある葉が互生するが、枝では対生する。葉身は長さ2〜5cmの長楕円状卵形、円頭で全縁。花は円錐状につき、花冠は長さ6〜7mmの鐘形で先が5裂する。アイヌ語起源の名。❁7月 ●海岸の岩場、内陸沢沿いの岩場 ❖北海道（日本海側・知床半島・鵡川上流部）、本州（青森〜新潟）

7月18日 石狩市浜益区

キョウチクトウ科

■ヒメツルニチニチソウ*
Vinca minor

茎は分枝しながら地表を這い、長さ60cm前後になる常緑性の半低木。花をつける枝はやや立ち上がる。対生する葉は長楕円形で質は硬く、厚みと光沢があり、先はとがってほぼ無柄。花は葉腋に1個つき、筒状の花冠は先が5深裂して裂片は巴状に平開し、径約4cm。がく裂片は無毛。姫蔓日々草。❁5〜7月 ●道端や空き地 ❖原産地はヨーロッパ 同属のツルニチニチソウ* V. major はより大きく、がく裂片は有毛、葉は卵形〜広卵形で有柄。

5月9日 札幌市

キョウチクトウ科

■ エゾノクサタチバナ
Vincetoxicum inamoenum

茎は分枝せず直立して高さ30～50cmの多年草。短い柄がある対生する葉は長さ6～10cmの長卵形～長楕円形で先はややとがり、基部は円形。花は上部の葉腋に数個つき、花冠は径7mmほどで先が5深裂し、副花冠裂片は小さく三角形。果実は袋果で長さ4～5cmの披針形。蝦夷草橘。
✿6～7月上 ◐山地～亜高山のれき地や草地に局所的 ❀北海道

6月24日　嶂山　　　　　　　　　　　　　　　　果期の姿

キョウチクトウ科

■ スズサイコ
Vincetoxicum pycnostelma

茎が直立または斜上して高さが30～80cmになる多年草。対生する葉は柄がなく、葉身は長さ6～12cmの狭披針形～線状楕円形でやや厚い。花序は茎頂や上部葉腋につくが花はまばら。花冠は径1.5cmほどで先は5深裂し、裂片は線状三角形で開出して碇形に見える。副花冠裂片は内側に著しく曲がる。果実は袋果で長さ5～8cmの長披針形。鈴柴胡。✿7月中～8月中 ◐低地～山地の日当たりのよい所に稀 ❀北海道～九州

果実　　　　　　　　　　　　　　　　　7月25日　深川市

キョウチクトウ科

■ シロバナカモメヅル
Vincetoxicum sublanceolatum var. macranthum

つる性の多年草で、茎は這ったり物に絡んで伸びる。よく分枝して葉柄や花序に毛がある。対生する葉は長さ10cm前後の三角状長卵形で、先がとがり全縁、基部は円かやや心形。花は葉腋から出る花序につき、花冠は径2cmほど、5深裂して内側に少し毛がある。果実は長さ7～8cmの袋果。白花鷗蔓。✿7月下～8月 ◐低地～低山の草地 ❀北海道、本州（近畿以北）

8月25日　月形町

キョウチクトウ科

■ オオカモメヅル
Vincetoxicum aristolochioides

つる性の多年草で茎は他の物に絡んで伸びる。対生する葉は柄があり、葉身は長さ6～10cmの三角状狭卵形で先はとがり基部は心形。花は葉腋から出る花序につき、花冠は径約5mm、5深裂して裂片は綿毛が生えて平開する。その内側に副花冠があり星状に5裂して裂片は球状でずい柱を囲む。大鷗蔓。✿7～9月 ◐山地の林内 ❀北海道（石狩以南）～九州

果実　　　　　　　　　　　　　　7月25日　札幌市藻岩山

キョウチクトウ科

■ イケマ
Cynanchum caudatum var. caudatum

つる性の多年草で茎は他の物に絡んで伸び、切ると白乳液が出る。対生する葉は長さ5〜10cmの長心形で先がとがる。花は長い柄の先にまとまってつき、花冠は5深裂して径約1cm。裂片は淡黄緑色で外に反り返り、内側の白い副花冠裂片が直立〜平開する。5個の雄しべは雌しべと合着してずい柱となっている。果実は長さ10cmほどの細長い袋状。生馬。❀7〜8月 ◉原野や山地の日の当たる所 ✤北海道〜九州

5深裂した花冠裂片。反り返る　5裂した副花冠

対生する葉に托葉はない

果実

7月29日　浦臼町

キョウチクトウ科

■ ガガイモ
Metaplexis japonica

つる性の多年草で茎は他の物に絡まって伸び、切ると白乳液が出る。対生する葉は有柄で、葉身は長さ4〜10cmの長卵形、先がとがり基部は心形。花は葉腋から出る柄に10個前後つき、花冠は鐘形で先が5深裂し、裂片はまくれて内側に毛が密生する。雄しべと雌しべが合着したずい柱から花柱が伸びる。果実は表面がでこぼこした紡錘形で長さ10cmほど。種子に長い絹毛がつく。蘿藦。❀7〜8月 ◉野山の草地や道端 ✤北海道〜九州

花の縦断面とずい柱　捕捉体
ずい柱の附属体
5深裂した花冠裂片
雌しべ　ずい柱

果実　　　　　　　　　　8月11日　奥尻島

ムラサキ科

■ ワルタビラコ*
Amsinckia lycopsoides

高さが50cm前後になる一年草で、全体に粗い白毛がある。葉は披針形で柄と鋸歯がない。花は下から枝先の渦巻き状花序をほぐすように咲き上る。花冠は径4mmほどで先が5裂する。花後、がくの中に4分果ができる。悪田平子。❀6〜10月 ◉道端や空き地 ✤原産地は北アメリカ

しぼんだ花　花序の先端部
がくに生える毛　先が5裂する花冠
白毛が多い葉の表面
剛毛が生える茎
葉柄はない

7月3日　釧路市

ムラサキ科

■ シベナガムラサキ*
Echium vulgare

直立する茎が高さ50cm〜1mになる越年草。全体に白い剛毛がある。茎葉はへら形だが根出葉は長さ10cm前後の倒披針形で柄はなく、葉脈は主脈だけが明瞭。花は葉腋から出る短く巻いた花序につき、花冠は長さ1〜2cmの筒状漏斗形で先が5裂し、雄しべ5個と雌しべが長くつき出る。蘂長紫。❀6〜8月 ◉道端や空地 ✤原産地はヨーロッパ

雄しべは長さがまちまち
苞葉　軟毛が生える雌しべ
剛毛が生える茎
互生する葉

7月3日　苫小牧市

ムラサキ科

■ハナイバナ
Bothriospermum zeylanicum
変異が大きく、越年草の型はロゼット葉があり茎は基部で分枝して横に広がり長さ20cm前後。一年草の型は根出葉がなく、茎は直立して5cm前後。長さ2～3cmで楕円形の葉が枝先までつき、花は上部の葉と対につくように見える。花冠は径2～3mm、5裂し、白色～淡紫青色。がくは5深裂し雄しべは5個、分果にいぼ状の突起がある。葉内花。❋6～9月 ●道端や空地 ❖日本全土

8月8日 豊頃町　　　　　　　　　果実(4分果)

ムラサキ科

■オニルリソウ
Cynoglossum asperrimum
茎は直立して高さが50cm～1mの越年草で分枝した枝が水平に長く伸びる。互生する葉は長さ5～15cmの長楕円状披針形で両端はとがり、下部の葉には柄がある。花は枝先の花序にまばらにつき、花冠は径3～4mm、がくと共に5裂する。果実は4分果で先が鉤状になった毛が密生して動物や衣服について運ばれる。鬼瑠璃草。❋7～8月 ●山地の林内や林縁 ❖北海道～九州

4分果　　　　　　　　　　　　　8月22日 札幌市

ムラサキ科

■エゾルリムラサキ
Eritrichium nipponicum var. albiflorum
全体に灰白色の剛毛が密生する多年草で高さ10～25cm。長さ3～6cmで線状披針形の根出葉が重なり合うようにつく。茎葉は10個前後つき披針形で柄がない。花は総状につき、花冠は5裂して径約1cm。のどに黄色い付属体がある。白花の個体も珍しくない。蝦夷瑠璃紫。❋7～8月 ●亜高山～高山の岩れき地 ❖北海道

7月12日 アポイ岳

ムラサキ科

■イワムラサキ
Lappula deflexa
茎は直立して高さ20～50cmになる越年草。全体に粗い毛がある。互生する葉は長さ2～9cmの線状披針形。花は総状に苞とともにまばらにつき、5裂した花冠は径3～5mmで白～黄色いのど部がある。果実は4分果で縁に碇状の刺が並ぶ。岩紫。❋6～8月 ●山地岩場付近の裸地 ❖北海道(石狩・道東)、本州(中部)

4分果　　　　　　　　　　　　　6月17日 置戸町

ムラサキ科

■ エゾムラサキ
Myosotis sylvatica

高さが20～40cmの全体粗い毛が多い多年草。根出葉は長さ2～6cmの線状披針形。茎葉は長さ2～4cmの長楕円形。先はとがらず、基部は茎を抱く。花は巻いた花序を伸ばしながら咲き、花冠は径5～8mm、5裂して裂片は平開し、がくは5深裂して鉤状の毛がある。分果は滑らか。蝦夷紫。❋5～7月 ●山地の湿った所、沢沿い。❖北海道、本州（中部）同属の近似種 **ワスレナグサ**＊（シンワスレナグサ）M. scorpioides は5浅裂したがくに鉤状の毛はなく、伏毛が密生する。紅紫色の花もある。●道端や空き地、水辺に多い ❖原産地はヨーロッパ

エゾムラサキ　7月3日　夕張岳

ワスレナグサ　5月20日　札幌市

ムラサキ科

■ ノハラムラサキ＊
Myosotis arvensis

前2種と同属の帰化植物。ワスレナグサに似て毛が多い一～越年草。花冠は径3mm程度で裂片は平開せず斜開。がくは5中裂して鉤状の毛がある。野原紫。❋5～8月 ●道端や空き地 ❖原産地はヨーロッパ 似た帰化植物 **ノムラサキ**＊ Lappula squarrosa はイワムラサキ属の一年草で花は苞葉と反対側の節間につく。花冠は径3mmほど、がくは5深裂して粗い毛が密生する。4分果に先が碇状になった刺毛が並ぶ。❖原産地はアジア～地中海地方

ノムラサキ　6月29日　小樽市　　ノハラムラサキ　5月19日　札幌市

ムラサキ科

■ ハマワスレナグサ＊
Myosotis discolor

高さが5～25cmの一年草で細い茎は直立してほとんど分枝しない。互生する葉のほとんどが茎の下部につき、長さ1～2.5cmで両面に毛が多い。花冠は径2～2.5mmで5裂して裂片は平開、咲き始めは黄色で後に青紫色となる。がく筒に先が曲がった毛があり、細い裂片は先がとがる。浜勿忘草。❋6～7月 ●道端や空き地 ❖原産地はヨーロッパ～西アジア

6月12日　豊浦町

ムラサキ科

ムラサキ
Lithospermum murasaki

茎は直立して高さ40〜60cmの多年草。茎や葉、がくに粗い白毛が密生する。柄のない葉は長さ5cm前後で平行脈が目立つ。花冠は5裂して径5mmほど、のど部の黄色い付属体は目立たない。4分果は白くて光沢がある。太い根にシコニンという色素が含まれ薬用や染料として利用されてきた。紫。✱7月 ◉低山の草地に稀 ✿北海道〜九州

7月1日　伊達市

ホタルカズラ
Aegonychon zollingeri

全体毛が多く、高さ15〜25cmの多年草。互生する葉は長さ2〜6cmの倒披針形〜へら形。花冠は花弁状に5裂して径1.8cmほどで裂片は平開し、中央に毛が密生した白い筋がある。雄しべは5個ある。花後長い匍匐枝を伸ばし、そこに翌年の新しい苗ができる。蛍蔓。✱5〜7月 ◉低地〜低山の草地や林縁 ✿日本全土(北海道は西南部)

5月30日　上ノ国町

ヒナムラサキ*
Plagiobothrys scouleri

茎は基部から多数分枝して四方八方に斜上または直立して高さ10cm前後になる一年草で全体に粗い毛が生える。対生する葉は長さ1〜3cmの長いへら形〜線形。花は葉腋か枝先の花序につき、花冠は径2mmほどで5裂して裂片は斜開する。分果は長卵形で長さ2mmほど、表面に皺がある。雛紫。✱6〜8月 ◉道端や空地 ✿原産地は北アメリカ

6月29日　苫小牧市

タチカメバソウ
Trigonotis guilielmii

高さ20〜40cmの多年草。葉は長さ3〜5cmの長卵形で先はとがり全縁。下部の葉に長い柄があり、上部の葉は無柄。丸まっていた総状花序は咲き進むにつれ真っ直ぐに伸びる。花は2個ずつつき、苞はなく花冠は5裂して径8mmほどでのど部に黄色い付属体がある。果実は4分果。立亀葉草。✱5〜7月 ◉山地の湿った所、沢沿い ✿北海道(西南部)、本州

6月4日　札幌市定山渓

ムラサキ科

スナビキソウ（ハマムラサキ）
Heliotropium japonicum

茎は長さ20〜40cm、下部が地表を這い上部が斜上する多年草。全体に圧毛があり、茎は分枝して稜がある。葉は長さ5cmほどのへら形で先にとがらず柄がなく厚みがある。花冠はがくと共に5裂して径1cmほど。のど部が黄色で雄しべは5個、花冠外側に圧毛が多い。果実は4分果にならない。砂引草。❋6〜7月 ●海岸の砂地 ❖北海道（主に日本海側）〜九州

6月17日　江差町

エゾルリソウ
Mertensia pterocarpa var. yezoensis

高さ10〜30cmの多年草。互生する葉は長い柄があり、葉身は長さ2.5〜7cmの広卵形〜長楕円形で先がとがり平行状の脈が走り、茎とともにやや白味をおびる。花は茎頂の花序から垂れ下がり、花冠は長さ8〜12mmの筒状で先が5浅裂するが裂片は平開しない。咲き始めは淡紅色。蝦夷瑠璃草。❋7〜8月 ●高山れき地や浅い草地 ❖北海道

7月23日　オプタテシケ山

ムラサキ科

ヒレハリソウ*（コンフリー）
Symphytum officinale

高さ40cm〜1mの多年草で、全体に粗い毛がありざらつく。直立する茎は翼があり分枝して横に広がる。互生する葉は全縁。花は巻いた花序をほどくように10〜20個が咲いていく。花冠はくびれがある筒形で長さ1.5〜2cmで先が5裂。色は白〜紫色。鰭玻璃草。❋6〜8月 ●道端や空地 ❖原産地はヨーロッパ

6月21日　札幌市

ハマベンケイソウ
Mertensia maritima subsp. asiatica

茎は分枝しながら地表を這い、大きな株を作って長さ1mほどになる無毛の多年草。全体に粉白色をおびる。肉質で厚い葉は長さ3〜8cmの長楕円形〜倒卵形〜広卵形。全縁で先は円いかとがる。花は茎頂や枝先から垂れ下がり、花冠は長さ1〜1.3cmの筒状で先が少し広がり5裂するが、裂片は平開しない。咲き始めは淡紅色をおびる。雄しべは5個。果実は4分果。浜弁慶草。❋7〜8月 ●海岸の砂地やれき地 ❖北海道、本州（北部）

6月26日　礼文島

ヒルガオ科

ヒルガオ
Calystegia pubescens

つる性の多年草で茎は他の物に絡みながら伸び、長さが1m以上になる。長い柄のある葉は長さ5～10cmの鉾形～矢じり形で側裂片（耳）が斜め後方に張り出すが、先が凹むことはない。花は葉と対生状に1個つき、朝開花して夕方閉じる。花冠は漏斗状で長さ5～6cm、5裂するがくは卵形の大きな苞に隠れて見えない。結実はまれ。昼顔。❋6～9月 ●野山の草地 ✤北海道～九州　近似種 **ヒロハヒルガオ** C. sepium subsp. spectabilis の葉は三角状鉾形で先がとがり、両縁は平行とならない。苞の先はとがるかややとがる。花色はふつう白色。広葉昼顔。❋6～8月 ●野山の陽地 ✤北海道、本州、九州　同属の **コヒルガオ*** C. hederacea の長い柄のある葉は長三角状鉾形で長さ2～6cm、先がとがり、側裂片（耳）は横後方に張り出して先が凹む。花は葉腋に1個つき、花冠は長さ3.5cmほどの漏斗状で柄に縮れた翼がある。小昼顔。❋6～8月 ●野山の草地 ✤日本全土（北海道は二次的）

ヒルガオ　7月11日　札幌市

ヒロハヒルガオ　9月3日　札幌市

コヒルガオ　7月26日　江別市

ヒルガオ科

ハマヒルガオ
Calystegia soldanella

つる性の多年草で茎は地表を這って伸び、マット状に群生することが多い。厚く光沢のある葉は長さ2～3cmの腎円形で全縁、円頭または凹頭。花冠はやや五角形の漏斗状で径と長さは5cmほど。苞はがく裂片と同長。雄しべは5個、雌しべは1個ある。果実はほぼ球形で径約1cm。浜昼顔。❋5～8月 ●海岸の砂地やれき地 ✤日本全土

ヒルガオ科

セイヨウヒルガオ*
Convolvulus arvensis

無毛の茎が地表を這ったり、他の物に絡んで伸び、長さ1m以上になるつる性の多年草。細い柄で互生する葉は長さ1～3cmの卵状鉾形で、基部は左右に少し張り出す。ふつう円頭だが変異がある。花は花序に1～2個つき、花冠はやや五角形の漏斗状で径2～3cm。色は白色～淡紅色。西洋昼顔。❋6～8月 ●道端や空地 ✤原産地はヨーロッパ 道内に**アメリカアサガオ***や**マメアサガオ***も帰化している。

6月17日　江差町　　果実

アメリカアサガオ　8月12日　小樽市

セイヨウヒルガオ　7月26日　伊達市

ヒルガオ科

■ ネナシカズラ
Cuscuta japonica

つる性の一年生寄生植物で葉緑素を持たない。発芽後、他の植物に巻きついて養分を吸収すると根が消える。茎は針金状であずき色の斑点がある。葉は鱗片状で目立たない。花冠は先が5裂して径4mmほど、雄しべは5個、花柱は1個ある。根無蔓。❀8〜9月 ⬤野山の日当たりのよい所 ✤日本全土 近似種クシロネナシカズラ C. europaea の茎は細く花柱は線形で2個ある。⬤海岸の草地 ✤北海道

9月18日 松前町

ナス科

■ オオセンナリ*
Nicandra physalodes

高さ30〜80cmの一年草で、無毛で稜がある茎は分枝して枝を広げる。互生する葉は長さ5〜10cmの卵形で縁に不規則で大きな鋸歯がある。花は葉腋に1個ずつつき、花冠は口の広い漏斗状で長さ2cm、径3cmほどで中心部が白い。5深裂するがくは花後生長して膜質となり球形の果実を包むホオズキ状となる。大千成。❀8〜9月 ⬤道端や空地 ✤原産地は南アメリカ

8月29日 札幌市

ナス科

■ イガホオズキ
Physaliastrum echinatum

茎がまばらに分枝して高さが40〜70cmの多年草。対生する葉は長さ7〜10cmの卵形で、先がとがり基部は急にすぼまり翼となって柄に流れる。花は葉腋から出る長い柄に1〜3個つき、花冠は鐘形で先が5浅裂し、径1cm前後。がくには軟毛が密にあり、基部が刺状の突起となり緑白色の液果を包む。毬酸漿。❀6〜8月 ⬤山地の広葉樹林内や林縁 ✤北海道（道央以南）〜九州

7月24日 札幌市藻岩山　果実中の種子

ナス科

■ ビロードホオズキ*
Physalis heterophylla

全体に腺毛が密生してビロードのような感触がある高さ50cm前後の多年草。茎はよく分枝して横に広がる。葉には波状の鋸歯があり長さ約6cm。がくは筒状で毛が密生する。花冠は口が広い漏斗状で縁は5浅裂し、中心部は紫褐色。花後がくがホオズキ状に膨らんで中に径1cmほどの球形の実がつき、甘酸っぱく食べられる。ビロード酸漿。❀7〜9月 ⬤道端や空地 ✤原産地は北アメリカ

がくの一部を除いて果実を見る　　8月1日 札幌市南区真駒内

ナス科

■ イヌホオズキ
Solanum nigrum

高さ30～70cmの一年草で稜がある茎はよく分枝して横に広がる。葉は広卵形で長さ6～10cm、全縁か低い波状縁。花は葉腋から出る柄に数個つき、花冠は径8mmほど、5裂して裂片は平開する。液果は球形で径8mmほどで黒熟する。犬酸漿。❋8～10月 ●道端や空地 ❋日本全土 近似種 **アメリカイヌホオズキ**[*] S. ptychanthum は全体に小形で葉も細く薄い。花数は2～4個で花冠の径は5mmほど ❋原産地は北アメリカ **ヒメケイヌホオズキ**[*] S. physalifolium var. nitidibaccatum は茎や葉に開出した軟毛が密生し、葉縁は波状に浅く凹み、球形の液果は伸長したがくに半ば以上包まれる。❋原産地は南アメリカ

イヌホオズキ　9月16日　札幌市 / アメリカイヌホオズキ　9月3日　北広島市

ヒメケイヌホオズキ　8月10日　釧路市

ナス科

■ ヤマホロシ
Solanum japonense var. japonense

茎はややつる状となって横に伸び、長さが1m以上になる多年草。互生する葉は長さ3～6cmの三角状狭卵形で、全縁か中裂片が特に大きく3裂するものが多い。花は数個が長い柄でぶら下がるようにつき、花冠は5深裂して径1.5cmほどで裂片は反り返る。果実は径7mmほどの球形。山椿。❋7～9月 ●山地の林内 ❋北海道～九州

8月2日　札幌市三角山

ナス科

■ オオマルバノホロシ
Solanum megacarpum

茎はややつる状となって斜上し長さが1mほどになる多年草。互生する葉は長さが4～8cmの卵形～狭卵形で先がとがり、全縁で長い柄がある。花は1～2回分枝する集散花序につき、花冠は5深裂して径1～1.2cm、裂片は反り返る。赤熟する果実は楕円体で長さ1.5cmほど。大円葉椿。❋7～9月 ●低地～山地の湿地やその周辺 ❋北海道、本州(中部以北)

7月22日　根室市

ナス科

■ワルナスビ*

Solanum carolinense

地下茎が伸びて群生することが多い高さ40〜70cmの多年草。茎は直立するが節ごとに少し折れ、まばらに鋭い刺がある。互生する葉は長卵形で下部のものは左右非対称に2〜4対大きく凹む。花冠は白色〜淡紫色、径2cmほどで5深裂して裂片はやや反り返る。液果は球形で黄色く熟す。悪茄子。❀8〜9月　●道端や空地　✤原産地は北アメリカ

8月25日　当別町

モクセイ科

■ミヤマイボタ

Ligustrum tschonoskii var. tschonoskii

よく分枝してこんもりした樹形になる高さ1〜2mの落葉低木。葉は卵状菱形で先がとがり、裏面脈上に毛が多い。花は枝先の長さ8cmほどの花序につき、花冠は長さ7〜9mmの筒状で先が4裂し、よい香りがある。果実は球形で黒く熟す。深山水蠟。❀6〜7月　●野山の林内　✤北海道〜九州　品種エゾイボタの葉裏面脈上はほぼ無毛。生垣にも利用されるイボタノキ L. obtusifolium の葉先はとがらない。

7月29日　日高山脈幌尻岳

アゼナ科

■アゼナ

Lindernia procumbens

茎が根元からよく分枝する一年草で、高さ10〜20cm。対生する葉は柄がなく長さ1〜2.5cmの卵円形で厚みと光沢があり、全縁。花は葉腋に1個つき、花冠は2唇形で長さ6mmほど、上唇は2裂、下唇は3裂する。閉鎖花もつける。畦菜。❀8〜9月　●水田や湿地　✤北海道〜九州　近似種アメリカアゼナ* L. dubia の葉には柄と低い鋸歯があり、雄しべ4個のうち2個に葯がない。✤原産地は北アメリカ

アゼナ　8月18日　美唄市　　　アメリカアゼナ　8月4日　苫小牧市

オオバコ科

■サワトウガラシ

Deinostema violaceum

時に群生する高さ5〜20cmの一年草。対生する葉は長さ1cm以下の線形。花は上部の葉腋から出る柄に1個ずつつき、がくは5深裂して柄と共に腺毛がある。花冠は2唇形で長さ5〜6mm。上唇は2裂、下唇は3裂する。茎の中部以下は柄のない閉鎖花がつき、生育条件が悪いとすべてが閉鎖花となる。沢唐辛子。❀8〜9月　●低地の湿原や水辺　✤北海道（胆振）〜九州

8月26日　苫小牧市

291

オオバコ科

ミズハコベ
Callitriche palustris

水中に生える一年草で、茎は長さ10～20cmになるが、地表を這う型はもっと短い。対生する葉は水面では長楕円形～さじ状倒卵形で長さ5～13mm。水中葉は線形。花は葉腋につき苞が1対、花弁はなく、雄花、雌花にそれぞれ雄しべ雌しべが1個ある。水繁縷。❋6～8月 ●低地～山地の水辺や水中、水田 ❋日本全土 同属の**チシマミズハコベ** C. hermaphroditica は沈水植物で葉先は2浅裂。道東に稀産。

10月15日　釧路市阿寒

オオバコ科

アワゴケ
Callitriche japonica

微小な植物で、茎は分枝して地表を這い長さ1～6cmの一年草。対生する葉は長さ2～5mmの倒卵形～卵円形で全縁。花は葉腋に1個ずつつき、花弁とがく片はなく、雄花は雄しべが1個、雌花は雌しべが1個あり2個の花柱が反り返る。果実は長さ1～2mmの軍配形。泡苔。❋6～9月 ●低地の日蔭、庭、境内 ❋日本全土（北海道は西南部）

7月28日　函館市　　　　　　　　　8月27日　函館市

オオバコ科

オオアブノメ*
Gratiola japonica

茎の下部が横に這って高さが20cmほどになる一年草。茎は無毛で太いが水分を多く含み軟らかい。葉は対生し、やや多肉質で長さ1～3cmの広線形で先がとがり気味。花は葉腋に1個つき、花冠は筒形で長さ4～5mmだが多くは閉鎖花で花冠は開かない。和名は果実の様子から。大虻目。❋7～8月 ●低地の水辺や水中、特に水田 ❋北海道（帰化）、本州、九州

7月20日　美唄市

オオバコ科

ジギタリス*（キツネノテブクロ）
Digitalis purpurea

高さ1.2m前後になる多彩な越年～多年草。互生する葉は披針形～広卵形で、下の葉ほど長い柄がある。花は総状花序に一方に偏って下垂する。花冠は長さ5～7.5cmの鐘状～膨らんだ筒状で先はやや2唇形、内側に暗紫色の斑点がある。観賞用や薬草として栽培もされ、品種と花色は様々。❋6月下～8月 ●道端や空き地 ❋原産地は西・南ヨーロッパ

7月14日　愛別町

オオバコ科

ツタバウンラン *
Cymbalaria muralis

つる性で無毛の多年草で茎は分枝しながら地表を這い、長さ20～50cmになる。互生する葉は長い柄があり葉身はやや円形で径1～3cm、浅く5～7裂してカエデの葉状。花は葉腋から出る細長い柄に1個ずつつき、花冠は長さ8mmほどの2唇形で上唇は2裂し、下唇は3裂して後方は距になり、喉部には黄色い隆起がある。蔦葉海蘭。❋5～9月 ●道端や法面、石垣や空地 ❖原産地はヨーロッパ

6月4日 札幌市

オオバコ科

キバナウンラン *
Linaria genistifolia subsp. dalmatica

無毛の茎は基部で分枝して直立し、高さが30～90cmの多年草。互生する葉は長さ2～6cmの卵形で先がとがり、基部は茎を抱く。花は総状につき花冠は長さ1.5～2cm、上下2唇形に分かれ下唇に下方に伸びる長さ1cmほどの距がある。黄花海蘭。❋6～8月 ●道端など ❖原産地はヨーロッパ

6月30日 札幌市

オオバコ科

ウンラン
Linaria japonica

茎は分枝しながら地表を匍匐、または斜上して伸び、長さが30cm前後になる多年草。全体に粉白色をおびる。対生または輪生する葉はやや多肉質で長さ2cmほど、3脈が目立つ。花冠の先は上下2唇形に分かれ、下唇に濃い隆起部と細長い距がある。蒴果は球形で径5～6mm。海蘭。❋8～9月 ●海岸や野山の砂れきやれき地 ❖北海道～九州

9月27日 上ノ国町　果実

オオバコ科

ホソバウンラン *
Linaria vulgaris

全体に白っぽい緑色の多年草で、高さは50cm前後まで。互生する葉は長さ2～5cmの狭披針形～線形。下部の葉は円頭、上部の葉は鋭頭。花は総状につき、花冠は上下2唇形に分かれ、下唇に濃色の隆起部と長い距がある。細葉海蘭。❋7～9月 ●道端や空地 ❖原産地はヨーロッパ

8月12日 札幌市

オオバコ科

■ ウルップソウ（ハマレンゲ）
Lagotis glauca

高さが15～25cmで無毛の多年草。根出葉は肉質で厚みと光沢があり、長さ5～10cmの広卵形で縁に波状の鈍い鋸歯がある。小さな茎葉は柄がない。花は穂状に多数密につき、花冠は長さ1cmほどの2唇形で上唇は2浅裂し、雄しべはその半分の長さ。得撫草。❀5月下～6月中 ●山地の砂れき地 ✤北海道（礼文島）、本州（中部）

5月31日　礼文島

オオバコ科

■ ホソバウルップソウ
Lagotis yesoensis

無毛の多年草で高さは15～40cm。長い柄のある根出葉は長さ7～13cmの長楕円状披針形で質は厚く光沢があり低い鋸歯縁。茎葉は卵形で柄はない。花は穂状に多数密につき、花冠は2唇形で長さ1cmほど。上唇は楕円形で先が2浅裂、雄しべはほぼ同長。細葉得撫草。❀7～8月 ● ✤大雪山の固有種で高山帯の湿ったれき地

7月15日　大雪山

オオバコ科

■ ユウバリソウ
Lagotis takedana

無毛で多肉的な多年草で高さは10～20cm。長い柄のある根出葉は長さ3～8cmの広卵形でやや粗い鋸歯縁。小さな茎葉は柄がなく苞へ移行する。花は穂状に多数密につき、花冠は長さ8～9mm、2唇形で上唇は2浅裂し基部に雄しべがつく。花色以外はウルップソウに似る。夕張草。❀6～7月 ● ✤夕張岳の固有種で高山帯の湿った蛇紋岩地

6月26日　夕張岳

オオバコ科

■ イワブクロ（タルマイソウ）
Pennellianthus frutescens

根茎が地中に伸び、まとまって生える高さ10～20cmの多年草。対生する葉は厚みがあり、長さ4～7cmの卵状長楕円形で先がとがり鋸歯縁。花は茎の上部にまとまって横向きにつく。花冠は外側に毛があり長さ2.5cmほどの筒状で、先は2唇形、上唇は2裂し、下唇は3裂する。花序とがくに白長毛が密生する。岩袋。❀6月中～8月 ●高山のれき地や岩場 ✤北海道、本州（北部）

7月27日　雌阿寒岳

オオバコ科

オオバコ
Plantago asiatica var. asiatica

高さ10〜30cmの多年草で根元から何本もの花茎と葉が出る。柄のある根出葉は長さ4〜20cmの卵形でつやがあり、5脈が目立ち全縁だが時に鋸歯が出たり波を打つ。多数密につく花は1個の苞と4個のがく片に包まれ下から咲き上る。風媒花で柱頭が受粉後雄しべ4個が出て花冠裂片が反り返る。蓋果に種子は4〜6個入り、水分で粘り靴底などで運ばれる。大葉子。❁6〜9月 ◉道端や空き地 ❖日本全土 近似種**セイヨウオオバコ*** P. major は大形で果実中の種子は8〜十数個。❖原産地はヨーロッパ

種子（4〜6個）　種子（8〜十数個）

果実の断面。左:オオバコ 右:セイヨウオオバコ

時に出る鋸歯
種子は7〜14個

8月19日　上川町　　　　トウオオバコの果実の断面

オオバコ科

エゾオオバコ
Plantago camtschatica

高さ15〜30cmの多年草で太い根茎を持ち、全体に白い軟毛がある。狭長楕円形の葉は根生し、ややとがって5葉脈が目立ち、基部は細くなって柄に移行する。密に多数つく花は、1個の苞と4個のがくに包まれ雌しべの受粉後、4個の雄しべが出て4個の花冠裂片が平開する。上下に蓋果が割れて4個の種子がこぼれる。蝦夷大葉子。❁5〜8月 ◉海岸の砂地や岩地 ❖北海道、本州、九州

先に熟す雌しべ
雌しべ受粉後に出る4個の雄しべ
ほとんど柄のない根出葉
目立つ5本の平行脈

8月5日　豊頃町

オオバコ科

トウオオバコ（テリハオオバコ、イソオオバコ）
Plantago japonica

オオバコに似た多年草で、大きく高さは50cm前後になる。卵形の葉は長さ5〜20cm、やや厚くつやがあり、縁には不規則な歯牙がある。花は多数密につき、基本構造はオオバコに同じだが、薬が小さいという。蓋果に種子は7〜14個入る（写真はオオバコの項）。唐大葉子。❁7〜9月 ◉海岸や近くの湿った草地 ❖北海道〜九州 イソオオバコと分けられたことがある。

4個あるがく　先に熟す雌しべ

雌しべ受粉後に出る雄しべ4個
厚みと光沢のある根出葉。5本の平行脈が目立つ

8月7日　網走市　　　　イソオオバコと呼ばれた型
10月4日　江差町

オオバコ科

ヘラオオバコ*
Plantago lanceolata

太い根茎から多数の花茎と葉を出す高さ30〜60cmの多年草。葉はへら形で長さ10〜20cm、先がとがり基部は細くなって柄に移行する。縁に歯があり、脈上と柄に長毛がある。花序は長さ3〜5cmの円柱形で密に多数の花がつく。花は下から咲き上がり、雌しべが受粉後、花糸の長い雄しべが水平につき出る。白〜クリーム色の葯が目立つ。果実中の種子は2個。箆大葉子。❁5〜8月 ◉道端や空地 ❖原産地はヨーロッパ

先に熟した雌しべ
長い雄しべの花糸　白〜クリーム色の葯
柄がはっきりしない根出葉。長毛がある

6月13日　札幌市

オオバコ科

■ スギナモ
Hippuris vulgaris

茎の高さ20〜50cm、無毛の多年草だが、水中にある部分が多い。6〜12個が輪生する葉は長さ1cm前後の線形〜披針形で、水中では長さ5cm以上になる葉がつくこともある。花は水上の葉腋につき、がく筒の中に雄しべと雌しべが1個ずつあって、淡紅色の葯が肉眼で見える。杉菜藻。✿6〜8月 ●浅い沼や池、時に川の中 ✿北海道、本州（中部以北） 同属のヒロハスギナモ H. tetraphylla の葉は4個、時に6個が輪生し、葉身は楕円形〜狭卵形で長さ4〜10mm、やや多肉的で全縁。水中の葉はより短い。花は水上の葉腋につく。果実は倒卵形。広葉杉菜藻。✿6〜7月 ●道東厚岸地方の塩湿地

スギナモ 6月21日 白老町

果期の姿　　　　　　　　　　ヒロハスギナモ 8月9日 厚岸町

オオバコ科

■ エゾノカワヂシャ
Veronica americana

茎の下部が地表を這い、上部が斜上し、分枝して高さが30〜50cmで無毛の多年草。葉は短い柄で対生し、長さ4〜6cmの長楕円形でやや厚く、つやがあって浅い鋸歯縁。花は長い花序につき、花冠は径約6mm、4深裂する。蝦夷川萵苣。✿6〜8月 ●湿地や水辺 ✿北海道 近似種カワヂシャモドキ* V. undulata は直立する越年草で葉柄はない。道内では二次的に生えたと思われる。

エゾノカワヂシャ 7月22日 千歳市　　カワヂシャモドキ 8月8日 釧路市阿寒

オオバコ科

■ ヒヨクソウ
Veronica laxa

軟毛が密生する茎が高さ25〜70cmになる多年草。対生する葉は長さ2〜3cmの卵形で、先がとがり軟毛が密生して鋸歯縁。葉腋から出る花序もU字形に対生し、花冠は花弁状に4深裂し、径6〜8mm。比翼草。✿6月下〜8月 ✿北海道（胆振・渡島）、本州、四国 近似種カラフトヒヨクソウ* V. chamaedrys は毛が少なく葉の基部は茎を抱く。●道端や空地 ✿原産地はヨーロッパ

果実　　　　　　　　　　　ヒヨクソウ 7月15日 函館市

オオバコ科

■キクバクワガタ
Veronica schmidtiana subsp. schmidtiana

変異の大きな多年草で高さ8～20cm。下部に多くつく葉はやや厚みがあり長狭卵形で羽状に中～深裂して毛と柄がある。花は穂状に多数つき、花冠は径8～10mm、花弁状に4深裂して2個の雄しべが長く突き出る。菊葉鍬形。✳5月中～7月 ●海岸～高山の岩場やれき地 ✿北海道

茎に白毛が密生する型を品種**シラゲキクバクワガタ**といい、葉とその裂片が細いものを品種**ホソバキクバクワガタ**とされたことがある。変種**エゾミヤマクワガタ（エゾミヤマトラノオ）** var. yezoalpina は葉が長卵形で羽状に浅裂～鋸歯状縁となり、時に裏面が紫色になる。これの葉が細長く、切れ込みの深くなった型が品種**アポイクワガタ**でアポイ岳に産する。

シラゲキクバクワガタ　7月3日　羊蹄山

エゾミヤマクワガタ　6月24日　夕張岳

品種ホソバキクバクワガタ　6月24日　北大雪朝陽山

キクバクワガタ　7月6日　暑寒別岳

アポイクワガタ　6月17日　アポイ岳

オオバコ科

■ヤマルリトラノオ
Veronica ovata subsp. miyabei var. japonica

茎は直立して高さ50cm～1mになる多年草。対生する葉は長さ5～12cmの長卵形で、柄と鋭い鋸歯があり、裏面は無毛かわずかに毛がある。花は穂状に密に多数つき、花冠は4深裂して長さ5mmほど。山瑠璃虎尾。✳6月下～8月 ●山地の林縁や草地 ✿北海道、本州(北部)
基準変種**エゾルリトラノオ** var. miyabei の葉の裏面は短毛が密生して白く見える。●海岸の草地やれき地 ✿北海道(南部)、本州(北部)

7月25日　島牧村大平山

オオバコ科

■ムシクサ*
Veronica peregrina

茎は斜上～直立して高さ10～20cm、まばらに分枝する一年草。下部では対生、上部で互生する葉は長さ8～20mmの狭卵形～広線形でほぼ全縁。4裂する花冠は径2mmほどと小さく、ほとんど白色。蒴果は先が凹んだ偏球形でハート形に見える。虫草（虫コブがよくできるから）。✳5～6月 ●低地の湿った裸地 ✿北海道(二次的)～九州

6月12日　豊浦町

297

オオバコ科

■オオイヌノフグリ*
Veronica persica
茎は下部が分枝しながら地表を這い上部が斜上〜直立して長さ20〜40cmになる越年草。葉は下部で対生、上部で互生し、長さ1〜2cmの卵円形で低い鋸歯縁。花は葉腋に1個ずつつき、花冠は径約8mm、花弁状に4深裂し、下の1個の裂片が小さい。果実は偏円形で中央が大きく凹み和名の由来となる。大犬陰囊。❋5〜7月 ●道端や空地、畑地、土手 ❖原産地は西アジア

5月22日　札幌市

■タチイヌノフグリ*
Veronica arvensis
高さ10〜25cmの一〜越年草で茎はおおむね直立する。対生する下部の葉は有柄、互生する上部の葉は無柄。葉身は長さ6〜20mmの卵形でわずかに鋸歯と毛がある。上部の葉腋に無柄の小さな花がつき、落ちやすい花冠は花弁状に4裂し径4mmほどで下の1裂片が小さい。立犬陰囊。❋5〜7月 ●道端や畑の周辺 ❖原産地はヨーロッパ 同属のアレチイヌノフグリ*は茎の下部が地表を這い、花に柄がある。

アレチイヌノフグリ（左）
5月31日　札幌市

タチイヌノフグリ　5月31日　札幌市

■コテングクワガタ*
Veronica serpyllifolia subsp. serpyllifolia
茎が分枝しながら地表を這う多年草で、短毛のある7〜20cmの花茎を立ち上げる。葉は長さ1cm前後の楕円形で先とがらず無柄で対生する。花は総状につき花冠はがくとともに4裂して径3mmほど、短い柄に短毛がある。花色は白〜淡青紫。小天狗鍬形。❋5〜7月 ●道端や芝生など ❖原産地はヨーロッパ 在来の亜種テングクワガタ subsp. humifusa はより大形で花序や花柄に長軟毛がある。❋6〜8月 ●山地〜亜高山の湿った所 ❖北海道、本州（中部・北部）

コテングクワガタ　6月18日　苫小牧市

テングクワガタ　日高山脈北戸蔦別岳

果期のコテングクワガタ

■フラサバソウ*
Veronica hederifolia
茎は分枝しながら地表を這い、長さ10〜30cmになる越年草で長毛が散生。下部で対生、上部で互生する葉は長さ2〜10mの柄があり、葉身は長さ4〜10mmの卵円形で、先が3裂しているものが多く、下部の葉は鋸歯状。花は葉腋から出る柄につき、花冠は径4〜5mm、4深裂する。がく裂片は鋭頭の三角状卵形で白い縁毛が目立つ。フラサバ草（フランシェとサバチェという学者名から）。❋5〜6月 ●道端や空き地、時に林内 原産地はヨーロッパ

5月18日　伊達市

オオバコ科

■エゾヒメクワガタ
Veronica stelleri var. longistyla
株立ちとなって生えることの多い多年草で、白い軟毛のある茎が直立して高さ5～20cm。葉は5～8対対生し、長さ1～3cmの広卵形で両面に毛があり、わずかな鋸歯縁。花はまとまってつき、花冠は径1cmほどで4深裂し、花柱が長く5～7mm。花色は白～淡紅～紫青。蝦夷姫鍬形。❀7～8月 ●高山の草地 ❖北海道

8月2日 富良野岳

オオバコ科

■エゾクガイソウ（クガイソウ）
Veronicastrum sibiricum f. glabratum
茎は分枝せず直立して高さが1～2mの多年草。葉は数段にわたって5～10個が輪生して和名の由来となった。葉身は長さ10cm前後の狭長披針形、鋸歯縁で鋭頭、裏面に毛がある。長い花序が茎頂や上部の葉腋につき多数の花が密につく。がくは5裂、花冠は筒状で先が4裂して長さ7mmほど。2個の雄しべと花柱がつき出る。果実は円柱形で種子は微小。蝦夷九蓋草。❀7～8月 ●低地～山地の明るい所 ❖北海道、本州（北部）

7月24日 足寄町

ゴマノハグサ科

■エゾヒナノウスツボ
Scrophularia alata
翼のある4稜が走る太い茎が斜上気味に伸びて長さが50cm～1.5mになる大形の多年草。対生する葉は長さ8～20cmの三角状卵形で質は厚く、基部は翼となって柄に流れる。花は腺毛のある花序に多数つき、花冠は長さ12～15mm、2唇形で上唇は2浅裂し、下唇は3裂する。がく裂片の先は円い。蝦夷雛白壺。❀6～8月 ●海岸のれき地 ❖北海道、本州（中部以北）

7月14日 礼文島　　　　果実

ゴマノハグサ科

■オオヒナノウスツボ
Scrophularia kakudensis
前種エゾヒナノウスツボに似るが、全体小形で高さ1m前後。葉は長卵形で長さ6～10cm、質は薄く、茎の稜に翼がなく、花冠の長さは8mmほど、がく裂片の先はとがる。大雛白壺。❀7～9月 ●山地の明るい所 ❖北海道（後志以南）～九州

9月12日 函館市

ゴマノハグサ科

■ モウズイカ*
Verbascum blattaria
直立する茎は高いもので1mを超える越年草。変異が大きな葉はおおむね長楕円形で浅い鋸歯があり、上部の葉には柄がない。花は長い総状花序に下から咲き上り、花冠は径2.5～3cmで花弁状に5深裂する。がくと柄に腺毛があり、雄しべに紫色の毛があり和名の由来となる。毛蕊花。❋6～8月 ●道端や空地 ❋原産地はヨーロッパ 道内では白い花をつける品種シロバナモウズイカ*(エサシソウ)が多いようだ。

モウズイカ　7月28日　厚沢部町

ゴマノハグサ科

■ ビロードモウズイカ*
Verbascum thapsus
大形の越年草で高さが2mを超えるものもある。全体に灰白色の星状毛に被われて触るとビロードの感触がある。根出葉はロゼット状で長さ30cm以上になり、茎葉の基部は翼となって茎に流れる。花は茎の上部に多数密につき、下から咲き上る。花冠は径約2cm、先が5裂する。5個中3個の雄しべに毛が生える。ビロード毛蕊花。❋7～9月 ●道端や荒地 ❋原産地はヨーロッパ～西アジア

7月8日　新十津川村

ゴマノハグサ科

■ キタミソウ
Limosella aquatica
地表を這う細い茎の所々から根を出し葉を叢生する無毛の一年草。やや厚みのある葉は長さ柄を含めて1.5～5cm、先は円く全縁、基部は細くなって柄に移行する。花は葉の付け根につき、長さ1.5cmほどの柄があり花冠は径2.5mm、先は5裂して裂片は平開するので小さな白い星に見える。北見草(発見地に因む)。❋6～9月 ●他の植物が生えない水辺で時々冠水する所 ❋北海道、本州、九州

8月5日　豊頃町

シソ科

■ カワミドリ
Agastache rugosa
茎は断面が四角で分枝する高さ40cm～1.2mの多年草。対生し柄のある葉は長さ5～10cmの広卵心形、鋸歯縁で先がとがり裏面に腺毛がある。花は茎頂と枝先に穂状に多数つき、がくは5裂して裂片は紅紫色。花冠は長さ1cmほどで、上唇は2裂し、下唇は3中裂して中央の裂片が2裂する。4個の雄しべが雌しべとつき出る。河碧。❋8～10月 ●山地のやや湿った所 ❋北海道～九州

8月12日　千歳市

シソ科

■ カイジンドウ
Ajuga ciliata var. villosior
断面が四角い茎は直立して高さ30〜40cmの多年草。下部につく葉は小さく早くに落ち、上部の対生する葉は長さ4〜8cmの卵形で、不規則で大きく鈍い鋸歯が数個ある。花は茎の上部にやや輪生状につき、花冠は長さ1.8cmほど、2唇形の筒形で、上唇は小さく、下唇は3裂し、中裂片が大きい。雄しべは4個、果実は4分果。甲斐神頭。❋6〜7月 ●低山の明るい林内 ❖北海道(網走以南)、本州、九州

6月30日　札幌市藻岩山

シソ科

■ キランソウ（ジゴクノカマノフタ）
Ajuga decumbens
全体に毛が多い多年草で、茎は地表を這うように四方に伸びるが節から発根せず、断面は四角くなく円〜楕円形。葉は長さ4〜6cmの倒披針形、濃緑色でやや光沢があり、粗く鈍い鋸歯がある。花冠は2唇形で上唇はごく小さく、下唇は3裂し、大きな中裂片の先は2裂する。金瘡小草。❋5月 ●低地〜低山の林縁や人里付近 ❖北海道(道南に二次的?)〜九州

5月20日　福島町

シソ科

■ ニシキゴロモ
Ajuga yesoensis var. yesoensis
茎が直立する高さ5〜12cmの多年草。葉は3〜4対対生し、長さ2〜7cmの長楕円〜広卵形。まばらな鋸歯縁で葉脈と裏面、時に表面も紫色。下部の葉は退化して微小。花冠は長さ1cmほどの2唇形で上唇は2裂し、下唇は深く3裂して濃紫色の筋が入る。白花の個体も少なくない。錦衣。❋4〜6月 ●明るい低山の林内 ❖北海道、本州、九州

6月13日　札幌市

シソ科

■ ジャコウソウ
Chelonopsis moschata
断面が四角い茎は根元が木質化して硬く、弓なりに伸びて高さ60cm〜1mの多年草。葉は長さ10〜20cmの長楕円形で先がとがり鋸歯縁で基部は耳状になってくびれる。花は葉腋につき、花冠は長さ4〜4.5cm、筒形で先は2唇形、上唇より3裂した下唇が長い。果実は長さ約8mmの扁平な楕円形。麝香草。❋7月下〜9月 ●山地の谷沿いや湿った林内 ❖北海道(留萌以南)、本州、四国

8月9日　せたな町

301

シソ科

■ミヤマトウバナ
Clinopodium micranthum var. sachalinense

断面が四角い茎が直立して高さ20〜60cmの多年草。葉は長さ3〜6cmで下部は卵形〜広卵形、上部で長卵形、粗い鋸歯縁。茎頂と葉腋に花序がつき、数段輪生状となる。苞は花柄より短く、がくは筒状の鐘形で長さ3.5〜4mm、短毛が生える。花冠は長さ約5mm、2唇形で下唇は3裂し、白色〜淡紅色。深山塔花。❀7〜8月 ●低山〜亜高山の樹林下 ❖北海道、本州（中部以北）　よく似ている基準変種 **イヌトウバナ** var. micranthum は葉は卵形、花穂は短く何段も輪生状にならない。がく筒には開出する長毛がある。犬塔花。❀8〜9月 ●低地〜山地の林内 ❖北海道（南部）〜九州

ミヤマトウバナ　8月21日　札幌市

イヌトウバナ　8月27日　栗山町

シソ科

■クルマバナ
Clinopodium coreanum subsp. coreanum

四角柱の茎が直立して高さ30〜70cmの多年草。対生する葉は長さ4〜6cmの長卵形で浅い鋸歯縁。花は段を作って輪生状につき、柄より長い線形の苞があり、5裂したがく裂片の先は褐色をおびる。花冠は長さ1cmほどで下唇が大きい2唇形。❀7〜9月 ●山地の道端 ❖北海道〜九州　近似種 **ヤマクルマバナ** C. chinense subsp. chinense は花冠の長さ5〜6mmで白色に近く、がく裂片の先は緑色。❖北海道〜九州

シソ科

■テンニンソウ
Comanthosphace japonica

断面が四角い茎が直立して高さ50〜90cmの多年草。柄のある葉は対生し、葉身は長さ10〜20cmの長楕円形〜広披針形で先はとがり、鋭い鋸歯縁で基部はくさび形で葉柄に移行する。茎頂の総状花序に花は密につき、花冠は筒部が長い2唇形で長さ8mmほど。上唇は2浅裂、下唇は3裂し4個の雄しべがつき出る。天人草。❀8月中〜9月中 ●林道沿いの樹林下 ❖北海道（二次的?）〜九州

クルマバナ　7月29日　松前町　　ヤマクルマバナ

9月2日　札幌市定山渓

シソ科

ナギナタコウジュ
Elsholtzia ciliata

四角柱の茎が直立するが、高さの差が大きく高さ5～60cmの一年草。全体に強い臭いと短軟毛がある。対生する葉は長さ3～8cmの広卵形～狭卵形、鋸歯縁で裏面に腺点が無数にある。花序は茎頂、枝先、葉腋につき、薙刀状にカーブして多数の花が一方に偏ってつく。苞は広卵形で先が芒状にとがり、がくは多毛、花冠は長さ4～5mmで先が4裂して4個の雄しべがつき出る。薙刀香薷。 ❋8～10月 ●野山の草地や林縁 ✤北海道～九州

9月18日　千歳市

シソ科

ムシャリンドウ
Dracocephalum argunense var. japonicum

茎は直立または斜上して高さ15～40cmになる多年草で断面は四角く白い細毛がある。対生する葉は長さ2～6cmの広線形で、質は厚くつやがあり全縁で縁は裏面に巻き込む。花は穂状花序につき、花冠は長さ4cmほど、2唇形で上唇は2浅裂、下唇は3裂して大きな中裂片がさらに2浅裂する。がく裂片の先は鋭くとがる。武佐竜胆。 ❋7～8月 ●海岸近くの草地 ✤北海道、本州(中部・北部)
花冠裂片を除いた姿

7月9日　大樹町

シソ科

カキドオシ
Glechoma hederacea subsp. grandis

開花時に高さ15～30cmの多年草で、その後茎はつる状に伸びて長さ1m近くなる。柄のある葉は対生し、葉身は径2～6cmの円心形で鈍い鋸歯縁。花は葉腋に2～3個ずつつき、花冠は長さ2～2.5cm。2唇形で大きな下唇は3裂して濃色の斑紋がある。垣通。 ❋5～6月 ●野山の林縁や草地 ✤北海道～九州　基準亜種コバノカキドオシ*(セイヨウカキドオシ)は茎が立つ前に開花し、花冠の長さは約1.5cm、3～5個ずつつく ✤原産地はヨーロッパ

カキドオシ　6月4日　伊達市
コバノカキドオシ　5月5日　乙部町
葉の比較　左:カキドオシ　右:コバノカキドオシ

シソ科

メハジキ
Leonurus japonicus

断面が四角い茎は直立して高さ50cm～1mの越年草。茎葉は長さ10cmほどで3深裂し、裂片はさらに羽状に裂けてヨモギの葉状。上部の葉は披針形～線形。花は上部の葉腋に数個ずつつき、苞は針状、がくは5裂して裂片の先は針状、花冠は長さ1cmほどで白毛が密生、2唇形で下唇は3裂して中央裂片がさらに2裂する。目弾。 ❋8～9月 ●野山の道端や空き地 ✤日本全土(道内は胆振以南)　葉の裂け方が異なる同属のモミジバキセワタ* L. cardiaca が帰化してる。 ✤原産地はヨーロッパ

モミジバキセワタ　7月15日　札幌市
メハジキ　8月27日　上ノ国町

303

シソ科

チシマオドリコソウ（イタチジソ）
Galeopsis bifida

下向きの剛毛が多く、断面が四角い茎は直立して高さ30〜60cmの一年草。対生する葉は長さ4〜8cmの卵形で先がとがり鋸歯縁、葉柄は短い。花は葉腋にまとまってつき、花冠は長さ1.5cmほどで2唇形で上唇は2裂し下唇は3裂する。有毛で5裂するがく裂片の先は長さ4〜5mmの針となり、その外側に針状の苞がある。白花も割とある。千島踊子草。❋7月中〜9月　●原野や林道脇　✿北海道、本州（中部以北）

8月7日　湧別町

シソ科

オドリコソウ
Lamium album var. barbatum

断面が四角い茎は直立して高さ30〜60cmの多年草。十字対生する葉は卵形で先がとがり鋸歯縁で長さ5〜10cm。花は上部の葉腋に輪生状につき、花冠は基部が曲がって立ち上がり、長さ2.5cmほど。2唇形で上唇は帽子状、下唇は3裂して中央裂片はさらに2裂する。雄しべ4個のうち2個が長い。花色は白〜淡紅色。踊子草。❋5〜6月　●野山の草地、林縁、道端　✿北海道〜九州

淡紅色に近い花　　　　　　　　　　　　　　5月28日　札幌市

シソ科

ヒメオドリコソウ*
Lamium purpureum

群生することの多い越年草で高さ10〜25cm。対生する葉は下部はまばらで有柄、密集する上部ほど無柄に近くなる。葉身は心形で浅い鋸歯縁、表面にしわが多く、時に紫色をおびる。花冠は長さ1cmほどで2唇形。姫踊子草。❋5〜6月（10月）　●道端や空地　✿原産地はヨーロッパ
葉が不規則に切れ込み、鋸歯の鋭いものをモミジバヒメオドリコソウ* L. hybridum といい次種との雑種起源と推定される。

ヒメオドリコソウ　5月20日　札幌市　　モミジバヒメオドリコソウ

シソ科

ホトケノザ*
Lamium amplexicaule

基部で分枝する茎の断面が四角い越年草で高さ10〜30cm。対生する葉は下部で有柄、上部で無柄。葉身は長さ1〜2cmの扇状円形で円い鋸歯縁。これを蓮座に見立てての名。花は葉腋に数個ずつでがく閉鎖花のまま結実するつぼみも混じる。毛が密生する花冠は長さ1.5〜2cm、2唇形で下唇に濃色の斑紋がある。仏座。❋5〜7月（10月）　●道端や空き地　✿日本全土（道内は帰化）

閉鎖花も少なくない　　　　　　　　　　　9月19日　佐呂間町

シソ科

■ヤマハッカ
Isodon inflexus
断面が四角く稜に下向きの毛がある茎は高さ40cm～1mの多年草。対生する葉は長さ3～6cmの広卵形、粗い鋸歯縁で基部は細くなって柄の翼となる。花はまばらにつき花冠は2唇形で長さ7～9mm、上唇は4裂して立ち上がり、下唇は2裂して前につき出て内側に巻く。香りはほとんどない。山薄荷。❀8～9月 ●野山の林縁や草地 ✤北海道～九州

9月17日　函館市　　　　　　　　正面から見た花冠

シソ科

■ヒキオコシ
Isodon japonicus
茎は断面が四角、高さ50～90cmの多年草。葉は長さ12cm前後の広卵形で、表面は皺が多く、先がとがり鋸歯縁、裏面には腺点が無数にある。茎の上部が分枝して円錐状の花序をつくる。花冠は白色～淡青紫色、長さ約7mm、2唇形で上唇は4裂し紫点があり、長い下唇は少し内側に巻く。引起。❀9～10月上 ●丘陵や山麓の日当たりのよい所 ✤北海道(渡島)、本州、九州

9月11日　函館市

シソ科

■クロバナヒキオコシ
Isodon trichocarpus
断面が四角い茎は直立または弓なりとなり高さ50cm～1.2mの多年草。対生する葉は有柄で、長さ3～15cmの三角状広卵形～披針形、先はとがり鋸歯縁。花は散房状につき、花冠は長さ9～11mmの2唇形で、上唇は4裂して立ち上がり、下唇は舟形で前につき出る。がくは筒状で5裂し、油脂質の腺点が密にある。黒花引起。❀8～9月 ●山地の林縁や沢沿い ✤北海道(留萌以南)、本州(北部)

9月19日　木古内町

シソ科

■ミソガワソウ
Nepeta subsessilis
茎は断面が四角く高さ50cm～1.2mになる多年草。対生する葉は無柄～有柄、長さ6～14cmの広卵形～広披針形。先がとがり鈍い鋸歯縁。茎頂と枝先に花穂をつくり、花冠は長さ2.2～3cm、筒部が長く下唇は3裂して中央裂片に濃色の斑点がある。味噌川(地名)草。❀7～9月 ●山地の湿った斜面や沢沿い ✤北海道、本州、四国

白花の個体　7月18日　札幌市　　　　　7月18日　夕張岳

シソ科

■シロネ
Lycopus lucidus
断面が四角い茎は分枝せず、直立して高さ1m前後になる多年草。地下に太く白い塊茎がある。対生する葉は長さ10cmほどで広披針形、先が曲がった鋭い鋸歯縁、基部はくさび形で葉柄に流れる。花は葉腋につき花冠は長さ5mmほどで先が4裂し、上唇はさらに2裂する。がく裂片の先は鋭くとがる。白根。❋8〜9月 ●低地の湿原や水辺 ❖北海道〜九州
近似種**ヒメシロネ** L. maackianus は全体小形で高さは50cm前後、葉は厚く光沢があり、線状披針形でやや斜上し基部は円形で葉柄との境は明らか。がく裂片の先は針状にとがる。姫白根。❋8〜9月 ●低地〜低山の湿地 ❖北海道〜九州

シロネ　8月18日　白老町

ヒメシロネ　8月26日　苫小牧市

シソ科

■コシロネ（ヒメサルダヒコ、サルダヒコ、イヌシロネ）
Lycopus cavaleriei
茎は断面が四角く直立し、高さ30〜50cmの前2種に似た多年草。葉は長さ3〜4cmの卵状狭菱形で光沢がなく、先も鋸歯も鋭くとがらない。花は葉腋に密につき、5裂した三角状のがく裂片は長さ約3mmで先は針状に鋭くとがる。花冠は径3mmほど。小白根。❋8〜9月 ●低地の湿地や水辺 ❖北海道〜九州　茎が下部からよく分枝し、枝が茎と同高程度まで伸びる型を**ヒメサルダヒコ**と呼ぶことがある。

■エゾシロネ
Lycopus uniflorus
断面が四角く紫色をおびる茎が直立して高さ20〜40cmになる多年草でよく群生する。地中に紡錘形の塊茎がある。全体に細毛があり光沢がない。対生する葉は菱状卵形で長さ3〜7cm、先も鋸歯も鋭くとがらない。花は葉腋に密につき、花冠は長さは約2mm、がく裂片もとがらない。蝦夷白根。❋7月下〜9月 ●低地〜山地の湿地 ❖北海道〜九州

ヒメサルダヒコの型　9月12日　上ノ国町　　8月29日　江別市

白い地下茎　8月29日　江別市

シソ科

■ ハッカ
Mentha canadensis

芳香のある多年草で地下茎から断面の四角い茎を立て、高さは20cm～1m。対生する葉は長さ4～7cmの狭卵形～卵形で、先がとがり鋸歯縁、裏面に腺点がある。花は上部の葉腋に球状に密につき、花冠は長さ4～5mm、白毛があり先が4裂し、がくは筒状で先が鋭く5裂して腺毛と毛がある。薬用植物として栽培される。薄荷。❀7～9月　●低地～山地の湿った草地　❖北海道～九州

球状の花序をつくる
対生する葉
断面が四角い茎

上唇は浅く2裂する
4個ある雄しべは同長

9月19日　長沼町

シソ科

■ ヒメハッカ
Mentha japonica

断面の四角い細い茎が直立して高さ15～40cmの多年草。まとまって生えることが多い。茎の節以外は無毛。柄のない葉は対生し、葉身はやや厚く、長さ1～2cmの長楕円形。先はとがらず全縁、裏面に腺点がある。花は茎の上部に集まり、花冠は長さ3.5mmほどで先が深く4裂する。全体にハッカ臭がある。姫薄荷。❀8～9月　●低地の湿原や湿地　❖北海道、本州

4個の雄しべは同長
4裂した花冠裂片
とがらないがく裂片
全縁で厚みのある葉

8月22日　えりも町

シソ科

■ ナガバハッカ*
Mentha longifolia

茎は断面が四角く白毛が多い多年草で高さ60cm前後になる。無柄で対生する葉は長楕円状で先がとがり、裏面に白毛が密生して白く見える。花は茎頂や枝先に輪生状につくが、段の間隔がないので長い穂状花序に見える。がくは白毛が密生して先が5裂し、花冠にも白毛があり、先が4裂して雌しべがつき出る。長葉薄荷。❀7～9月　●道端や空地　❖原産地はユーラシア

穂状に見える花序
無柄で対生する葉は長楕円形

8月12日　札幌市

シソ科

■ オランダハッカ* (ミドリハッカ、スペアミント)
Mentha spicata

強いハッカ臭がする高さ30～70cmの無毛の多年草。よく分枝する茎は断面が四角い。無柄の葉は対生し、葉身は広楕円形で鋸歯縁、やや硬く表面は光沢があるが、葉脈による皺が著しい。花は枝先に輪生状に数段つくが間隔がないので穂状花序に見える。花冠は径3mmほどで先が4裂する。オランダ薄荷。❀7～10月　●道端や空地　❖原産地はヨーロッパ

穂状に見える花序
無柄で対生する葉
表面が著しい皺状の葉

8月11日　札幌市

307

シソ科

■ヒメジソ
Mosla dianthera
分枝して4稜のある茎は直立して高さ15〜40cmの一年草。柄のある葉は対生し、葉身は長さ2〜4cmの卵状菱形で先がとがり、4〜6対の鋸歯がある。花は穂状にまばらにつき、花冠は2唇形で長さ4mmほど。苞は小さく披針形。姫紫蘇。✿8〜9月 ●低地〜山地のやや湿った所 ✿日本全土

シソ科

■ヤマジソ
Mosla japonica
断面が四角い茎が直立して高さ15〜40cmの一年草。下向きの白短毛がある茎は紫紅色をおびることが多く、分枝もする。対生する葉は長さ1〜3cmの卵形・狭卵形でつやはない。花冠は長さ4mmほどの2唇形で落ちやすい。苞は卵形で大きく、長さ3〜6mm。山紫蘇。✿7月下〜9月 ●低地〜丘陵の裸地 ✿北海道〜九州 高い地熱の所に生え、花が白く茎が緑色のものを変種または品種シロバナヤマジソという。

8月28日 江別市

シロバナヤマジソ　9月5日 釧路市阿寒　　ヤマジソ　8月18日 苫小牧市

シソ科

■ウツボグサ（カコソウ）
Prunella vulgaris subsp. asiatica var. lilacina
白い毛のある茎は直立して高さ10〜30cmの多年草。対生する葉は長さ1〜3cmの柄があり、葉身は長さ2〜5cmの三角状長卵形。2唇形の花は茎頂の長さ3〜6cmの穂につき、上唇は兜状で下唇は3裂する。花後根元から匍匐枝を出す。靫草。✿6〜8月 ●低地〜山地の草地や道端 ✿北海道〜九州 高地に生え、花後匍匐枝を出さない型を変種ミヤマウツボグサ var. aleutica という。また全体小形で花後匍匐枝で群生的になる基準亜種セイヨウウツボグサ* subsp. vulgaris が各地に帰化しており、白花品の割合も多い。✿原産地はユーラシア

ウツボグサ　7月9日 留寿都村　　上から見たセイヨウウツボグサの白花　　セイヨウウツボグサ　8月4日 当別町

308

シソ科

エゾタツナミソウ
Scutellaria pekinensis var. ussuriensis
断面が四角い茎が直立して高さ15〜40cmの多年草。対生する葉は長い柄があり、葉身は長さ2〜4cmの卵状三角形でほぼ無毛で鋸歯縁。茎上部が穂状の花序となり、花冠は筒部が長い2唇形で長さ2cmほど、腺毛が密生し、白い下唇が扇状に開く。蝦夷立浪草。❋6〜8月 ●山地の林内 ❖北海道、本州(中部・北部) 変種ヤマタツナミソウ var. transitra は葉の両面に粗い毛がある。

9月10日　千歳市　　　　　　　　　ヤマタツナミソウの葉面

シソ科

ヒメナミキ
Scutellaria dependens
全体無毛で軟弱な多年草で、断面が四角く細い茎が直立して高さ10〜30cm。対生する葉は長さ1〜2cmの狭卵三角形〜広披針形で、先はとがらず、鋸歯はあったりなかったり、短い柄がある。花は上部の葉腋に1個ずつつき花冠は長さ5mmほど、2唇形で下唇は大きく幅がある。果実に小さな突起が密生する。姫浪来。❋6月下〜9月 ●低地〜低山の湿地 ❖北海道、本州、九州

8月25日　月形町

シソ科

ナミキソウ
Scutellaria strigillosa
地下茎が伸びて群生することの多い多年草で、断面が四角く分枝する茎が直立して高さ10〜40cm。全草に毛が多い。対生する葉は長さ1.5〜4cmの長楕円形で、先は円く鈍い鋸歯縁、中部の縁は平行。花は茎上部葉腋に2個ずつ同じ向きにつき、がくに開出毛があり、2唇形の花冠は長さ2〜2.5cm。基部が曲がって直立する。浪来草。❋7〜8月 ●海岸の砂地や草地 ❖北海道〜九州　近似種エゾナミキ(エゾナミキソウ、オオナミキソウ) S. yezoensis は大形で茎はあまり分枝せず、毛は稜上のみにあり、葉は狭卵形で中部の縁は平行にならず、先がとがる。蝦夷浪来。❋7〜8月 ●湿地 ❖北海道、本州(中部・北部)

ナミキソウ　8月15日　小清水町

エゾナミキ　8月2日　上士幌町

309

シソ科

イヌゴマ
Stachys aspera var. hispidula

断面が四角く下向きの刺毛がある茎が直立して高さ40〜80cmの多年草。対生する葉は長さ4〜10cmの披針形で、粗い毛が多く、裏面脈上に刺毛がある。花は輪生状に数段つき、5裂したがく歯は針іст形。花冠は2唇形で長さ約1.5cm、3裂した下唇に濃色の斑紋がある。犬胡麻。✿7〜9月 ●原野や野山の湿地 ✿北海道〜九州 変種エゾイヌゴマ var. baicalensis は刺毛の他に開出した剛毛を密生する。

シソ科

イブキジャコウソウ
Thymus quinquecostatus var. ibukiensis

茎は分枝しながら地表を這う矮小低木。葉は十字対生して葉身は長さ1〜1.5cmの卵形で先は円く、厚みと光沢があり、両面にがくや花とともに腺点があって芳香を発する。花は茎の上部にまとまってつき、がくは2唇形。花冠も2唇形で長さ7〜8mm、雄しべ4個がつき出る。薬用や香料に利用される。伊吹麝香草。✿7〜9月 ●海岸〜亜高山の岩地 ✿北海道、本州、九州 葉の表面に粗い毛があるものを変種ヒメヒャクリコウ var. canescens といい、浜頓別と大平山に産する。

8月11日 札幌市　茎の比較

ヒメヒャクリコウの葉　8月8日 礼文島

シソ科

ツルニガクサ
Teucrium viscidum var. miquelianum

細い地下茎が伸びてまとまって生える多年草で高さ20〜50cm。茎は断面が四角く、下向きの曲がった毛がある。長い柄で対生する葉は長さ4〜10cmの狭卵形、重鋸歯縁で先がとがる。花冠は長さ8〜10mmの2唇形だが2裂した上唇裂片は3裂した下唇の側片状となる。腺毛が密生するがくは5裂し上歯の先はとがらず果期には内側に曲がる。蔓苦草。✿7〜9月 ●野山の林内や道端 ✿日本全土 近似種ニガクサ T. japonicum は花が大きく花冠は長さ10〜12mm、がくは無毛か短毛が少しあり、腺毛はない。✿日本全土 テイネニガクサ T. teinense は茎はほぼ無毛、花冠は長さ7〜8mmで花色は淡く、がくに腺毛はほとんどなく、歯はすべて鋭くとがるとされるが、判別は難しい。●樹林下に稀 ✿北海道、本州(鳥取以北の日本海側) 同属のエゾニガクサ T. veronicoides は葉身が卵形で長い花序に開出毛が密生する。●林内にきわめて稀 ✿北海道、本州(関東以北と山口)

ツルニガクサ　7月29日 白老町

果期のツルニガクサ　ニガクサの花

エゾニガクサ　7月28日 松前町

シソ科

■ カリガネソウ
Tripora divaricata

高さ1m前後の多年草で、全体に短毛が密生して異臭がし、茎は断面が四角い。柄がある葉が対生し、葉身は長さ5〜12cmの卵形〜広卵形、鋸歯縁で先がとがる。花は茎頂や葉腋から出る花序にまばらにつき、花冠は先が2唇形に大きく開く筒形で長さ2cm、筒部8mmほど。雌しべと4個の雄しべが上唇に沿って突出して大きく湾曲する。つき出る下唇に濃色の斑点がある。雁金草。❉8〜9月 ●山地の林縁、やや開けた所 ❖北海道〜本州

8月28日　札幌市南区

果実は4つに分かれた分果

サギゴケ科

■ サギゴケ（ムラサキサギゴケ）
Mazus miquelii

対生する葉をつける走出枝を伸ばして増え、高さが5〜15cmの多年草。葉は根生し長さ4〜6cmの倒卵形で波状鋸歯縁。花冠は2唇形で長さ1.5〜2cm、3裂した下唇に黄色と褐色紋のある2隆条を持つ。鷺苔。❉5〜6月 ●湿った草地や裸地 ❖北海道（二次的）〜九州

6月20日　札幌市

サギゴケ科

■ トキワハゼ
Mazus pumilus

茎は直立して高さ3〜20cmの一年草。走出枝は出さない。対生する大きな葉は根元に集まり、葉身は長さ1〜3cmの倒卵形、浅い鋸歯縁で先はとがらない。上部の葉は小さく互生する。花は総状花序にまばらにつき、花冠は長さ1cmほどで上唇は卵形で下唇の半分長、下唇は3裂して中央部が黄色く隆起し赤褐色の斑紋がある。常盤ハゼ。❉5〜9月 ●道端や畑の周辺、空地 ❖日本全土

6月11日　松前町

ハエドクソウ科

■ ハエドクソウ
Phryma nana

4稜がある茎が直立して高さ40〜70cmになる多年草。対生する葉は長さ3〜10cmの楕円形〜卵形で質は薄く鋸歯縁。花は長い穂につき、花冠は長さ約5mm、2唇形で上唇は2〜4浅裂し、大きな下唇は3裂する。5裂したがく裂片の3個が長く、果期に先が鉤状に曲がり動物に付着して運ばれる。蠅毒草。❉7〜8月 ●低地〜山地の林内 ❖北海道、本州、四国　同様な環境に近似種ナガバハエドクソウ P. oblongifolia が生える。❖北海道〜九州

7月30日　札幌市

ハエドクソウ科

ミゾホオズキ
Mimulus nepalensis
断面が四角い茎が直立して高さ10～30cmの軟弱な多年草。対生する葉は長さ1.5～4cmの卵形で短い柄がある。花は上部の葉腋につき花冠は長さ1.5cm、2唇形で上唇は2裂、下唇は3裂して径1cmほどの花に見える。花後がくが生長してホオズキ状になって果実を包む。溝酸漿。❀6～8月 ◉山間の湿地 ❖北海道～九州　近似種オオバミゾホオズキ M. sessilifolius は全体大形で高さ50cmほどになることもある。葉は長さ8cmほどの卵形で柄はなく鋭い鋸歯縁。花冠は長さ、径ともに2.5cm以上になる。大葉溝酸漿。❀6～7月 ◉山地～亜高山の湿地 ❖北海道、本州（中部以北）　同属の帰化種ニシキミゾホオズキ* M. luteus は高さ1m近くなり、広卵形の葉は互生。花冠は長さ4cmほどになり、下唇の内面に赤い斑点がある。❀6～7月 ◉水辺 ❖原産地は北アメリカ

ミゾホオズキ　8月3日　新ひだか町静内
ニシキミゾホオズキ　7月17日　弟子屈町
オオバミゾホオズキ　7月1日　白老町

ハマウツボ科

オニク
Boschniakia rossica
高さ15～30cmの1回結実性の多年草で、ミヤマハンノキの根に寄生する。葉緑素を持たない葉は黄褐色で茎の周りに鱗片状につく。茎の上部が穂状花序となり多数の花がつく。花冠は2唇の壺形で長さ1cmほど、基部に葉と同じような苞があり、歯のあるがくを隠している。雄しべは4個、雌しべは1個ある。御肉。❀7～8月 ◉亜高山～高山のミヤマハンノキ林 ❖北海道、本州（中部以北）

7月30日　ニペソツ山

ハマウツボ科

ハマウツボ
Orobanche coerulescens
一年生の寄生植物で高さは10～30cm。寄主はハマオトコヨモギ。葉緑素のあるふつうの葉はなく、太い茎に褐色の鱗片状の葉が多数つく。花序には白い長軟毛が密につき、2唇形の花冠は長さ2cmほど。上唇は浅く2裂し、下唇は3裂して裂片の縁は波打つ。浜靫。❀7～8月 ◉海岸の砂地や草地 ❖日本全土　花序などの毛が少ない型を品種オカウツボという。

8月2日　礼文島

ハマウツボ科

■エゾコゴメグサ
Euphrasia maximowiczii var. yezoensis

白毛が密生する茎は直立して中ほどから対生状に枝を分け、高さが5〜25cmの一年草。密に対生する葉は長卵形で鋸歯状の切れ込みが数対あり、裂片の先はややとがる。筒状の花冠は2唇形で上唇は2裂し、時に淡紫色。下唇は3裂する。花冠の長さは上唇の先まで約6mm、外側には白毛が密生し、内側には紫色の筋と黄色いボカシが入る。蝦夷小米草。✤7月中〜9月中 ●海岸〜亜高山の草地 ❀北海道、本州（北部）近似種エゾノダッタンコゴメグサ E. pectinata var. obtusiserrata は花が大きく花冠の長さ7〜8mm、下唇はさらに長い。❀北海道（礼文島・利尻島・根室）また知床半島海岸の岩場や草地には花冠の色が黄色いチシマコゴメグサ E. mollis が生育している。

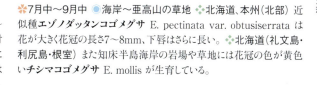

エゾコゴメグサ　9月5日　釧路市

エゾノダッタンコゴメグサ
8月18日　礼文島

チシマコゴメグサ　9月1日　羅臼町

ハマウツボ科

■ミヤママコナ
Melampyrum laxum var. nikkoense

半寄生の一年草で高さ20〜50cm。短い柄で対生する葉は長さ3〜6cmの狭卵形で先がとがり、基部は広いくさび形。花は枝先の花序に苞を伴ってつくか、葉腋に1個ずつつき、花冠は2唇形で長さ17mm前後。下唇の喉部に黄色い隆起がある。がくはほぼ無毛で歯は鈍頭、苞葉に歯牙はない。深山飯子菜。✤8〜9月 ●低山の明るい林内 ❀北海道（石狩以南）、本州　近似種ママコナ M. roseum var. japonicum は下唇喉部の隆起は白い米粒状で、がくに白毛が密生して歯は鋭頭、苞葉も鋭頭、縁に鋭い歯牙がある。❀北海道（渡島）〜九州　エゾママコナ M. yezoense は下唇喉部の隆起は紫紅色、がくに白長毛はなく歯は尾状に伸び、苞葉に鋭い歯牙があるが先はとがらない。❀上川以東の山地に局所的に生える固有種

ミヤママコナ　8月8日　札幌市

エゾママコナ　9月3日　紋別市

ママコナ　8月27日　恵山町

ハマウツボ科

ミヤマシオガマ
Pedicularis apodochila

茎に白い短毛が密生し、高さ10〜20cmの半寄生の多年草。互生する葉の大きなものは根元に集まり長さ3〜7cm。葉身は羽状に全裂して裂片はさらに羽状に裂ける。花は茎頂にまとまってつき、花冠は長さ2〜3cm、2唇形でふつう上唇は先がとがらず下唇より長い。深山塩竈。❀7〜8月中 ●亜高山〜高山のれき混じりの草地 ✤北海道（大雪山・日高山脈）、本州（中部・北部）

ハマウツボ科

ベニシオガマ（リシリシオガマ）
Pedicularis koidzumiana

高さ3〜7cmの半寄生の多年草。葉は根元に集まり、長さ1〜2cmの長楕円状卵形で両面無毛、羽状に全裂し裂片は鋸歯縁。花は茎頂に数個つき、花冠は濃い紫紅色で長さ3cm前後の2唇形。上唇は長い舟形で上部が湾曲して先端部は嘴状。下唇は3裂して中央裂片が短い。白花も稀にある。紅塩竈。❀6月下〜7月中 ●高山の岩場 ✤利尻山の特産種

7月5日 日高山脈ピパイロ岳

7月4日 利尻山

ハマウツボ科

エゾヨツバシオガマ
Pedicularis chamissonis

高さ20〜60cmの半寄生の多年草。直立する茎に葉が4個、時に3〜6個が数段輪生する。葉身は三角状広披針形で羽状全裂して裂片は7〜12対あり浅い切れ込みがある。花序には細毛が密生し、花が4個ずつ7〜20段輪生する。花冠は2唇形で筒部はがく筒から出た部分で曲がる。上唇は鋭い長さ1.5〜4mmの嘴状となって下に曲がる。蝦夷四葉塩竈。❀6月中〜8月 ●亜高山〜高山の草地 ✤北海道、本州（中部以北）
全体に大きく花が15〜30段つくものを**レブンシオガマ**と呼ぶことがある。

エゾヨツバシオガマ 7月10日 オロフレ山

エゾヨツバシオガマの花序

レブンシオガマの型 7月3日 礼文島

ハマウツボ科

■キバナシオガマ
Pedicularis oederi

高さ10〜20cmになる半寄生の多年草。茎は根元で分枝して株立ち状となる。やや光沢としわのある葉は根元に集まり長さ5〜15cm、羽状に裂けて裂片の縁は裏面に巻き込む。花は上部の総状花序にまとまってつき、花冠は2唇形で長さ約2.5cm。上唇は嘴状で先の部分が茶褐色、下唇は3裂する。黄花塩竈。❋7〜8月 ●高山のれき地や草地 ❋北海道(大雪山)

7月10日 大雪山

ハマウツボ科

■ネムロシオガマ
Pedicularis schistostegia

高さ15〜30cmの半寄生の多年草。全体に軟毛が生える。葉は互生し、根出葉は長い柄、茎葉は短い柄があり、いずれも2回羽状全裂し、裂片は鋸歯縁。花は茎の上部にまとまってつき、下部の苞は葉状。花冠は長さ約2.3cm、2唇形で下唇は3裂し、上唇は下唇より長く下向きに曲がる。根室塩竈。❋6〜7月 ●海岸近くの草地 ❋北海道(根室・礼文島)
花が紅色のものを品種カフカシオガマという。

6月8日 礼文島

ハマウツボ科

■ビロードシオガマ（シオガマギク〈広義〉）
Pedicularis resupinata subsp. teucriifolia

変異の大きな半寄生の多年草で、茎は直立して高さ20〜80cm。葉は長さ3〜8cm、下部では対生、上部で互生する。花冠は長さ約2cm、2唇形で上唇は鎌状に曲がり先は長さ約3mmの嘴状にとがり、下唇は平たく3浅裂するが多くはねじれる。ビロード塩竈。❋7月下〜8月 ●海岸〜亜高山の草地 ❋北海道〜九州 高山に生えるものは丈が低く、下部の葉は対生または互生。花の多くは花序につき、時に花序が詰まって変種トモエシオガマ var. caespitosa の型も見られる。また茎は直立して高さ70cm前後、葉は互生し、長さ4〜8cmの三角状狭卵形で細かい鋸歯縁。花は中部の葉腋から咲きはじめて上部の苞のある花序にいたる型があり、これを基準亜種シベリアシオガマとしておく。渡島半島の山地と日高山脈の樹林下では茎は斜上または倒伏し、すべて対生する葉は大きく鋸歯も深く、花は葉腋と茎頂につく型があり、これを狭義のシオガマギク var. oppositifolia としておく。北海道のこの種においては変異が大きく、分類学的な位置を定めることは難しい。

ビロードシオガマ 7月22日 根室　　トモエシオガマの型 8月14日 夕張岳　　シベリアシオガマの型 8月11日 十勝三股　　狭義のシオガマギクの型 8月19日 日高山脈楽古岳

ハマウツボ科

■タカネシオガマ
Pedicularis verticillata

高さ5〜20cmの全体に長軟毛がある半寄生の一年草。4個セットで輪生する葉は長さ2〜5cmの狭長楕円形で羽状深裂し、先はとがらない。花は数段かたまってつき、花冠は2唇形で上唇は鋭い嘴状にはならない。高嶺塩竈。❋7〜8月 ●高山のれき地 ❖北海道、本州（中部以北）この属の帰化植物として**ホザキシオガマ** P. spicata が十勝地方から記録されている。

7月11日　島牧村大平山　　　　　ホザキシオガマ
　　　　　　　　　　　　　　　8月18日　上士幌町

ハマウツボ科

■エゾシオガマ
Pedicularis yezoensis var. yzoensis

半寄生の多年草で高さ20〜60cm。花時に根出葉はなく、互生する茎葉は三角状披針形で長さ3〜6cm、二重の鋸歯縁。花は茎の上部に総状につき、花冠は長さ2cmほど、2唇形で上唇は鎌状に曲がり、下唇は斜めに傾いて幅が広く、先が3裂する。蝦夷塩竈。❋7〜8月 ●山地〜亜高山の草原や尾根筋 ❖北海道、本州（中部以北）茎やがくに短毛が多い型を変種**ビロードエゾシオガマ** var. pubescens という。

ビロードエゾシオガマ　　　　　7月6日　札幌市

ハマウツボ科

■コシオガマ
Phtheirospermum japonicum

高さ30〜60cmの半寄生の一年草。全体に腺毛が密生して触れると粘る。対生する葉は長さ4〜7cmの羽状複葉で、小葉には粗い鋸歯がある。花は葉腋に横向きに1個ずつつき、花冠は長さ2cmほど。2唇形で上唇は2裂し、下唇は3裂して幅が1.5cmほど。がくは5裂して裂片の縁には切れ込みがある。小塩竈。❋9〜10月 ●低地〜山地の草地や裸地 ❖北海道（道央以南）〜九州

9月25日　苫小牧市

ハマウツボ科

■キヨスミウツボ
Phacellanthus tubiflorus

長さ10cmほどの茎の大部分が地中にある寄生植物。寄主はアジサイ類など落葉広葉樹。葉緑素がなく、葉は退化して鱗片状。花は茎頂に数個つき、筒状で長さ2〜2.5cm、2唇形で上唇はさらに2浅裂し、下唇は3裂する。花色は白から黄色をおびてくる。清澄靫。❋7月 ●山地の落葉広葉樹林下 ❖北海道〜九州

果期の姿　　　　　　　7月13日　札幌市円山

ハマウツボ科

■ ヒキヨモギ
Siphonostegia chinensis

茎は少し分枝して高さ30〜60cmの半寄生の一年草。全体に短毛がありざらつく。葉は長さ5cmほどになり、羽状に深〜全裂して鹿の角状となる。花は枝先と葉腋につき長さ約2.5cm、花冠は上下2唇形で下唇は3裂し上唇は両端が下に巻きこみ雌しべと雄しべを包む。引蓬。❋8月 ●低地〜丘陵の草地 ✤日本全土、北海道は胆振以南

タヌキモ科

■ ムシトリスミレ
Pinguicula macroceras

高さ5〜15cmの多年性食虫植物。葉は根元に集まって四方に広がる。葉身は長さ1.5〜4cmの長楕円形、やや多肉的で縁は内側に巻き、表面に腺毛と腺体が密生し、粘る消化液を分泌して小虫を捕える。上下2唇形の花が1個つき、上唇は短く2裂し、下唇は3裂して内側に白毛がある。線形の距が後方に伸びる。虫取菫。❋7〜8月 ●亜高山〜高山の湿ったれき地 ✤北海道(夕張・日高山脈)、本州(中部・北部)

8月20日 松前町

7月9日 夕張岳

タヌキモ科

■ コタヌキモ
Utricularia intermedia

浅い沼や水たまりに茎が浮遊または這う多年草。葉は線状に細かく裂けるが捕虫嚢は泥中の枝につき、水中の葉や茎につかない。葉裂片の先は鈍頭。5〜15cmの花茎を水上に出して数個の花をつける。花は2唇形で径1.3cmほど。距は下唇とほぼ同長。小狸藻。❋7〜8月 ●浅い沼や水たまり ✤北海道、本州(三重以北) 近似種ヤチコタヌキモ U. ochroleuca の捕虫嚢は水中の茎や葉につき、葉裂片の先は鋭頭。✤道内北西部に分布。オオタヌキモ U. macrorhiza は花茎の高さ10〜40cm、花冠の径1〜1.5cm、下唇の縁が垂れ下がり、距が長く前上に湾曲して先がとがる。✤北海道〜本州(関東以北) 同属のイヌタヌキモ U. australis は花茎の高さ10〜30cm、花冠の径1cm、距は下唇より短い。✤日本全土 属の代名詞的なタヌキモ U. ×japonica は前2種の自然雑種であり、結実せず、道内分布は不明。ヒメタヌキモ U. minor は水中葉の所々に捕虫嚢をつけ、花茎は5〜25cm、花冠は径8〜10mm、淡黄色で距は短く円柱形。✤北海道〜九州

コタヌキモ 8月5日 鶴居村　　イヌタヌキモ 8月26日 苫小牧市　　ヒメタヌキモ 6月18日 むかわ町

タヌキモ科

ホザキノミミカキグサ
Utricularia caerulea
高さ5～30cmの軟弱な一年草。白い糸状の地下茎が伸びて、所々に小さなへら形の葉と捕虫嚢をつける。花茎は直立して数個の鱗片状の葉をまばらにつける。花は4～10個つき、花冠は2唇形で上唇は長楕円形、下唇は2～8mm。距は細長く、下唇の下から前につき出る。穂咲耳掻草。
❋8～9月 ●湿原の泥土地 ✤日本全土

8月25日　月形町

タヌキモ科

ムラサキミミカキグサ
Utricularia uliginosa
高さ3～15cmの軟弱な一年草。糸状の地下茎が伸びて、所々で小さなへら形の葉と捕虫嚢をつける。花茎は直立して数個の鱗片状の葉をまばらにつける。花は1～10個つき、がくは2裂し、花冠は長さ3～4mmの2唇形で上唇は下唇より短く、下唇基部の距は下を向く。紫耳掻草。❋8～9月
●湿原の泥土地 ✤日本全土

8月17日　長万部町

クマツヅラ科

ヤナギハナガサ*
Verbena bonariensis
大きいもので1m以上になる多年草。ざらつく茎に4稜がある。対生する葉は長さ5～12cmの広線形～狭楕円形で柄はなく、先がとがり不規則な鋸歯縁。花は散房状につく穂状花序につき、花冠は長さ1～2cm、先端が5裂し、筒部外面に白毛がある。園芸植物として栽培もされる。柳花笠。
❋7～10月 ●道端や空地、荒地 ✤原産地は南アメリカ

10月23日　北斗市

ハナイカダ科

ハナイカダ
Helwingia japonica subsp. japonica var. japonica
雌雄異株の落葉低木で高さ1～1.5m。若い枝は緑色。互生する葉は長さ4～12cmの倒卵形～楕円形で、先はとがり、基部は細く柄に移行し、低い鋸歯は先が芒状となる。花は葉の表面主脈上につき、径5～6mm。花弁は3～4個あり、やや反り返る。雄花は数個～十数個まとまってつき、雄しべは3～4個ある。雌花はふつう1個つき、雄しべはない。球形の液果は黒く熟す。花筏。❋5月中～6月中 ●山地の林内や林縁 ✤北海道（南部）～九州

6月1日　松前町

モチノキ科

ヒメモチ
Ilex leucoclada

雌雄異株の常緑小低木で高さ30〜70cm。葉は厚みと光沢があり、長さ5〜10cmの狭披針形で先はややとがり、ふつう全縁、基部は柄に流れる。雌花は数個、雄花は多数葉腋につく。花の径1cm以下で、がく片、花弁、雄しべが4個あり、雌しべは1個ある。果実は球形で径約1cm、赤く熟す。姫餅。❋5月下〜7月上 ◯山地の明るい林内 ❀北海道(後志以南)、本州(中部以北)

果期の姿(雌株)　10月26日　福島町

モチノキ科

ツルツゲ
Ilex rugosa var. rugosa

雌雄異株の匍匐性常緑小低木で、長さ80cmほどまで伸びる。やや密に互生する葉は長さ2〜4cmの披針形で質は硬く光沢があり、表面は葉脈が凹んですりガラス状。花は前年枝の葉腋につき、径5〜6mm、がく片、花弁、雄しべが4個ずつある。球形の果実は径約6mmで赤く熟す。蔓黄楊。❋6〜7月 ◯山地〜亜高山の樹林下 ❀北海道〜九州

上:6月19日　知床山地　下:10月6日　札幌市定山渓

モチノキ科

アカミノイヌツゲ
Ilex sugerokii var. brevipedunculata

雌雄異株の常緑小低木で高さ40cm〜1.5m。分枝を重ねてこんもりした樹形になる。密に互生する葉は長さ2〜3.5cmの広披針形〜卵状長楕円形で、硬く厚みと光沢があり不明瞭な鋸歯縁。葉腋に雌花は1個、雄花は1〜3個つく。花は径4〜5mm、がく片、花弁雄しべは各5個ある。球形の果実は径約7mm、赤く熟す。赤実犬黄楊。❋6〜8月 ◯亜高山帯の尾根筋など日の当たる所 ❀北海道、本州(中部以北)

花と果実が同時に見られる　7月24日　赤井川村

モチノキ科

ハイイヌツゲ
Ilex crenata var. radicans

雌雄異株の常緑小低木で、幹や枝は横に伸びる傾向があり、長さ1mほど。互生する葉は長さ1.5〜3cmの長楕円形で厚みとつやがあり、浅い鋸歯縁。葉脈は側脈も何とか認められる。裏面には腺点が散在。葉腋に雌花が1個、雄花が数個つき、花の径は4mmほど。がく片、花弁、雄しべは各4個。球形の果実は径約6mmで黒く熟す。這犬黄楊。❋6〜7月 ◯低地の湿原や山地の明るい所 ❀北海道、本州(中部・北部)

果実　　雄株　8月1日　札幌市

キキョウ科

■モイワシャジン
Adenophora pereskiifolia
変異の大きな多年草で高さ30〜90cm。茎葉は互生または対生、時に輪生し、葉身は長さ2〜8cmの披針形〜卵形で先がとがり鋸歯縁。花は総状または貧弱な円錐花序につき、花冠は鐘状で長さ1.5〜3cm、先が5裂。がく裂片は披針形。花色は青紫〜白。藻岩沙参。❋7月中〜9月 ●山地〜高山の岩場やその周辺 ◆北海道、本州（北部）夕張岳上部に葉が下部から対生し、花冠が半球形〜広鐘形で花柱が長く突き出る型が知られ、変種**ユウバリシャジン** var. yamadae とされたが、モイワシャジンの変異の範疇とする見解もある。

白い花も少なくない

葉の細い型

披針形のがく裂片

花冠が半球形で、雌しべが長く突き出る

モイワシャジン　亜高山草地に生える型　8月24日　大平山
山地岩場に生える型　7月19日　徳舜瞥山
ユウバリシャジン　8月11日　夕張岳

キキョウ科

■ツリガネニンジン
Adenophora triphylla var. japonica
変異の大きな多年草で高さ40cm〜1m。円柱形の茎は太い根茎から立ち上がり、ほとんど分枝せず、切ると白い乳液が出る。葉はふつう4〜5個ずつ数段輪生するが、対生や互生することもある。葉身は長さ2〜15cmの長楕円形〜披針形で先がとがり鋸歯縁。花も数段輪生し、花冠は長さ約2cmの鐘形で先が5裂し、がく裂片は糸状線形。花柱は花冠とほぼ同長で先が3裂する。釣鐘人参。❋8〜9月 ●低地〜山地の草原や湿地 ◆北海道〜九州　丈が低く、花序と花の柄が短く華やかに見える型を変種**ハクサンシャジン** f. violacea とされるが中間の型もふつうにあるのでツリガネニンジンの範疇とする見解もある。また茎などに白毛が密生するものは**シラゲシャジン**と呼ばれていた。

がく裂片は線状披針形
花は数段輪生状につく
白花も時々目にする

細い葉　広い葉

花が密について華やか

ツリガネニンジン　8月4日　標茶町西別岳
シラゲシャジンと呼ばれる型
ツリガネニンジンの葉の比較
ハクサンシャジンの型　8月7日　礼文島

キキョウ科

■ミョウギシャジン
Adenophora nikoensis var. petrophila

本州の山地に分布するヒメシャジンの変種。茎は横に伸びることが多く、長さ30cm～1mの多年草。披針形の葉は3～5個輪生または互生し、上部の葉の先は鎌形に湾曲する個体が多い。狭い鐘形の花が総状につき花冠の長さ2cm前後、雌しべの先が花冠から長く突き出る。がく裂片は線状披針形で全縁、時に小鋸歯がある。❋8～9月 ●山地の明るい林内や湿った岩場など ✤北海道（渡島半島）、本州（中部以北）

キキョウ科

■シラトリシャジン
Adenophora uryuensis

無毛の茎が直立して大きいもので高さが1mほどになる多年草。互生する葉は披針形～線形でほぼ無柄。花は総状につき花冠は広い鐘状で先が5裂するが、切れ込みが深く、裂片は開出状となる。がく裂片はふつう卵形。白鳥沙参。❋7～8月 ✤道北の蛇紋岩地帯。固有種

8月9日 せたな町

葉が輪生する型
鎌形に湾曲する葉
雌しべの先が突き出る

5裂した花冠裂片は開出気味となる
互生する葉は線形に近く、やや厚い

7月2日 深川市

キキョウ科

■チシマギキョウ
Campanula chamissonis

根茎が伸びて株をつくり、高さ5～13cmの多年草。葉は根元に集まり、葉身は長さ2～9cmのへら形だが変異の幅が大きく、表面に光沢があり縁に鈍い鋸歯があり、葉脈は網目状。花は横向きに1個つき、花冠は長さ3～3.5cm、先は5つに裂けて裂片に長毛がある。千島桔梗。❋7～8月 ●高山の岩場やれき地、草地 ✤北海道、本州（中部・北部） イワギキョウ C. lasiocarpa はよく似た多年草で、葉身はつやはなく縁に突起状の鋸歯がある。花は上～やや横向きにつき、花冠は長さ2～2.5cm、先が5裂して裂片には毛がない。がく裂片は線形で刺状の鋸歯がある。岩桔梗。❋7～9月 ●高山の岩場やれき地、草地 ✤北海道、本州（中部・北部） 同属のヤマホタルブクロ C. punctata var. hondoensis は高さ40cm前後、花冠の長さ4cmほどで山間のれき地に稀に産す。山蛍袋。

チシマギキョウ 8月5日 大雪山

花粉におおわれる花柱面
雌しべ未熟期
花粉を出し終えた雄しべ
開いた柱頭
雌しべ熟成期 雄しべの痕跡

イワギキョウ 8月25日 トムラウシ山

ヤマホタルブクロ 白花の個体
がく裂片湾入部がふくらむ
ヤマホタルブクロ

321

キキョウ科

ツルニンジン
Codonopsis lanceolata var. lanceolata
茎は他の物に絡みついて伸びる長さ2～3mのつる性の多年草。茎は切ると白い乳液が出、人参状の根を持つ。葉は短い枝に輪生状につき、長さ2～10cm、両端がとがった楕円形で裏面は白っぽい。花は長さ3cmほどの鐘形で、内側に紫褐色の斑があり、大きながく裂片に包まれて異臭がする。蔓人参。❋7～8月 ●山地の林内 ✤北海道～九州

8月21日　札幌市藻岩山

キキョウ科

バアソブ
Codonopsis ussuriensis
前種に似た多年草で全体小形。茎につく葉は長さ1～2cmの卵形で互生し、枝につく葉は長さ2～5cmの広披針形輪生状につく。裏面は白毛が密生する。花色は濃く、開花後がく裂片は反り返る。婆ソブ（そばかすの意）。❋7～8月 ●林縁や湿原の周辺 ✤北海道～九州

8月23日　苫小牧市

キキョウ科

ミゾカクシ（アゼムシロ）
Lobelia chinensis
茎が地表を這って高さ5～15cmの枝を立ち上げる多年草。互生する葉は長さ1～2cmの披針形で、波状の鋸歯と光沢があり、柄はない。長い柄のある花が葉腋に1個ずつつき、花冠は長さ1cmほど。上下2唇形で上唇は2裂、下唇は3裂するが、裂片は同形同大なので一方に偏って5裂しているように見える。溝隠。❋7～9月 ●水田の畔や湿地 ✤日本全土

ミゾカクシ　8月6日　江別市
ロベリアソウ　9月25日　苫小牧市

キキョウ科

サワギキョウ
Lobelia sessilifolia
中空の茎が直立して高さ50cm～1mになる多年草。互生する葉は長さ4～7cmの線状楕円形、先がとがり、柄がなく鋸歯縁。花は下から咲き、花冠は長さ2.5～3cmで2深裂し、上唇はさらに2深裂、下唇は3中裂して裂片の縁に白毛がある。沢桔梗。❋8～9月 ●野山の水辺 ✤北海道～九州　同属の**ロベリアソウ**＊（セイヨウミゾカクシ）L. inflata は高さ1m前後で全体に毛が多く、花冠は1cm以下 ✤原産地は北アメリカ

サワギキョウ　8月3日　根室市

キキョウ科

■ タニギキョウ
Peracarpa carnosa
軟弱な多年草で高さは20cm程度。地表を伸びる根茎でまとまって生えることが多い。互生する葉は広卵形で先はとがらず、裏面は時に紫色をおびる。花は茎頂から出る長い柄にふつう1個つき、花冠は5裂して径1cmほど、紫色をおびることもある。雄しべは5個、花柱は3個ある。谷桔梗。❀5月中〜8月 ●低地〜高山の湿った樹林下 ❖北海道〜九州

未熟な雌しべ
5裂する花冠　熟した雄しべ

果実

輪生に見えるが、互生する葉

5月22日　旭川市嵐山

キキョウ科

■ キキョウ
Platycodon grandiflorus
茎は直立して高さ20〜80cmになる多年草。ふつう互生する葉は長さ4〜7cmの長卵形で先がとがり、鋭い鋸歯縁。花は1〜数個つき、花冠は鐘形で先が5裂し、裂片は広く開いて径4〜5cmになる。5個の雄しべが花粉を出した後に雌しべが成熟する雄性先熟の植物。桔梗。❀7月下〜9月 ●海岸〜山地の岩場や草地 ❖北海道〜九州 秋の七草のひとつ。

雌しべ未熟期

花粉におおわれる花柱面　花粉を出し終えた雄しべ

枯れしぼんだ雄しべ　開いた柱頭

雌しべ熟成期　　　　　　　　　　8月26日　えりも町

ミツガシワ科

■ ミツガシワ
Menyanthes trifoliata
沼底を這う太い根茎から高さ20〜40cmの花茎や葉が立ち上がる多年草。葉は長い葉柄の先につき3出複葉で、小葉は長さ5〜10cmほどの長楕円形〜卵状楕円形で質は厚く先はとがらない。花茎の上部が水面から出て長さ10cmほどの花序となる。花冠の先は5裂して径1.5cmほど。内面に白毛が密生している。長花柱花と短花柱花があり、結実するのは前者。三柏。❀5〜7月 ●浅い沼や池 ❖北海道、本州、九州

長花柱花　雄しべ

5裂した花冠　長く突き出る花柱

雄しべ。短い雌しべは見えない

短花柱花

小葉3個で1個の葉

6月26日　ニセコ山系神仙沼

ミツガシワ科

■ イワイチョウ（ミズイチョウ）
Nephrophyllidium crista-galli subsp. japonicum
太い根茎が伸びて群生する高さ15〜30cmの多年草。イチョウに見立てた葉が根元から長い柄と共に数個出る。葉身は幅の方が大きな腎円形で基部は心形、多肉的で細かい鋸歯縁。花冠は星状に5裂して裂片の縁は波打つ。雄しべは5個、雌しべは1個あるが、長花柱花と短花柱花がある。岩銀杏。❀6月下〜8月 ●亜高山〜高山の湿地 ❖北海道、本州（中部以北）

長花柱花　長く突き出る花柱

5裂した花冠　雄しべ

短い花柱。子房まで見える

短花柱花　長い雄しべ

8月24日　大雪山

キク科

ブタクサ*

Ambrosia artemisiifolia

高さ30〜80cmの一年草。白い長軟毛が多い茎はよく分枝する。葉は下部で対生、上部で互生し、2回羽状分裂して終裂片は線状。雄花序は枝先に穂状となり雄頭花を下向きに多数つける。総苞は半割したカプセル状で、中に小花が多数入る。雌花序は雄花序の基部や小枝の先につき、1〜数花が上〜横向きにつく。花粉アレルギーの原因となる。豚草（英語名の訳から）。❋7〜9月 ●道端や空地 ❖原産地は北アメリカ 同属のオオブタクサ*（クワモドキ）A. trifida は高さ1〜3mになる一年草。全体に毛がありざらつく。葉は長さ30cm前後で掌状に3〜5裂し、裂片は披針形〜卵状披針形。雄頭花は枝先の花序に総状につき、雌頭花はその基部につく。❖原産地は北アメリカ

ブタクサ　9月8日　札幌市

オオブタクサ　9月22日　小樽市

キク科

オナモミ

Xanthium strumarium

茎に短毛が密生する高さ20cm〜1mの一年草。互生する葉に長い柄があり、葉身は卵状三角形で不整な欠刻状の粗い鋸歯がある。両面に剛毛がありざらつく。頭花は枝先に雄花序、基部に雌花序がつく。雄頭花は両性の筒状花が集まり、雌頭花は総苞が壺形に合着して、鉤状の刺が密生した果胞となる。巻耳。❋8〜10月 ●道端や空地 ❖日本全土 近似種 イガオナモミ* X. orientale subsp. italicum は果胞の刺に鱗片状の毛が密生する ❖原産地はヨーロッパ

オナモミ　9月15日　函館市　　イガオナモミの果胞

キク科

トキンソウ

Centipeda minima

茎は分枝して所々で発根し、地表を這い長さ5〜20cmになる水分の多い肉質の一年草。互生する葉は長さ7〜20mmのくさび形で先端部に3〜5個の鋸歯がある。頭花は葉腋につき径3〜4mmで、中心部に数個〜10個の両性の筒状花が、周囲に雌性の筒状花がつく。両性花は紫褐色をおび、花冠の先は4裂し、雌性花は緑色の子房が目につく。吐金草。❋7〜9月 ●低地の湿った裸地 ❖日本全土

7月7日　旭川市

キク科

ノコギリソウ
Achillea alpina subsp. alpina var. longiligulata
変異の大きな多年草で、高さ50cm〜1m。茎に軟毛がつき、特に花序に多い。茎葉は長さ6〜10cm、細かく羽状中〜深裂し、羽片は鋸歯縁。基部に顕著な葉片がつく。頭花は散房状に多数つき、径7〜9mm、筒状花群を5〜7個の舌状花が囲んでいる。舌状花の花冠は長さ3.5〜4mm。花色や葉縁の裂け方に変異がある。鋸草。❁7〜9月 ◉低地〜山地の草地 ❖北海道、本州 亜種シュムシュノコギリソウ subsp. camtschatica は丈が低く、葉の羽片は鋭角について鋸歯も鋭い。頭花の径は約14mm、舌状花は8〜12個あり、総苞に長毛が多い。◉❖道北の山地 亜種キタノコギリソウ（ホロマンノコギリソウ）subsp. japonica は高さ30〜70cm、よく分枝し、全体に毛があり、特に花序に多い。葉の裂片は時に反り返る。頭花の径は10〜15mm、舌状花は6〜8個。❖北海道、本州（中部以北） 亜種アカバナエゾノコギリソウ subsp. pulchra は茎の中部につく葉が細かい鋸歯縁か浅裂して次種エゾノコギリソウに似るが、葉の基部に1〜2対の葉片がつく。花色の濃淡差が大きい。◉❖北海道の海岸

ノコギリソウ　8月20日　豊浦町
シュムシュノコギリソウ　8月30日　利尻山

アカバナエゾノコギリソウ
アカバナエゾノコギリソウ　8月24日　えりも町
キタノコギリソウ　8月30日　えりも町

キク科

エゾノコギリソウ
Achillea ptarmica subsp. macrocephala var. speciosa
高さ20〜80cmの多年草。葉は長楕円形で長さ5cm前後、幅5〜11mm、羽状に裂けずに細かい鋸歯縁。基部に葉片はつかない。頭花は散房状につき、径約2cm、筒状花を囲む舌状花は2列に12〜19個並び、長さ6〜7mm。蝦夷鋸草。❁7月下〜9月 ◉海岸草原や原野 ❖北海道、本州（中部・北部） 変種ホソバエゾノコギリソウ var. yezoensis は全体に小形で葉の幅3〜5mm、頭花も小さく舌状花も少ない。◉❖道北の蛇紋岩地帯

8月18日　礼文島
ホソバエゾノコギリソウ　7月28日　幌延町

キク科

セイヨウノコギリソウ*
Achillea millefolium
高さ30〜80cmの多年草。種子でも増えるが根茎が伸びて新苗をつくる。全体に縮れた白毛がある。葉は長楕円形で長さ10cm前後、2〜3回羽状に深〜全裂し、終裂片は糸状。頭花は散房状に多数密につき、径約5mm。筒状花を5個ほどの舌状花が囲む。花色は白〜淡紅色。西洋鋸草。❁6〜8月 ◉道端や空地 ❖原産地はヨーロッパ

白〜淡紅色の花
2〜3回羽状に深〜全裂する葉
9月6日　札幌市

キク科

シカギク
Tripleurospermum tetragonospermum
高さ20〜50cmの一年草でよく分枝する。葉は長さ10cm以上、3回羽状に全裂し、終裂片は糸状で幅約1mm。頭花は径4cmほどで、多数の筒状花を舌状花が囲む。総苞片は4列にならび、花後花床が半球形状に盛り上がるが鱗片はない。痩果に4稜と2黒褐色点がある。鹿菊。❋7〜8月 ●海岸の砂地やれき地 ❖北海道、本州（北部）

花床　鱗片はない
8月5日　大樹町

キク科

コシカギク*（オロシャギク）
Matricaria matricarioides
高さ10〜30cmで芳香のある一年草。茎は無毛でよく分枝する。葉は長さ5cm前後、2回羽状に全裂し、終裂片は糸状。上向きにつく頭花は径7mmほどで筒状花のみからなり、半球形状に盛り上がる。総苞片は4列、花冠は黄緑色で先が4裂する。果実に冠毛の痕跡がある。小鹿菊。❋7〜9月 ●道端や空地 ❖北海道〜九州に帰化　原産地は東北アジアと推定される。

頭花　両性の筒状花が、密に多数つく
2回羽状に全裂した葉
6月20日　日高町

キク科

イヌカミツレ*
Tripleurospermum maritimum subsp. inodorum
ほぼ無毛無臭の一〜越年草で高さ30〜60cm。葉は倒披針形で長さ10cm以下、2〜3回羽状全裂し、終裂片は糸状で幅0.5mmほど。頭花は径約3.5cm、両性の筒状花群を雌性で20個ほどの舌状花が囲む。花床は半球形状に盛り上がり、鱗片はない。痩果に3脈がある。❋6〜8月 ●道端や空地 ❖原産地はヨーロッパ　ハーブとして栽培されるカミツレ Matricaria chamomilla はコシカギクと同属で香りがある。よく似たカミツレモドキ Anthemis cotula はやや小形で全草悪臭があり、花床に細長い鱗片がまばらにある。

枯れた筒状花
3脈のある痩果
盛り上がる花床と筒状花群
雌性の舌状花
2〜3回全裂する葉
イヌカミツレ　7月2日　恵庭市

花床　まばらにある細長い鱗片
2〜3回羽状深裂する葉
カミツレモドキ　6月29日　小樽市

キク科

チシマコハマギク（オオバチシマコハマギク）
Chrysanthemum arcticum subsp. yezoense

ふつう分枝しない茎の高さ15～30cmの多年草。ほとんど群生しない。多肉質の葉は不揃いに3～5浅裂し、裂片の先は円い。下部の葉には長い柄がある。頭花は径4～5cm、総苞片の内片は幅3mm。千島小浜菊。❀8～9月　●✿根室半島の海岸岩場　基準亜種アキノコハマギクは茎は背が高く分枝し総苞片の内片は幅2mm、知床半島に産する。

径4～5cmの頭花。両性の筒状花を雌性の舌状花が囲む

やや多肉質な葉。3～5浅裂する

8月22日　根室市

キク科

コハマギク
Chrysanthemum yezoense

高さ10～30cmの多年草。根茎で増えて群生することが多い。多肉質の葉は長さ5cm前後で5浅～中裂し、裂片の先はややとがり、下部の葉には長い柄がある。頭花は径4cmほど、筒状花群を舌状花群が囲んでいる。小浜菊。❀9～10月　●✿太平洋側海岸の岩礫地や崖　✿北海道、本州（茨城以北）

舌状花が淡紅色の個体は少ない

両性の筒状花を雌性の舌状花が囲む

5浅～中裂する葉

10月5日　えりも町

キク科

ピレオギク（エゾノナレギク）
Chrysanthemum weyrichii

高さ10～50cmの多年草。やや肉質の葉は前種コハマギクに比べて切れ込みが深く、2回羽状深～全裂、稀に中裂し、裂片がさらに切れ込むタイプが多い。頭花は径4～5cm、筒状花群を十数個の舌状花が囲んでいる。❀9～10月　●✿日本海沿岸の岩場や草地

径4～5cmの頭花。両性の筒状花を雌性の舌状花が囲む

2回羽状に深～全裂する葉

9月29日　小樽市

キク科

キクタニギク*（アワコガネギク）
Chrysanthemum seticuspe f. boreale

株立ちとなり、よく分枝して高さが1m以上になる多年草。葉は長さ6cm前後で羽状に深裂し、裂片の先はとがる。頭花は散房状に多数つき、径約1.5cm、筒状花群を10個以上の舌状花が囲んでいる。菊渓菊。❀10月　●林道の法面など　✿北海道（二次的）、本州、九州

雌性の舌状花　両性の筒状花

よく分枝する

羽状に深裂する葉

10月14日　札幌市定山渓

327

キク科

ゴマナ（エゾゴマナ）
Aster glehnii

細毛がある茎はよく分枝して高さ1〜1.5mの多年草。長楕円形の葉は、大きいもので長さ20cm、先がとがり、短い柄がある。花は散房状に多数つき、径2cm以下。筒状花の周りを舌状花が囲む。総苞片には密に毛があり、痩果にも毛が密生する。胡麻菜。❀8〜9月 ●低地〜山地の林縁や草地 ❖北海道、本州 北海道産は本州産より大形で毛が多いのでエゾゴマナと分けて呼ぶこともある。

8月19日　鹿追町

キク科

ノコンギク（エゾノコンギク）
Aster microcephalus

葉とともに短剛毛が密生してざらつく茎は上部でよく分枝し、高さ50cm〜1mの多年草。葉は長さ4〜10cmの長楕円形で下部で少しくびれ、粗い鋸歯縁。頭花は径2〜2.5cm、筒状花を20個以下の舌状花が囲む。総苞は半球形で総苞片は3列。野紺菊。❀8〜10月 ●低地〜山地の草地 ❖北海道〜九州 北海道産は大形でエゾノコンギクと区別されることもある。

舌状花が細い型

8月5日　小樽市

キク科

シラヤマギク
Aster scaber

直立した茎は上部で分枝し、高さ1.5mにもなる多年草。全体に粗い毛がありざらつく。葉は心形〜卵状三角形で下部の葉は長さ20cmほどになり、基部は翼となって柄に流れる。頭花は径2cmほどで筒状花群を6個前後の舌状花が囲む。総苞片は3列。痩果は無毛で冠毛は褐色をおびる。白山菊。❀8〜9月 ●低地〜山地のなど ❖北海道、本州、九州

9月13日　様似町

キク科

カントウヨメナ*
Aster yomena var. dentatus

上部でよく分枝する茎は高さが1m前後になる多年草。葉は卵状長楕円形、下部で長さ8cm前後、粗い鋸歯縁、葉脈3本がやや目立ち、上部の葉は披針形に近くなる。頭花は径2.5cmほどで筒状花群を舌状花が囲む。冠毛は短い。関東嫁菜？。❀8〜9月 ●野山のやや湿ったところ ❖北海道（南部）〜九州 雑種起源とされ、北海道には二次的に生えたと思われる。

9月26日　松前町

キク科

■サワシロギク
Aster rugulosus var. rugulosus
根茎が伸びてまばらに生える多年草で高さ40cm前後。茎は細くて無毛、まばらに枝を出す。葉は線状披針形で長さは10cm以上になり、硬くてざらつき、濃緑色で縁に目立たない歯がある。頭花は径約2.5cm、筒状花を囲む舌状花はやがて淡紅色をおびることがある。沢白菊。❈8〜9月 ●湿原 ❖北海道(道央)〜九州

キク科

■ウラギク（ハマシオン）
Tripolium pannonicum
群生することの多い高さ30〜60cmの一年草。葉とともに無毛の茎は上部で枝を分ける。葉は長さ6〜12cmのへら状広線形で全縁、やや厚く滑らかな肉質。基部はわずかに茎を抱く。頭花は散房状に多数つき径2〜3cm、筒状花群を舌状花が囲む。冠毛は果時に長さ約15mmになる。浦菊。❈8〜10月 ●海辺の湿地 ❖北海道(東部)〜九州

両性の筒状花　雌性の舌状花

分枝は少ない

9月4日　新篠津村

頭花の径は2cmほど

よく分枝する

やや厚く肉質でへら形の葉

9月27日　別海町

キク科

■ユウゼンギク*
Symphyotrichum novi-belgii
茎はよく分枝して高さ30〜70cmの多年草。全体がほぼ無毛。葉は細く線状楕円形で全縁か低い鋸歯があり、下部の葉に短い柄がある。筒状花群を囲む舌状花は20〜50個ある。総苞は皿形、総苞片は先がとがる。友禅菊。❈8〜10月 ●道端や空き地 ❖原産地は北アメリカ 同属

のネバリノギク* S. novae-angliae は茎の上部や葉、頭花の柄、総苞片に腺毛があって粘る。葉が細く線状楕円形で全縁、基部は耳状となって茎を抱く。頭花は径3〜3.5cmと大きく、筒状花群を囲む舌状花は20〜60個つく。花色は濃くて鮮やか、紅色〜紫色まで。粘野菊。❈8〜10月 ●道端や空地 ❖原産地は北アメリカ

とがる総苞片の先

両性の筒状花　雌性の舌状花

耳状となって茎を抱く葉の基部

ネバリノギクの茎

両性の筒状花　雌性の舌状花は数が多い

青色が強いネバリノギクの花

ユウゼンギク　9月26日　三笠市

ネバリノギク　9月15日　平取町

キク科

■フランスギク*
Leucanthemum vulgare

高さ30〜50cmのよく群生する多年草で、茎は直立して基部付近でまばらに分枝する。葉は濃緑色で、根出葉は長倒卵形で円鋸歯、柄がある。互生する茎葉は長楕円形〜へら形で基部を茎を抱く。頭花は径約5cmで多数の筒状花を舌状花が囲む。痩果は黒色で10本の筋がある。❋6〜8月 ●道端や空地、時に高山帯まで進出 ❖原産地はヨーロッパ

6月16日 札幌市

キク科

■ヒナギク*（デージー）
Bellis perennis

高さ5〜15cmの多年草。葉は倒卵形〜へら形で時に縁が波打ち、互生するが根元に集まる。頭花は茎頂に1個つき、径は4cmほど。両性の筒状花群を多数の雌性舌状花が囲む。舌状花の色は白〜淡紅色、時に濃紅色。総苞片は葉状で2列に並ぶ。園芸用に様々な品種がつくられている。雛菊。❋4〜7月 ●道端や空地、芝生 ❖原産地はヨーロッパ

4月23日 豊浦町

キク科

■ハマギク*
Nipponanthemum nipponicum

茎が木化して越冬する亜低木。太い茎が株立ち状に出て高さ50cm以上になる。へら形で長さ4〜7cmの葉は厚く肉質で光沢がある。頭花は長い柄があり、径6cmほど、筒状花群を舌状花が囲み、総苞片は4列。筒状花と舌状花が異なる形の痩果をつくる。浜菊。❋9〜10月 ●海岸の岩地など ❖本州（茨城以北） 道内（胆振・檜山）のものは昔から栽培されたものが野生化したと推定される。

10月12日 江差町

キク科

■ハキダメギク*
Galinsoga quadriradiata

高さ15〜50cmの一年草。開出毛や腺毛が生える茎は対生する葉の部分から二股に分枝しながら横にも広がる。葉は卵形〜長卵形で長さ5cm前後、柄と両面に毛がある。頭花は径5mmほどで柄に腺毛がある。筒状花群を数個の先が3裂した舌状花が囲む。掃溜菊。❋7〜10月 ●道端や空地 ❖原産地は南アメリカ

8月13日 札幌市

キク科

■ ヒメジョオン*
Erigeron annuus

直立する茎は中実で長毛が散生し、高さが30cm～1.2mの越年草。根出葉は花時になく、茎葉は長さ5～15cmの長楕円形で先がとがり、下部の葉には粗い鋸歯と柄がある。頭花は径2cmほどで筒状花群の直径は舌状花より短い。舌状花は白色～淡紅色～淡紫色。つぼみの時は柄からうなだれる。姫女菀。❋6～10月 ●道端や空地 ❖原産地は北アメリカ 舌状花が退化したものを品種ボウズヒメジョオン*という。近似種ヘラバヒメジョオン* E. strigosus は茎がほぼ無毛、葉はへら形で全縁、頭花の径は1.5cmほどで筒状花群の直径は舌状花とほぼ同長 ❖原産地は北アメリカ 同属のヤナギバヒメジョオン* E. pseudoannuus は葉が披針形～線形で筒状花群の直径は舌状花より長い ❖原産地は北アメリカ

有毛の茎は中実。(ハルジオンの項参照)
舌状花の色は白色～淡紅色～淡紫色
鋸歯がある
ヒメジョオン　6月29日　上ノ国町

筒状花群の径は舌状花より長い
ヤナギバヒメジョオンの頭花

筒状花群の径は舌状花とほぼ同長
へら形で全縁の葉
ヘラバヒメジョオン　7月1日　苫小牧市

線形に近い葉
ヤナギバヒメジョオン　7月18日　苫小牧市

キク科

■ ハルジオン*
Erigeron philadelphicus

ヒメジョオンに似た多年草で高さ30～80cmで、軟毛がある茎は中空。根出葉はへら形で大きな鋸歯と柄があり、開花時にも残る。茎葉は長さ5～15cmの楕円状披針形で柄がなく、基部は広がって茎を抱く。頭花は径2.5cmほどで筒状花を囲む舌状花は線形で幅0.2mmほど。つぼみの時は柄ごとうなだれる。春紫苑。❋6～7月 ●道端や空地 ❖原産地は北アメリカ

キク科

■ ヒメムカシヨモギ*
Erigeron canadensis

高さ40cm～1.3mの一～越年草。直立する茎に粗い毛が密生し、中部と上部で多数の枝を出す。葉は明るい緑色で線状披針形、下部の葉で長さ10cm前後、少数の低い鋸歯がある。上部の葉は線形で全縁。径約3mmの小さい頭花が円錐状に多数つき、筒状花を囲む舌状花の先が浅く2裂している。姫昔蓬。❋7～10月 ●道端や空地 ❖原産地は北アメリカ

糸のように細い舌状花
淡紅色の花
筒状花
つぼみ時は柄ごとうなだれる
6月16日　札幌市
茎の断面　右:ハルジオン
　　　　　左:ヒメジョオン

先が2裂する舌状花
筒状花
よく分枝し、枝は上に伸びる
粗い毛がある直立する茎
8月9日　せたな町大成区

キク科

■ミヤマアズマギク
Erigeron alpicola
変異の大きな多年草で高さ10〜20cm。花茎に密に毛がある。根出葉は幅0.5〜2cmのさじ形で、基部は細くなり柄に移行し、生える毛の密度は様々。花茎は緑色で白色の開出毛が生える。頭花は径3〜3.5cmで両性の筒状花の周りを雌性の舌状花が囲み、総苞片は3列。深山東菊。❋6月下〜8月 ◉高山のれき地や草地 ❋北海道、本州（中部・北部）毛の多少や葉の形などで幾つかの変種が知られる。**アポイアズマギク** var. angustifolius は葉の幅2〜4mmで毛は少なくつやがあり、花茎は暗紫色をおび白花が基本。❋5〜7月 ◉アポイ岳の岩礫地に固有。**ユウバリアズマギク** var. haruoi の根出葉はへら形、花茎に短毛も生える。夕張岳に固有。**ケイリュウアズマギク** var. riparius は（占冠村）蛇紋岩地の渓流沿いに生える。**キリギシアズマギク**は崕山の岩場に産し、花色は青紫色〜紅紫色が基本で、葉の縁に長い毛がある。

ミヤマアズマギク　6月9日　大千軒岳

雌性の舌状花
両性の筒状花
白花品
茎は緑色

ケイリュウアズマギク
6月22日　占冠村
狭いへら形の葉

キリギシアズマギク
6月6日　崕山

アポイアズマギク　6月5日　アポイ岳
暗紫色をおびる茎
倒披針形でつやのある葉

キク科

■ミヤマノギク
Erigeron miyabeanus
前種ミヤマアズマギクに似た多年草で高さ15cm前後、全体に長軟毛が多く、根出葉は広楕円形で縁に切れ込みがあり、茎葉にも低い鋸歯がある個体が多い。花は径3.5cm両性の筒状花を雌性の舌状花が囲む。深山野菊。❋6〜7月 ◉道北の亜高山〜高山のれき地や草地に固有

長軟毛が多い茎
切れ込みのある茎葉
無花茎の葉にもある切れ込み
6月28日　ポロヌプリ

キク科

■エゾムカシヨモギ
Erigeron acris var. acris
茎は直立〜横に伸びる多年草で長さ20〜50cm、剛毛が密生してざらつく。根出葉はへら形、茎葉は倒披針形で長さ5cm前後、低い鋸歯縁。頭花は径1〜1.5cm、雌性と両性の筒状花を雌性の舌状花が囲む。総苞片に白い剛毛がある。蝦夷昔蓬。❋7〜9月 ◉山地の岩場や急斜面 ❋北海道、本州（中部・北部）変種**ムカシヨモギ（ヤナギヨモギ）** var. kamtschaticus の総苞片には剛毛がほとんどなく、細毛がある。変種**ヒロハムカシヨモギ** var. amplifolius は大形で下部の葉は広倒披針形、茎葉は長さ6〜10cmある。❋北海道、本州（北部）

エゾムカシヨモギの頭花
剛毛のある総苞片
剛毛のない総苞片
ムカシヨモギの頭花

紫色をおびる茎
7月29日　渡島大島

キク科

ミミコウモリ
Parasenecio kamtschaticus var. kamtschaticus

茎は節ごとに稲妻形に折れ曲がり、高さ60cm～1mの多年草。葉は蝙蝠の羽根形で幅20cm前後、縁は不揃いの欠刻歯牙。葉柄基部は耳状となって茎を抱く。頭花は総状花序に多数つき、長さ1cmほどで先が5裂する筒状花のみからなる。耳蝙蝠。✿7～9月 ●山地の林内や林縁 ❖北海道、本州(北部) 葉柄基部にむかごがつくタイプを**コモチミミコウモリ** var. bulbifer といい大雪、日高、夕張、増毛、樺戸の山地に分布する。

8月29日 札幌市　　コモチミミコウモリ 8月18日 大雪山

キク科

モミジガサ (モミジソウ、シドケ、シトギ)
Parasenecio delphinifolius

高さ30～80cmの多年草で茎は分枝せず、上部に毛が多い。葉は掌状に5～7裂して大いもので長さ20cm、縁に不整の歯牙がある。葉柄基部は小さな耳状となって茎を抱く。頭花は長さ約1cmの筒状花5個程度からなり、円錐状の花序をつくる。春に山菜として摘まれることもある。紅葉傘。
✿8～9月 ●山地の林内 ❖北海道(道央以南・日高)～九州

8月21日 新ひだか町

キク科

ヨブスマソウ
Parasenecio robustus

高さが大きいもので3mを超える多年草で、中空の茎は上部で分枝する。中部につく葉は長さ30cm前後の三角状鉾形で先がとがり縁に突起状の鋸歯がある。葉柄基部は耳状となって茎を抱く。頭花は円錐花序に多数つき総苞は長さ1～1.2cm、1個の頭花に6～9個の筒状花がある。花冠の長さは8～9mm。夜衾草。✿7月下～9月 ●原野や山地の沢沿い、林内 ❖北海道

8月4日 当別町

キク科

タマブキ
Parasenecio farfarifolius var. bulbiferus

茎は直立して分枝はせず、高さ50cm～1.5mの多年草。全体に毛がある。茎葉は三角～五角形状心形で長さ15cm前後、幅はより長く粗い鋸歯縁。長い葉柄基部は小さな耳となって茎を抱く。葉腋や苞葉腋にむかごをつける。頭花は5～6個の筒状花からなり、花冠ははじめ黄色。珠蕗。
✿8月下～10月上 ●山地のやや湿った所 ❖北海道(南部)、本州(中部以北)

9月30日 函館市

333

キク科

ヒヨドリバナ
Eupatorium makinoi

高さ1〜1.6mのあまり株立ちにならない多年草で、茎は直立して上部で分枝する。対生する葉は短い柄があり、長さ4〜15cmの卵状長楕円形で質は軟らかく先がとがり、鋭い鋸歯縁。頭花は茎頂や枝先の平たい散房状の花序に多数つき、小花は白色で花冠は長さ2.5〜5mm。鴨花。
✼7〜9月 ●低地〜山地の林縁など ❖北海道〜九州

キク科

ヨツバヒヨドリ
Eupatorium glehnii

茎は直立して高さ1〜1.5mの多年草。葉は3〜5個輪生し、長楕円状披針形で長いもので20cm。鋭い鋸歯縁で先がとがり基部は円形。花序はまばらな散房状で、頭花は4〜6個の筒状花からなり、総苞は長さ5〜6mm、花はふつう淡紅紫色。四葉鴨。✼7〜9月 ●低山〜亜高山の日当たりのよい所 ❖北海道〜九州

8月21日 札幌市　　横から見たヒヨドリバナの花序　　8月1日 利尻島

キク科

サワヒヨドリ
Eupatorium lindleyanum var. lindleyanum

直立する茎は細く縮毛が密生し、高さ40〜90cmの多年草。葉はやや厚く、対生するが柄はなく、3脈が目立つか、3全裂して6個が輪生状となる。両面に縮毛、裏面に腺点があり、鋸歯はまばらで低い。花序は散房状頭花の筒状花が5個、総苞片は2列。沢鴨。✼8〜9月 ●低地の水辺や湿地 ❖日本全土　茎が上部で分枝し、葉は柄があり、ふつう3深裂するものをミツバヒヨドリ E. tripartitum といい、サワヒヨドリとヒヨドリバナの交雑起源と推定されている。

キク科

マルバフジバカマ*
Ageratina altissima

高さ1m前後の多年草で、上部と花序に短毛がある。長さ5cmほどの柄を持つ葉は濃緑色で、長さ7〜15cmの卵形で先が鋭くとがり粗い鋸歯縁。10個以上の筒状花からなる頭花が散房状に多数つき、10個ほどの総苞片が1列に並ぶ。花冠の先は5つに裂けて頭花は金平糖のように見える。丸葉藤袴。✼8〜10月 ●道端や空地 ❖原産地は北アメリカ

8月29日 釧路市

8月29日 札幌市

キク科

■エゾウスユキソウ
Leontopodium discolor

根茎からやや株立ち状に有花茎が出る多年草で、茎は高さ15〜30cm。全体に白い綿毛がある。茎葉は10〜20個互生し、披針形で裏面は綿毛に被われ白く、先と基部は徐々に細くなる。頭花は筒状花のみからなり、綿毛に覆われて真っ白な花弁に見える苞葉に囲まれ、中央が雄性で周囲が雌性。蝦夷薄雪草。❋6月下〜8月 ●海岸〜亜高山の岩場やその周辺、時に風穴樹林帯 ◆北海道(道北・中央高地・道東) 近似種オオヒラウスユキソウ L. miyabeanum の葉は15〜30個つき、先が急にとがる。通常雌雄異株。❋大平山では7月中〜8月、崕山では6月下〜7月 ●◆大平山と夕張山地崕山の石灰岩地帯に固有

エゾウスユキソウ　7月26日　礼文島

オオヒラウスユキソウ　8月13日　島牧村大平山

キク科

■ウスユキソウ
Leontopodium japonicum var. japonicum

根茎から有花茎が出て株立ち状となり、高さ20〜40cm。全体に綿毛が薄くつく。葉は基部近くが最大幅となる広披針形で長さ4〜6cm、柄がないが基部は茎を抱かない。白い苞葉に囲まれて頭花が数個接してつき、中央の雄性小花を雌性小花が囲んでいる。薄雪草。❋7〜8月 ●山地の岩場やその周辺 ◆北海道(室蘭〜渡島半島)〜九州

8月6日　室蘭岳

キク科

■エゾノチチコグサ
Antennaria dioica

雌雄異株の多年草で高さ20cm前後、全体白い綿毛に被われる。根茎からさじ形〜へら形のロゼット葉と花茎を出す。茎葉は線形であまり茎から離れない。茎頂に筒状花のみからなる頭花が数個つく。雄性頭花の総苞は長さ1cm以下。雌性頭花の総苞は長さ1cm以上。蝦夷父子草。❋6月中〜7月 ●亜高山の乾いた草地やれき地 ◆北海道(東部に稀)

7月3日　津別町

キク科

ヒメチチコグサ*（エゾノハハコグサ）

Gnaphalium uliginosum

高さ15〜30cmの一〜越年草で全体白い綿毛に被われて白っぽく見える。軟弱な茎はよく分枝する。葉は長さ4〜5cmの線形〜細いへら形で全縁。頭花は枝先に集まり、中心部に両性の、周囲に雌性の筒状花がつく。総苞片は膜質でうす茶色をおびた灰色。姫父子草。❀7〜9月 ●道端や湿った空地 ❖原産地はアジア東部 近縁種**エダウチチチコグサ*** （ホザキノチチコグサ）Omalotheca sylvatica は多年草で茎は基部で分枝して直立する。倒披針状線形の根出葉があり、頭花は上部の葉腋に2〜8個集まってつく。❖原産地は北米周極地方

キク科

タカネヤハズハハコ（タカネウスユキソウ）

Anaphalis alpicola

雌雄異株の多年草で高さ15〜30cm、全体が灰白色の綿毛に被われてくすんだ緑色に見える。茎葉は長さ6〜10cmの倒披針形、先はとがり柄がなく基部は茎に流れる。頭花は密な散房花序につき、筒状花のみからなり、下部が淡紅色の白い総苞片が6〜7列になって囲む。高嶺矢筈母子。❀6月下〜8月 ●蛇紋岩やかんらん岩などのれき地や草地 ❖北海道、本州（中部・北部）アポイ岳に産するものは葉の先が円い品種**アポイハハコ**と呼ばれる。

ヒメチチコグサ　9月19日　長沼町　　エダウチチチコグサ 8月25日　豊浦町

タカネヤハズハハコ 7月2日　深川市　　アポイハハコ　7月16日　アポイ岳

キク科

ヤマハハコ

Anaphalis margaritacea var. margaritacea

雌雄異株の多年草で高さ30〜70cm。茎には灰白色の毛が密生し、上部で小さく分枝する。やや厚い葉は長さ6〜9cm幅5〜15mmの狭披針形で縁が裏にめくれ、裏面は綿毛が密生して白い。頭花は径約7mmで筒状花のみからなり、降雪時まで枯れずに残る。山母子。❀7〜9月 ●低地〜高山の日当たりのよい所 ❖北海道、本州（中部・北部）変種**カワラハハコ** var. yedoensis の茎はよく分枝し、時に枝が主茎より高くなる。葉は縁が裏に著しく巻き込み、幅2mm以下とされるが道内では3〜5mmほどあり典型的ではないようで、中間の型も見られる。❖北海道〜九州の河原によく群生する

ヤマハハコ　9月15日　恵庭岳　　カワラハハコ（上）→ヤマハハコへと連続する葉形　　カワラハハコ　8月29日　札幌市定山渓

キク科

■センボンヤリ（ムラサキタンポポ）
Leibnitzia anandria

春と秋に花をつける多年草。春型は花茎の高さ5～20cm、葉は頂片が特大で不規則な羽状に裂ける。頭花は径1.5cmほどで筒状花を囲む舌状花は裏面が紅紫色。秋型は花茎が高さ30cm以上に伸び、退化した筒状花のみの閉鎖花をつけ、葉も長さ15cmほどになる。千本槍。❋5～6月、9～10月 ●山地の日当たりのよい所 ❀北海道～九州

キク科

■ノブキ
Adenocaulon himalaicum

高いもので1m近くなる多年草。葉は下部に集まり、三角状心形で縁に不規則な鋸歯があり、裏面は綿毛が密生して白く見える。葉柄には翼がつく。頭花はまばらに多数つき、径7～8mm。中心部に雄性の、周りに雌性の筒状花がつく。果実は棍棒状で粘る腺毛が密生して動物や衣服に付着して運ばれる。野蕗。❋8～9月 ●低地～山地の林内、道端に多い ❀日本全土

春の型　5月18日　松前町　　秋の型　10月9日　松前町

果実　　　　　　　　　　8月31日　札幌市定山渓

キク科

■アキタブキ（エゾブキ、オオブキ）
Petasites japonicus var. giganteus

大形で雌雄異株の多年草で高さ1～2m、時に3m。地中を伸びる太い地下茎から葉と花茎を立ち上げる。葉は径1.5m以下の腎円形で、縁に粗い鋸歯があり葉柄は太く中空で、代表的な山菜として食用にされる。早春に見られるフキノトウは若い花茎で頭花が集まり、星形の花冠を持つ雄株と、糸状と星形の花冠を持つ雌株がある。雄株は花後間もなく枯れ、雌株は1m近く伸びて果実が熟すと冠毛が風を受けて運ばれる。足寄町東部に自生し、栽培もされるラワンブキは、葉柄が長さ2～3mになるもの。秋田蕗。❋4～5月 ●低地～山地の河原や草地 ❀北海道、本州（北部）

果期の姿　6月12日　遠軽町丸瀬布　　雌性頭花の断面　　フキノトウ（左：雄の花茎、右：雌の花茎）　5月19日　当別町

キク科

ヤブタバコ
Carpesium abrotanoides

高さ30〜90cmの越年〜1回繁殖型多年草。全体に毛があり、茎頂から四方に長い枝を出す。下部の葉は長さ20cmほどの広楕円形〜長楕円形で基部は翼のある柄となり、裏面に多数の腺点がある。頭花は枝の葉腋につき、径約5mm、無柄で筒状花のみからなる。総苞片はかわら状に並ぶ。藪煙草。✿8〜9月 ●低地〜山地の林縁など ✢日本全土

8月25日　札幌市

キク科

コヤブタバコ（ガンクビソウ）
Carpesium cernuum

大きいもので高さ1mになる多年草。茎に軟毛が密生し、斜上する枝を何本も分ける。葉は長楕円形で下部のものには柄があり長さ20cmほどになるが、根出葉は花時には枯れる。柄のある頭花は下向きにつき、径約15mm、基部に葉状の苞が多数つき目立つ。外側の総苞片は反り返る。雌性と両性の筒状花がある。小藪煙草。✿7月下〜9月 ●山地の林内 ✢日本全土

8月22日　札幌市

キク科

ミヤマヤブタバコ
Carpesium triste

開出毛がある茎は直立して高さ80cm前後になる多年草。下部の葉は長さ20cmほどになり、卵状楕円形で基部は翼となって柄に流れる。頭花は径6〜10mm、基部に葉状の苞が何個もつく。総苞片はすべて同長。深山藪煙草。✿8〜9月 ●山地の林縁や草地など ✢北海道〜九州　近似種ノッポロガンクビソウ C. divaricatum var. matsuei の下部の葉は卵形に近く、基部は心形〜切形となり、柄の翼とはならない。総苞片は同長か外片が少し短い。野幌雁首草。✢北海道、本州

ミヤマヤブタバコ　8月17日　小樽市
ノッポロガンクビソウ
8月17日　新ひだか町静内

キク科

オオガンクビソウ
Carpesium macrocephalum

高さ1m前後になる多年草で、縮毛の生える茎は分枝する。下部の葉は大きく、狭倒卵形で長さ30cm以上になり、基部は翼となって茎に流れる。頭花も大きく径2.5〜3.5cm。線形に近い葉状の苞が多数つく。雌性と両性の筒状花があり、痩果は円柱形でよく粘る。大雁首草。✿7〜9月 ●山地の林縁や明るい林内 ✢北海道（日高〜渡島）、本州（中部以北）

9月18日　新冠町

キク科

■ オオヨモギ（ヤマヨモギ、エゾヨモギ）

Artemisia montana var. montana
大きなもので高さ2mになる多年草。葉は羽状に深裂、裏面に灰白色の綿毛が密生し、中部のもので長さ10～15cm、柄には翼があるが目立つ小葉片(仮托葉)はない。茎の上部が円錐花序となり、幅2.5～3mmの頭花が多数つく。小花は筒状花のみ。大蓬。❋8～10月 ◯低地～山地の草原や道端 ❖北海道、本州(中部以北) 変種 **エゾノユキヨモギ** var. shiretokoensis は知床半島に産し、やや小形で全体が白い綿毛に被われる。近似種 **チシマヨモギ**(エゾオオヨモギ) A. unalaskensis は高さ1m未満で頭花は大きく幅3～4mm。◯北海道(高山や道東の海岸) 同属の **ヨモギ** A. indica はやや小形、茎は有毛、葉の基部に目立つ小葉片がつき、頭花も小さく幅1.5mmほど。❋8月下～10月上 ◯低地～山地の草地や道端 ❖日本全土

オオヨモギ 9月20日 札幌市　　エゾノユキヨモギ 7月27日 知床半島　　頭花の比較 左:オオヨモギ 右:チシマヨモギ　　ヨモギ 10月6日 浦河町

キク科

■ オトコヨモギ

Artemisia japonica subsp. japonica var. japonica
茎は直立して高さ1m前後になる多年草で全体無毛。変異が大きい葉は基本的にくさび形で長さ10cmほど、3～5浅裂して基部に小葉片がある。多数つく頭花は小さく幅約1.5mm。男蓬。❋8～10月 ◯低地～山地の明るい所 ❖日本全土 亜種 **ハマオトコヨモギ** subsp. littoricola の花茎の葉は羽状に中～深裂するが、無花茎には浅裂する大きな葉がロゼット状に多数つき、目立つ。頭花の幅は約2mm。◯海岸の岩地など ❖北海道、本州(北部) それによく似た **オニオトコヨモギ** A. congesta は全体に大形で頭花の幅は約4mmある。◯北海道(渡島・後志)、本州(青森)の海岸岩地

オトコヨモギ 9月6日 様似町

ハマオトコヨモギ 9月1日 羅臼町　　オニオトコヨモギ 9月19日 松前町

キク科

サマニヨモギ
Artemisia arctica subsp. sachalinensis

高さ20～40cmの多年草で、はじめ茎や葉に長毛があるが、後にほぼ無毛となる。葉は最長で約9cm、羽状に深裂して終裂片は線形。根出葉には長い柄がある。属としては大きな頭花が下向きに10個ほどつき、径は1cm弱。様似蓬。❀7月中～8月 ●高山のれき地 ✿北海道、本州(北部) 品種シロサマニヨモギは全体に白軟毛が密生して開花時も落ちない。✿北海道(大雪山・利尻山など)

サマニヨモギ 7月17日 羊蹄山　　シロサマニヨモギ 7月24日 大雪山

キク科

エゾハハコヨモギ
Artemisia furcata

茎や葉に白色の絹毛が密生して全体に白っぽく見える多年草で、高さ10～25cm。根出葉には長い柄があり、2回掌状に全裂。茎葉は羽状に3～5裂して終裂片は線形。茎の上部に大きな頭花が10個ほど、ふつうは横～下向きに、時に上向きにつき、径6～8mm。総苞片は3列、頭花は中心部に両性花が、その周囲に雌花がある。蝦夷母子蓬。❀7～8月 ●高山のれき地 ✿北海道(大雪山の固有種)

葉の先端部　　　　　　　　　　　7月13日　大雪山

キク科

アサギリソウ
Artemisia schmidtiana

茎は横にも伸び、長さ15～35cm、時に50cm以上になる多年草。全体に銀白色の絹毛が生える姿を朝霧に見立てた。葉は扇形で2回羽状に全裂して裂片は糸状。茎の上部に多数の頭花がつき、小花は筒状花のみで径約5mm、総苞片にも絹毛が密生する。朝霧草。❀8～9月 ●海岸～山地の崖 ✿北海道、本州(中部以北)

8月27日　島牧村大平山

キク科

シロヨモギ
Artemisia stelleriana

長い地下茎が伸びて群生することが多い多年草で、高さ20～60cm。根元から分枝して何本もの茎を立てて、全体に白い綿毛が密生するので白く見える。厚い葉は羽状に深裂して2～3対ある裂片の先は円みをおび、根出葉の長さは3～7cm。頭花は径約1cmと大きく、総苞も白い綿毛に包まれる。白蓬。❀7～9月 ●海岸の砂地や岩場 ✿北海道、本州(中部以北)

8月24日　えりも町

キク科

ヒロハウラジロヨモギ（オオワタヨモギ）
Artemisia koidzumii var. koidzumii

高さ1m前後の多年草で茎には灰白色の毛が密生する。葉は厚みがあり、中部のもので長さ10cm以上になる。葉身はおおむね倒卵形で羽状に中裂し、裂片の先は鋭くとがらない。表面の蜘蛛毛は落ちるが、裏面の白い綿毛は密生したまま。広葉裏白蓬。❋8〜9月 ●海岸〜山地の草地や岩場 ✤北海道 葉の大きな変種**オオバヨモギ** var. megaphylla が道南に、頭花が小さく、葉の切れ込みの深い近縁の**マシュウヨモギ** A. tsuneoi が摩周岳に知られる。

頭花に密に毛がある
くも毛が多い上部の葉
徐々に毛が落ちる
葉の裏面（秋）
葉の表面（秋）

8月17日　根室市

キク科

イヌヨモギ
Artemisia keiskeana

やや株立ち状となる多年草で高さ80cm前後。無花茎には広いさじ形の葉がロゼット状につく。花茎の中部の葉は小さく長さ3〜8cmの倒卵形〜さじ形で切れ込み状の鋸歯がある。裏面には多少毛があり腺点もある。円錐状に多数つく頭花は径3mmほど。総苞片は3〜4列に並ぶ。犬蓬。❋8〜9月 ●山地の岩場や乾燥気味の場所 ✤北海道〜九州

雌花の花柱
半透明膜質の総苞内片と中片の縁
ややまばらにつく頭花
切れ込み状の鋸歯がある茎葉
無花茎の葉はロゼット状

9月18日　札幌市藻岩山

キク科

イワヨモギ
Artemisia gmelinii

高さ50cm〜1mのやや株立ち状になる半低木で、根元は木質で硬い。中部の葉は長さ10cm前後になり、2回羽状全裂、中軸に櫛歯状の裂片がつき、長さ2〜3cmの柄がある。裏面に腺点があり、異臭がする。頭花の径は約3mm。総苞はほぼ無毛。形の異なる外片、中片、内片でかわら状に被われる。岩蓬。❋9〜10月 ●海岸〜山地の岩場 ✤北海道

内,中,外で形が異なる総苞片
ほぼ無毛の頭花
基部が木質となる茎
2回羽状全裂する葉

10月15日　札幌市八剣山

キク科

シコタンヨモギ
Artemisia tanacetifolia

やや株立ち状になる高さ25〜50cmの多年草。茎中ほどの葉は2回羽状に全裂し、終裂片は長楕円形で粗い鋸歯縁。葉軸の上部には櫛歯状の裂片がつく。径約4mmの頭花が狭い円錐花序に多数つく。総苞の毛は次第に落ちて、裂片は4列のかわら状に並び、縁は透明な膜状。色丹蓬。❋8〜9月 ●海岸草原、時に高山の岩場 ✤北海道（礼文・根室・知床・大平山）

両性花（雄花）
雌花の部分
総苞片は4列、縁は褐色
やや密につく頭花
2回羽状全裂する葉。はじめ絹毛がつく

8月24日　島牧村大平山

キク科

ヒメヨモギ*
Artemisia lancea
高さ1～1.5mになる多年草。茎はふつう紫色をおび、多数の枝を出す。大きな葉は羽状深裂し、裂片は小さな葉とともに披針形で幅は3mm以下。裏面は綿毛で白い。柄がなく幅約1mmの小さな頭花が枝上部の円錐花序にきわめて多数つく。道内には土木工事に伴って移入したものと推定される。姫蓬。❋8～10月　●道端や法面　✤北海道（帰化）～九州
この他外来のヨモギ属として葉が2回羽状全裂する**ヤブヨモギ** A. rubripes や**カワラヨモギ*** A. capillaris などが知られる。

キク科

フキタンポポ*
Tussilago farfara
高さ5～15cmの多年草。根茎が伸びて広がりを持って生える。頭花は径2～3cm、少数の筒状花を多数の舌状花が囲む。筒状花は結実しない両性花、舌状花は雌性で結実する。開花後長い柄のあるフキ形の葉を根元から広げるが、縁に不規則な歯牙が出る。蕗蒲公英。❋4～5月　●空地など　✤原産地はユーラシア

キク科

カセンソウ
Inula salicina var. asiatica
高さが30～80cmの多年草で、茎は硬く基部は木質で様々な毛が生える。葉は長さ4～7cmの楕円状披針形で硬くざらつき、裏面の脈は隆起する。頭花の径は3～4cm、筒状花を舌状花が囲み、総苞片は葉状。果実は無毛。歌仙草。❋7～8月　●海岸草地や山地の日当たりのよい所　✤北海道～九州　近似種**オグルマ** I. britannica subsp. japonica の総苞片は長さがほぼ同じで披針形、先が細長くとがる。果実は有毛。緒車。❋7～9月　●湿った草地　✤日本全土

キク科	キク科

ハハコグサ（オギョウ、ゴギョウ、ホオコグサ）

Pseudognaphalium affine

高さ15～30cmの一～越年草。茎や葉に白い綿毛が密生するので全体に白っぽく見え、軟らかい。葉は互生し、長さ2～6cmの線形。頭花は茎頂に密につき、径2～3mm、長さ約2mmで2形の筒状花からなる。総苞は黄色い鐘状。春の七草のひとつ。母子草。✿6～8月 ●低地～山地の荒れ地や道端、裸地 ❂北海道～九州

タウコギ

Bidens tripartita

大きなもので高さ1.5mほどの一年草。葉は対生し、長さ15cm前後になり、多くは羽状に3～5深裂する。頭花は径7～8mmで筒状花のみからなり、基部に葉状の苞が何個かつく。くさび形の痩果は長さ約1cm、先端の両側に長さ4mmほどの刺針がある。田五加。✿8～10月 ●湿地や水田脇、水辺 ❂日本全土 近似種エゾノタウコギ B. maximowicziana は葉の鋸歯の先が内側に曲がり、痩果の長さは5mmほど。花期はやや早い。✿8～9月 ●北海道、本州（北部）

6月27日　伊達市有珠山

タウコギ　9月11日　函館市　　エゾノタウコギ　8月26日　標茶町

キク科	キク科

ヤナギタウコギ

Bidens cernua

大きなものは1m近くになる一年草。対生する葉は柳の葉を連想させる披針形で長さ15cm前後、柄はなく、先は鋭くとがる。頭花は筒状花を不稔の舌状花が囲み、径3cmほど。基部には葉状の苞がつく。上を向いて咲き始めるが後に下を向く。痩果は狭いくさび形で端に4本の刺針がある。柳田五加。✿8～9月 ●低地の水辺や湿地、水田 ❂北海道、本州（北部）

アメリカセンダングサ*（セイタカタウコギ）

Bidens frondosa

高さが1.5mほどになる一年草。全体無毛で紫色をおびることの多い茎はよく分枝する。葉は羽状複葉で、小葉は3～7個、柄があり長さ3～13cm。頭花の径は5～7mm、頭花の周りに小さな舌状花がある。総苞外片は葉状で緑色。痩果はくさび形で端に2本の刺針がある。アメリカ栴檀草。✿8～10月 ●低地～山地の湿った所 ❂原産地は北アメリカ

8月27日　標茶町

9月9日　月形町　　　　　　　　2本の刺針を持つ果実

343

キク科

■ エゾウサギギク
Arnica unalaschcensis var. unalaschcensis
高さ15〜40cmの多年草。全体に縮毛が密生する。兎の耳に見立てた下部の茎葉はへら形、長さ10cm前後で対生する。茎の中部につく葉は小さく、対生、時に互生する。1個つく頭花は径4〜4.5cm、筒状花を舌状花が囲んでいる。花冠の筒部は無毛。蝦夷兎菊。❋7〜8月 ●高山のれき地や草地 ❖北海道、本州（中部以北）変種ウサギギク var. tschonoskyi は外観からは判別不能だが、花冠筒部が有毛で、道内での個体数は少ないようだ。

キク科

■ オオウサギギク（カラフトキングルマ）
Arnica sachalinensis
高さ30〜50cmの多年草で、花序以外は無毛。10対以上対生する茎葉は長さ10cm以上で先がとがった披針形、縁に鋭く目立つ鋸歯があり、基部は合着して茎を抱いている。頭花は3〜5個つき、径5〜6cmあり、筒状花を舌状花が囲む。総苞は半球形。痩果は長さ約7mm。大兎菊。❋7月下〜9月上 ●❖礼文島〜渡島半島の日本海側亜高山帯草地に局所的

9月2日　大雪山

8月18日　樺戸山地ピンネシリ

キク科

■ キクイモ*
Helianthus tuberosus
高さが2mを超えることもある大形の多年草で全体に剛毛がありざらつく。葉は下部で対生、上部で互生または対生。地下に大きな塊茎があり、飼料などに利用される。頭花は径約8cm、先が時に3裂する舌状花が筒状花を囲む。菊芋。❋9月下〜10月 ●道端、空地など ❖原産地は北アメリカ　近似種イヌキクイモ* H. strumosus の葉はやや細く帯灰色。舌状花の先は裂けず、塊茎は小さく花期は早いとされるが、判別し難い個体や花をつけない一群もある。犬菊芋。❋9月 ❖原産地は北アメリカ　別属のキクイモモドキ* Heliopsis helianthoides はやや小形で、葉は卵形で表面には剛毛があってざらつく。筒状花は舌状花よりやや濃い黄色。塊茎はできない。❋8〜9月 ❖原産地は北アメリカ

キクイモモドキ　9月13日　札幌市定山渓

3裂するキクイモ舌状花の先

キクイモ　10月4日　厚沢部町　　キクイモの塊茎　　　　　　　イヌキクイモ　9月14日　清水町

キク科

アラゲハンゴンソウ*（キヌガサギク）
Rudbeckia hirta var. pulcherrima
高さ70cm前後の多年草で、全体に剛毛があってざらつく。直立する茎は紫色をおびてあまり分枝しない。互生する葉はかすかな鋸歯縁で、下部の葉には柄がある。頭花は径8cmほど、黒紫色の筒状花を無性の舌状花が囲み、花床が円錐形に盛り上がる。果実は四角柱形。粗毛反魂草。❀7〜9月 ●道端や法面、放牧地 ❖原産地は北アメリカ

8月20日　七飯町

キク科

オオハンゴンソウ*
Rudbeckia laciniata var. laciniata
高さが2mを超える個体が多い多年草で根茎が伸びて群生する。下部の葉は羽状に5〜7深裂、上部の葉ほど裂け方が少ない。頭花は径約10cm、花床が高い円錐形なので、筒状花が盛り上がるように集まり、舌状花がそれを囲む。大反魂草。❀7月下〜9月 ●低地の道端、河原、鉄道沿線、空地 ❖原産地は北アメリカ 環境省特定外来生物。頭花がほとんど舌状花からなるものを変種**ハナガサギク***（**ヤエザキオオハンゴンソウ**）var. hortensis という。

ハナガサギク　8月10日　　　　　　7月28日　八雲町
新ひだか町静内

キク科

ナツシロギク*（マトリカリア）
Tanacetum parthenium
高さ30〜70cmの多年草で茎の下部が木質化している。長さ5cm前後で長卵形の葉は羽状に深〜全裂し、裂片はさらに円い切れ込みがあり、もむと強い芳香がある。頭花は径2cmほどで両性の筒状花を雌性の舌状花が囲む。痩果は長さ約1.3mmで5〜8本の稜があり、上部に微小な歯牙がある。夏白菊。❀6〜7月 ●道端や空地 ❖原産地はヨーロッパ

6月28日　札幌市南区

キク科

エゾノヨモギギク
Tanacetum vulgare var. boreale
高さがふつう60cm以上になる多年草。茎や花柄に蜘蛛毛が多くある。葉は長さ20cm前後の長楕円形で2回羽状深裂し、終裂片は披針形で鋸歯がある。頭花は径1cmほどで2形の筒状花からなる。蝦夷蓬菊。❀7〜9月 ●海岸 ❖北海道（北部・東部） 基準変種**ヨモギギク*** var. vulgare は頭花が小さく蜘蛛毛が少ないとされ、道内所々に野生化 原産地はユーラシア

ヨモギギク　　　　　　エゾノヨモギギク　8月7日　利尻島
8月26日　安平町早来

キク科

ハンゴンソウ
Senecio cannabifolius
高さ1〜2mの多年草。葉は長さ15cm前後の卵形で2〜3対羽状に深裂し、葉柄基部に耳状葉が1対つく。多数つく頭花は径2cmほど。筒状花を5〜6個の舌状花が囲む。反魂草。❋7〜9月 ◯山地の日当たりのよい所 ◆北海道、本州(中部以北) 葉が羽状に切れ込まず、鋸歯縁となるものを品種**ヒトツバハンゴンソウ**という。

ハンゴンソウ　8月14日　上川町
裂けない葉
ヒトツバハンゴンソウ　8月26日　浦河町
羽状に裂ける葉
葉の基部の比較　左:キオン　右:ヒトツバハンゴンソウ

キク科

キオン (ヒゴオミナエシ)
Senecio nemorensis
高さが1m前後になる多年草。茎は直立して分枝しない。葉は披針形〜長楕円形で厚みがあり前掲のヒトツバハンゴンソウに似るが違いは写真参照。不揃いの鋸歯があり、ふつう柄はなく、基部は半ば茎を抱く。頭花は径2cmほどで、細かな筒状花を5個の舌状花が囲む。黄苑。❋7〜9月 ◯山地の日当たりのよい所 ◆北海道〜九州

両性の筒状花　雌性の舌状花は5枚
裂けない葉
耳状葉
キオン　9月22日　北大雪山系武華山

キク科

エゾオグルマ
Senecio pseudoarnica
茎は太く、全体に多肉質で高さ30〜50cmの多年草。群生することが多い。葉は長楕円形で厚みと光沢がある。茎の中ほどにつく葉が一番大きく、長さが15cmほどになる。頭花は径5cmほど、若いうちは白い綿毛に包まれる。筒状花を舌状花が囲み、線形の総苞片が多数ある。痩果は冠毛より短い。蝦夷緒車。❋8〜9月 ◯海岸の砂地やれき地 ◆北海道、本州(青森)

線形の苞
雌性の舌状花　両性の筒状花
半ば茎を抱く葉の基部
この葉が最大。厚みとつやがある
7月24日　利尻島

キク科

ノボロギク*
Senecio vulgaris
高さ40cm前後の一年草。茎は軟らかくやや多肉的でよく分枝する。下部の葉は柄があり、上部の葉の基部は半ば茎を抱き、不揃いに羽状に裂け、鋸歯縁。筒状花のみからなる頭花は茎や枝先につき、径約5mm。総苞は円柱形で長さ8mmほど、片は線形で緑色。野艦褸菊。❋5〜9月 ◯道端や空地、畑地など ◆原産地はヨーロッパ

総苞内片
両性の筒状花　総苞外片、先が黒い三角形
果実(痩果)につく冠毛
不揃いに羽状に裂ける葉
9月26日　札幌市南区

キク科

ミヤマオグルマ
Tephroseris kawakamii

高さが30cm前後になる多年草。細毛と蜘蛛毛が生え、部分的に白っぽくみえる。根元に柄が翼状になった長楕円形で長さ6〜10cmの葉がつき、茎葉は細く柄がなく半ば茎を抱く。頭花は3〜7個つき、径2〜3cm、中心部の両性筒状花を雌性舌状花が囲む。総苞は杯形、総苞片は線形で緑色。深山緒車。❋7〜8月 ●高山の草地や岩地 ❋北海道

7月20日　富良野岳

キク科

サワギク（ボロギク）
Nemosenecio nikoensis

白毛がある茎が直立して高いものは50cm以上になる軟弱な多年草。柄のある葉は卵状長楕円形で長さ10cm前後、羽状に深裂して裂片に切れ込みがある。頭花は細長い柄の先につき、径1cmほど、筒状花を舌状花が囲んでいる。総苞片は狭長楕円形で先がとがる。沢菊。❋7〜8月 ●山地のやや湿った所 ❋北海道〜九州

6月27日　札幌市

キク科

トウゲブキ（エゾタカラコウ）
Ligularia hodgsonii var. hodgsonii

高さ30〜80cmの多年草で、花序に蜘蛛毛がある以外は無毛。葉はやや厚くて光沢があり、フキに似た根出葉は幅20cm以上になり、長い柄がある。頭花は5〜9個つき、柄があり径5cmほど。筒状花を囲むように舌状花がつく。総苞の基部に2個の小苞がある。峠蕗。❋7〜8月 ●海岸草原〜山地の草地 ❋北海道、本州(北部) 総苞にこげ茶色の毛があるものを変種カラフトトウゲブキ var. sachalinensis という。

8月4日　標茶町西別岳

キク科

ツキヌキオグルマ*
Silphium perfoliatum

高さが2m前後になる多年草で、地下茎が伸びて群生する。直立する茎の断面は四角い。下部の葉は柄があり長さ30cm、幅20cm前後、上部の葉は対生する1対の基部が合着して茎が突き抜けるように見える。表裏とも短刺毛がありざらつく。頭花は径10cm近くあり、筒状花を舌状花が囲んでいる。突抜緒車。❋8〜9月 ●道端や空地 ❋原産地は北アメリカ

8月13日　安平町早来

キク科

ミヤマアキノキリンソウ（コガネギク）

Solidago virgaurea subsp. leiocarpa

変異の大きな多年草で高さ20～70cm。葉は卵形～披針形で長さ4～9cm、下部の葉の基部は翼のある柄に流れる。頭花は多数つき、筒状花は10個以上ある。総苞片は3列で先がとがる。深山秋麒麟草。❋7月中～9月 ●山野～高山の日当たりのよい所 ❖北海道、本州（中部以北）。亜種オオアキノキリンソウ subsp. gigantea は茎が太く、葉は広卵形で柄との境が明らか、頭花は密につく。❖道南と本州北部の海岸。亜種のアキノキリンソウ subsp. asiatica の総苞片は4列で先がとがらないとされるが道内でまだ確認していない。

ミヤマアキノキリンソウ　8月12日　大雪山

キク科

ソラチアオヤギバナ

Solidago horieana

高さ50から60cmの多年草。葉は線状披針形でややまばらにつき、上面に屈毛が密生する。頭花は径2cmほどで、苞葉や総苞片の先が尾状に細く伸びる。空知青柳花。❋6月下～7月 ●❖道北の渓流沿いの蛇紋岩地に固有

6月27日　幌加内町

キク科

オオアワダチソウ*

Solidago gigantea subsp. serotina

大形の多年草で茎は高さ1mを超え、花序以外は無毛。長い地下茎で栄養繁殖して群生する。多数互生する葉は長さ10cm前後の線状楕円形で鋸歯縁。頭花は多数密につき、径約6mmで筒状花と舌状花からなる。大粟立草。❋7月下～9月 ●道端や荒れ地、原野 ❖原産地は北アメリカ　近似種ケカナダアキノキリンソウ* S. canadensis var. gilvocanescens の茎や葉は有毛でざらつき、葉の鋸歯は不明瞭。花期は遅い。❋8月下～10月 ❖原産地は北アメリカ　同属のトキワアワダチソウ* S. sempervirens は根出葉が常緑、茎葉は長楕円状披針形で厚みと光沢があり、基部は茎を抱く。花序が弓なりになる傾向がある。❋9～10月 ●道南の海岸に帰化 ❖原産地は北アメリカ東部

オオアワダチソウ　8月20日　夕張市

トキワアワダチソウ　10月1日　松前町

ケカナダアキノキリンソウ　9月27日　赤井川村　果実

キク科

キッコウハグマ
Ainsliaea apiculata

常緑の多年草で高さは10～30cm。花茎は直立し、葉は下部に集まり、葉身は亀の甲羅を連想させる五角形状で、表面に長毛がまばらに生え、長さ幅ともに2～4cmで長い柄がある。頭花は3個の筒状花からなり、花冠が5深裂するので裂片は舌状花に見える。しかし通常は開花せず、閉鎖花で結実する。亀甲羽熊。❀9～10月 ●山地の樹林下 ❖北海道(檜山)～九州

10月3日　厚沢部町

キク科

ゴボウ*（ノラゴボウ）
Arctium lappa

高さが50cm～1.5mの越年草。太い根が真っ直ぐに伸びれば食用になる。根出葉は長心形で長い柄があり、花時にも枯れずに残る。葉は厚みがあり、裏面には灰白色の綿毛が密生している。頭花は球形で径4cmほどで筒状花のみからなり、総苞片は針状で先が鉤状に曲がり、果時衣服や動物に付着して運ばれる。牛蒡。❀7～9月 ●道端や空地 ❖原産地はヨーロッパ～中国

花は筒状花のみ

8月10日　札幌市南区

キク科

ヤグルマアザミ*
Centaurea jacea

上部で分枝する茎が高さ30cm～1mになる多年草。葉は長さ4～10cmの披針形～楕円形で、全縁～低鋸歯縁、時に羽状浅裂してざらつく。頭花は径4cmほどで中心部に短い両性の、周囲に長さ2.5cmほどで先が不規則に切れ込む中性の筒状花がある。総苞片の先に中央部が褐色で周囲が鋸歯縁、半透明膜状の付属体がつく。矢車薊。❀8～9月 ●道端や空地 ❖原産地はヨーロッパ 近似種クロアザミ* C. nigra は総苞片付属体の縁が糸状に細裂する。❖原産地はヨーロッパ

ヤグルマアザミ　8月8日　札幌市中央区　　上から見た頭花

キク科

オヤマボクチ
Synurus pungens

高さが1～1.5mの多年草。茎は直立して白い蜘蛛毛がある。葉は長心形で下部の葉は長さが30cmになり、柄があり裏面は蜘蛛毛が密生して白い。枝先にぶら下がる頭花は径約4cm、すべて両性の長さ2cmほどの筒状花からなる。総苞片は曲がった針状で開出する。雄山火口。❀8～10月 ●野山の日当たりのよい所 ❖北海道(石狩以南)～九州

10月9日　松前町

キク科

■ヒダカトウヒレン
Saussurea kudoana

高さ20〜50cmの多年草で、直立する茎は紫色をおびる。大きな葉は下部に集まり、長楕円状披針形で厚みと光沢があり、根出葉は花時も枯れない。上部の葉は極端に小さく細くなる。筒状花からなる頭花が散房状につき、総苞は長さ1cmほどで、先は尾状に伸びない。日高唐飛廉。❀8〜9月 ◉❖アポイ岳と周辺のかんらん岩地帯に固有　近似種 **ウリュウトウヒレン** S. uryuensis は花時根出葉は枯れ、下部の葉は卵形〜狭三角形で基部は心形、光沢はない。総苞に蜘蛛毛があり、総苞片の尾状先端は長さ2〜3mm。◉❖道北の蛇紋岩地帯に固有。よく似た **ユウバリトウヒレン** S. yubarimontana も花時根出葉はなく、下部の葉は狭卵形で基部はほぼ円形。総苞片の縁のみに蜘蛛毛があり、先端は長さ1〜2mm。◉❖夕張山地山麓部の蛇紋岩地帯に固有

ヒダカトウヒレンの総苞片の先は尾状にならない
ユウバリトウヒレンの総苞片の尾状先端部は長さ1〜2mm
ウリュウトウヒレンの総苞片の尾状先端は長さ2〜3mm
花期まで残る根出葉

ヒダカトウヒレン　9月8日　アポイ岳
ユウバリトウヒレン　8月15日　夕張岳山麓
ウリュウトウヒレン　8月19日　深川市

キク科

■ナガバキタアザミ
Saussurea riederi var. yezoensis

変異の大きな多年草で高さは15〜40cm、ほぼ無毛。草質の葉は三角状卵形で基部は翼となって茎に流れる。根出葉は花時に枯れ、上部の葉は極端に小さくならない。筒状花からなる頭花は10個ほどまとまってつき、総苞片は6〜7列、特に外片の先が尾状に長く伸びる。長葉北薊。❀7月下〜9月 ◉亜高山〜高山の草地 ❖北海道、本州（北部）近似種 **エゾトウヒレン（レブントウヒレン）** S. yesoensis は高さ30〜70cm、茎は分枝せず、葉が革質でふつう光沢がある。総苞片は7〜8列、外片の先は糸状に長く伸びる。◉❖北海道（オホーツク海岸を除く）、本州（北部）の海岸草原

総苞外片が尾状に長く伸びる
糸状に長く伸びる総苞外片の先
総苞片は細く先が反り気味
厚く光沢のある葉
薄く光沢のない葉
低い翼がある

ナガバキタアザミ　8月15日　大雪山
エゾトウヒレン　8月18日　奥尻島
両種近縁の不明種　8月19日　浜頓別町

キク科

■ウスユキトウヒレン
Saussurea yanagisawae var. yanagisawae
変異の大きな多年草で高さ5〜30cm。全体に蜘蛛毛があり白っぽく見える。根出葉は花時も残る。葉身は卵形〜披針形、長さ4〜7.5cmと変異が大きい。頭花は数個が密集してつき、小花はすべて筒状花。総苞は鐘形〜筒形で長さ幅ともに11〜12mm、総苞片は4列。薄雪唐飛廉。❋7〜9月 ●高山のれき地や草地 ✤北海道の固有種 葉の裏面に綿毛が密生して雪のように白くなるものは変種**ユキバトウヒレン** var. nivea とされるが、葉の表面も白いものもあり、主に葉の様子からタカネキタアザミ、ユキバタカネアザミ、ホソバエゾヒゴタイ、オオタカネキタアザミと呼ばれるものが知られるが、変異は連続している。

キク科

■ユキバヒゴタイ
Saussurea chionophylla
高さ5〜13cmの多年草で風衝地では地面にへばりつくように生える。柄のある葉は長さ4〜9cmの広卵形、革質で光沢がある。裏面に綿毛が密生して真っ白に見える。根出葉は花時にも残る。頭花は数個まとまってつき、小花はすべて筒状花、総苞は鐘形、総苞片は6列で黒紫色。雪葉平江帯。❋7月下〜8月 ✤夕張岳と日高山脈高山帯の超塩基性岩地に固有

キク科

■ヒメヒゴタイ
Saussurea pulchella
高さ50cm〜1.3mの越年草で、茎は翼状の稜があり、上部で分枝する。下部の葉は長さ10〜15cmで羽状浅〜深裂、時に全裂し、上部の葉は全縁、裏面に無数の腺点がある。筒状花からなる頭花は径1.4cmほど。総苞片の先に花色と同色の付属体があり、つぼみ時でも美しい。姫平江帯。❋9月 ●野山の日当たりのよい所 ✤北海道〜九州

キク科

■ フォーリーアザミ（フォリイアザミ）
Saussurea fauriei
高さ1～1.8mの多年草で、茎に葉から流れた翼がある。下部の葉は花時に枯れる。茎葉は長さ10～20cmの卵形～楕円状披針形で、先はとがり縁に硬い小歯牙があり、裏面に白い短毛が密生する。筒状花からなる頭花は多数密につき、総苞は狭い筒形で長さ1cm、径4mmほど、片は6列で先は円い。フォーリー（採集人名）薊。❋7～9月 ●海岸から山地の日当たりのよい所に局所的 ❖北海道

総苞片の先はとがらない
先がとがり鋸歯縁の葉
茎にある顕著な翼

7月19日　樺戸山地クマネシリ

キク科

■ コンセントウヒレン
Saussurea hamanakaensis
直立する茎は高さ60～120cmで狭い翼があり、上部で分枝し、腺点があって粘る。根出葉は花時に枯れ、披針形で長さ10～15cmの茎葉はやや硬く鋸歯縁で先は鋭くとがり、基部はくさび形。裏面に黄金色の腺点がある。頭花は10個以上密集してつき、径約1cm、総苞は狭い筒形で片は5列で卵形の外片の先端が尾状に伸びる。根釧唐飛廉。❋7～8月 ❖道東の湿原や水湿地に固有

総苞片は5列
総苞外片の先が尾状に伸びる
披針形の茎葉
翼のある茎

8月3日　浜中町

キク科

■ アオモリアザミ（オオノアザミ）
Cirsium aomorense
高さ30cm～1mの多年草で、地中に匍匐枝を伸ばす。濃緑色で長さ50～60cmの根出葉は花時にもあり、羽状深裂し、裂片には刺状の歯牙がある。頭花は径約4cm、上向きにつき、苞はない。総苞に蜘蛛毛があり、片は11～12列、外片の先はややとがって斜開する。青森薊。❋8月下～10月 ●低地～低山の草地や道端 ❖北海道（渡島半島と太平洋側）、本州（北部）

蜘蛛毛がある総苞
総苞外片の先はややとがって斜開する
上を向いて咲く頭花
花期にも残る根出葉
伸びる匍匐枝

10月6日　乙部町　　　地下部

キク科

■ エゾヤマアザミ
Cirsium albrechtii
高さ1～1.8mの多年草で枝が伸びる型と伸びない型がある。根出葉は花時に枯れる。茎葉は狭卵形～楕円状披針形で、鋸歯縁～羽状中裂、柄はなく裏面に綿毛が密生する。頭花は径2.5cmほどで柄がなく2～数個が横～上向きに接してつく。総苞は長さ1.5cm前後で片は11～12列、短く長三角形。蝦夷山薊。❋8～9月 ●野山の日の当たる所 ❖北海道（渡島～東部の太平洋側）

雄性期の筒状花
頭花に柄がない
短く長三角形の総苞片。11～12列に並ぶ
鋸歯縁～羽状中裂する葉

8月28日　弟子屈町

キク科

■ リシリアザミ
Cirsium umezawanum

茎は直立して高さ1〜2m、よく分枝する多年草。根出葉は花時には枯れ、下部の葉は全縁に近いものから羽状中裂するものまで変異がある。刺はあまり発達しない。頭花はまばらに上を向いてつき径12mm前後、総苞は鐘形で片は8〜9列、広卵形の外片は先が尾状となって反り返る。利尻薊。❋7〜8月 ●利尻島の海岸草原〜低標高の林縁に固有

7月31日　利尻島

キク科

■ ミネアザミ
Cirsium alpicola

茎は直立して高さ1.5m前後になる多年草。根出葉と下部の葉は花時には枯れる。中部の葉は長さ10〜20cmの披針形〜卵形、粗い鋸歯縁〜羽状中裂（裂片は4〜5対）で基部は茎を抱く。頭花は上〜斜上を向いてつき径18〜20mm、総苞片は8〜9列でやや硬い斜上する。特に内片に白い腺体がある。峰薊。❋8〜9月 ●山地の林縁や草地 ✤北海道（南部）、本州（北部）　近似種マルバヒレアザミ C. grayanum は茎に刺のある翼が走り、頭花は径10〜14mm、総苞片は7〜8列、腺体はふつうないがあっても痕跡的。❋7〜8月 ●海岸〜山地の林縁など ✤北海道（南部）、本州（北部）

ミネアザミ　8月29日　長万部町　　マルバヒレアザミ　7月11日　福島町

キク科

■ エゾノキツネアザミ
Cirsium setosum

雌雄異株の多年草で高さは60cm〜1.8m。地下茎が伸びて群生する。全体蜘蛛毛があり、茎は上部で分枝する。根出葉は花時には枯れ、葉は長さ10〜20cmの長楕円状披針形で、柄はなく不規則な粗い鋸歯縁。刺状の縁毛がある。頭花は長い柄があり上向きにつき、雄性頭花の総苞は長さ約13mm、雌性頭花の総苞は長さ約16mm、いずれも総苞片は8〜9列、短い外片の先は尾状となる。腺体は痕跡的。蝦夷狐薊。❋7月下〜9月 ●低地の道端や草地（帰化植物的に生える）　近似種セイヨウトゲアザミ* C. arvense は葉に大きな切れ込みと長さ3mmほどの鋭い刺があり、柄はなく基部は茎に流れる。頭花の柄は短い。西洋刺薊。❋6月下〜7月 ●道端や荒れ地 ✤原産地はヨーロッパ

エゾノキツネアザミ　9月3日　鶴居村　　　　セイヨウトゲアザミ　7月6日　札幌市藻岩山

キク科

コバナアザミ
Cirsium boreale

茎は上部で大きく分枝して高さが3m近くにもなる多年草。根出葉と下部の葉は花時には枯れる。茎葉は広楕円形〜広卵形、全縁的で羽状に裂けず、裏面に蜘蛛毛がある。刺は弱く柄がなく基部は耳状となり茎を抱く。頭花はたわんだ柄に下向きにまばらにつき総苞は径1.5〜3cm、片は11〜12列、白い腺体が目立つ。雌性頭花は淡紅紫色、両性頭花はより白っぽい。小花薊。❋6〜8月 ❖低〜山地の日当たりのよい所 ❖北海道（道南と道東は除く）固有 近似種**アサヒカワアザミ** *C. kenji-horieanum* の茎葉は羽状に深裂し、総苞は筒形で総苞片は9〜10列。旭川市近郊の蛇紋岩地に生える。また利尻島を除く道北地方にコバナアザミによく似た一群があり、これを仮称**ソウヤアザミ**としておく。主な相違点は葉は全縁〜羽状浅裂、頭花の柄は直線的、総苞片は8〜9列などで、標津町で総苞裂片が開出気味の**カリウスアザミ** *C. yachiyotakashimae* が見つかった。

コバナアザミ　7月19日　樺戸山地マチネシリ　　（仮）ソウヤアザミ（風衝地の型）　8月7日　礼文島　　（仮）ソウヤアザミ　7月28日　宗谷岬

キク科

ヒダカアザミ
Cirsium hidakamontanum

高さ80cm〜1.8mの多年草で、花時には根出葉は枯れる。茎葉は広卵形〜広楕円形で下部を除いて分裂せず、基部は耳状となって茎を抱き、刺は軟らかい。頭花は枝先にぶら下がり、筒状花はワインレッド色。総苞片は5列、披針形で平開する。痩果に明らかな稜がある。日高薊。❋6〜8月 ❖日高山脈中部以北のカール底から山麓までの沢沿い。固有種

キク科

カムイアザミ
Cirsium austrohidakaense

高さ1.4〜2.5mの多年草。ふつう茎は鋭い刺のある翼が顕著でよく分枝する。根出葉は花時には枯れ、茎葉は卵形〜楕円形で羽状に浅裂〜中裂、葉柄は翼があり基部は耳状となって茎を抱く。頭花は下向きにつき、径16〜25mm。総苞片は8列、外片は狭卵形で先が尾状となって大きく湾曲〜開出する。神居薊。❋6〜7月 ❖日高南部と夕張山地の低地〜山地の林縁や草地に固有。超塩基性岩地に多い

6月29日　浦河町　　　　　　　　　　　　　　　　　6月29日　新ひだか町三石

キク科

■ チシマアザミ
Cirsium kamtschaticum

変異の大きな多年草で高さ80cm〜2m。根出葉は花時には枯れる。茎葉は鋸歯縁〜羽状中裂だが下部ほど切れ込みが大きく、高所では羽裂しない傾向があるようだ。縁に鋭い刺がある。筒状花からなる頭花はほぼ下向きにつき、径4〜5cm、総苞は筒形〜椀形、蜘蛛毛がある。総苞片は6〜7列、狭卵形で先が尾状に伸び、腺体はない。千島薊。✳6〜9月
◉山地〜高山の林縁や草地 ✤北海道(道南を除く)

総苞片は6〜7列、腺体はない
高山の型　8月30日　日高山脈戸蔦別岳
山地〜亜高山の型
8月1日　十勝連峰三峰山
下部の葉も、あまり切れ込まない

キク科

■ エゾノミヤマアザミ (タカネヒレアザミ、ミヤマサワアザミ)
Cirsium yezoalpinum

高さ20〜80cmの多年草。狭い翼のある茎は下部から分枝する。根出葉は花時に不定、それより大きな下部の葉は長さ15cm前後の楕円形で羽状に深裂し、翼のある柄で茎を抱く。上部の葉は大きさも裂け方も小さくなる。頭花は下向きにつき、基部に苞葉が数個つく。総苞は椀形〜広鐘形で蜘蛛毛が密生する。総苞片は11〜12列、尾状の先が反り返り、腺体はない。蝦夷深山薊。✳7〜9月　✤大雪山と知床の高山草原に固有

総苞片は11〜12列。外片が反り返ることが多い
下を向いて咲く頭花
上、中部で分枝しない
開花時根出葉はあったり枯れたり
9月9日　大雪山

キク科

■ シコタンアザミ (アッケシアザミ)
Cirsium ito-kojianum

高さ30cm〜2mの多年草。茎はふつう中部から分枝し、鋭い刺が並ぶ翼がある。花時根出葉の存在は不定。下部の茎葉は質がやや厚く、長さ10〜40cmの卵形〜広卵形で羽状浅裂〜中裂し、翼のある柄で茎を抱く。頭花は1〜3個が総状に下向きにつき、基部に刺のある苞葉が2〜5個つく。総苞は椀形〜広鐘形で蜘蛛毛があり、総苞片は9〜10列、ほぼ開出し外片は狭卵形で先は尾状に伸びる。痕跡的な腺体が内片にある。色丹薊。✳7〜8月　✤道東の海岸草原

総苞に蜘蛛毛があり、片は9〜10列
雌しべの先2岐。これは花色の濃い雌株
中部で分枝
翼がある茎
厚みのある葉は浅〜中裂する
8月14日　根室市

キク科

■ チカブミアザミ
Cirsium chikabumiense

高さ70〜140cmの多年草。直立する茎は濃紫色で分枝する。根出葉は花時には枯れる。下部の茎葉は長さ25cm前後の卵形〜狭卵形で櫛状に羽状に全裂、裂片は8〜10対。下向きに咲く頭花はまばらにつき、総苞は鐘形で径15mmほど。総苞片は8〜9列、開出〜反り返り、腺体がある。花は濃紫色。近文薊。✳6〜7月　✤道北の蛇紋岩地の疎林内に固有　テシオアザミ C. teshioense の葉は羽状深裂〜全裂、総苞片は6〜7列、赤褐色で腺体がある。✤道北の蛇紋岩地に固有

総苞片は8〜9列
6月27日　旭川市嵐山
総苞片は6〜7列
テシオアザミ
7月28日　幌延町
チカブミアザミの葉　7月29日　旭川市嵐山

キク科

■ サワアザミ（マアザミ）
Cirsium yezoense

高さ1〜2.5mの多年草。両性株と雌性株（稀）がある。茎に蜘蛛毛があり、根出葉は花時にも残る。葉は大きく長さが50〜60cmになり、下部の葉ほど羽状に深く切れ込み（中裂）、縁の刺は少ない。径5cmほどの頭花が下向きにつき、基部付近に小さな苞葉が数個つく。総苞片は8〜9列、腺体はない。沢薊。❀9〜10月 ◉野山のやや湿った所や沢沿い ✤北海道（道央以南）、本州（中部・北部）

キク科

■（仮）エゾノキレハアザミ
Cirsium sp

高さ70cm〜1.7mの多年草。全体に軟毛が多く、茎は分枝し、葉は長卵形で羽状に深裂し、翼のある柄で茎を抱く。上部の葉は大きさも裂け方も小さくなる。頭花は下を向いてつき、総苞は幅3cmほどの広鐘形で蜘蛛毛があり腺体はない。蝦夷切葉薊。❀6月下〜8月 ✤北海道（主に日本海側の山地の林縁や湿地、湿原）

9月20日　豊浦町

8月2日　雨竜沼

キク科

■ エゾノサワアザミ
Cirsium pectinellum

高さ70cm〜1.6mの多年草で直立する茎に翼と刺がある。有柄で羽状深裂する根出葉は花時にも残る。頭花は下向きにつき、総苞は椀形〜広鐘形で濃赤褐色、蜘蛛毛がある。総苞片は6〜7列、斜上するかやや湾曲する。外片は披針形〜線形で先が尾状に長く伸びる。腺体はない。蝦夷沢薊。❀7〜8月 ◉低地〜低山の湿地 ✤北海道（太平洋側）姿がよく似たエゾマミヤアザミ（チトセアザミ）C. charkeviczii はより小形で茎の基部から匐枝を出し、葉は羽状深〜全裂し、総苞片は8〜9列、腺体がある。蝦夷間宮薊。❀8〜9月 ✤根室半島の高層湿原に固有 同属のアポイアザミ C. apoense は高さ50cm〜1.5mの多年草で、根出葉は花時にも残り、茎葉は柄がなく羽状に中〜深裂する。総苞片は6〜7列、外片は長楕円状披針形で先端は尾状に短く伸びる。内片に腺体が認められる。❀7〜8月 ✤アポイ岳の山麓〜上部に固有。超塩基性岩植物

エゾノサワアザミ　7月20日　苫小牧市　　エゾマミヤアザミ　8月4日　根室市　　アポイアザミ　8月22日　アポイ岳

キク科

タカアザミ
Cirsium pendulum

茎は直立して多数の枝を分け、高さ1〜2.5mの二年草。大きな根出葉は花時には枯れ、中部の茎葉は長さ15〜25cmの狭楕円形〜広披針形で羽状に深裂し、裂片は5対あり幅は4〜15cm。頭花は径2cm、枝先から垂れ、総苞外片は反るように平開する。筒状花の細い筒部の長さは他の部の1.5〜2.5倍。高薊。❀7〜9月 ◉低地の草地や原野 ❀北海道、本州（関東以北）

総苞外片は反るように平開する
ぶら下がるようにつく頭花
よく分枝する
羽状に深裂する葉

8月10日 浦幌町

キク科

アメリカオニアザミ*（セイヨウオニアザミ）
Cirsium vulgare

高さ50cm〜1.5mの二年草。茎は全体に毛と鋭い刺のある翼があり、よく分枝する。茎葉は大きいもので長さ40cm、不規則に切れ込み、裂片の縁は切れ込みと鋭い刺が並び、裏面は白い綿毛が密生する。頭花は上向きにつき径約4cm、総苞は壺型、総苞片の先は鋭い刺となる。痩果に羽状に分かれた冠毛がつく。アメリカ鬼薊。❀8〜9月 ◉道端や空地、野原や河原、田畑の周辺 ❀原産地はヨーロッパ

上を向いて咲く
先が刺となる総苞片
よく分枝する
刺のある翼がつく茎
不規則な羽状に切れ込む葉

7月27日 札幌市

キク科

フタナミソウ（フタナミタンポポ）
Scorzonera rebunensis

高さ15cm前後になる多年草。葉は根元に集まり、先の部分が広い披針形で長さ6cm前後、厚みと光沢があり、単子葉植物のように5本の平行脈が走る。頭花は径5cmほどで舌状花のみからなる。総苞片は4列に並び、痩果は線形で長い冠毛がつく。二並（山の名）草。❀6〜7月 ◉礼文島の高山性のれき地や草地

総苞片は4列に並ぶ
舌状花のみからなる頭花
厚みと光沢と5本の平行脈がある葉

6月13日 礼文島

キク科

タカネニガナ
Ixeridium alpicola

高さ10〜25cmの多年草。花時にも残る根出葉は長い柄を持つが、ふつう翼はなく。縁に不規則な歯牙がある。茎葉は披針形で基部は茎を抱かない。舌状花のみからなる頭花は径2cmほど、舌状花は8〜10個ある。高嶺苦菜。❀7〜8月 ◉亜高山〜高山のれき地や岩地 ❀北海道〜九州

舌状花のみからなる頭花
舌状花は8〜10個
長い柄のある根出葉
基部は茎を抱かない茎葉

7月23日 東大雪山系東ヌプカウシヌプリ

キク科

ハナニガナ

Ixeridium dentatum subsp. nipponicum var. albiflorum

変異の大きな広義のニガナのうち最も目にする多年草で、高さ50cm前後。茎葉は柄がなく基部は心形となって茎を抱く。根出葉には翼のある柄があり、不整の切れ込みと鋸歯もある。頭花は8〜11個の舌状花からなり径1.5cmほど。花苦菜。❋6〜8月 ●山地の日当たりのよい所 ✿北海道〜九州 舌状花が白いシロバナニガナを f. leucanthum とするなら本種の学名は f. amplifolium を加えることになる。舌状花が5〜7個の基準亜種ニガナも少ないが目にする。湿原には匍匐枝を出す亜種オゼニガナ subsp. ozense が生える。

ハマニガナ

Ixeris repens

砂中に伸びる走出枝の節から5cmほどの花茎と葉を出す多年草。葉はやや多肉質、長い柄があり、3〜5裂して扇状に広がる。長さは3〜5cm、裂片の先は円い。15個ほどの舌状花からなる頭花は1〜3個つき径約3cm。痩果は長さ6〜7mmで冠毛より長い。浜苦菜。❋5月下〜9月 ●海岸の砂地 ✿日本全土

イワニガナ（ジシバリ）

Ixeris stolonifera

細い茎が地面を匍匐して四方に広がり、花茎の高さが5〜15cmになる小形の多年草。葉は長さ3cm以下の卵形〜長卵形で、鋸歯はなく、質は薄い。舌状花のみからなる頭花は1〜2個つき、径2〜2.5cm。岩苦菜。❋6〜7月 ●低地〜山地の日当たりのよい裸地 ✿日本全土 近似種オオジシバリ I. japonica は全体大形で、葉は倒披針形で長さ5cm以上。道内では稀。

キク科

ハチジョウナ
Sonchus brachyotus

大きなもので高さが1mになる無毛の多年草。根出葉は花時には枯れる。茎葉は長さ10〜20cmの長楕円形で鋸歯縁がふつうだが、羽状に浅く凹むものもある。舌状花のみからなる頭花は径3.5cmほど。総苞は綿毛に覆われ、片は4列。八丈菜。❋8〜9月 ●海岸近くの草地や荒れ地、道端など ✤北海道〜九州 よく似た帰化種**アレチノゲシ*** S. arvensis の葉は下部に集まり、羽状に浅〜深裂して先がとがる。総苞の綿毛は少なく、総苞片は6〜7列。荒地野罌粟。❋8〜9月 ●道端 ✤原産地はヨーロッパ

ハチジョウナ 8月29日 礼文島　　　アレチノゲシ 8月9日 浜中町

キク科

オニノゲシ*
Sonchus asper

太い茎が直立し、大きなもので高さ1mほどになる一〜越年草。やや硬い葉は光沢があり、全縁〜羽状深裂と様々で縁には先が刺となった鋸歯がある。葉の基部は耳状となって茎を抱くが、先は丸まってとがらない。舌状花のみからなる頭花の径は2cmほど。痩果には横筋がない。鬼野罌粟。❋6〜9月 ●道端や空地 ✤原産地はヨーロッパ

キク科

ノゲシ（ハルノゲシ）
Sonchus oleraceus

中空の茎が直立して高さ50cm〜1mになる越年草。葉は羽状に浅〜深裂し、縁に不整で刺状の歯牙がある。基部は耳状となって茎を抱き、裂片の先は鋭くとがる。頭花は径2cmほどで、多数の舌状花からなる。日本には有史以前に中国経由で入ったと推定される。野罌粟。❋6月下〜9月 ●道端や空地 ✤北海道〜九州

10月5日　えりも町

7月12日　札幌市

キク科

コウゾリナ

Picris hieracioides subsp. japonica var. japonica
大きなもので高さ1.5mになる越年草。全体に剛毛があってざらつく。ロゼット状の根出葉は花時には枯れる。互生する茎葉は長さ6～20cmの倒披針形で基部は下部の葉で翼状の柄となり茎に流れ、中部の葉は茎を抱く。頭花は径2.5cmほどで、舌状花のみからなり、総苞は緑色。髪剃菜。

❋7～9月 ●野山や道端の日当たりのよい所 ❖北海道～九州 高山型の亜種とされる**カンチコウゾリナ（タカネコウゾリナ）** subsp. kamtschatica は高さ30cm前後で剛毛が多く、総苞は黒緑色。その変種**ホソバコウゾリナ** var. jessoensis は蛇紋岩変形植物で葉身の幅が狭く、剛毛が少ない。❖●道北の蛇紋岩地帯

コウゾリナ 7月29日 札幌市藻岩山 　痩果　ホソバコウゾリナ 7月6日 中頓別町

カンチコウゾリナ 6月13日 礼文島

キク科

エゾコウゾリナ

Hypochaeris crepidioides
高さ30～40cmの多年草。茎は分枝せず、上部に黒い剛毛が密生する。長さ15cmほどの広倒披針形の大きな葉が根元にロゼット状に集まり、縁に不規則な鋸歯がある。茎葉は少なく、ごく小さい。舌状花のみからなる頭花は径3～4cm。総苞に黒色の剛毛があり、総苞片は3列。蝦夷髪剃菜。❋6～7月 ●アポイ岳上部のかんらん岩地帯に固有

7月4日 アポイ岳　　果期の頭花

キク科

ブタナ*

Hypochaeris radicata
高さが50cm前後になる多年草。花茎は分枝したりしなかったり。葉は根元にロゼット状につき、長さ6～11cm、タンポポのような切れ込みがあるが浅くやや不揃いである。全体に褐色の剛毛が多く生える。頭花は舌状花のみからなり、径3cmほど。豚菜。❋6月下～9月 ●道端や空地、放牧地、芝地 ❖原産地はヨーロッパ タンポポモドキは他の植物名でもあるので別名として使うべきではない。

6月16日 札幌市

キク科

ナタネタビラコ*
Lapsana communis

大きなもので高さ50cm以上になる一年草。茎は下部は有毛、上部は無毛。葉は縮毛が生えてざらつき、互生し、下部の葉には柄がある。不揃いに羽状に裂けて頂羽片が特に大きい。頭花は8〜15個の舌状花からなり、径9mmほど。総苞は粉白色をおびる。果実には冠毛がない。菜種田平子。❀6〜8月 ●道端や畑地、荒れ地 ✤原産地はヨーロッパ

7月2日 江別市

ヤブタビラコ
Lapsanastrum humile

全体無毛で軟弱な越年草で、高さ30cm前後。細い茎を四方に伸ばすがよく倒れる。根出葉と下部の葉は頂羽片が特大に羽状に裂ける。舌状花のみからなる頭花は径7〜8mm。花が咲き終わると下を向く。果実には冠毛がない。藪田平子。❀5〜6月 ●湿っぽい林内や道端など ✤北海道(上川以南以西)〜九州

6月17日 厚沢部町

ヤクシソウ
Crepidiastrum denticulatum

高さが30cm〜1mの越年草。根出葉は花時には枯れる。茎葉は倒長楕円形で長さ10cm前後、不揃いの鋸歯縁で基部は茎を抱く。舌状花のみからなる頭花は径1.5cm前後で、咲き終えると花柄が曲がって下を向く。果実は黒色で冠毛がある。薬師草。❀9〜10月 ●山地の裸地や道端など ✤北海道〜九州

9月17日 様似町

アカオニタビラコ（オニタビラコ〈広義〉）
Youngia japonica subsp. elstonii

茎の高さの差が大きく、20cm〜1mの越年草。倒披針形で長さ8〜20cmの越冬し赤味をおびた葉が根元に集まり、頂羽片が特大にタンポポ状に羽裂する。小さいが茎葉もつく。頭花は散房状に多数つき、径7〜8mm、舌状花のみからなる。赤鬼田平子。❀5〜8月 ●道端や空地など ✤北海道〜九州 従来のオニタビラコは多年草の基準亜種**アオオニタビラコ**と本種に分けられた。

7月3日 松前町

キク科

コウリンタンポポ*（エフデギク、エフデタンポポ）
Pilosella aurantiaca

高さ10〜50cmの多年草。茎にはこげ茶色の剛毛と星状毛が生える。葉は根元近くに集まり、楕円状へら形で長さ6〜20cm、両面に剛毛が密生する。頭花は径2cmほどで、橙赤色の舌状花のみからなり、総苞片には黒い毛が多い。紅輪蒲公英。❀6月下〜8月 ●道端や空地、牧草地など ✿原産地はヨーロッパ

舌状花の先に5歯がある
頭花は舌状花のみからなり、径2cmほど
黒い毛が多い総苞
剛毛と星状毛が多い茎
根元に集まるへら形の葉

6月28日　占冠村

キク科

キバナノコウリンタンポポ*
Pilosella caespitosa

高さが50cm以上になる多年草。全体に剛毛と星状毛が生える。根元と茎の下部に集まった長さ4〜15cmの長いへら形の葉は柄がなく長い剛毛が生える。上向きに多数つく頭花は約1cm、舌状花のみからなる。総苞片は黒色をおび、主脈に剛毛と腺毛、星状毛が生える。黄花紅輪蒲公英。❀6〜7月 ●道端や空地 ✿原産地はヨーロッパ

舌状花の先が5裂
頭花は舌状花のみからなり、径1cmほど
黒っぽい総苞
剛毛と星状毛が多い茎
根元に集まるへら形の葉

6月13日　札幌市南区

キク科

ハイコウリンタンポポ*
Pilosella officinarum

高さ15cm前後の多年草。走出枝を伸ばして増え、マット状に広がる。葉は長さ5〜10cmの長楕円形で切れ込みはなく、全縁、根元に集まってタンポポのようなロゼットをつくる。裏面に綿毛が密生して白く見える。舌状花のみからなる頭花は径2〜3cm、外側の舌状花外面に赤い縞が入る。痩果には褐色の冠毛がつく。這紅輪蒲公英。❀6月中〜9月 ●道端や空き地 ✿原産地はヨーロッパ

舌状花外面に入る赤い縞
頭花は舌状花のみからなり、径2〜3cm
ロゼット状というよりマット状に広がる葉
タンポポの名に反して全縁の葉
四方八方に伸びる走出枝

6月29日　大樹町

キク科

ヤナギタンポポ
Hieracium umbellatum

茎は直立して大きいもので1m前後になる多年草。根出葉と下部の葉は花時には枯れる。互生する茎葉は線状披針形で、長さ5〜10cm、厚みがあり、縁に突起が1〜3対ある。舌状花からなる頭花は径2.5〜3.5cm、柄に蜘蛛毛があり、総苞はほぼ無毛。柳蒲公英。❀8〜9月 ●海岸〜山地の草地や日当たりのよい所 ✿北海道〜四国

舌状花の先は5浅裂
総苞片は3〜4列
頭花は舌状花のみからなり、径2.5〜3.5cm

披針形の葉は全縁か1〜3対の突起縁

8月17日　苫小牧市

キク科

ヤマニガナ
Lactuca raddeana var. elata

茎は直立して高さ60cm～2mの一～越年草。葉の変異は大きいが、おおむね矢じり形で、基部は広い翼のある柄状で、茎を抱かない。下部の葉は羽状に切れ込むことが多い。頭花は円錐花序に多数つき、径約1cm、舌状花のみからなる。山苦菜。❀8～9月 ◉山地の林縁、道端など ✤北海道～九州

頭花は舌状花のみからなり、径1cmほど

茎を抱かない葉の基部
鋸歯のある葉

ヤマニガナの頭花
ミヤマアキノゲシの頭花
頭花の比較

8月29日　釧路市阿寒

キク科

ミヤマアキノゲシ
Lactuca triangulata

前種ヤマニガナによく似た一～越年草。茎は高さ60cm～1mであまり分枝しない。根出葉は花時には枯れる。互生する葉は先が鋭くとがった卵状三角形で、基部は広い翼のある柄となり、茎を抱いている。頭花は径約1.5cm。深山秋野罌粟。❀8月 ◉山林に局所的 ✤北海道(オホーツク海側・太平洋側)、本州(関東・中部)

頭花の径は1.5cmほど

葉の基部が翼のある柄状となり茎を抱く

7月21日　弟子屈町

キク科

トゲチシャ*
Lactuca serriola

高さが1～2mになる一年草で、茎はいちじるしく分枝する。全体が無毛で葉は長楕円形で羽状に中～深裂し、白色をおびる。主脈が白く目立ち、裏面脈上に鋭い刺が並び、基部は茎を抱く。径約1.2cmで舌状花からなる頭花が多数つく。刺萵苣。❀8～9月 ◉道端や空地 ✤原産地はヨーロッパ 葉が羽状に切れ込まない型を品種マルバトゲチシャ*という。

5裂する舌状花の先
舌状花のみからなる頭花は径1.2cmほど
著しく分枝する
白く目立つ主脈

8月23日　札幌市定山渓　　葉の比較　上:マルバトゲチシャ

キク科

アキノゲシ
Lactuca indica var. indica

高さの差が大きく、時に2mになる一～越年草。葉は薄緑色で柄はなく、下部の葉は長さ30cmほどになり羽状に深裂するが、上部の葉は切れ込まない。茎上部はいちじるしく分枝し、多数の舌状花からなる径2.5cmの頭花をつける。舌状花は淡黄色、時に白色や淡紫色。葉に切れ込みのない型を品種ホソバアキノゲシと分けることがある。秋野罌粟。❀8～9月 ◉低地～山地の日当たりのよい所 ✤日本全土

5浅裂する舌状花の先
舌状花のみからなる頭花は径2.5cmほど
著しく分枝する

葉が羽状深裂する型　　ホソバアキノゲシの型　8月30日　松前町

キク科

■エゾムラサキニガナ
Lactuca sibirica

高さが60cm〜1mの多年草。茎や葉を切ると乳液が出る。茎は無毛で上部で多少分枝する。葉は長さ7〜15cmの披針形で、時に羽状浅裂し、縁に歯牙があり、先がとがり基部は半ば茎を抱く。舌状花からなる頭花は径3〜4cm。痩果は扁平で長い冠毛がある。蝦夷紫苦菜。❋8〜9月 ◉原野や林間の湿った所 ✤北海道（渡島半島と日高を除く）

5浅裂する舌状花の先
雄しべ
湾曲する2分枝した花柱の先

舌状花のみからなる頭花は径3〜4cm
とがる葉の先
半ば茎を抱く葉の基部

8月16日　中標津町

キク科

■キクニガナ*（チコリ）
Cichorium intybus

茎はよく分枝し、高さ50cm〜1.2mの多年草。根出葉は羽状に裂けてタンポポの葉状だが、上部の葉は切れ込みが小さくなる。舌状花からなる頭花は茎の上部にまばらにつき、径3〜4cm。総苞には短い外片と長い内片があり、腺毛がまばらに生える。痩果に冠毛はなく、細かい鱗片がある。菊苦菜。❋7〜9月 ◉道端や空地 ✤原産地のヨーロッパでは野菜として利用されてきた

5浅裂する舌状花の先
舌状花のみからなる頭花は径3〜4cm

珍しい白花
タンポポの葉状に裂けた下部の葉

8月15日　奥尻島

キク科

■エゾタカネニガナ
Crepis gymnopus

高さ20〜40cmの多年草。さじ形で長さ10cm前後、まばらな鋸歯縁の根出葉が数個つき、茎葉はなく、上部に小さな苞葉がつく。頭花は径約2cm、総苞は短い外片と長い内片からなり、黒みをおびる。蝦夷高嶺苦菜。❋6〜7月 ◉✤道北、夕張山地、日高山脈の超塩基性岩地に固有

長い総苞内片
短い総苞外片

舌状花のみからなる頭花は径約2cm
茎葉はない
まばらな鋸歯縁の根出葉

6月5日　アポイ岳

キク科

■ヤネタビラコ*
Crepis tectorum

高さが10cm〜1mと変異が大きな一年草。茎は刺状の突起が乗る稜があり、上部でよく分枝する。花期の根出葉の有無は一定しない。中〜下部の葉はふつう羽状に中裂し、基部は耳状となって茎を抱く。舌状花からなる頭花は径約2cm、総苞片に黒色の腺毛と白い縮毛がある。屋根（tectorumの意味）田平子。❋6〜8月 ◉道端や空地 ✤原産地はヨーロッパ

黒色の腺毛と白い縮毛がある総苞
舌状花のみからなる頭花は径約2cm

羽状中裂する下部の葉

6月17日　置戸町

キク科

フタマタタンポポ
Crepis hokkaidoensis

高さが10〜20cmになる多年草で、全体に黒っぽい毛が密生する。根元に不揃いで羽状に裂ける長い葉が数個つく。花茎はタンポポ属のように中空でなく中実、ふつう二股状に分枝し披針形の葉が1〜2個つく。舌状花からなる頭花は径3.5cmほどで1〜3個つく。二股蒲公英。❋7〜8月 ●高山のれき地や草地 ❖北海道の固有種

キク科

タカネタンポポ（ユウバリタンポポ）
Taraxacum yuparense

高さが20〜30cmになる多年草で、花茎は分枝せず中空。根元に長楕円形の葉が何個もつき、規則的に羽状深裂。裂片の先はとがり、上方に曲がる。舌状花からなる頭花は径3cmほど。総苞の長さは12〜15mm、総苞片は反り返らず、角状突起はふつうない。高嶺蒲公英。❋6月中〜8月上 ●山地の蛇紋岩地帯やその周辺 ❖北海道（夕張岳・日高山脈）高山性の同属種 **クモマタンポポ** T. yesoalpinum は葉の切れ込みは浅く、不規則。総苞は長さ12〜15mm、総苞内片の先に小さな角状突起がある。❋7〜8月 ❖大雪山系高山帯の固有種 **オオヒラタンポポ** T. ohirense は葉の幅が広く、切れ込みは深く、やや不規則。総苞の長さ15〜18mm、総苞外片に角状突起がなく、花後上部が開出する。❋6〜7月 ❖後志地方大平山の固有種 羊蹄山上部に生育し、**オダサムタンポポ（エゾフジタンポポ）** T. platypecidum と呼ばれていたものはエゾタンポポ（次ページ参照）である。

果期の姿
冠毛　痩果

7月31日　ニペソツ山

タカネタンポポ　6月26日　夕張岳

総苞内片上部の角状突起

冠毛　痩果
総苞外片の縁部分は半透明状白色で中央部が緑色
オオヒラタンポポの総苞

総苞内片
花後外片上部が開出
オオヒラタンポポ

クモマタンポポ　7月26日　大雪山　　オオヒラタンポポ　6月12日　島牧村大平山

オダサムタンポポ　7月15日　羊蹄山

365

キク科

シコタンタンポポ

Taraxacum shikotanense

タンポポ属では大形の種で高さ30cm前後になる多年草。頭花は径5〜6cm、総苞は長さ18〜21mm、総苞片は反り返らず、濃緑色。外片の縁に白色をおびた目立つ角状突起がある。色丹蒲公英。❀6〜7月 ●海岸の草地やれき地、時に道端 ❖北海道（胆振〜根室の太平洋側）
エゾタンポポ T. venustum subsp. venustum も大きくなる低地性のタンポポで、高さは花期に30cm前後、果期にはさらに伸びる多年草。ふつう花茎の上部に白い毛がある。葉は全縁〜羽状深裂までと多様。頭花は径約4cm、総苞は長さ15〜23mm、総苞片は反り返らない。角状突起は小さく、ないものもある。外片の縁は緑白色の短毛状に細かく裂ける。蝦夷蒲公英。●低地〜山地の草地、林縁、明るい林内、時に羊蹄山のような高山帯 ❖北海道、本州（中部以北）

シコタンタンポポ　6月17日　根室市　　　　果期のエゾタンポポ　　　　エゾタンポポ　5月19日　札幌市藻岩山

キク科

セイヨウタンポポ*

Taraxacum officinale

高さ5〜25cmの多年草で、時に一面が黄色くなるような群落となる。葉は全縁〜羽状中裂、ときに深裂。頭花は径1〜5cm、舌状花からなり、総苞外片は反り返り、角状突起はない。痩果は黄褐色〜褐色。3倍体の植物で、受粉せずに種子をつくる能力を持つ無性的種子繁殖を行って増える。在来種が受粉すると雑種ができることがあるという。西洋蒲公英。❀4〜6月（〜10月）●道端や空地、牧草地 ❖次種と共に原産地はヨーロッパ　**アカミタンポポ*** T. laevigatum は全体に小形で、葉は細かく深く切れ込み、頭花は径1〜3cm、総苞は粉白をおび、総苞外片は反り返り、角状突起はないか、あってもごく小さい。痩果の色は赤味をおびる。赤実蒲公英。❀4〜6月

セイヨウタンポポ　5月22日　札幌市南区　　果期のアカミタンポポ　　アカミタンポポ　5月1日　札幌市南区
　　　　　　　　　　　　　　　　　　　　6月1日　札幌市

ガマズミ科

■ カンボク
Viburnum opulus var. sargentii

高さ5m前後になる落葉低木で枝が横に伸びてこんもりした樹形をつくる。対生する葉は広卵形で長さ10cmほど、大きく3つに裂けて葉柄の先には蜜腺が、基部には托葉がつく。花は散房状に多数つき、径4mmほどの両性花群を飾り花（中性花）が囲んでいる。果実はほぼ球形で赤く熟す。肝木。✿6〜7月 ●低地〜山地の林縁など ❖北海道、本州

ガマズミ科

■ オオカメノキ
Viburnum furcatum

高さは2〜4mになり、枝を横に広げる落葉低木。葉は円形で先がとがり、基部は心形で脈が目立つ。枝先に径6〜13cmの花序をつくり、中心部の小さな両性花群を白い飾り花（中性花）が囲む。果実は楕円体で長さ8mmほど、赤から黒色に熟す。冬芽は裸芽として知られる。大亀木。✿5〜6月 ●山地の明るい所 ❖北海道〜九州

6月11日　七飯町　　大きく3つに裂けた葉

6月10日　清水町

ガマズミ科

■ ガマズミ
Viburnum dilatatum

高さ2〜4mになる落葉低木。全体に粗い毛が密生する。対生する葉は広卵形で長さは10cm前後でやや厚く、裏面には腺点と星状毛が密生する。花は散房状につき、花冠の先は5裂して径5mmほど、外側に短毛があり、5個の雄しべが突き出る。果実は先がとがり気味の卵形で赤く熟す。莢蒾。✿6〜7月 ●山地の日当たりのよい所 ❖北海道（道央以南）〜九州　近似種ミヤマガマズミ V. wrightii var. wrightii は葉の表面に光沢があり、裏面に星状毛がなく、花冠の外面は無毛で果実はほぼ球形。開花は前種より約ひと月早い。✿5〜6月 ●山地の林内 ❖北海道〜九州　同属ヒロハガマズミ V. koreanum は高さ1m前後。葉は浅く3裂し、花数は少ない。果実は楕円体で長さ約1cm。✿6〜7月 ❖日高山脈北部と札幌市近郊の亜高山帯

ガマズミ　7月14日　函館市恵山　　　ミヤマガマズミ　6月21日　札幌市定山渓　　　ヒロハガマズミ　6月24日　定山渓天狗岳

ガマズミ科

■エゾニワトコ
Sambucus racemosa subsp. kamtschatica

高さ2〜5mの落葉低木。幹の中心部の髄は太い。葉は長さ15〜30cm、奇数羽状複葉で小葉は長さ10cm前後、5〜7個あり、鋸歯縁で先がとがる。花序に突起状の毛があり、花は集散状に多数つく。花冠は径約5mm、5深裂して裂片は反り返る。果実は径4mmほどの球形で赤く熟す。蝦夷接骨木。❀5〜6月 ❁低地〜山地の日の当たる所 ❖北海道、本州(関東以北) いろいろな品種が知られ、果実が黄色く熟すキミノエゾニワトコはその一つ。

5月22日 札幌市南区　キミノエゾニワトコの果実

ガマズミ科

■ソクズ*（クサニワトコ）
Sambucus chinensis var. chinensis

高さが1m前後の多年草。葉は奇数羽状複葉で小葉は5〜7個、長さ5〜15cmの狭卵形〜広披針形で先がとがる。茎頂に小さな花が多数つき、花序の上部は平らになり、所々に黄色い杯状の蜜腺がある。花冠は径3〜4mm、5裂し、雄しべは5個ある。果実は球形で赤く熟す。蒴藋。❀8〜9月 ❁人家の近く、公園など ❖北海道(南部)〜九州 道内のは二次的に生えたと推定される。

8月30日 松前町

ガマズミ科

■レンプクソウ（ゴリンバナ）
Adoxa moschatellina var. moschatellina

高さ8〜15cmの無毛で軟弱な多年草。地中に白く細長い根茎を伸ばし、まとまって生える。根出葉は2回3出複葉で、茎には3出複葉が対生する。茎頂に柄のない花が5個集まり、先端に花冠が4深裂する花が上向きに、その下に5深裂する花が横向きにつく。連福草。❀4〜5月 ❁湿った林内 ❖北海道、本州(近畿以北)

5月3日 札幌市藻岩山

スイカズラ科

■リンネソウ（メオトバナ）
Linnaea borealis

細い茎が長く地表を這い、立ち上がる花茎が高さ5〜10cmになる常緑で草本状の小低木。対生する葉は長さ1cmほどの卵形〜倒卵形で、質は硬く光沢があり、先は円く低い鋸歯がある。花は2つに分かれた柄から下向きにつき、花冠は漏斗状で長さ8〜10mm、先が5つに裂けて内側は紅色をおびる。まれに結実し、痩果に腺毛が多い。リンネ(植物学者の名)草。❀6〜8月 ❁亜高山やハイマツ帯 ❖北海道、本州(中部以北)

8月2日 日高山脈北戸蔦別岳

スイカズラ科

エゾヒョウタンボク
Lonicera alpigena subsp. glehnii

高さが1〜2mの落葉低木で、若い枝に4稜があるが軟毛はない。葉は長さ5〜15cmの長楕円形〜卵状楕円形で先がとがり、裏面に毛がある。花は新枝基部から出る長い柄の先に2個ずつ子房が合着した形でつく。花冠は内面に毛があり、2唇形で長さ1〜1.5cm、上唇の先はさらに4浅裂す。果実はほぼ球形で赤く熟す。蝦夷瓢箪木。❋5〜6月 ●山地〜亜高山の林縁など ❖北海道、本州(北部)

7月3日　夕張岳

スイカズラ科

ケヨノミ（クロミノウグイスカグラ、ハスカップ）
Lonicera caerulea subsp. edulis var. edulis

変異に富んだ低木で高さ1m前後。若い枝には軟毛がある。葉は長さ3〜6cmの長楕円形で両面に毛が多い。花は新枝の葉腋から出る柄の先に2個ずつつき、基部には2対の小苞に包まれ合着した子房がある。花冠は長さ1.8cmの漏斗形で先が均等に5裂し、外面に毛がある。果実は青黒く熟して食べられる。黒実鶯神楽。❋5〜7月 ●低地〜高山の湿原周辺やれき地 ❖北海道 変種マルバヨノミ var. venulosa は葉や花冠などすべて無毛。

果実　　　　　　　　　　　　　　7月3日　夕張岳

スイカズラ科

ネムロブシダマ
Lonicera chrysantha

直立する落葉低木で高さ2〜3mになる。葉は長さ5〜10cmの披針形〜卵形で先がとがり、両面に長毛があり、短い柄にも毛がある。花は2個ずつつき、花冠は2唇形で長さ12〜15mm、上唇は4裂し子房は合着しない。果実は球形で赤く熟す。根室附子球。❋5〜6月 ●低地〜山地の林縁など ❖北海道(主に東部)

6月4日　伊達市

スイカズラ科

キンギンボク（ヒョウタンボク）
Lonicera morrowii

高さ1.5m前後の落葉低木で、よく分枝してこんもりした樹形になる。葉は長さ3〜5cmの長楕円形で、両面に軟毛が多く、短い柄がある。花は葉腋から出る柄に2個ずつつき、花冠は長さ1.5cmほどで花弁状に5深裂し、はじめ白色、後に淡黄色〜クリーム色に変わり、これを金と銀に譬えた。果実は球形で径約8mm、赤く熟す。金銀木。❋5〜6月 ●海岸〜山地の日当たりのよい所 ❖北海道〜四国

果期の姿　　　　　　　　　　　　6月9日　七飯町

369

スイカズラ科

チシマヒョウタンボク
Lonicera chamissoi

高さ1～1.5mの落葉低木で、全体無毛で若い枝に4稜がある。ごく短い柄で対生する葉は長さ2～5cmの広卵形～楕円形で、質は薄く円頭または鈍頭。裏面は粉白色をおびて脈が隆起する。花は新しい枝上部の葉腋に2個ずつつき、花冠は長さ8～9mmの2唇形、上唇は4裂し、下唇は垂れる。子房が合着しているので果実は窪みのない瓢箪形で赤く熟す。千島瓢箪木。❋6～7月 ●亜高山の低木帯 ✤北海道、本州(中部以北)

7月9日　日高山脈北戸蔦別岳　　果実

スイカズラ科

ベニバナヒョウタンボク
Lonicera maximowiczii var. sachalinensis

ほとんど無毛の低木で、高さ60cm～2m。葉は長さ4～7cmの卵状長楕円形～楕円形で質はやや硬く、先がとがり基部は円形。裏面は葉脈が隆起するが白っぽくはならない。花は長さ1.5～2cmの柄に2個ずつつき、花冠は長さ7～8mmの2唇形で、上唇は4裂し、下唇は垂れる。雄しべは5個、雌しべは1個ある。2花の子房が合着して果実は偏球形で赤く熟す。紅花瓢箪木。❋6～7月 ●原野～亜高山の陽地 ✤北海道、本州(北部)

果実　　　　　　　7月6日　日高山脈オムシャヌプリ

スイカズラ科

アラゲヒョウタンボク（オオバヒョウタンボク）
Lonicera strophiophora

高さ1m前後の落葉低木で、よく分枝してこんもりした樹形となる。葉は長さ約10cmのほぼ卵形で、先がとがり、両面に粗い毛がある。花は2個ずつつき、花冠は長さ2cmほどで、先は5裂し、がくと基部の葉状の苞に腺毛がある。果実は広楕円体で長さ約1cm、赤く熟す。粗毛瓢箪木。❋4～5月 ●明るい山地林内 ✤北海道(渡島半島)、本州(北部)

4月21日　奥尻島　　　　　　　果実

スイカズラ科

スイカズラ（ニンドウ）
Lonicera japonica var. japonica

茎が他の物に絡んで伸びるつる性の落葉半低木。対生する葉は長さ3～6cmの卵形で、厚く丈夫で部分的に越冬する。花は2個ずつつき、基部に葉状の苞が1対つく。はじめ白色、後に淡黄色になる花冠は長さ約3.5cm、2唇形で幅広い上唇は4裂し、雄しべ5個と雌しべ1個がつき出る。果実は球形で黒く熟す。吸葛。❋6～7月 ●山すその林縁など ✤北海道(南部)～九州

7月21日　札幌市(植栽)

スイカズラ科	スイカズラ科

■ オミナエシ
Patrinia scabiosifolia
硬い茎が直立して高いもので1m前後になる多年草。茎の下部と節に毛がある。対生する葉は長さ3～15cm、羽状に深～全裂し、頂片が特に大きく、縁に粗い鋸歯がある。花は茎の上部にU字を広げたような枝先に平らに集まってつき、花冠の径は3～4mm、先が5裂する。秋の七草のひとつ。女郎花。❋8～9月 ●野山の明るい所 ❖北海道～九州

■ マルバキンレイカ
Patrinia gibbosa
高さが40～70cmの多年草。太い根茎があり、茎に白軟毛が散生する。葉は長さ10cm前後の卵状楕円形で大きな切れ込みと不揃いの粗い鋸歯があり、先はとがる。花冠は径約5mm、先が5裂して基部近くに小さな距がある。果実には翼がつく。丸葉金鈴花。❋7～8月 ●山地の岩場やその周辺 ❖北海道、本州(新潟以北)

8月21日　大樹町

果期姿　　　　　　　　　　　　　　　　　7月31日　石狩市浜益区

■ チシマキンレイカ (タカネオミナエシ)
Patrinia sibirica
高さ7～20cmの多年草。白い毛が茎の片側と花序に生える。へら形の根出葉はやや肉質、羽状に中～深裂し、不揃いの鋸歯や切れ込みがある。茎葉はないかあっても小さい。花は集散状散房花序に多数密につき、花冠は径約4mm、先は5裂し、距はない。果実には翼がある。千島金鈴花。❋6月上～8月中 ●高山のれき地や草地 ❖北海道

■ オトコエシ
Patrinia villosa
白い下向きの毛がある茎が直立して高さ1m前後になる多年草。根元からつる状の匍匐枝を伸ばす。対生する葉は長さ5～15cm、下部の葉ほど深く羽状に裂ける。裂片は長楕円形で鋸歯縁。花は茎頂に多数つき、花冠は径約4mmで、先は5裂し、雄しべは4個、雌しべは1個ある。果実に広い翼がつく。男郎花。❋8～9月 ●低地～山地の日の当たる所 ❖北海道～九州

7月31日　大雪山

果期の姿　　　　　　　　　　　　　　　8月21日　新ひだか町静内

スイカズラ科

カノコソウ（ハルオミナエシ）
Valeriana fauriei
茎は直立して高さ40～80cmになる多年草で、節に白毛がある。花時枯れている根出葉には長い柄があるが、上部の葉ほど無柄になる。葉身は羽状に裂けて小葉は3～7個で長さ5～8cm、先がとがり鋸歯縁。花は茎頂の集散花序にまとまってつき、花冠は径約5mm、先が5裂する。基部に小さな膨らみがあり、3個の雄しべが長くつき出る。鹿子草。❋6～7月 ●山地の草地や岩地 ❀北海道～九州

7月18日 夕張岳

スイカズラ科

エゾマツムシソウ
Scabiosa jezoensis
高さ20～40cmの多年草。地下に根茎がある。対生する葉は長さ5～10cm、羽状に裂け、裂片は先のとがった裂片に裂ける。頭花は径4cmほどで多数の筒状花からなる。中心部の花冠は小さな筒状、周辺部の花冠は2唇形で上唇は小さく2裂し、大きな下唇の先は3裂する。4個の雄しべは長く、花冠からつき出る。蝦夷松虫草。❋7～9月 ●海岸～山地のれき地や草地 ❀北海道（後志以南の日本海側・日高・十勝）、本州（青森）

8月22日 アポイ岳

スイカズラ科

ウコンウツギ
Weigela middendorffiana
高さが2m近くなる落葉低木で、よく分枝してこんもりした樹形になる。対生する葉は長さ10cm前後の長楕円形でほぼ無柄。花冠は長さ3～4cmの漏斗形で、先が5裂し、下側の裂片上に黄色～濃橙色の斑点がある。5個の雄しべは花冠基部近くで合着している。蒴果は長さ約3cmの長楕円体でがく片が残る。鬱金空木。❋6～8月上 ●亜高山～高山の尾根や斜面 ❀北海道、本州（北部）

7月24日 ニセイカウシュッペ山　果実

スイカズラ科

タニウツギ
Weigela hortensis
高さ1～3mの根元からよく分枝する落葉低木。葉は長さ6～10cmの卵状長楕円形で浅い鋸歯があり、先がとがる。花は葉腋に2～3個ずつつき、花冠は漏斗状で長さ3～3.5cm、先が5浅裂して径2.5cmほど。花柱がつき出る。果実は長さ2cmほどの円柱形で縦に2裂する。谷空木。❋5～6月 ●低山～山地の日の当たる斜面や沢沿い ❀北海道（渡島半島・西部）

6月20日 小樽市

ウコギ科

ウド
Aralia cordata

高さが1～2mにもなる多年草。葉は2回羽状複葉で、小葉は長さ5～15cmの楕円形～卵形で、先がとがり鋸歯縁。分枝して円錐状になった散形花序に小さな花が多数つく。雌花の花序は枝先につき径3～4cm、雌花は径3～5mm、5個の花弁は開花と同時に落ちる。雄花の花序は枝の中ほどにつき小さい。果実は球形で黒く熟す。代表的な山菜で栽培もされる。独活。❋7月下～8月 ●山地の日当たりのよい所 ❖北海道～九州

8月7日　利尻島　　　　果実

ウコギ科

キヅタ (フユヅタ)
Hedera rhombea

つる性の常緑樹で、無数の気根で樹の幹や岩上を這い登る。葉は2形、若い枝につくものは大きく3～5角形、花のつく枝のものは小さく菱形状卵形、いずれも質は厚く、光沢があり、全縁。散形花序に小さな花がつき、花弁は5個、雄しべは5個ある。果実は球形で翌年の初夏に熟す。木蔦。❋10～11月 ●林内や林縁 ❖北海道(奥尻・松前)～九州

11月7日　奥尻島

ウコギ科

オオチドメ
Hydrocotyle ramiflora

茎が地表を長く這い、所々で根と花茎を出し、高さが5～20cmの多年草。葉は長い柄があり互生し、葉身は径1.5～3cmの円形で光沢があり、浅い切れ込みと波状の鋸歯がある。花は葉腋から葉面よりはるかに高い位置に出る長い柄の先の散形花序に10個ほどつき、花弁は5個、雄しべは5個ある。大血止。❋6～8月 ●野山のやや湿った所 ❖北海道～九州　近似種ヒメチドメ(ミヤマチドメ) H. yabei は小形で茎は糸状、花茎は立たず、葉は円形～腎形、径1cm前後で掌状に5～7裂する。花は1～4個つき、葉より低い位置で咲く。姫血止。❋7～10月 ●山地山麓の林下 ❖北海道(渡島)～九州

オオチドメ　7月3日　松前町　　　　果実　　　見つけにくい花　　　　　　ヒメチドメ　8月20日　松前町

ウコギ科

ハリブキ
Oplopanax japonicus

雌雄異株の落葉低木で高さ30cm～1m。鋭い刺が密生する幹は分枝しない。葉は幹の頂端に数個つき、径20～40cmの円心形で、掌状に5～9中裂し、裂片には切れ込みと重鋸歯がある。表面の脈上と葉柄、花序軸にも刺がある。花は幹の頂端から出る花序に多数つき、径4～5mm、花弁は5個、雄しべは5個ある。雌花に雄しべはなく、花柱が2個ある。果実は径約6mmの球形。針蕗。❀6～7月 ●山地～亜高山の林内や草地 ❖北海道、本州（中部・北部）

雄株　6月27日　徳舜瞥山　　　　　果期の姿　　葉の縁の刺

ウコギ科

トチバニンジン
Panax japonicus var. japonicus

高さ50～80cmの多年草で、やや太い根茎がある。茎は直立して長い柄を持つ掌状複葉を3～5個輪生する、小葉は3～7個、重鋸歯縁で先がとがる。花は球形の散形花序につき、径約3mm。がく片、花弁、雄しべは5個。花弁は淡いクリーム色。果実は球形で赤く熟す。栃葉人参。❀6～8月 ●低地～低山の林内 ❖北海道～九州

花弁と対生する雄しべ

花弁(5個) / 花序 / 先が鋭くとがる小葉は3～7個

果実　　　　　　　　　　7月19日　当別町

セリ科

エゾボウフウ
Aegopodium alpestre

根茎が伸びてまとまって生え、高さが30～60cmの多年草。下部の葉は長い柄があり、長さ5～8cmの三角形で、2～3回3出羽状複葉、小葉は切れ込みがあり、終裂片は卵形で鋭い鋸歯縁で先がとがる。花は総苞片と小総苞片のない複散形花序に多数つき、径2～3mmで花弁は5個。果実は卵状長楕円形。蝦夷防風。❀6～7月 ●山地の林内 ❖北海道、本州（中部以北）

がくはない　花序(散形花序の部分)
小総苞片はつかない　花弁は5個
切れ込みのある小葉

7月28日　雨竜町

セリ科

イワミツバ*
Aegopodium podagraria

前種と同属の多年草で、根茎が伸びて群生し、高さは40～80cm。葉は1～2回の3出複葉。小葉の大きさは左右不揃いで長さ3～10cmの長楕円形、鋸歯縁で先がとがり、下部の葉には長い柄がある。花は複散形花序に多数つき、径約2mmで花弁は5個。小総苞片はない。果実は卵状長楕円形。岩三葉。❀6～7月 ●道端や空地 ❖原産地はヨーロッパ各地で増えて厄介者扱い。

卵状長楕円形の果実

満開の花序
若い果実期の花序

7月2日　札幌市南区

セリ科

ミヤマトウキ
Angelica acutiloba var. iwatensis
高さ20〜60cmで臭気のある多年草。茎は分枝して枝や葉柄基部が袋状の鞘となって茎を抱く。葉は硬く光沢があり、2〜3回3出複葉。小葉は長さ5〜10cmの長披針形〜長卵形でさらに切れ込み、鋸歯縁で先がとがる。径約3mm、花弁5個の花が複散形花序に多数つき、総苞片はなく、線形の小総苞片が少数つく。深山当帰。❀6〜8月 ●低山〜亜高山の岩場 ❖北海道、本州(北部)

8月5日　八雲町

セリ科

アマニュウ
Angelica edulis
直立する中空の茎は分枝し、高さ1〜2mの多年草。質が薄い葉は2〜3回3出複葉で、小葉は広卵形、鋸歯縁で基部は心形、頂小葉はさらに3裂する。葉柄基部は少し膨れる。花は径20cm以上で細い小総苞片のある複散形花序に多数つき、径3mmほどで花弁は5個。甘ニュウ(ニュウはアイヌ語)。❀7〜8月 ●低地〜山地の草地や林内 ❖北海道、本州(中部以北)、四国

果実

6月28日　函館市戸井

セリ科

オオバセンキュウ
Angelica genuflexa
高さ60cm〜1.5mの無毛の多年草。茎は上部で分枝する。葉は1〜2回3出複葉で節ごとに下に屈曲し、小葉にもこの傾向がある。小葉は広披針形で長さ3〜10cm重鋸歯縁で先がとがる。花は径3〜4mmで総苞片はなく、小総苞片は糸状で数個ある。大葉川芎。❀7〜8月 ●低地〜山地の湿った所、特に沢沿い ❖北海道、本州(中部・北部)

9月6日　雨竜町

セリ科

エゾノヨロイグサ
Angelica anomala
ふつう紫褐色をおびた茎が枝を分けて直立し、高さ1〜2mの多年草。葉は2〜3回3出複葉、小葉は厚く硬く光沢があり、鋸歯縁で先がとがり、やや下向きに伸びる。葉柄基部は大きな鞘となる。花は大きな複散形花序に多数つき、総苞片も小総苞片もない。花は径約3mm、花弁は5個ある。蝦夷鎧草。❀7〜8月 ●海岸〜山地の草地 ❖北海道、本州(鳥取・中部以北)

7月9日　幌延町

セリ科

ホソバトウキ
Angelica stenoloba
前掲のミヤマトウキの亜種とされていた。直立する茎は紫褐色をおび、高さ20～50cmの多年草。葉は2～3回3出複葉で小葉は広線形で幅3mm前後、鋸歯縁で先がとがる。細葉当帰。✿7～8月 ●夕張岳、日高山脈、アポイ岳の超塩基性岩地 品種**トカチトウキ**は葉の幅が1cmほどで、日高山脈の岩場に産す。

6月30日　むかわ町穂別　　　　　　　　　花序の一部

セリ科

エゾニュウ
Angelica ursina
壮大な1回繁殖形の多年草で中空の茎が高さが3mになるものもある。葉は2～3回3出複葉で小葉はさらに裂け、裂片の基部は軸に流れ、葉柄基部は大きく膨らんで肉質の鞘となる。壮大な複散形花序に小さな花が無数につき、総苞片はあっても1個、小総苞片は数個つく。蝦夷ニュウ（ニュウはアイヌ語）。✿7～8月 ●海岸～山地の草地 ❀北海道、本州（中部・北部）

7月25日　礼文島

セリ科

シャク (コジャク)
Anthriscus sylvestris
軟弱そうに見える多年草で紫斑のないよく分枝する茎は直立して高さ1～1.5m。葉は質が軟らかく、2～3回3出複葉で小葉はさらに細裂して先が尾状に伸びる。花は複散形花序に多数つき、花序の中心側の花および花弁が小さい。果実は披針形で黒っぽい。若菜は食用になる。サク（シシウド）の転化か。✿5月下～7月 ●低地～山地の林内など ❀日本全土 よく似た**ドクニンジン***の茎には紫斑がある。＊原産地はヨーロッパ

6月2日　帯広市　　紫斑のない茎　ドクニンジンの茎

セリ科

セントウソウ
Chamaele decumbens
無毛で軟弱な多年草で高さは10～30cm。葉は根生状につき、紫色をおびた長い柄があり、基部は鞘状。葉身は長さ3～8cm、2～3回の羽状複葉で裂片はさらに様々に切れ込み、先はややとがる。複散形花序の枝は不同長で、総苞片と小総苞片はない。花は径2mmほど、花弁は5個で平開する。果実は楕円形で長さ約3mm。仙洞草。✿4～6月 ●山地の広葉樹林内 ❀北海道～九州

5月21日　新冠町

セリ科

レブンサイコ
Bupleurum triradiatum
高さが5～15cmの多年草。根出葉は長さ3.5cm前後の倒披針形。茎葉はないか、1～2個で、葉脈は単子葉類のような平行脈。茎頂に複散形花序を乗せ、総苞片は葉状。小散形花序には卵円形の大きな小総苞片と小さな花が十数個つき、小総苞片は小花柄より長い。花色は黄色～褐色。雄しべ5個は落ちやすい。礼文柴胡。❋7～8月 ◉亜高山～高山のれき地や草地、岩場 ❀北海道

セリ科

エゾサイコ（ホソバノコガネサイコ）
Bupleurum nipponicum var. yesoense
ハクサンサイコの超塩基性岩変形型とされ、茎は高さ40cm前後。葉は披針形で茎葉の基部はやや茎を抱く。小総苞片も披針形で先がとがる。蝦夷柴胡。❋7～8月 ◉高山の草地や渓流沿い ❀北海道（日高山脈・アポイ岳）

花(花弁と雄しべ5個)

7月31日　増毛山系黄金山

果期の姿　　　　　　　　　　　　　　　8月22日　アポイ岳

セリ科

ホタルサイコ
Bupleurum longiradiatum var. breviradiatum
高さが50cm～1.5mになる多年草。茎葉は長さ15cmほどで基部が耳状となって茎を抱く。下部の葉には翼のついた柄があり、裏面は白色。花は茎頂や対生する枝先につく複散形花序に多数つき、小散形花序の径は1cmほど、花弁と雄しべは5個ある。蛍柴胡。❋7～8月 ◉海岸や山地の草原 ❀北海道～九州　基準変種のオオホタルサイコ var. longiradiatum の小花柄は細く、果実の2～3倍長。変種コガネサイコ var. shikotanense はやや小形で葉が密につき、小花柄は果実より短いとされ、その壮大なものはエゾホタルサイコ var. sachalinense とされていたが中間の個体もあり、判別は難しい。

若い果期の花序

小花柄は細く長い

エゾホタルサイコの型　8月7日　えりも町　　　ホタルサイコ　7月2日　深川市　　コガネサイコ(若い果期)　　オオホタルサイコ　7月31日　置戸町

セリ科

■エゾノシシウド
Coelopleurum gmelinii

高さが1〜1.5mになる大形の多年草。葉は1〜2回の羽状複葉で、葉柄の基部は袋状となる。小葉は卵形で厚みと光沢があり、表面に皺が多く、鋸歯縁で先がとがる。頂小葉は時に3裂する。花は複散形花序に密に多数つき、花序はこんもりした形となり、総苞片は0〜2個、小総苞片は披針形。小花柄は長さ4〜7mm。果実は楕円形でほぼ無毛。蝦夷猪独活。❀6〜7月 ●海岸の草地やれき地 ◆北海道、本州（北部） 近似種エゾヤマゼンゴ *C. multisectum* f. *trichocarpum* は道内の亜高山帯以上に生え、葉は2〜3回羽状複葉。花はよりまばらにつき、花序の上部はやや平らになり、総苞片はない。小花柄は長さ1〜1.5cm。果実は有毛。

エゾノシシウド　6月27日　浜頓別町 ／ 果実 ／ エゾヤマゼンゴ　8月5日　大雪山

セリ科

■カラフトニンジン
Conioselinum kamtschaticum

縦筋が走る茎は太く高さ20〜90cmで無毛の多年草。葉はやや厚く光沢と皺があり、2〜3回の羽状複葉で、小葉はさらに切れ込む。根出葉には長い柄があり、茎葉の葉柄基部は膨らんだ鞘状となる。複散形花序には総苞片と小総苞片がある。花は径約5mmで花弁と雄しべは5個。果実は長楕円形で長さ5mmほど。樺太人参。❀8〜9月 ●海岸の草地や岩地 ◆北海道

9月2日　根室半島　／　果実

セリ科

■ミヤマセンキュウ
Conioselinum filicinum

多年草で、縦筋が走る中空の茎は上部で分枝し、高さは40〜80cm。葉は2〜3回の羽状複葉で小葉はさらに切れ込み、鋸歯縁で先は尾状となってとがり、厚みと光沢はなく、柄の基部は袋状となって茎を抱く。複散形花序に糸状の小総苞片が目立つ。花と5個の花弁は花序の中心部ほど小さくなる。果実は広卵形で扁平。深山川芎。❀7月下〜9月 ●山地〜亜高山の草地や林縁 ◆北海道、本州（中部以北）

8月10日　大雪山

セリ科

■オオハナウド
Heracleum sphondylium subsp. montanum
1回繁殖型の多年草で高さ1.5〜2m、時に群生する。全体に毛が多く、ざらつく。葉は3出複葉で小葉はさらに大きく裂けて縁に不規則な深い切れ込みと鋸歯がある。複散形花序は大きく、総苞片と小総苞片がある。花は5数性で花弁は小散形花序の中心部では小さく外側で大きく、特に外周の花弁は大きく先が2裂する。果実は薄く倒卵形。大花独活。❋5〜7月 ●低地〜山地の明るい所 ❖北海道、本州（近畿以北）

6月17日　札幌市藻岩山

セリ科

■ミツバ
Cryptotaenia japonica
高さ30〜80cmで芳香のある多年草。根出葉や下部の葉には長い柄がある。葉は質が薄く3出複葉で、小葉は卵形〜狭卵形で長さ3〜8cm、先がとがり重鋸歯縁。散形花序は小さく、柄の長さは不揃い。花は径2〜3mm、花弁と雄しべが5個。果実は長楕円形。山菜として摘まれ、野菜として栽培される。三葉。❋7〜8月 ●低地〜山地の湿った林内 ❖北海道〜九州 紫色の葉の個体をムラサキミツバという。

7月29日　札幌市藻岩山

セリ科

■ノラニンジン*
Daucus carota
高さ40cm〜1mの1回繁殖型の多年草。茎には粗い毛が生える。葉は長さ20cm前後になり、2回羽状複葉で小葉はさらに羽状深裂する。複散形花序に羽状に裂けた総苞片がつく。花と花弁は花序の中心部ほど小さくなる。果実は長さ3mmほどで、稜上に刺が並ぶ。栽培されるニンジンの野生種が原種とされるが根は細い。野良人参。❋7〜9月 ●道端や空地 ❖原産地はヨーロッパ

7月24日　札幌市

セリ科

■ハマボウフウ（ハマニンジン）
Glehnia littoralis
地上部が5〜30cmになる多年草。全体に白い軟毛が密生する。葉は質が厚く硬く、1〜2回の3出複葉で小葉はさらに3裂し、裂片の先は円い。下部の葉には長い柄がある。花は軸の太い複散形花序に密につき、卵形のがく歯がある。果実は楕円形で隆起した稜があり、長さ約5mm。根茎や若芽が食材として採取されて数が激減した。浜防風。❋6〜8月 ●海岸の砂地 ❖日本全土

8月7日　湧別町

セリ科

ハクサンボウフウ
Peucedanum multivittatum
高さ30～90cmの変異の大きな多年草。肥厚する根はヒグマの餌となる。茎は中空。葉は1～2回の3出複葉で小葉は長さ3～5cmの広～狭卵形で粗い鋸歯縁。小葉はさらに切れ込むが、その形は様々。下部の葉に柄があり基部が袋状になって茎を抱く。花は複散形花序に多数つくが、総苞片と小総苞片はない。果実は扁平な楕円形で長さ約8mm、縁に狭いながら翼がある。白山防風。❀6月下～9月 ●亜高山～高山の湿った草地 ❖北海道、本州（中部以北） 品種エゾノハクサンボウフウの小葉は裂片の幅が1cm以下の線形に深く切れ込み、先が尾状に伸び、アポイ岳などに産する。その中間の型が品種キレハノハクサンボウフウで基本種と同じ地域に見られる。

ハクサンボウフウ　8月8日　大雪山
キレハノハクサンボウフウ　7月21日　狩場山
エゾノハクサンボウフウ　6月4日　アポイ岳

セリ科

カワラボウフウ
Peucedanum terebinthaceum
生育環境により草姿が大きく変わる、高さ30～90cmの多年草。葉柄基部付近は長い鞘となる。葉は1～2回の3出複葉で小葉は卵形でさらに切れ込むが、その形は様々で鋸歯縁。複散形花序は数個つき、総苞片は0～2個、小総苞片は数個つく。花弁は内側に巻き、時に淡紅色。果実は広楕円形。河原防風。❀7月下～9月 ●山地の岩場やその周辺 ❖北海道～九州

8月17日　小樽市
8月12日　ニペソツ山

セリ科

イブキボウフウ
Libanotis coreana
全体に毛があり、高さ30～90cmの多年草。茎は中実で硬く、上部で分枝する。葉は2～3回羽状複葉で小葉はさらに切れ込み、裂片の変異が大きい。花は複散形花序に密に多数つき、径3mmほどの長三角形のが歯がある。果実は有毛。伊吹防風。❀7月下～9月 ●海岸から山地の日当たりのよい所 ❖北海道～九州 品種ハマイブキボウフウは海岸に生え、葉が厚く、終裂片の幅が広い。

8月13日　島牧村大平山

セリ科

■ヤブニンジン(ナガジラミ)
Osmorhiza aristata var. aristata
高さ30～80cmの多年草で、花時まで全体に白軟毛があるが、やがて落ちる。葉は質が軟らかく、2～3回羽状複葉で小葉はさらに羽裂して深い鋸歯縁。葉柄基部は鞘となる。複散形花序はややまばらで、総苞片と小総苞片があるが、果期には落ちる。小散形花序の中央に雄花、周囲に両性花がつく。果実は長さ2cmほどの棍棒状。藪人参。❀5～6月 ●低地～低山の林内 ❖北海道～九州

5月7日 函館市

セリ科

■ヤブジラミ
Torilis japonica
高さ30cm～1mの越年草で、全体に硬い細毛がありざらつく。葉は2～3回羽状複葉で、小葉はさらに切れ込み深い鋸歯縁で先は尾状にとがる。花は小さな複散形花序につき、径約3mm。短い柄は果期に2～3cmになる。果実は卵形で鉤状の刺毛が密生し、衣服や動物について運ばれる。藪虱。❀7～8月 ●低地～低山の林縁や道端 ❖日本全土

果実　　　　　　　　　　　　　　　7月29日 松前町

セリ科

■マルバトウキ
Ligusticum hultenii
暗紫色をおびた茎が伸びて高さ30cm～1mで無毛の多年草。葉は厚みと光沢があり、2回3出複葉で小葉は長さ3～8cmの円形～楕円形で鋸歯縁。複散形花序には総苞片と小総苞片がある。花は径4mmほどで花弁と雄しべは5個。果実は長楕円形。丸葉当帰。❀7～8月 ●海岸の草地や岩場 ❖北海道、本州(北部)

7月14日 礼文島

セリ科

■セリ
Oenanthe javanica subsp. javanica
無毛で明るい緑色の多年草で高さ20～60cm。地中や地表を匍匐枝が伸びて群生する。葉は1～2回の羽状複葉で、終裂片は長さ2～3cmの卵形～狭卵形で、先がとがる。複散形花序には長い小総苞片がある。花は径約3mm、果実は楕円形で長さ3mmほど。全草に香りがあり食用にされる。春の七草のひとつ。芹。❀7月下～8月 ●低地の湿地や水辺 ❖日本全土

地表を伸びる匍匐枝　　　　　　　　9月2日 根室市

セリ科

■タニミツバ
Sium serra

高さ60〜90cmの多年草。中空の茎は細くて軟弱。葉は羽状複葉で、小葉は3または5個、柄はなく倒披針形、先がとがり細かい鋸歯縁。頂小葉は長さ10cm前後。花は散形花序につくが、花序の枝は少なくまばら。花は径1.5mmと小さく目立たない。果実は卵形で長さ3mmほど。谷三葉。❋7〜8月 ●山地の湿った所 ❖北海道、本州(中部以北)

8月7日 白老町　卵形の果実

セリ科

■ヌマゼリ（サワゼリ）
Sium suave var. nipponicum

中空の茎はよく分枝して高さが60cm〜1mになる多年草。葉は羽状複葉で、小葉は9個以下で長さ3〜10cm、幅が広く狭披針形、先がとがり鋭い鋸歯縁。複散形花序に広線形の総苞片と小総苞片がある。花は径約3mm、三角形のがく歯がある。果実は長さ約3mmの楕円形。沼芹。❋8〜9月 ●湿地や水辺 ❖北海道〜九州　基準変種**トウヌマゼリ**は小葉が線状披針形で7〜17個あり、がく歯は目立たない。❖北海道、本州

トウヌマゼリ 8月25日 白糠町

ヌマゼリ 8月29日 苫小牧市

セリ科

■ムカゴニンジン
Sium ninsi

高さ30cm〜60cmの軟弱な多年草。細い茎が直立するが、節々で電光形にゆるく折れる。枝の付け根や葉腋にむかごができる。葉は羽状複葉で、小葉はやや厚く3〜5個、披針形でほとんど無柄。花序には披針形の総苞片と小総苞片がある。果実は球形。珠芽人参。❋8月下〜9月 ●低地の湿原 ❖北海道〜九州

9月1日 えりも町　むかご

セリ科

■オオカサモチ（オニカサモチ）
Pleurospermum uralense

無毛で中空の太い茎は直立して高さ1.5m前後になる多年草。上部で枝を対生、または輪生する。葉は2〜3回羽状複葉で、小葉はさらに切れ込み、不揃いの鋸歯縁。複散形花序は壮大で、茎頂のものは径30cmにもなり、葉状の総苞片と小総苞片が目立つ。果実は卵形で長さ約7mm。大傘持。❋6〜8月 ●低地〜山地の日当たりのよい所 ❖北海道、本州(中部以北)

果実　6月27日 浜頓別町

セリ科

ウマノミツバ
Sanicula chinensis
高さ30cm～80cmの多年草。茎は上部で分枝する。葉は3全裂し、側片がさらに2深裂する葉がある。表面は葉脈に沿って凹んで皺状。縁には欠刻や鋸歯がある。花序は枝先につき、両性花が中心部に、子房のない小さな雄花がその周囲を囲む。花弁と雄しべが5個、花柱は2個ある。がくに鉤状の刺があり、果期に動物などについて運ばれる。馬三葉。❀7～8月 ●低地～低山の林内 ❦北海道～九州

7月21日 札幌市

セリ科

カノツメソウ (ダケゼリ)
Spuriopimpinella calycina
高さ50～90cmの多年草。無毛の茎は細いが中空で硬い。葉は薄く柄があり、上部の葉は1回、下部の葉は2回の3出複葉。小葉は長さ4～10cm、先が尾状にとがり鋸歯縁。花はまばらな複散形花序につき、径約3mm、花弁と雄しべは5個。果実は長さ6mm。鹿爪草。❀8～9月 ●低地～山地の林内 ❦北海道～九州

果実　　　　　　　　　　　　　　　　8月7日　札幌市南区

セリ科

ハマゼリ
Cnidium japonicum
茎は地表を這うように伸びて長さ10～30cmになる無毛の多年草。厚く光沢のある葉は3～5個の羽状に裂け、裂片はさらに裂け、頂裂片は長さ6～7mm。複散形花序には総苞片と小総苞片があり、花は径約2mm、花弁と雄しべは5個で花弁はやや内側に巻く。果実は卵形で長さ3mmほど。浜芹。❀8～10月 ●海岸の岩地や砂地 ❦北海道（渡島～日高）～九州

9月12日 上ノ国町

セリ科

ドクゼリ
Cicuta virosa
高さ60cm～1mで無毛の多年草。太い根茎は緑色で節があって竹の子状。葉は2～3回の羽状複葉で終裂片は線状披針形～広披針形、鋭い鋸歯縁で長さ3～8cm。花は球形に近い複散形花序に多数つき、径約3mm。総苞片はなく、線形の小総苞片が数個つく。果実は球形で径3mmほど。毒芹。❀7～8月 ●湖沼や沼、川などの水辺 ❦北海道～九州

根茎の縦断面　　　　　　　　　　　7月16日　むかわ町

セリ科

■イブキゼリモドキ
Tilingia holopetala

高さが40〜80cmになる無毛の多年草。細い茎は上部で分枝する。葉はやや硬く光沢があり、2〜3回3出複葉で小葉には粗い切れ込みと鋸歯があり、先はとがるが尾状にはならない。葉柄基部は赤味をおびた鞘となる。複散形花序に総苞片と小総苞片があり、花は径2〜3mmでややまばらにつく。果実は長楕円形で長さ約4mm。伊吹芹擬。❋7月中〜9月 ●山地〜亜高山の日当たりのよい所 ❖北海道、本州

セリ科

■ミヤマウイキョウ
Tilingia tachiroei

高さ10〜30cmで無毛の多年草。葉は1〜4回3出複葉で終裂片は細い幅1mm以下の糸状に切れ込む。複散形花序は線形の総苞片と小総苞片がそれぞれ数個つき、花は径1.5〜2mm。果実は長さ4mmほどの長楕円形で、5本の隆起がある。深山茴香。❋7〜8月 ●山地〜高山の岩場に局所的 ❖北海道(渡島半島・日高)、本州、四国

8月15日 夕張岳　　果実

果実　　8月27日 島牧村大平山

セリ科

■シラネニンジン (チシマニンジン)
Tilingia ajanensis

変異の大きな、高さ10〜30cmでほぼ無毛の多年草。葉はほとんどが大きな根出葉で下部に集まり、2回羽状複葉で小葉はさらに深裂し、終裂片は線形〜広披針形、粗い鋸歯縁で光沢がある。葉柄基部は鞘状となって茎を抱く。複散形花序には少数の総苞片と数個の小総苞片があり、花は径約2mm。ごく小さな三角形のがく歯がある。果実は長さ3mmほどの卵状楕円形。白根人参。❋7〜8月 ●亜高山〜高山のれき地や湿地 ❖北海道、本州(中部以北) 変種ヒメシラネニンジン var. angustissimaは全体小形で高さ最大で20cmほど。葉の終裂片が線形。アポイ岳に産する超塩基性岩変形植物。また葉の裂片の幅が広いものを品種ヒロハシラネニンジンと、櫛歯状のものを品種ホソバシラネニンジンと分ける場合がある。

シラネニンジン　8月15日　北大雪山系平山　　ヒロハシラネニンジン 7月25日 礼文島　　ヒメシラネニンジン 8月29日 アポイ岳

和名索引

*は帰化植物

ア

アイアシ 107
アイイタドリ 223
アイヌガラシ 212
アイヌソモソモ 104
アイヌタチツボスミレ 187
アイヌワサビ 212
アオイスミレ 189
アオキクサ 21
アオオニタビラコ 361
アオゲイトウ* 245
アオコウガイゼキショウ 76
アオゴウソ 83
アオスゲ 84
アオスズラン 47
アオチドリ 45
アオツヅラフジ 110
アオノイワレンゲ 137
アオノツガザクラ 262
アオヒメタデ 225
アオミズ 157
アオミノエンレイソウ 32
アオモリアザミ 352
アオヤギソウ 31
アカオニタビラコ 361
アカカタバミ 179
アカザ* 246
アカソ 158
アカツメクサ* 152
アカネ 276
アカネスミレ 191
アカネムグラ 276
アカノマンマ 226
アカバナ 202
アカバナエゾノコギリソウ 325
アカミタンポポ* 366
アカミノイヌツゲ 319
アカミノエンレイソウ 32
アカミノルイヨウショウマ 112
アカモノ 260
アカンカサスゲ 89
アカンスゲ 81
アカンテンツキ 92
アキカラマツ 125
アキズミレ 188
アキタブキ 337
アギナシ 24
アキノウナギツカミ 229
アキノエノコログサ 107
アキノキリンソウ 348

アキノギンリョウソウ 263
アキノコハマギク 327
アキノノゲシ 363
アキノミチヤナギ 224
アキメヒシバ 106
アクシバ 270
アクリスキンポウゲ* 123
アケビ* 110
アケボノシュスラン 48
アケボノスミレ 192
アケボノセンノウ* 243
アケボノソウ 280
アサ* 160
アサギリソウ 340
アサツキ 63
アサヒカワアザミ 354
アサヒラン 47
アシ 106
アシボソアカバナ 203
アスパラガス 65
アズマイチゲ 116
アズマガヤ 102
アズマツメクサ 136
アズマナルコ 83
アゼスゲ 82
アゼテンツキ 92
アゼナ 291
アゼムシロ 322
アッケシアザミ 355
アッケシソウ 248
アツモリソウ 44
アナマスミレ 191
アブラガヤ 94
アポイアザミ 356
アポイアズマギク 332
アポイイワザクラ 255
アポイカラマツ 125
アポイキンバイ 168
アポイクワガタ 297
アポイコザクラ 255
アポイゼキショウ 22
アポイタチツボスミレ 187
アポイタヌキラン 85
アポイツメクサ 232
アポイハコ 336
アポイマンテマ 242
アポイヤブキショウマ 176
アマ* 197
アマチャヅル 177
アマドコロ 68
アマニュウ 375

アマモ 25
アミガサソウ 180
アムールイチゲ 116
アメリカアサガオ* 288
アメリカアゼナ* 291
アメリカイヌホオズキ* 290
アメリカオニアザミ* 357
アメリカスミレサイシン* 193
アメリカセンダングサ* 343
アメリカセンノウ* 244
アメリカホドイモ* 144
アヤメ 61
アライトツメクサ* 236
アラゲハンゴンソウ* 345
アラゲヒョウタンボク 370
アラシグサ 131
アリタソウ* 247
アリドオシラン 45
アリノトウグサ 140
アルファルファ* 148
アレチイヌノフグリ* 298
アレチウリ* 178
アレチノゲシ* 359
アワ 107
アワコガネギク* 327
アワゴケ 292

イ

イ 75
イイヌマムカゴ 57
イガオナモミ* 324
イガホオズキ 289
イグサ 75
イケマ 283
イシカリキイチゴ* 173
イシミカワ 229
イソオバコ 295
イソスミレ 187
イソツツジ 266
イソホウキギ* 247
イタチササゲ 146
イタチジソ 304
イタチハギ* 142
イタドリ 223
イチゲイチヤクソウ 263
イチゲキスミレ 184
イチゲフウロ 198
イチビ* 205
イチヤクソウ 264
イチョウバイカモ 124
イチョウラン 46

イッポンスゲ 81
イトアオスゲ 84
イトイヌノハナヒゲ 93
イトイヌノヒゲ 28
イトキンスゲ 78
イトキンポウゲ 124
イトヒキスゲ 80
イトモ 27
イヌイ 75
イヌカキネガラシ* 219
イヌカミツレ* 326
イヌガラシ 218
イヌキクイモ* 344
イヌゴマ 310
イヌシロネ 306
イヌタデ 226
イヌタヌキモ 317
イヌトウバナ 302
イヌナズナ 215
イヌビエ 106
イヌビユ* 245
イヌホオズキ 290
イヌホタルイ 92
イヌヨモギ 341
イノコヅチ 245
イブキジャコウソウ 310
イブキスミレ 189
イブキゼリモドキ 384
イブキヌカボ 103
イブキノエンドウ* 154
イブキボウフウ 380
イボクサ 70
イボタノキ 291
イワアカバナ 202
イワイチョウ 323
イワウメ 257
イワオウギ 145
イワカガミ 257
イワギキョウ 321
イワキスゲ 87
イワキンバイ 167
イワツツジ 271
イワナシ 260
イワニガナ 358
イワノガリヤス 99
イワハゼ 260
イワヒゲ 259
イワブクロ 294
イワベンケイ 138
イワミツバ* 374
イワムラサキ 284

イワヨモギ 341
インチンナズナ* 219

ウ

ウィンカ* 281
ウェントリコスムアツモリソウ 44
ウキガヤ 101
ウキクサ 21
ウキミクリ 73
ウキヤガラ 94
ウコンウツギ 372
ウサギギク 344
ウシオスゲ 82
ウシオツメクサ 237
ウシクグ 90
ウシタキソウ 200
ウシノケグサ 101
ウシノヒタイ 228
ウシハコベ 238
ウスイロスゲ 79
ウスキツリフネ 250
ウスノキ 271
ウスバアカザ* 246
ウスバスミレ 190
ウスベニツメクサ* 237
ウスユキソウ 335
ウスユキトウヒレン 351
ウスユキマンネングサ* 139
ウズラバハクサンチドリ 45
ウチワドコロ 29
ウツボグサ 308
ウド 373
ウナギツカミ 229
ウマノアシガタ 123
ウマノチャヒキ* 98
ウマノミツバ 383
ウミミドリ 253
ウメガサソウ 261
ウメバチソウ 178
ウメバチモ 124
ウラギク 329
ウラゲコバイケイ 31
ウラシマソウ 20
ウラシマツツジ 258
ウラジロアカザ* 246
ウラジロキンバイ 169
ウラジロタデ 222
ウラジロナナカマド 176
ウラジロヨウラク 266
ウラホロイチゲ 116
ウリカワ 24
ウリュウキンポウゲ 123
ウリュウコウホネ 16
ウリュウトウヒレン 350
ウルップソウ 294
ウロコナズナ* 217

エ

ウワバミソウ 159
ウンラン 293

エサシソウ* 300
エゾ(キ)イチゴ 171
エゾアオイスミレ 189
エゾアカバナ 202
エゾアジサイ 249
エゾアツモリソウ 44
エゾアブラガヤ 94
エゾイソツツジ 266
エゾイチゲ 117
エゾイチゴ 171
エゾイチヤクソウ 265
エゾイヌゴマ 310
エゾイヌナズナ 215
エゾイヌノヒゲ 28
エゾイブキトラノオ 221
エゾイボタ 291
エゾイラクサ 160
エゾイワツメクサ 239
エゾウキヤガラ 94
エゾウサギギク 344
エゾウスユキソウ 335
エゾウメバチソウ 178
エゾウラジロハナヒリノキ 260
エゾエンゴサク 108
エゾオケマン 108
エゾオオサクラソウ 255
エゾオオバコ 295
エゾオオヤマハコベ 241
エゾオオヨモギ 339
エゾオグルマ 346
エゾオトギリ 195
エゾオヤマノエンドウ 150
エゾオヤマリンドウ 278
エゾカラマツ 125
エゾカワラナデシコ 244
エゾカンゾウ 65
エゾキイチゴ 171
エゾキケマン 109
エゾキスゲ 65
エゾキスミレ 184
エゾキヌタソウ 272
エゾキンポウゲ 123
エゾギンラン 42
エゾクガイソウ 299
エゾクロクモソウ 131
エゾグンナイフウロ 197
エゾコウゾリナ 360
エゾコウボウ 97
エゾコウボウムギ 79
エゾコウホネ 16
エゾコゴメグサ 313
エゾコザクラ 256

エゾゴゼンタチバナ 249
エゾゴマナ 328
エゾサイコ 377
エゾサカネラン 54
エゾサワスゲ 88
エゾシオガマ 316
エゾシモツケ 175
エゾショウマ 112
エゾシロネ 306
エゾスカシユリ 37
エゾスグリ 135
エゾスズシロ 216
エゾスズラン 47
エゾゼンテイカ 65
エゾソナレギク 327
エゾタイセイ 216
エゾタカネスミレ 185
エゾタカネセンブリ 280
エゾタカネツメクサ 235
エゾタカネニガナ 364
エゾタカラコウ 347
エゾタチカタバミ 179
エゾタツナミソウ 309
エゾタンポポ 366
エゾチドリ 57
エゾツツジ 269
エゾツルキンバイ 162
エゾトウウチソウ 174
エゾトウヒレン 350
エゾトリカブト 114
エゾナツボウズ 206
エゾナミキ 309
エゾナミキソウ 309
エゾニガクサ 310
エゾニュウ 376
エゾニワトコ 368
エゾヌカボ 96
エゾネギ 63
エゾネコノメソウ 130
エゾノイワハタザオ 208
エゾノカワヂシャ 296
エゾノカワラマツバ 275
エゾノギシギシ* 231
エゾノキツネアザミ 353
エゾノキリンソウ 138
(仮)エゾノキレハアザミ 356
エゾノクサイチゴ 163
エゾノクサタチバナ 282
エゾノクモマグサ 133
エゾノコギリソウ 325
エゾノコンギク 328
エゾノサヤヌカグサ 96
エゾノサワアザミ 356
エゾノシシウド 378
エゾノシモツケソウ 163
エゾノジャニンジン 211

エゾノシロバナシモツケ 175
エゾノタウコギ 343
エゾノタカネヤナギ 183
エゾノタチツボスミレ 185
エゾノダッタンコゴメグサ 313
エゾノチチコグサ 335
エゾノチャルメルソウ 129
エゾノツガザクラ 262
エゾノハクサンイチゲ 118
エゾノハクサンボウフウ 380
エゾノハクサンラン 42
エゾノハナシノブ 251
エゾノハハコグサ* 336
エゾノヘビイチゴ* 163
エゾノホソバトリカブト 115
エゾノマルバシモツケ 175
エゾノミクリゼキショウ 75
エゾノミズタデ 225
エゾノミツモトソウ* 170
エゾノミヤマアザミ 355
エゾノミヤマハコベ 238
エゾノユキヨモギ 339
エゾノヨツバムグラ 273
エゾノヨモギギク 345
エゾノヨロイグサ 375
エゾノリュウキンカ 121
エゾノレイジンソウ 113
エゾノレンリソウ 146
エゾバイケイソウ 31
エゾハコベ 240
エゾハタザオ 208
エゾハハコヨモギ 340
エゾハマツメクサ 236
エゾハリスゲ 78
エゾヒナスミレ 192
エゾヒナノウスツボ 299
エゾヒメアマナ 36
エゾヒメクワガタ 299
エゾヒョウタンボク 369
エゾフウロ 198
エゾブキ 337
エゾフジタンポポ 365
エゾフスマ 240
エゾベニヒツジグサ 17
エゾボウフウ 374
エゾホソイ 75
エゾホタルサイコ 377
エゾマツムシソウ 372
エゾママコナ 313
エゾマミヤアザミ 356
エゾマメヤナギ 182
エゾマンテマ 241
エゾミクリ 73
エゾミズタマソウ 200
エゾミセバヤ 136
エゾミソハギ 199

386

エゾミツバフウロ 198
エゾミヤマエンレイソウ 33
エゾミヤマクワガタ 297
エゾミヤマツメクサ 235
エゾミヤマトラノオ 297
エゾミヤマハンショウヅル 120
エゾムカショモギ 332
エゾムギ 100
エゾムグラ 273
エゾムラサキ 285
エゾムラサキツツジ 267
エゾムラサキニガナ 364
エゾモメンヅル 143
エゾヤマアザミ 352
エゾヤマゼンゴ 378
エゾユズリハ 128
エゾヨツバシオガマ 314
エゾヨモギ 339
エゾリンドウ 278
エゾリソウ 287
エゾルリトラノオ 297
エゾルリムラサキ 284
エゾレイジンソウ 113
エゾワサビ 212
エゾワタスゲ 92
エゾワニグチソウ 69
エダウチチチコグサ* 336
エナシヒゴクサ 88
エニシダ* 144
エノキグサ 180
エノコログサ 107
エビガライチゴ 172
エビヅル 141
エビネ 40
エビモ 26
エフデギク* 362
エフデタンポポ* 362
エンコウソウ 121
エンバク* 97
エンビセンノウ 244
エンレイソウ 32

オ
オウシュウマンネングサ 139
オオアカネ 276
オオアカバナ* 202
オオアキノキリンソウ 348
オオアゼスゲ 82
オオアブノメ* 292
オオアマドコロ 68
オオアマモ 25
オオアワガエリ* 103
オオアワダチソウ* 348
オオイタドリ 223
オオイトスゲ 84
オオイヌ 75

オオイヌタデ 226
オオイヌノハナヒゲ 93
オオイヌノフグリ* 298
オオイワカガミ 257
オオイワツメクサ 239
オオウサギギク 344
オオウシノケグサ 101
オオウバユリ 35
オオウメガサソウ 261
オオエノコロ* 107
オオカサスゲ 89
オオカサモチ 382
オオカナダオトギリ* 196
オオカメノキ 367
オオカモメヅル 282
オオガヤツリ 91
オオカラマツ 125
オオカワズスゲ 80
オオガンクビソウ 338
オオキソチドリ 58
オオキヌタソウ 276
オオケタデ* 226
オオサクラソウ 255
オオジシバリ 358
オオシュロソウ 31
オオスズメノテッポウ* 97
オオセンナリ* 289
オオダイコンソウ 164
オオタカネキタアザミ 351
オオタカネバラ 166
オオタチツボスミレ 186
オオタヌキモ 317
オオチゴユリ 34
オオチドメ 373
オーチャードグラス* 100
オオツルイタドリ 223
オオトボシガラ 101
オートムギ* 97
オオナミキソウ 309
オオナルコユリ 68
オオヌマハリイ 91
オオネズミガヤ 105
オオネバリタデ 227
オオノアザミ 352
オオバイカモ 124
オオバオトギリ 195
オオバキスミレ 184
オオバギボウシ 66
オオバクサフジ 154
オオバコ 295
オオハコベ 238
オオバスノキ 271
オオバセンキュウ 375
オオバタケシマラン 39
オオバタチツボスミレ 188
オオバタネツケバナ 212

オオバチシマコハマギク 327
オオハナウド 379
オオバナノエンレイソウ 33
オオバナノミミナグサ 234
オオバノヤエムグラ 274
オオバノヨツバムグラ 273
オオバヒョウタンボク 370
オオバミゾホオズキ 312
オオバヨモギ 341
オオハンゴンソウ* 345
オオヒナノウスツボ 299
オオヒラウスユキソウ 335
オオヒラタンポポ 365
オオフガクスズムシ 51
オオブキ 337
オオブタクサ* 324
オオベニタデ* 226
オオヘビイチゴ* 169
オオホタルサイコ 377
オオマツヨイグサ* 204
オオマムシグサ 19
オオマルバノホロシ 290
オオミミナグサ 234
オオヤマオダマキ 119
オオヤマサギソウ 59
オオヤマフスマ 233
オオユリワサビ 213
オオヨモギ 339
オオワタヨモギ 341
オカウツボ 312
オカダゲンゲ 150
オカトラノオ 253
オカヒジキ 247
オギ 106
オギョウ 343
オクエゾサイシン 18
オククルマムグラ 272
オククロウスゴ 269
オクシリエビネ 40
オクトリカブト 115
オクノカンスゲ 84
オクミチヤナギ* 224
オクモミジカラマツ 126
オクヤマスミレ 190
オグルマ 342
オシマオトギリ 194
オシマタネツケバナ 207
オシマレイジンソウ 113
オショロソウ 281
オゼコウホネ 16
オゼソウ 29
オゼニガナ 358
オゼノサワトンボ 52
オダサムタンポポ 365
オッタチカタバミ* 179
オトギリソウ 194

オトコエシ 371
オトコヨモギ 339
オトメスミレ 186
オドリコソウ 304
オナモミ 324
オニオトコヨモギ 339
オニカサモチ 382
オニカンゾウ* 64
オニク 312
オニシモツケ 163
オニタビラコ 361
オニツリフネソウ* 250
オニツルウメモドキ 178
オニドコロ 29
オニナルコスゲ 89
オニノゲシ* 359
オニノヤガラ 46
オニハマダイコン* 209
オニユリ* 37
オニルリソウ 284
オノエリンドウ 279
オハグロスゲ 82
オハツキガラシ* 220
オヒルムシロ 26
オホーツクテンツキ 92
オミナエシ 371
オモダカ 24
オヤマソバ 222
オヤマボクチ 349
オランダガラシ* 213
オランダキジカクシ 65
オランダゲンゲ* 152
オランダハッカ 307
オランダミミナグサ 234
オロシャギク* 326
オンタデ 222

カ
カイサカネラン 54
カイジンドウ 301
カオルツガザクラ 262
ガガイモ 283
カキツバタ 61
カキドオシ 303
カキネガラシ* 219
カキラン 47
カコソウ 308
カサスゲ 88
カズノコグサ 98
カセンソウ 342
カタクリ 36
カタバミ 179
ガッサンチドリ 59
カトウハコベ 232
カナビキソウ 221
カナムグラ 161

カナヤマイチゴ　171
カナリークサヨシ*　103
カノコソウ　372
カノツメソウ　383
カフカシオガマ　315
カブスゲ　82
ガマ　71
ガマズミ　367
カマヤリソウ　221
カミカワスゲ　84
カムイアザミ　354
カムイイワオウギ　145
カムイコザクラ　255
カムイビランジ　242
カムイレイジンソウ　113
カムチャッカナニワズ　206
カモガヤ*　100
カモジグサ　100
カモメラン　49
カヤツリグサ　90
カヤツリスゲ　80
カラクサガラシ*　219
カラクサキンポウゲ　124
カラクサナズナ*　219
カラシナ*　210
カラスシキミ　206
カラスビシャク　20
カラスムギ*　97
カラハナソウ　161
カラフトアカバナ　202
カラフトアツモリソウ　44
カラフトイソツツジ　266
カラフトイチゴ　171
カラフトイチゴツナギ　104
カラフトイチヤクソウ　265
カラフトイバラ　166
カラフトキングルマ　344
カラフトグワイ　24
カラフトゲンゲ　145
カラフトセンカソウ　118
カラフトダイオウ　230
カラフトダイコンソウ　164
カラフトトウゲブキ　347
カラフトドジョウツナギ　101
カラフトニンジン　378
カラフトネコノメソウ　130
カラフトノダイオウ　230
カラフトハナシノブ　251
カラフトヒヨクソウ*　296
カラフトヒロハテンナンショウ　19
カラフトブシ　114
カラフトホシクサ　28
カラフトホソイ　75
カラフトホソバハコベ*　238
カラフトマンテマ　242
カラフトミセバヤ　136

カラフトモメンヅル　144
カラマツソウ　126
カリウスアザミ　354
カリガネソウ　311
カリバオウギ　143
カワヂシャモドキ*　296
カワツルモ　23
カワミドリ　300
カワユエンレイソウ　33
カワラスガナ　91
カワラスゲ　83
カワラハハコ　336
カワラボウフウ　380
カワラヨモギ*　342
カンガレイ　92
ガンクビソウ　338
ガンコウラン　259
カンチコウゾリナ　360
カンチスゲ　78
カンチヤチハコベ　238
カントウヨメナ*　328
カンボク　367

キ

キオノドクサ*　66
キオン　346
キカシグサ　199
キガヤツリ　90
キカラスウリ　177
キキョウ　323
キクイモ*　344
キクイモモドキ*　344
キクザキイチゲ　116
キクザキイチリンソウ　116
キクタニギク*　327
キクニガナ*　364
キクバオウレン　119
キクバクワガタ　297
キクムグラ　273
キジカクシ　65
ギシギシ　231
キジムシロ　168
キショウブ*　62
キタキンバイソウ　127
キタグニコウキクサ　21
キタサガヤ　105
キタノカワズスゲ　80
キタノコギリソウ　325
キタミソウ　300
キタミフクジュソウ　121
キッコウハグマ　349
キヅタ　373
キツネノテブクロ*　292
キツネノボタン　122
キツリフネ　250
キヌガサギク*　345

キバナイカリソウ　112
キバナウンラン*　293
キバナシオガマ　315
キバナシャクナゲ　267
キバナノアツモリソウ　43
キバナノアマナ　36
キバナノカワラマツバ　275
キバナノコウリンタンポポ*　362
キバナノコマノツメ　185
ギボウシラン　50
キミノエゾニワトコ　368
ギョウジャニンニク　64
キヨシソウ　133
キヨスミウツボ　316
キランソウ　301
キリアサ*　205
キリギシアズマギク　332
キリギシソウ　118
キリギシナズナ　214
キリンソウ　138
キレハイヌガラシ*　218
キレハノハクサンボウフウ　380
キレハヤマブキショウマ　176
キンエノコロ　107
キンギンボク　369
キンスゲ　78
キンセイラン　40
キンチャクスゲ　87
キンミズヒキ　161
ギンラン　42
ギンリョウソウ　263
ギンリョウソウモドキ　263
キンロバイ　162

ク

クガイソウ　299
クゲヌマラン　42
クサイ　74
クサキョウチクトウ*　251
クサコアカソ　158
クサニワトコ*　368
クサノオウ　109
クサノスミレ　186
クサフジ　154
クサボタン　120
クサヨシ　103
クサレダマ　253
クジラグサ*　220
クシロチドリ　52
クシロチャヒキ　98
クシロネナシカズラ　289
クシロハナシノブ　251
クシロワチガイソウ　241
クズ　153
クスダマツメクサ*　153
クマイザサ　95

クマイチゴ　172
クマガイソウ　43
クマノアシツメクサ*　142
クモイリンドウ　278
クモキリソウ　51
クマスズメノヒエ　77
クマタンポポ　365
クマユキノシタ　132
クマリンドウ　277
クリイロスゲ　79
クリンソウ　254
クルマバソウ　272
クルマバツクバネソウ　30
クルマバナ　302
クルマムグラ　272
クルマユリ　37
グレーンスゲ　86
クレソン*　213
クロアザミ　349
クロアブラガヤ　94
クロイチゴ　173
クロイヌノヒゲ　28
クロウスゴ　269
クロガラシ*　210
クロカワズスゲ　79
クロコウガイゼキショウ　75
クロバナエンジュ*　142
クロバナギボウシ　66
クロバナハンショウヅル　120
クロバナヒキオコシ　305
クロバナロウゲ　162
クロマメノキ　269
クロミノイワゼキショウ　22
クロミノウグイスカグラ　369
クロミノエンレイソウ　32
クロミノハリスグリ　135
クロモ　27
クロユリ　38
クワモドキ*　324
グンバイナズナ*　217

ケ

ケイタドリ　223
ケイリュウアズマギク　332
ケウスバスミレ　190
ケエゾキスミレ　184
ケカモノハシ　102
ケゴンアカバナ　202
ケタチツボスミレ　186
ケマルバスミレ　191
ケヨノミ　369
ゲンノショウコ　198

コ

コアカザ　246
コアツモリソウ　43

コアニチドリ 41
コアマモ 25
コイチヤクソウ 264
コイチョウラン 46
コイヌノヒゲ 28
コイワカガミ 257
コウガイゼキショウ 76
コウキクサ 21
コウキヤガラ 94
ゴウシュウアリタソウ* 247
コウスノキ 271
ゴウソ 83
コウゾリナ 360
ゴウダソウ* 220
コウボウ 97
コウボウシバ 89
コウボウムギ 79
コウホネ 16
コウメバチソウ 178
コウモリカズラ 110
コウライテンナンショウ 19
コウライワニグチソウ 69
コウリンタンポポ* 362
コエゾサクラソウ 255
コエゾツガザクラ 262
コオニユリ* 37
コガネイチゴ 171
コガネギク 348
コガネギシギシ 231
コガネサイコ 377
コガマ 71
コカラマツ 125
コキア* 247
コキツネノボタン 122
ゴキヅル 177
ゴギョウ 343
コキンバイ 165
コケイラン 55
コケオトギリ 195
コケモモ 270
ゴケンミセバヤ 136
コゴメツメクサ* 153
コゴメヌカボシ 77
コゴメバオトギリ* 196
コゴメハギ* 151
ゴザイバ* 205
コシオガマ 316
コシカギク* 326
コジマエンレイソウ 32
コジャク 376
コシロネ 306
コスミレ 193
ゴゼンタチバナ 249
コタヌキモ 317
コツマトリソウ 252
コテングクワガタ* 298

コナギ 70
コナスビ 252
コニシキソウ* 180
コヌカグサ* 96
コバイケイソウ 31
コバギボウシ 66
コハコベ 239
コバナアザミ 354
コバノイチヤクソウ 264
コバノイラクサ 160
コバノカキドオシ* 303
コバノクロマメノキ 269
コバノツメクサ 235
コバノトンボソウ 59
コバノハイキンポウゲ* 124
コハマギク 327
コハマナス 166
コハリスゲ 78
コバンコナスビ* 252
コヒルガオ* 288
コフタバラン 54
コブナグサ 105
ゴボウ* 349
コマガタケスグリ 134
コマクサ 109
ゴマナ 328
コマユミ 178
コミヤマカタバミ 179
コメガヤ 103
コメススキ 98
コメツツジ 268
コメツブウマゴヤシ* 148
コメツブツメクサ* 153
コメバツガザクラ 258
コモチミミコウモリ 333
コモチレンゲ 137
コヤブタバコ 338
コヨウラクツツジ 266
ゴリンバナ 368
コンセントウヒレン 352
コンフリー* 287
コンブレイジンソウ 113
コンロンソウ 213

サ

サイハイラン 41
サオトメバナ 276
サカイツツジ 267
サカネラン 54
サギゴケ* 311
サギスゲ 92
サクラスミレ 189
サクラソウ 254
サクラソウモドキ 254
ササバギンラン 42
サジオモダカ 23

サジバモウセンゴケ 232
ザゼンソウ 21
サッポロスゲ 86
サデクサ 228
サドスゲ 82
サナエタデ 226
サビタ 249
サボンソウ* 235
サマニオトギリ 195
サマニユキワリ 256
サマニヨモギ 340
サラシナショウマ 112
ザラバナソモソモ 104
サルダヒコ 306
サルトリイバラ 35
サルメンエビネ 40
サワアザミ 356
サワオトギリ 196
サワギキョウ 322
サワギク 347
サワシロギク 329
サワゼリ 382
サワトウガラシ 291
サワヒヨドリ 334
サワラン 47
サンカクイ 93
サンカクヅル 141
サンカヨウ 111
サンゴソウ 248
サンシキスミレ* 193
サンセイアツモリソウ 44
サンダイガサ 65
サンリンソウ 117

シ

シオガマギク 315
シオデ 35
シオヤキソウ* 199
シカギク 326
シカクイ 91
ジガバチソウ 50
ジギタリス* 292
ジゴクノカマノフタ 301
シコタンアカバナ 202
シコタンアザミ 355
シコタンキンポウゲ 123
シコタンスゲ 87
シコタンソウ 133
シコタンタンポポ 366
シコタントリカブト 114
シコタンハコベ 239
シコタンヨモギ 341
ジシバリ 358
シズイ 93
シソバキスミレ 183
シテンクモキリ 51

シトギ 333
シデケ 333
シナガワハギ* 151
シナノキンバイ 127
シナノキンバイソウ 127
ジネンジョ 29
シバ 105
シハイスミレ 193
シバイモ 77
シバツメクサ* 235
シバナ 25
シバムギ* 102
シベナガムラサキ* 283
シベリアシオガマ 315
ジムカデ 261
シモキタイチゴ 173
シャク 376
シャクジョウソウ 263
シャグマハギ* 153
ジャコウアオイ* 205
ジャコウソウ 301
ジャコウチドリ 60
シャジクソウ 152
ジャニンジン 211
ジャノヒゲ 68
シャボンソウ* 235
シュッコンアマ 197
シュムシュノコギリソウ 325
シュロソウ 31
ジュンサイ 16
シュンラン 45
ショウジョウスゲ 85
ショウジョウバカマ 34
ショウブ 22
ジョウロウスゲ 88
シラー* 66
シラオイエンレイソウ 33
シラオイハコベ 240
シラゲキクバクワガタ 297
シラゲシャジン 320
シラコスゲ 78
シラタマソウ* 243
シラタマノキ 260
シラトリシャジン 321
シラネアオイ 122
シラネニンジン 384
シラホシムグラ* 275
シラヤマギク 328
シリベシナズナ 214
シレトコスミレ 185
シレトコブシ 114
シロアカザ 246
シロイヌナズナ* 207
シロウマアカバナ 203
シロウマアサツキ 63
シロウマチドリ 56

389

シロエゾホシクサ　28
シロガラシ*　219
シロザ　246
シロサマニヨモギ　340
シロザモドキ　246
シロスミレ　191
シロツメクサ*　152
シロツリフネソウ　250
シロネ　306
シロバナアイヌタチツボスミレ　187
シロバナイヌナズナ　215
シロバナオオタチツボスミレ　186
シロバナカモメヅル　282
シロバナケタチツボスミレ　186
シロバナサクラタデ　225
シロバナシナガワハギ*　151
シロバナスミレ　191
シロバナタチツボスミレ　186
シロバナニガナ　358
シロバナハクサンチドリ　45
シロバナノヘビイチゴ　163
シロバナモウズイカ*　300
シロバナヤマジソ　308
シロビユ*　245
シロミノルイヨウショウマ　112
シロヨモギ　340
ジンバイソウ　57
ジンヨウイチヤクソウ　265
ジンヨウキスミレ　183
ジンヨウスイバ　224
シンワスレナグサ　285

ス

スイカズラ　370
スイセン*　62
スイバ　230
スカシタゴボウ　218
スガモ　25
スカンポ　230
スギナモ　296
スキラ*　66
スグアマモ　25
ススキ　106
スズサイコ　282
スズタケ　95
スズムシソウ　50
スズメガヤ　105
スズメノカタビラ　104
スズメノケヤリ　92
スズメノチャヒキ　98
スズメノテッポウ　97
スズメノヒエ　77, 107
スズメノヤリ　77
スズラン　66
ズダヤクシュ　134
スナジスゲ　89

スナジミチヤナギ*　224
スナビキソウ　287
スペアミント*　307
スベリヒユ　248
スミレ　191
スミレサイシン　192
スルボ　65

セ

セイタカアワダチソウ*　348
セイタカスズムシソウ　50
セイタカタウコギ　343
セイヤブシ　114
セイヨウアブラナ　210
セイヨウウツボグサ*　308
セイヨウオオバコ*　295
セイヨウオトギリ*　196
セイヨウオニアザミ*　357
セイヨウカキドオシ*　303
セイヨウキンポウゲ*　123
セイヨウタンポポ*　366
セイヨウトゲアザミ*　353
セイヨウノコギリソウ*　325
セイヨウノダイコン*　218
セイヨウヒルガオ*　288
セイヨウミゾカクシ*　322
セイヨウミヤコグサ*　147
セイヨウヤブイチゴ*　173
セイヨウワサビ*　206
セキショウイ　75
セキショウモ　27
セナミスミレ　187
ゼニバアオイ*　205
セリ　381
センダイハギ　156
ゼンテイカ　65
セントウソウ　376
センニンソウ　120
センニンモ　27
センブリ　280
センボンヤリ　337

ソ

ソウウンナズナ　214
ソウヤアザミ　354
ソウヤキンバイソウ　127
ソウヤキンポウゲ　123
ソウヤレイジンソウ　113
ソクズ*　368
ソバ*　222
ソバカズラ*　223
ソラチアオヤギバナ　348
ソラチコザクラ　256
ソラムキアオノツガザクラ　262

タ

ダイコンソウ　164
タイセツイワスゲ　85
ダイセツトリカブト　115
ダイセツヒナオトギリ　196
タイツリオウギ　143
タイヌビエ　106
ダイモンジソウ　134
タウコギ　343
タカアザミ　357
タカネイ　75
タカネウスユキソウ　336
タカネエゾムギ　100
タカネオミナエシ　371
タカネキタアザミ　351
タカネクロスゲ　94
タカネグンバイ　217
タカネコウゾリナ　360
タカネザクラ　173
タカネシオガマ　316
タカネスイバ　230
タカネスズメノヒエ　77
タガネソウ　85
タカネタチツボスミレ　188
タカネタンポポ　365
タカネトウウチソウ　174
タカネトンボ　56
タカネナデシコ　244
タカネナナカマド　176
タカネニガナ　357
タカネノガリヤス　99
タカネハリスゲ　79
タカネヒレアザミ　355
タカネフタバラン　55
タカネマスクサ　80
タカネミミナグサ　234
タカネヤガミスゲ　81
タカネヤハズハハコ　336
タガラシ　122
タケシマラン　39
ダケゼリ　383
タゴボウ　201
タチアマモ　25
タチイヌノフグリ*　298
タチオランダゲンゲ*　152
タチカメバソウ　286
タチギボウシ　66
タチゲヒカゲミズ　156
タチコウガイゼキショウ　76
タチツボスミレ　186
タチハコベ　233
タチモ　140
タチロウゲ*　169
タテヤマイ　74
タテヤマキンバイ　170

タテヤマリンドウ　278
タニウツギ　372
タニガワスゲ　82
タニギキョウ　323
タニソバ　228
タニタデ　201
タニマスミレ　190
タニミツバ　382
タヌキモ　317
タヌキラン　85
タネツケバナ　210
タマガヤツリ　90
タマガワホトトギス　39
タマザキクサフジ*　151
タマブキ　333
タマミクリ　72
タルマイソウ　294

チ

チオノドクサ*　66
チカブミアザミ　355
チカラシバ　107
チゴユリ　34
チコリ*　364
チシマアザミ　355
チシマアマナ　38
チシマイワブキ　132
チシマウスバスミレ　190
チシマエンレイソウ　33
チシマオドリコソウ　304
チシマギキョウ　321
チシマキンバイ　167
チシマキンレイカ　371
チシマクモマグサ　133
チシマゲンゲ　145
チシマコゴメグサ　313
チシマコザクラ　252
チシマコハマギク　327
チシマザクラ　173
チシマザサ　95
チシマスグリ　135
チシマゼキショウ　22
チシマセンブリ　280
チシマツガザクラ　258
チシマツメクサ　236
チシマドジョウツナギ　102
チシマニンジン　384
チシマネコノメソウ　131
チシマノガリヤス　99
チシマノキンバイソウ　127
チシマヒョウタンボク　370
チシマフウロ　197
チシママンテマ　242
チシマミクリ　73
チシマミズハコベ　292
チシマヨモギ　339

チシマリンドウ　279
チシマワレモコウ　174
チチッパベンケイソウ　137
チヂミザサ　105
チトセアザミ　356
チトセバイカモ　124
チドリケマン　109
チマキザサ　95
チモシー*　103
チャガヤツリ　90
チャシバスゲ　84
チャボカラマツ　125
チャボゼキショウ　22
チャボヤマハギ　149
チョウジソウ　281
チョウジタデ　201
チョウセンカワラマツバ　275
チョウセンキンミズヒキ　161
チョウセンゴミシ　17
チョウノスケソウ　165
チングルマ　165

ツ

ツガルフジ　155
ツキヌキオグルマ*　347
ツクバネソウ　30
ツクモグサ　118
ツタ　142
ツタウルシ　204
ツタバウンラン*　293
ツチアケビ　46
ツノミナズナ*　220
ツバメオモト　35
ツボスミレ　188
ツマトリソウ　252
ツメクサ　236
ツユクサ　70
ツリガネニンジン　320
ツリシュスラン　48
ツリフネソウ　250
ツルアブラガヤ　94
ツルアリドオシ　275
ツルイタドリ*　223
ツルウメモドキ　178
ツルキジムシロ　168
ツルクマグサ　132
ツルコケモモ　270
ツルシキミ　205
ツルスゲ　79
ツルセンノウ　241
ツルタガラシ　207
ツルタデ*　223
ツルツゲ　319
ツルナ　248
ツルニガクサ　310
ツルニチニチソウ*　281

ツルニンジン　322
ツルネコノメソウ　130
ツルフジバカマ　155
ツルボ　65
ツルマメ　145
ツルマンネングサ*　139
ツルミヤマシキミ　205
ツルヨシ　106
ツルリンドウ　279
ツレサギソウ　57

テ

テイネニガクサ　310
デージー*　330
テガタチドリ　49
テシオアザミ　355
テシオキンバイソウ　127
テシオコザクラ　255
テシオソウ　29
テマリツメクサ*　153
テリハオオバコ　295
テリハブシ　114
テンキグサ　100, 102
テングクワガタ　298
テングスミレ　188
テングノコヅチ　279
テンニンソウ　302

ト

トイシノエンレイソウ　32
トウオオバコ　295
トウギボウシ　66
トウゲオトギリ　195
トウゲブキ　347
トウシンソウ　75
ドウトウアツモリソウ　44
トウヌマゼリ　382
トウヤクリンドウ　278
トガスグリ　135
トカチエンレイソウ　32
トカチオウギ　143
トカチスグリ　135
トカチトウキ　376
トカチビランジ　242
トカチフウロ　197
トキソウ　60
トキワアワダチソウ*　348
トキワハゼ　311
トキンソウ　324
ドクウツギ　182
ドクゼリ　383
ドクダミ*　17
ドクニンジン*　376
トゲソバ　229
トゲチシャ*　363
トゲナシゴヨウイチゴ　171

トゲナシムグラ*　274
トケンラン　41
トコロ　29
トダシバ　103
トチカガミ*　27
トチナイソウ　252
トチバニンジン　374
トマリスゲ　82
トモエシオガマ　315
トモエソウ　194
トモシリソウ　216
トヨコロスミレ　191
トラキチラン　49
トリアシショウマ　129
ドロイ　74
トンボソウ　56

ナ

ナガエアカバナ　203
ナガエミクリ　72
ナガジラミ　381
ナガバエビモ　26
ナガバカラマツ　126
ナガバギシギシ*　231
ナガバキタアザミ　350
ナガハグサ*　104
ナガハシスミレ　188
ナガバツガザクラ　262
ナガバツメクサ　238
ナガバノウナギツカミ　229
ナガバノモウセンゴケ　232
ナガバハエドクソウ　311
ナガバハッカ*　307
ナガバハマミチヤナギ　224
ナガボノワレモコウ　174
ナギナタコウジュ　303
ナタネタビラコ*　361
ナツエビネ　40
ナツシロギク*　345
ナツヅタ　142
ナツトウダイ　181
ナツハゼ　271
ナニワズ　206
ナニワズsp.　206
ナミキソウ　309
ナルコスゲ　87
ナワシロイチゴ　172
ナンテンハギ　155
ナンバンハコベ　241
ナンブイヌナズナ　215
ナンブソウ　111
ナンブソモソモ　104

ニ

ニオイスミレ*　193
ニオイタチツボスミレ　187

ニガクサ　310
ニガナ　358
ニコゲヌカキビ*　107
ニシキギ　178
ニシキゴロモ　301
ニシキツガザクラ　262
ニシキミズホオズキ*　312
ニセコレイジンソウ　113
ニッコウキスゲ　65
ニッポンイヌノヒゲ　28
ニホンズイセン*　62
ニョイスミレ　188
ニラ*　64
ニリンソウ　117
ニワホコリ　105
ニンドウ　370

ヌ

ヌカイトナデシコ*　233
ヌカキビ　107
ヌカボ　96
ヌカボシソウ　77
ヌスビトハギ　146
ヌマガヤ　102
ヌマガヤツリ　90
ヌマゼリ　382
ヌマハコベ　248

ネ

ネコノメソウ　130
ネコハギ　149
ネジイ　75
ネジバナ　60
ネズミガヤ　105
ネズミムギ*　102
ネナシカズラ　289
ネバリタデ　227
ネバリノギク*　329
ネバリノギラン　30
ネビキミヤコグサ*　147
ネマガリダケ　95
ネムロコウホネ　16
ネムロシオガマ　315
ネムロスゲ　87
ネムロチドリ　45
ネムロブシダマ　369

ノ

ノイバラ　166
ノウゴウイチゴ　163
ノウルシ　181
ノギラン　30
ノゲシ　359
ノコギリソウ　325
ノコンギク　328
ノダイオウ　231

ノッポロガンクビソウ 338
ノハナショウブ 61
ノハラガラシ* 219
ノハラツメクサ* 237
ノハラナデシコ* 245
ノハラムラサキ* 285
ノビネチドリ 49
ノビル 63
ノブキ 337
ノブドウ 141
ノボロギク* 346
ノマメ 145
ノミノツヅリ 233
ノミノフスマ 240
ノムラサキ* 285
ノラゴボウ* 349
ノラニンジン* 379
ノリウツギ 249

ハ

バアソブ 322
ハイイヌツゲ 319
ハイオトギリ 195
バイカツツジ 268
バイカモ 124
ハイキンポウゲ 124
バイケイソウ 31
ハイコウリンタンポポ* 362
ハイハマボッス 254
ハイミチヤナギ* 224
バイモ* 38
ハイヤナギ 183
ハエドクソウ 311
ハキダメギク* 330
ハクサンシャクナゲ 267
ハクサンシャジン 320
ハクサンスゲ 81
ハクサンチドリ 45
ハクサンハタザオ 207
ハクサンボウフウ 380
ハクセンナズナ 216
ハコベ 239
ハゴロモグサ 162
ハゴロモホトトギス 39
ハゴロモモ 16
バシクルモン 281
ハシナガヤマサギソウ 58
ハスカップ 369
ハタザオ 209
ハタザオガラシ* 219
ハチジョウナ 359
ハッカ 307
ハナイカダ 318
ハナイカリ 281
ハナイバナ 284
ハナガサギク* 345

ハナタデ 227
ハナタネツケバナ 212
ハナツリフネソウ* 250
ハナニガナ 358
ハナヒリノキ 260
ハナマガリスゲ 86
ハネガヤ 96
ハハコグサ 343
ハマアザ 247
ハマイ 75
ハマイブキボウフウ 380
ハマウツボ 312
ハマエノコロ 107
ハマエンドウ 146
ハマオトコヨモギ 339
ハマギク* 330
ハマギシギシ 231
ハマザクラ 258
ハマシオン 329
ハマゼリ 383
ハマダイコン 218
ハマタイセイ 216
ハマチャヒキ* 98
ハマツメクサ 236
ハマナス 166
ハマニガナ 358
ハマニンジン 379
ハマニンニク 100, 102
ハマハコベ 237
ハマハタザオ 208
ハマヒルガオ 288
ハマフウロ 198
ハマベンケイソウ 287
ハマボウフウ 379
ハマボッス 253
ハマムギ 100
ハマムラサキ 287
ハマレンゲ 294
ハマワスレナグサ* 285
ハリイ 91
ハリガネスゲ 78
ハリコウガイゼキショウ 76
ハリスゲ 79
ハリヒジキ* 247
ハリブキ 374
ハルオミナエシ 372
ハルガヤ* 97
ハルカラマツ 125
ハルザキヤマガラシ* 209
ハルジオン* 331
ハルタデ 226
ハルノノゲシ 359
ハンゲ 20
ハンゴンソウ 346

ヒ

ヒエスゲ 83
ヒオウギアヤメ 61
ヒカゲイノコヅチ 245
ヒカゲスゲ 85
ヒカゲスミレ 190
ヒカゲハリスゲ 79
ヒキオコシ 305
ヒキヨモギ 317
ヒゲハリスゲ 94
ヒゴオミナエシ 346
ヒゴクサ 88
ヒゴスミレ 193
ヒシ 200
ヒダカアザミ 354
ヒダカイワザクラ 255
ヒダカエンレイソウ 32
ヒダカキンバイソウ 127
ヒダカゲンゲ 150
ヒダカサイシン 18
ヒダカソウ 118
ヒダカトウヒレン 350
ヒダカトリカブト 115
ヒダカハナシノブ 251
ヒダカミセバヤ 136
ヒダカミツバツツジ 269
ヒダカミネヤナギ 183
ヒダカミヤマノエンドウ 150
ヒダカレイジンソウ 113
ヒツジグサ 17
ヒトツバイチヤクソウ 264
ヒトツバキソチドリ 58
ヒトツバハンゴンソウ 346
ヒトフサニワゼキショウ* 62
ヒトリシズカ 18
ヒナギク* 330
ヒナスミレ 192
ヒナタイノコヅチ 245
ヒナチドリ 55
ヒナブキ 189
ヒナマツヨイグサ* 204
ヒナミクリ 73
ヒナムラサキ* 286
ピパイロキンバイソウ 127
ヒメアオキ 272
ヒメアカバナ 203
ヒメアマナ 36
ヒメイズイ 69
ヒメイソツツジ 266
ヒメイチゲ 117
ヒメイワショウブ 23
ヒメイワタデ 222
ヒメウキガヤ 101
ヒメウシオスゲ 82
ヒメエゾネギ 63

ヒメオドリコソウ* 304
ヒメカイウ 20
ヒメガマ 71
ヒメカワズスゲ 80
ヒメカンスゲ 84
ヒメキンミズヒキ 161
ヒメクグ 91
ヒメクモマグサ 133
ヒメクロマメノキ 269
ヒメグンバイナズナ* 217
ヒメケイヌホオズキ* 290
ヒメコウガイゼキショウ 74
ヒメゴウソ 83
ヒメゴヨウイチゴ 171
ヒメザゼンソウ 21
ヒメサルダヒコ 306
ヒメジソ 308
ヒメシャガ 62
ヒメシャクナゲ 258
ヒメジョオン* 331
ヒメシラスゲ 88
ヒメシラネニンジン 384
ヒメシロネ 306
ヒメシロビユ* 245
ヒメスイバ* 230
ヒメスゲ 86
ヒメタイゲキ 181
ヒメタガソデソウ 233
ヒメタケシマラン 39
ヒメタデ 225
ヒメタヌキモ 317
ヒメチチコグサ* 336
ヒメチドメ 373
ヒメツルコケモモ 270
ヒメツルニチニチソウ* 281
ヒメトモエソウ 194
ヒメナズナ* 215
ヒメナツトウダイ 181
ヒメナミキ 309
ヒメニラ 63
ヒメハギ 156
ヒメハッカ 307
ヒメハマアカザ 246
ヒメハリイ 91
ヒメヒゴタイ 351
ヒメビシ 200
ヒメヒャクリコウ 310
ヒメヒラテンツキ 92
ヒメフウロ* 199
ヒメヘビイチゴ 167
ヒメホタルイ 92
ヒメホテイラン 43
ヒメマイヅルソウ 67
ヒメミクリ 72
ヒメミズトンボ 52
ヒメミセバヤ 136

ヒメミヤマウズラ 48
ヒメムカシヨモギ* 331
ヒメムヨウラン 54
ヒメモチ 319
ヒメヤブラン 67
ヒメヤマハナソウ 132
ヒメヨモギ* 342
ヒメワタスゲ 92
ヒョウタンボク 369
ヒョウノセンカタバミ 179
ヒョクソウ 296
ヒヨドリバナ 334
ヒライ 75
ヒラギシスゲ 87
ヒルガオ 288
ヒルムシロ 26
ピレオギク 327
ピレネーフウロ* 199
ヒレハリソウ* 287
ビロードエゾシオガマ 316
ビロードクサフジ* 154
ビロードシオガマ 315
ビロードスゲ 89
ビロードホオズキ* 289
ビロードモウズイカ* 300
ヒロハイッポンスゲ 81
ヒロハウラジロヨモギ 341
ヒロハオゼヌマスゲ 81
ヒロハガマズミ 367
ヒロハギシギシ* 231
ヒロハキンポウゲ* 123
ヒロハクサフジ 155
ヒロハシラネニンジン 384
ヒロハスギナモ 296
ヒロハスゲ 83
ヒロハツリシュスラン 48
ヒロハテンナンショウ 19
ヒロハトンボソウ 56
ヒロハノイヌノヒゲ 28
ヒロハノエビモ 26
ヒロハノカワラサイコ 167
ヒロハノコウガイゼキショウ 76
ヒロハノコメススキ 98
ヒロハノドジョウツナギ 101
ヒロハノマンテマ* 243
ヒロハヒメイチゲ 117
ヒロハヒメハナガサ 246
ヒロハヒルガオ 288
ヒロハヘビノボラズ 111
ヒロハムカシヨモギ 332
ビンガ* 281
ヒンジモ 21

フ
フイリミヤマスミレ 192
フォーリーアザミ 352

フォーリーガヤ 105
フォリアアザミ 352
フガクスズムシソウ 51
フキカケスミレ* 193
フキタンポポ* 342
フキユキノシタ 132
フギレオオバキスミレ 184
フギレキスミレ 184
フクジュソウ 121
フサジュンサイ* 16
フサモ 140
フシグロ 243
フジチドリ 53
ブタクサ* 324
ブタナ* 360
フタナミソウ 357
フタナミタンポポ 357
フタバアオイ 18
フタバツレサギ 57
フタバハギ 155
フタマタイチゲ 116
フタマタタンポポ 365
フタマタマンテマ* 243
フタリシズカ 18
フチゲオオバキスミレ 184
フッキソウ 128
フデリンドウ 277
フトイ 93
フトヒルムシロ 26
フユガラシ* 209
フユヅタ 373
フラサバソウ* 298
フランスギク* 330
フロックス* 251

ヘ
ヘクソカズラ 276
ベスカイチゴ* 163
ベニイタドリ 223
ベニシオガマ 314
ベニシュスラン 47
ベニタイゲキ 181
ベニバナイチゴ 173
ベニバナイチヤクソウ 264
ベニバナオオケタデ* 226
ベニバナセンブリ* 280
ベニバナチシマイワブキ 132
ベニバナツメクサ* 152
ベニバナヒョウタンボク 370
ベニバナヤマシャクヤク 128
ヘビイチゴ 169
ヘラオオバコ* 295
ヘラオモダカ 23
ヘラバヒメジョオン* 331

ホ
ホウキギ* 247
ボウズヒメジョオン* 331
ホウチャクソウ 34
ホオコグサ 343
ホガエリガヤ 99
ホクロ 45
ホコガタアカザ* 247
ホザキイチョウラン 53
ホザキシオガマ 316
ホザキシモツケ 175
ホザキナナカマド 165
ホザキノチチコグサ 336
ホザキノフサモ 140
ホザキノミミカキグサ 318
ホザキマンテマ* 243
ホソアオゲイトウ* 245
ホソコウガイゼキショウ 76
ホソノゲムギ* 100
ホソバアカザ 246
ホソバアカバナ 203
ホソバアキノノゲシ 363
ホソバイラクサ 160
ホソバイワベンケイ 138
ホソバウキミクリ 73
ホソバウルップソウ 294
ホソバウンラン* 293
ホソバエゾノコギリソウ 325
ホソバエゾヒゴタイ 351
ホソバオゼヌマスゲ 81
ホソバキクバクワガタ 297
ホソバキンポウゲ* 123
ホソバコウゾリナ 360
ホソバコンロンソウ 211
ホソバシラネニンジン 384
ホソバタネツケバナ 211
ホソバツメクサ 235
ホソバトウキ 376
ホソバナソモソモ 104
ホソバナアマナ 38
ホソバノキソチドリ 59
ホソバノキリンソウ 138
ホソバノコガネサイコ 377
ホソバノシバナ 25
ホソバノツルリンドウ 279
ホソバノヨツバムグラ 274
ホソバハマアカザ 247
ホソバヒカゲスゲ 85
ホソバヒルムシロ 26
ホソバミズヒキモ 26
ホソバミミナグサ 234
ホソムギ* 102
ホタルカズラ 286
ホタルサイコ 377
ボタンキンバイ 127

ボタンキンバイソウ 127
ホッカイコウホネ 16
ホッスガヤ 99
ホツツジ 259
ホテイアツモリ 44
ホテイアツモリソウ 44
ホテイラン 43
ホドイモ 144
ホトケノザ 304
ボロギク 347
ホロマンノコギリソウ 325
ホロムイイチゴ 171
ホロムイコウガイ 76
ホロムイスゲ 82
ホロムイソウ 22
ホロムイツツジ 259
ホロムイリンドウ 278
ホワイトクローバー* 152

マ
マアザミ 356
マイサギソウ 58
マイヅルソウ 67
マカラスムギ* 97
マキバスミレ* 193
マコモ 96
マシケオトギリ 194
マシケゲンゲ 150
マシケスゲ 87
マシケレイジンソウ 113
マシュウヨモギ 341
マタデ 227
マツバイ 91
マツバトウダイ* 180
マツブサ 17
マツマエスゲ 83
マツヨイセンノウ* 243
マトリカリア* 345
ママコナ 313
ママコノシリヌグイ 229
マメアサガオ* 288
マメグンバイナズナ* 217
マルバアカソ 158
マルバオモダカ 24
マルバギシギシ 224
マルバキンレイカ 371
マルバケスミレ 189
マルバシモツケ 175
マルバスミレ 191
マルバチャルメルソウ 129
マルバトウキ 381
マルバトゲチャ 363
マルバネコノメソウ 131
マルバノイチヤクソウ 265
マルバハギ 149
マルバヒレアザミ 353

マルバフジバカマ* 334
マルバヤハズソウ* 148
マルバヤブマオ 158
マルバヨノミ 369
マルホハリイ 91
マルミノウルシ 181

ミ

ミガエリスゲ 79
ミカヅキグサ 93
ミクリ 72
ミクリゼキショウ 76
ミコシグサ 198
ミズ 157
ミズアオイ 70
ミズイチョウ 323
ミズイモ 20
ミズオトギリ 197
ミズガヤツリ 91
ミズザゼン 20
ミズタマソウ 200
ミズチドリ 60
ミズトンボ 52
ミズナ 159
ミズハコベ 292
ミズバショウ 20
ミズヒキ 225
ミゾカクシ 322
ミゾガワソウ 305
ミゾソバ 228
ミゾハコベ 182
ミゾホオズキ 312
ミタケスゲ 86
ミチタネツケバナ* 210
ミチヤナギ 224
ミツガシワ 323
ミツバ 379
ミツバアケビ 110
ミツバオウレン 119
ミツバタネツケバナ 212
ミツバツチグリ 169
ミツバヒヨドリ 334
ミツバフウロ 198
ミツバベンケイソウ 137
ミツモトソウ 170
ミツモリミミナグサ 234
ミドリイワゼキショウ 22
ミドリニリンソウ 117
ミドリハコベ 239
ミドリハッカ* 307
ミネアザミ 353
ミネオトギリ 194
ミネズオウ 261
ミネハリイ 92
ミネヤナギ 183
ミノボロスゲ 80

ミミコウモリ 333
ミミナグサ 234
ミヤウチソウ 211
ミヤケラン 56
ミヤコグサ 147
ミヤコザサ 95
ミヤマアカバナ 203
ミヤマアキノキリンソウ 348
ミヤマアキノノゲシ 363
ミヤマアケボノソウ 280
ミヤマアズマギク 332
ミヤマアワガエリ 103
ミヤマイ 74
ミヤマイヌノハナヒゲ 93
ミヤマイボタ 291
ミヤマイラクサ 159
ミヤマウイキョウ 384
ミヤマウズラ 48
ミヤマウツボグサ 308
ミヤマエゾクロウスゴ 269
ミヤマエンレイソウ 33
ミヤマオグルマ 347
ミヤマオダマキ 119
ミヤマカタバミ 179
ミヤマガマズミ 367
ミヤマカラマツ 126
ミヤマカンスゲ 84
ミヤマキヌタソウ 273
ミヤマキンバイ 168
ミヤマキンポウゲ 123
ミヤマクロスゲ 87
ミヤマクロユリ 38
ミヤマコウボウ 97
ミヤマサワアザミ 355
ミヤマシオガマ 314
ミヤマジュズスゲ 85
ミヤマシラスゲ 88
ミヤマスズメノヒエ 77
ミヤマスミレ 192
ミヤマセンキュウ 378
ミヤマダイコンソウ 164
ミヤマタニタデ 201
ミヤマタネツケバナ 211
ミヤマチドメ 373
ミヤマチドリ 59
ミヤマトウキ 375
ミヤマトウバナ 302
ミヤマドジョウツナギ 101
ミヤマナナカマド 176
ミヤマナルコスゲ 83
ミヤマナルコユリ 69
ミヤマニガウリ 177
ミヤマヌカボ 96
ミヤマネズミガヤ 105
ミヤマノガリヤス 99
ミヤマノギク 332

ミヤマバイケイソウ 31
ミヤマハコベ 240
ミヤマハタザオ 207
ミヤマハルガヤ 97
ミヤマハンモドキ 156
ミヤマフタバラン 55
ミヤマホソコウガイゼキショウ 76
ミヤマホツツジ 259
ミヤマママコナ 313
ミヤママンネングサ 139
ミヤマムグラ 273
ミヤマモジズリ 53
ミヤマヤチヤナギ 182
ミヤマヤナギ 183
ミヤマヤブタバコ 338
ミヤマラッキョウ 64
ミヤマリンドウ 277
ミヤマワタスゲ 94
ミヤマワレモコウ 174
ミョウギシャジン 321

ム

ムカゴアカバナ 203
ムカゴイチゴツナギ* 104
ムカゴイラクサ 159
ムカゴソウ 52
ムカゴトラノオ 221
ムカゴニンジン 382
ムカシヨモギ 332
ムギクサ* 100
ムシクサ* 297
ムシトリスミレ 317
ムシトリナデシコ* 244
ムジナスゲ 89
ムシャリンドウ 303
ムスカリ* 68
ムセンスゲ 86
ムツオレグサ 101
ムラサキ 286
ムラサキウマゴヤシ* 148
ムラサキエノコロ 107
ムラサキケマン 108
ムラサキコウキクサ 21
ムラサキサギゴケ* 311
ムラサキタンポポ 337
ムラサキツメクサ* 152
ムラサキツユクサ* 71
ムラサキベンケイソウ 136
ムラサキミツバ 379
ムラサキミミカキグサ 318
ムラサキモメンヅル 143
ムラサキヤシオツツジ 268

メ

メアカンキンバイ 170
メアカンフスマ 232

メイゲツソウ 223
メオトバナ 368
メドハギ 149
メハジキ 303
メヒシバ 106
メマツヨイグサ* 204

モ

モイワシャジン 320
モイワナズナ 214
モイワラン 41
モウコガマ 71
モウズイカ* 300
モウセンゴケ 232
モジズリ 60
モミジイチゴ 172
モミジガサ 333
モミジカラマツ 126
モミジソウ 333
モミジバキセワタ* 303
モミジバショウマ 129
モミジバヒメオドリコソウ* 304
モメンヅル 144
モモイロオオタチツボスミレ 186

ヤ

ヤイトバナ 276
ヤエザキオオハンゴンソウ* 345
ヤエムグラ 275
ヤクシソウ 361
ヤクナガイヌムギ* 98
ヤグルマアザミ* 349
ヤグルマセンノウ* 244
ヤグルマソウ 134
ヤチイチゴ 171
ヤチイヌガラシ* 218
ヤチカワズスゲ 80
ヤチコタヌキモ 317
ヤチスゲ 86
ヤチツツジ 259
ヤチハコベ 254
ヤチブキ 121
ヤチヤナギ 180
ヤチラン 53
ヤツガタケムグラ 275
ヤナギアカバナ 203
ヤナギタウコギ 343
ヤナギタデ 227
ヤナギタンポポ 362
ヤナギトラノオ 252
ヤナギヌカボ 227
ヤナギハナガサ 318
ヤナギバヒメジョオン* 331
ヤナギバレンリソウ* 146
ヤナギモ 26
ヤナギヨモギ 332

ヤナギラン　201
ヤネタビラコ*　364
ヤノネグサ　228
ヤハズソウ　148
ヤブカラシ　141
ヤブカンゾウ*　64
ヤブコウジ　251
ヤブジラミ　381
ヤブタデ　227
ヤブタバコ　338
ヤブタビラコ　361
ヤブニンジン　381
ヤブハギ　146
ヤブヘビイチゴ　169
ヤブマオ　158
ヤブマメ　142
ヤブヨモギ*　342
ヤマアゼスゲ　82
ヤマアワ　99
ヤマイ　92
ヤマカモジグサ　102
ヤマガラシ　209
ヤマキツネノボタン　122
ヤマキリンソウ　138
ヤマクルマバナ　302
ヤマゴボウ*　249
ヤマサギソウ　58
ヤマジソ　308
ヤマジノホトトギス　39
ヤマシャクヤク　128
ヤマスズメノヒエ　77
ヤマタツナミソウ　309
ヤマタニタデ　200
ヤマツツジ　268
ヤマトキソウ　60
ヤマトキホコリ　159
ヤマナルコユリ　68

ヤマニガナ　363
ヤマヌカボ　96
ヤマネコノメソウ　130
ヤマノイモ　29
ヤマハギ　149
ヤマハタザオ　208
ヤマハッカ　305
ヤマハナソウ　132
ヤマハハコ　336
ヤマブキショウマ　176
ヤマブドウ　141
ヤマホタルブクロ　321
ヤマホロシ　290
ヤマミズ　157
ヤマユリ*　37
ヤマヨモギ　339
ヤマルリトラノオ　297
ヤラメスゲ　83
ヤリスゲ　78

ユ
ユウシュンラン　42
ユウゼンギク*　329
ユウバリキンバイ　168
ユウバリクモマグサ　133
ユウバ(パ)リコザクラ　257
ユウバリシャジン　320
ユウバリソウ　294
ユウバリタンポポ　365
ユウバリツガザクラ　262
ユウバリトウヒレン　350
ユウバリノキ　156
ユウバリミセバヤ　136
ユウバ(パ)リリンドウ　279
ユキゲユリ*　66
ユキザサ　67
ユキバタカネアザミ　351

ユキバトウヒレン　351
ユキバヒゴタイ　351
ユキワリコザクラ　256
ユキワリソウ　256

ヨ
ヨウシュヤマゴボウ*　249
ヨーロッパタイトゴメ*　139
ヨコヤマリンドウ　277
ヨシ　106
ヨツバハギ　154
ヨツバヒヨドリ　334
ヨツバムグラ　274
ヨブスマソウ　333
ヨモギ　339
ヨモギギク　345

ラ
ラセイタソウ　157
ラッセルルピナス*　147

リ
リシリアザミ　353
リシリイ　75
リシリオウギ　143
リシリオダマキ　119
リシリカニツリ　99
リシリゲンゲ　151
リシリシオガマ　314
リシリスゲ　87
リシリソウ　31
リシリツルタガラシ　207
リシリハタザオ　207
リシリヒナゲシ　110
リシリブシ　114
リシリリンドウ　277
リュウキンカ*　121

リュウノヒゲ　68
リュウノヒゲモ　27
リンネソウ　368

ル
ルイヨウショウマ　112
ルイヨウボタン　111
ルナリア*　220
ルピナス*　147

レ
レブンアツモリソウ　44
レブンイワレンゲ　137
レブンキンバイソウ　127
レブンコザクラ　256
レブンサイコ　377
レブンシオガマ　314
レブンソウ　150
レブントウヒレン　350
レブンハナシノブ　251
レンプクソウ　368

ロ
ロイルツリフネソウ*　250
ロベリアソウ*　322

ワ
ワサビ　213
ワサビダイコン*　206
ワスレグサ*　64
ワスレナグサ*　285
ワタゲソモソモ　104
ワタスゲ　92
ワタリミヤコグサ*　147
ワニグチソウ　69
ワルタビラコ*　283
ワルナスビ*　291

属名索引

A

Abutilon 205
Acalypha 180
Achillea 325
Achlys 111
Achnatherum 96
Achyranthes 245
Aconitum 113
Aconogonon 222
Acorus 21
Actaea 112
Actinostemma 177
Adenocaulon 337
Adenophora 320
Adonis 121
Adoxa 368
Aegonychon 286
Aegopodium 374
Agastache 300
Ageratina 334
Agrimonia 161
Agrostis 96
Ainsliaea 349
Ajuga 301
Akebia 110
Alchemilla 162
Aletris 30
Alisma 23
Allium 63
Alopecurus 97
Amaranthus 245
Ambrosia 324
Amitostigma 41
Amorpha 142
Ampelopsis 141
Amphicarpaea 142
Amsinckia 283
Amsonia 281
Anaphalis 336
Andromeda 258
Androsace 252
Anemone 116
Angelica 375
Antennaria 335
Anthemis 326
Anthoxanthum 97
Anthriscus 376
Anthyllis 142
Anticlea 31
Apios 144
Apocynum 281
Aquilegia 119

Arabidopsis 207
Arabis 208
Aralia 373
Arcterica 258
Arctium 349
Arctous 258
Ardisia 251
Arenaria 232
Argentina 162
Arisaema 19
Armoracia 206
Arnica 344
Artemisia 339
Aruncus 176
Arthraxon 105
Arundinella 103
Asarum 18
Asparagus 65
Aster 328
Astilbe 129
Astragalus 143
Atriplex 247
Aucuba 272
Avena 97
Avenella 98

B

Barbarea 209
Barnardia 65
Bassia 247
Beckmannia 98
Bellis 330
Berberis 111
Bidens 343
Bistorta 221
Boehmeria 157
Bolboschoenus 94
Boschniakia 312
Bothriospermum 284
Boykinia 131
Brachypodium 102
Brasenia 16
Brassica 210
Bromus 98
Bryanthus 258
Brylkinia 99
Bupleurum 377

C

Cabomba 16
Cakile 209
Calamagrostis 99
Calanthe 40

Caldesia 24
Calla 20
Callianthemum 118
Callitriche 292
Caltha 121
Calypso 43
Calystegia 288
Campanula 321
Cannabis 160
Cardamine 210
Cardiocrinum 35
Carex 78
Carpesium 338
Cassiope 259
Catolobus 208
Caulophyllum 111
Cayratia 141
Celastrus 178
Centaurea 349
Centaurium 286
Centipeda 324
Cephalanthera 42
Cerastium 234
Cerasus 173
Chamaedaphne 259
Chamaele 376
Chamaenerion 201
Chamaesyce 180
Chamaenerion 201
Chelidonium 109
Chelonopsis 301
Chenopodiastrum 246
Chenopodium 246
Chimaphila 261
Chionodoxa 66
Chloranthus 18
Chorispora 220
Chrysanthemum 327
Chrysosplenium 130
Cichorium 364
Cicuta 383
Cimicifuga 112
Circaea 200
Cirsium 352
Clematis 120
Clinopodium 302
Clintonia 35
Cnidium 383
Cocclus 110
Cochlearia 216
Codonopsis 322
Coelopleurum 378
Comanthosphace 302

Comarum 162
Commelina 70
Conioselinum 378
Convallaria 66
Convolvulus 288
Coptis 119
Coriaria 182
Cornus 249
Cortusa 254
Corydalis 108
Cremastra 41
Crepidiastrum 361
Crepis 364
Cryptotaenia 379
Cuscuta 289
Cymbalaria 293
Cymbidium 45
Cynanchum 283
Cynoglossum 284
Cyperus 90
Cypripedium 43
Cyrtosia 46
Cytisus 144

D

Dactylis 100
Dactylorhiza 45
Dactylostalix 46
Daphne 206
Daphniphyllum 128
Dasiphora 162
Daucus 379
Deinostema 291
Deschampia 98
Descurainia 220
Dianthus 244
Diapensia 257
Dicentra 109
Digitalis 292
Digitaria 106
Diphylleia 111
Discorea 29
Disporum 34
Draba 214
Dracocephalum 303
Drosera 232
Dryas 165
Dysphania 247

E

Echinochloa 106
Echium 283
Elatine 182

Elatostema 159
Eleocharis 91
Eleorchis 47
Elliottia 259
Elsholtzia 303
Elymus 100
Elytrigia 102
Empetrum 259
Ephippianthus 46
Epigaea 260
Epilobium 202
Epimedium 112
Epipactis 47
Epipogium 49
Eragrostis 105
Erigeron 331
Eriocaulon 28
Eriophorum 92
Eritrichium 284
Erucastrum 220
Erysimum 216
Erythronium 36
Euonymus 178
Eupatorium 334
Euphorbia 180
Euphrasia 313
Eutrema 213

F

Fagopyrum 222
Fallopia 223
Festuca 101
Filipendula 163
Fimbristylis 92
Fragaria 163
Fritillaria 38

G

Gagea 36
Galearis 49
Galeopsis 304
Galinsoga 330
Galium 272
Gastrodia 46
Gaultheria 260
Gentiana 277
Gentianella 279
Geranium 197
Geum 164
Glaucidium 122
Glechoma 303
Glehnia 379
Glyceria 101
Glycine 145
Gnaphalium 336
Gonocarpus 140
Goodyera 47
Gratiola 292

Gymnadenia 49
Gynostemma 177
Gypsophila 233

H

Habenaria 52
Halenia 281
Hammarbya 53
Harrimanella 261
Hedera 373
Hedysarum 145
Helianthus 344
Heliopsis 344
Heliotropium 287
Heloniopsis 34
Helwingia 318
Hemerocallis 64
Heracleum 379
Herminium 52
Hieracium 362
Hippuris 296
Honckenya 237
Hordeum 100
Hortensia 249
Hosta 66
Houttuynia 17
Humulus 161
Hydrilla 27
Hydrocharis 27
Hydrocotyle 373
Hylodesmum 146
Hylotelephium 136
Hypericum 194
Hypochaeris 360
Hypopitys 263
Hystrix 102

I

Ilex 319
Impatiens 250
Inula 342
Iris 61
Isatis 216
Ischaemum 102
Isodon 305
Ixeridium 357
Ixeris 358

J

Japonolirion 29
Juncus 74

K

Kobresia 94
Kummerowia 148

L

Lactuca 363

Lagotis 294
Lamium 304
Laportea 159
Lappula 284
Lapsana 361
Lapsanastrum 361
Lathyrus 146
Leersia 96
Leibnitzia 337
Lemna 22
Leontopodium 335
Leonurus 303
Lepidium 217,219
Leptatherum 105
Lespedeza 149
Leucanthemum 330
Leucothoe 260
Leymus 102
Libanotis 380
Ligularia 347
Ligusticum 381
Ligustrum 291
Lilium 37
Limosella 300
Linaria 293
Lindernia 291
Linnaea 368
Linum 197
Liparis 50
Liriope 67
Lithospermum 286
Lloydia 38
Lobelia 322
Loiseleuria 261
Lolium 102
Lonicera 369
Lotus 147
Ludwigia 201
Lunaria 220
Lupinus 147
Luzula 77
Lycopus 306
Lysichiton 20
Lysimachia 252
Lythrum 199

M

Macropodium 216
Maianthemum 67
Malaxis 53
Malva 205
Matricaria 326
Mazus 311
Medicago 148
Melampyrum 313
Melica 103
Melilotus 151
Menispermum 110

Mentha 307
Menyanthes 323
Mertensia 287
Metanarthecium 30
Metaplexis 283
Micranthes 131
Milium 103
Mimulus 312
Minuartia 235
Miscanthus 106
Mitchella 275
Mitella 129
Moliniopsis 102
Moneses 263
Monochoria 70
Monotropa 263
Monotropastrum 263
Montia 248
Mosla 308
Muhlenbergia 105
Murdannia 70
Muscari 68
Myosotis 285
Myrica 180
Myriophyllum 140
Myrmechis 45

N

Narcissus 62
Nasturtium 213
Nemosenecio 347
Neolindleya 49
Neottia 54
Neottianthe 53
Nepeta 305
Nephrophyllidium 323
Nicandra 289
Nipponanthemum 330
Noccaea 217
Nuphar 16
Nymphaea 17

O

Oenanthe 381
Oenothera 204
Omalotheca 336
Ophiopogon 68
Oplismenus 105
Oplopanax 374
Oreorchis 55
Orobanche 312
Orostachys 137
Orthilia 264
Osmorhiza 381
Oxalis 179
Oxybasis 246
Oxyria 224
Oxytropis 150

397

P

Pachysandra 128
Paederia 276
Paeonia 128
Panax 374
Panicum 107
Papaver 110
Parasenecio 333
Parietaria 156
Paris 30
Parnassia 178
Parthenocissus 142
Paspalum 107
Patrinia 371
Pedicularis 314
Pennellianthus 294
Pennisetum 107
Peracarpa 323
Persicaria 225
Petasites 337
Peucedanum 380
Phacellanthus 316
Phacelurus 107
Phalaris 103
Phedimus 138
Phleum 103
Phlox 251
Phragmites 106
Phryma 311
Phtheirospermum 316
Phyllodoce 262
Phyllospadix 25
Physaliastrum 289
Physalis 289
Phytolacca 249
Picris 360
Pilea 157
Pilosella 362
Pinellia 20
Pinguicula 317
Plagiobothrys 286
Plantago 295
Platanthera 56
Platycodon 323
Pleurospermum 382
Poa 104
Pogonia 60
Polemonium 251
Polygala 156
Polygonatum 68
Polygonum 224
Ponerorchis 55
Portulaca 248
Potamogeton 26
Potentilla 167
Primula 254
Prunella 308

Pseudognaphalium 343
Pseudostellaria 241
Pterygocalyx 279
Puccinellia 102
Pueraria 153
Pulsatilla 118
Pyrola 264

R

Ranunculus 122
Raphanus 218
Rhamnus 156
Rhodiola 138
Rhododendron 266
Rhynchospora 93
Ribes 134
Rodgersia 134
Rorippa 218
Rosa 166
Rotala 199
Rubia 276
Rubus 171
Rudbeckia 345
Rumex 230
Ruppia 23

S

Sagina 236
Sagittaria 24
Salicornia 248
Salix 182
Salsola 247
Sambucus 368
Samolus 254
Sanguisorba 174
Sanicula 383
Saponaria 235
Sasa 95
Saussurea 350
Saxifraga 133
Scabiosa 372
Scheuchzeria 22
Schisandra 17
Schizocodon 257
Schizachne 105
Schizopepon 177
Schoenoplectiella 92
Schoenoplectus 93
Scilla 66
Scirpus 94
Scleranthus 235
Scorzonera 357
Scrophularia 299
Scutellaria 309
Securigera 151
Sedum 139
Senecio 346
Setaria 107

Sibbaldia 170
Sicyos 178
Sieversia 165
Silene 241
Silphium 347
Sinapis 219
Siphonostegia 317
Sisymbrium 219
Sisyrinchium 62
Sium 382
Skimmia 205
Smilax 35
Solanum 290
Solidago 348
Sonchus 359
Sorbaria 165
Sorbus 176
Sparganium 72
Spergula 237
Spergularia 237
Spiraea 175
Spiranthes 60
Spirodela 21
Spuriopimpinella 383
Stachys 310
Stellaria 238
Streptopus 39
Stuckenia 27
Swertia 280
Symphyotrichum 329
Symphytum 287
Symplocarpus 21
Synurus 349

T

Tanacetum 345
Taraxacum 365
Tephroseris 347
Tetragonia 248
Teucrium 310
Thalictrum 125
Thermopsis 156
Therorhodion 269
Thesium 221
Thlaspi 217
Thymus 310
Tiarella 134
Tilingia 384
Tillaea 136
Tofieldia 22
Torilis 381
Toxicodendron 204
Tradescantia 71
Trapa 200
Trautvetteria 126
Triadenum 197
Trichophorum 92
Trichosanthes 177

Tricyrtis 39
Trifolium 152
Triglochin 25
Trigonotis 286
Trillium 32
Tripleurospermum 326
Tripolium 329
Tripora 311
Tripterospermum 279
Trisetum 99
Trollius 127
Turritis 209
Tussilago 342
Typha 71

U

Urtica 160
Utricularia 317

V

Vaccinium 269
Valeriana 372
Vallisneria 27
Veratrum 31
Verbascum 300
Verbena 318
Veronica 296
Veronicastrum 299
Viburnum 367
Vicia 154
Vinca 281
Vincetoxicum 282
Viola 183
Vitis 141

W

Weigela 372

X

Xanthium 324

Y

Youngia 361

Z

Zizania 96
Zostera 25
Zoysia 105

おわりに

　植物の分類体系が大きく変わりました。これに関しては巻頭の記事を読んでいただくとして、東京など道外からは新分類体系に対応した図鑑類が出版されはじめています。北海道では「北海道植物誌」的な出版の構想があるとは聞いていますが、具体化はまだまだ先で、経費の面からか写真は掲載されないようなのです。そこで思い立ったのが本書です。もともとその力量があるとは思っていませんが、とにかくたたき台がなければ前に進めないとの思いから〝人生最後の仕事〟として取り組みました（笑）。

　初心者が利用しやすい〝花色別分類体系〟の図鑑はすでに出回っているので、類書は避けてオーソドックスな形にまとめました。取りつきにくい分類体系ゆえ、慣れ親しんできたエングラー体系に染まってしまった身には戸惑うことの連続でした。本書の利用者にとっても、これに関しては慣れていただくほかないでしょうが、掲載した種に関しては視覚的に理解しやすいように、解説文以外に部分アップの写真と、写真からの引き出し線を多用しました。膨大なフィルム（私はまだフィルム派です！）の製版に加えての細かい作業に、印刷スタッフは大変苦労されただろうと想像しています。

　このような本づくりは、新たに撮り下ろした写真で行うのが最良なのですが、ここ数年の夏はヒマラヤ方面へ花探しに出かけてばかりで、それがかないませんでした。それでも何とかなったのは、これまで撮りためてきた数多の写真のおかげです。撮影に関しては、多くの方から花情報をいただいてきました。この場を借りて厚くお礼申し上げます。皆さん、ありがとうございました。

　本書の製作にあたっては、パソコン音痴の著者が定規と消しゴムを駆使して取り組みましたが、加齢による記憶力減退のため作業が予想より大幅に遅れました。校正の段階では、北海道の植物にめっぽう詳しい五十嵐博さんに分布を中心に一通り目を通していただき、本の編集歴が長い本多政史さんにもご協力いただきました。そして編集は、一度はコンビを組んでみたいと思っていた北海道新聞出版センターの仮屋志郎さんです。わがままな著者に対して一見放任主義を装いつつ、温かく見守ってくださいました。ありがたいことです。

　この本により、植物との楽しい出会い、お付き合いが増えることを願いつつ…

2018年初夏　梅沢　俊

シラネアオイ撮影中の著者

著者略歴

梅沢 俊 (うめざわ・しゅん)

　植物写真家。1945 年札幌生まれ。子どものころからチョウを求めて野山を駆けまわり、高校時代は生物部に。65 年、北海道大学に入学し、学生時代は山スキー部に所属、道内の山を歩きまわる。69 年、同大農学部農業生物学科を卒業するも、頭を使う研究職には向かないことを自覚し、フリーターとして山を歩きながら暮らす道を探る。73 年ごろからフリーで北海道の野生植物を中心に写真撮影と執筆・研究活動を続ける。最近は、雨季のヒマラヤ地域に通い、高山植物の取材を続けている。

　主な著書・共著書に『新北海道の花』『新版　北海道の樹』『北海道のシダ入門図鑑』（以上、北海道大学出版会）、『新版　北海道の高山植物』『北海道山の花図鑑』（大雪山／夕張山地・日高山脈／アポイ岳・様似山道・ピンネシリ／札幌市 藻岩・円山・八剣山／利尻島・礼文島＜新版＞）『北海道山歩き花めぐり』『北海道夏山ガイド（全 6 巻）』『北の花名山ガイド』『うめしゅんの世界花探訪』（以上、北海道新聞社）、『花の山旅①大雪山』『北海道百名山』『日高連峰』『利尻・知床を歩く』（以上、山と渓谷社）、『絵とき検索表I〜Ⅲ』（北海道春の花／初夏の花／夏〜秋の花）（エコ・ネットワーク）、『北の花つれづれに』（共同文化社）などがある。

編集協力：五十嵐博／本多政史
イラスト：村野道子
ブックデザイン：佐々木正男（佐々木デザイン事務所）
組版：アイワード DTP グループ
編集：仮屋志郎（北海道新聞社）

［主要参考文献］

高橋英樹・松井洋『北海道維管束植物目録』＜私家版＞ 2015
五十嵐博『北海道外来植物便覧2015』北海道大学出版会 2016
梅沢 俊『新北海道の花』北海道大学出版会 2007
梅沢 俊『新版北海道の高山植物』北海道新聞社 2009
滝田謙譲『北海道植物図譜』＜私家版＞ 2001
原 松次『北海道植物図鑑（上・中・下）』噴火湾社 1981〜85
大橋広好・門田裕一・邑田仁・米倉浩司・木原浩『改訂新版 日本の野生植物 1〜5』平凡社 2015〜17
米倉浩司『日本維管束植物目録』北隆館 2012
北村四郎ほか『原色日本植物図鑑（上・中・下）』保育社 1957〜64
林弥栄・門田裕一・平野隆久『山渓ハンディ図鑑　野に咲く花　増補改訂新版』山と渓谷社 2013
門田裕一・永田芳男・畔上能力『山渓ハンディ図鑑　山に咲く花　増補改訂新版』山と渓谷社 2013
清水建美・門田裕一・木原浩『山渓ハンディ図鑑　高山に咲く花　増補改訂新版』山と渓谷社 2014
長田武正『日本イネ科植物図譜（増補版）』平凡社 1993
長田武正『原色野草観察検索図鑑』保育社 1981
長田武正『日本帰化植物図鑑』北隆館 1972
清水建美『日本の帰化植物』平凡社 2003
清水建美『図説植物用語辞典』八坂書房 2001
清水矩宏ほか『日本帰化植物写真図鑑』全国農村教育協会 2001
植村修二ほか『日本帰化植物写真図鑑＜第 2 巻＞（増補改訂）』全国農村教育協会 2015
勝山輝男『日本のスゲ』文一総合出版 2005
星野卓二・正木智美・西本眞理子『日本カヤツリグサ科植物図譜』平凡社 2011
角野康郎『ネイチャーガイド　日本の水草』文一総合出版 2014
高田 順『ホシクサ属植物ガイド』＜私家版＞ 2017
多田多恵子『野に咲く花の生態図鑑』河出書房新社 2012
多田多恵子『したたかな植物たち』エスシーシー 2002

上記のほか「植物研究雑誌」「植物地理・分類研究」「国立科学博物館研究報告」「北方山草」「Acta Phytotaxonomica et Geobotanica」などの定期刊行物も参考にしました。

北海道の草花

2018 年 6 月 30 日　初版第 1 刷発行
2022 年 5 月 20 日　初版第 2 刷発行

著　者　梅沢　俊
発行者　菅原　淳
発行所　北海道新聞社
　　　　〒 060-8711　札幌市中央区大通西 3 丁目 6
　　　　出版センター（編集）電話 011-210-5742
　　　　　　　　　　　（営業）電話 011-210-5744
印刷・製本所　株式会社アイワード

乱丁・落丁本は出版センター（営業）にご連絡くだされればお取り換えいたします。
ISBN978-4-89453-911-2
©UMEZAWA Shun 2018, Printed in Japan